普 通 高 等 教 育 规 划 教 材

环 境 监 测

第二版

李广超 主 编
袁兴程 副主编

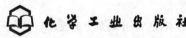

化学工业出版社

·北京·

本书介绍了环境监测的基础理论和基本技术。内容包括绪论、环境监测质量保证、水和废水监测、环境空气和废气监测、土壤监测、固体废物监测、环境污染生物监测、噪声监测、辐射环境监测、突发环境事件应急监测等。此外,还介绍了环境监测的质量保证,并附了十五个环境监测实验。书中还精心编写了旨在扩大学生知识面、提高学生学习兴趣的阅读材料。为便于学生复习和巩固所学的内容,章后编写了一定量的填空题、选择题和计算题等不同类型的习题。

本书为高等学校环境工程、环境科学专业及其他专业开设环境监测或环境分析课程的教学用书,也可作为职业技术院校相关专业师生及从事环保技术工作人员的参考用书。

图书在版编目(CIP)数据

环境监测/李广超主编 . —2 版 . —北京:化学工业出版社,2017.6(2022.1重印)

普通高等教育规划教材

ISBN 978-7-122-29389-3

Ⅰ.①环… Ⅱ.①李… Ⅲ.①环境监测-高等学校-教材 Ⅳ.①X83

中国版本图书馆 CIP 数据核字(2017)第 065406 号

责任编辑:王文峡　　　　　　　　　装帧设计:韩　飞
责任校对:边　涛

出版发行:化学工业出版社(北京市东城区青年湖南街 13 号　邮政编码 100011)
印　　装:北京建宏印刷有限公司
787mm×1092mm　1/16　印张 18　字数 479 千字　2022 年 1 月北京第 2 版第 3 次印刷

购书咨询:010-64518888　　　　　　　售后服务:010-64518899
网　　址:http://www.cip.com.cn
凡购买本书,如有缺损质量问题,本社销售中心负责调换。

定　　价:48.00元　　　　　　　　　　　　　　　　版权所有　违者必究

前　言

随着国家标准的更新和新标准的发布，以及新技术的不断涌现，原教材中的部分内容已显得陈旧或不适宜，需对教材进行修订，以适用于教学的要求，满足广大读者的需要。

本次修订在保持第一版特点的基础上，对部分内容进行适当调整、补充和完善，从而使该书更具条理性、系统性和实用性。修订的具体内容有以下五个方面。

一是调整了部分章节。主要是将第一版中的第三章第十一节水污染生物监测、第四章第十一节空气污染生物监测、第七章生物污染监测合并为第七章环境污染生物监测；将第一版中的第三章第十二节水环境污染事故应急监测、第四章第十二节突发性空气污染事故应急监测设置为第十章突发环境事件应急监测。

二是根据新发布的国家标准补充了部分内容。如第三章补充了离子色谱法测定水中常见阴离子、流动注射-水杨酸分光度法测定水中氨氮、流动注射-盐酸萘乙二胺分光光度法测定水中总氮、气相分子吸收光谱法测定水中亚硝酸盐氮等；第四章补充了颗粒物中金属元素、非金属元素和化合物、有机物的测定等；第五章补充了场地土壤采样、土壤中非金属化合物、有机物（多环芳烃和多氯联苯）的测定等；第六章补充了固体废物的消解、有机物的提取方法等；第九章补充了水和土壤样品中钚的测定、水中钋-210 的测定；另外还补充了多个阅读材料。

三是根据国家标准的更新修改了部分内容。如环境标准样品、近岸海域环境监测点位设置、水样的类型、生物化学需氧量（BOD）的测定、总有机碳（TOC）的测定、酚类化合物的测定、红外分光光度法（三波数）测定水中油类、盐酸萘乙二胺分光光度法测定环境空气中二氧化氮等。

四是删除部分过时的内容。如第二章中"目前我国各级监测站基本仪器设备配置表、求线性回归方程"；第三章中阅读材料"洪水期与退水期水质监测"；第四章中"国家空气质量监测网"；第五章中"建设项目土壤环境评价监测采样"。

五是增加了部分习题。在原来习题的基础上增加部分选择题、填空题和计算题。

本书由李广超和袁兴程修订，在修订过程中得到了石枫、王香善、孟庆华、李亮、杨伟华、贾文林、王海营、赵爽等同行的帮助，化学工业出版社在本书的修订方面给予了大力支持，在此一并表示感谢。

由于编者水平有限，再加上时间仓促，不妥之处在所难免，诚望广大读者批评指正。

编　者

2017 年 3 月

第一版前言

本书以水、气、土壤、固体废物、生物、噪声、辐射等环境监测要素立"章"，以监测方案制订、试样采集和预处理、污染物分析或环境质量监测和污染源监测的内容成"节"，详细介绍了环境监测的基础理论和基本技术。内容包括：绪论、环境监测质量保证、水质和水污染源监测、空气质量和空气污染源监测、土壤质量监测、固体废物监测、生物污染监测、噪声监测、辐射环境监测以及环境监测的质量保证等。另外，书中还编写了十多个环境监测实验，便于实验教学时参考。

本书的编写思路是以最新的环境监测标准和技术规范为依据，以环境基本理论和基本方法为主线，将新项目、新技术、新方法、新仪器等融会在经典的环境监测内容中，注重理论与实践紧密结合，尽可能阐明环境质量监测和环境污染监测、手工监测和自动监测的区别和联系，既注重知识的系统性和科学性，又注重教材的实用性，从而形成了鲜明的特点。

随着人们对环境质量要求的不断提高，以及全球对环境保护工作的重视程度越来越高，环境监测技术特别是自动监测技术的发展越来越快，环境监测的对象越来越广，监测范围越来越大，监测项目越来越多。因此，环境监测知识和技术的更新也就越来越快。本书与同类书相比增加了近岸海域监测、环境空气质量中 $PM_{2.5}$ 的测定，强化了环境空气质量自动监测、烟气排放连续自动监测、水和水污染源在线自动监测的相关内容。不仅使编写的内容重点突出，而且也体现了环境监测技术的发展方向。

本书在阐述采样布点方法、采样器及其使用方法、测定仪器、自动监测系统和自动监测仪等内容时，尽可能配上示意图，如水温计、深水温度计、颠倒温度计、塞氏盘等都配有示意图。这样不仅使读者便于理解所述内容，而且使教材图文并茂，增加了教材的可读性和可视性。

书中还用小号字精心编写了旨在扩大知识面、提高学生学习兴趣的与环境保护和环境监测相关的知识、环境监测仪器、相关科学家的故事等阅读材料。特别是与环境监测有关的科学家的成长历程、发明创造等方面的介绍，会让读者从中受到启迪。

每章后编排了一定量的填空题或选择题或计算题等不同类型的习题，以便于学生复习和巩固所学的知识点。

本书由李广超编写，在编写过程中得到了徐州师范大学化学化工学院王兴汉、屠树江的大力支持，以及同行沐来龙、王锦化、吴宏、孟庆华、卢菊生、田久英、赵长春、陈喜红、郭正、顾玲、李耀中、田子贵、王爱民、刘德生、王红云、冷宝林、王金梅、周凤霞、吴国旭、吴忠标的热情帮助，化学工业出版社在本书的编写和出版方面给予了大力支持，在此一并表示感谢。

由于编者水平有限，书中难免有疏漏和欠妥之处，敬请广大读者指正。

编　者

2009 年 9 月

目　录

第一章 绪 论

环境监测（environmental monitoring）是指运用化学、生物学、物理学及公共卫生学等方法，间断或连续地测定代表环境质量的指标数据，研究环境污染物的检测技术，监视环境质量变化的过程。

环境监测是环境科学的一个分支学科，是随环境问题的日益突出及科学技术的进步而产生和发展起来的，并逐步形成系统的、完整的环境监测体系。

随着工业和科学的发展，环境监测的内容也由工业污染源监测，逐步发展到对大环境的监测，监测对象不仅是影响环境质量的污染因子，还包括对生物、生态变化的监测。

为了全面、确切地表明环境污染对人群、生物的生存和生态平衡的影响程度，作出正确的环境质量评价，现代环境监测不仅要监测环境污染物的成分和含量，往往还要对其形态、结构和分布规律进行监测。

第一节 环境监测的目的、任务与分类

一、环境监测的目的

环境监测的目的是准确、及时、全面地反映环境质量现状及发展趋势，为环境管理、污染源控制、环境规划等提供科学依据。具体可归纳如下。

（1）根据环境质量标准，评价环境质量。

（2）根据污染分布情况，追踪寻找污染源，为实现监督管理、控制污染提供依据。

（3）收集本底数据，积累长期监测资料，为研究环境容量，实施总量控制、目标管理、预测预报环境质量提供数据。

（4）为保护人类健康，保护环境，合理使用自然资源，制定环境法规、标准、规划等服务。

二、环境监测的任务

（1）评价环境质量，预测、预报环境质量发展趋势。

（2）加强污染源监测，揭示污染危害，探明污染程度和趋势，进行环境监控管理，实现环境监测新突破。

（3）积累各类环境数据，掌握环境容量，为实现环境污染总量控制及实施目标管理提供依据。

（4）及时分析处理监测数据和资料，建立监测数据及污染源分类技术档案，为制定及执行环保法规、标准及环境污染防治对策提供科学依据。

三、环境监测的分类

环境监测可按其监测对象、监测性质、监测目的等进行分类。

（一）按监测对象分类

按监测对象主要可分为水质监测、空气和废气监测、土壤监测、固体废物监测、生物污染监测、声环境监测和辐射监测等。

1. 水质监测

水质监测是指对水环境（包括地表水、地下水和近海海水）、工农业生产废水和生活污

水等的水质状况进行监测。

2. 空气和废气监测

空气监测是指对环境空气质量（包括室外环境空气和室内环境空气）进行的监测。废气监测是指对大气污染源（包括固定污染源和移动污染源）排放废气进行的监测。

3. 土壤监测

土壤监测包括土壤质量现状监测、土壤污染事故监测、场地监测、土壤背景值调查等。

4. 固体废物监测

固体废物监测是指对工业有害固体废物、城市垃圾和农业废物中的有毒有害物质进行监测，内容包括危险废物的特性鉴别、毒性物质含量分析和固体废物处理处置过程中的污染控制分析。

5. 生物污染监测

生物污染监测主要是对生物体内的污染物质进行的监测。

6. 声环境监测

声环境监测是指对城市区域环境噪声、社会生活环境噪声、工业企业厂界环境噪声以及交通噪声的监测。

7. 辐射监测

辐射监测包括辐射环境质量监测、辐射污染源监测、放射性物质安全运输监测以及辐射设施退役、废物处理和辐射事故应急监测等。

（二）按监测性质分类

按监测性质可分为环境质量监测和污染源监测。

1. 环境质量监测

环境质量监测主要是监测环境中污染物的浓度大小和分布情况，以确定环境的质量状况，包括水质监测、环境空气质量监测、土壤质量监测和声环境质量监测等。

2. 污染源监测

污染源监测是指对各种污染源排放口的污染物种类和排放浓度进行的监测，包括各种污水和废水监测、固定污染源废气监测和移动污染源排气监测、固体废物的产生、贮存、处置、利用排放点监测以及防治污染设施运行效果监测等。

（三）按监测目的分类

1. 监视性监测

监视性监测又叫常规监测或例行监测，是对各环境要素进行定期的经常性的监测。主要目的是确定环境质量及污染状况，评价控制措施的效果，衡量环境标准实施情况，积累监测数据。一般包括环境质量监视性监测和污染源的监督监测，目前我国已建成了各级监视性监测网站。

2. 特定目的监测

特定目的监测又叫特例监测，具体可分为污染事故监测、仲裁监测、考核验证监测和咨询服务监测等。

（1）**污染事故监测**　污染事故发生时，及时进行现场追踪监测，确定污染程度、危害范围和大小、污染物种类、扩散方向和速度，查明污染发生的原因，为控制污染提供科学依据。

（2）**仲裁监测**　主要解决污染事故纠纷，对执行环境法规过程中产生矛盾进行裁定。纠纷仲裁监测由国家指定的具有权威的监测部门进行，以提供具有法律效力的数据作为仲裁凭据。

（3）**考核验证监测**　主要是为环境管理制度和措施实施考核。包括人员考核、方法验证、新建项目的环境考核评价、污染治理后的验收监测等。

（4）咨询服务监测　主要为环境管理、工程治理等部门提供服务，以满足社会各部门、科研机构和生产单位的需要。

3. 研究性监测

研究性监测又称科研监测，属于高层次、高水平、技术比较复杂的一种监测，通常由多个部门、多个学科协作共同完成。其任务是研究污染物或新污染物自污染源排出后，其迁移变化的趋势和规律，以及污染物对人体和生物体的危害及影响程度，包括标准方法研制监测、污染规律研究监测、背景调查监测以及综合评价监测等。

此外，按监测方法的原理又可分为化学监测、物理监测、生态监测等；按监测技术的手段可以分为手工监测和自动监测等；按专业部门分类可以分为气象监测、卫生监测、资源监测等。

第二节　环境监测的程序、特点和要求

一、环境监测的程序

环境监测程序流程图如图 1-1 所示。

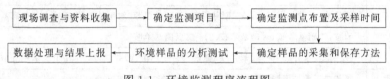

图 1-1　环境监测程序流程图

二、环境监测的要求

环境监测是为环境保护、评价环境质量，制定环境管理、规划措施，为建立各项环境保护法规、法令、条例提供资料和信息依据。为确保监测结果准确可靠、正确判断并能科学地反映实际，环境监测要满足下面的要求。

1. 代表性

代表性（representation）主要是指取得具有代表性的时间、地点，并按规定的采样要求采集有效样品。所采集的样品必须能够反映环境总体的真实状况，监测数据能真实代表某污染物在环境中的存在状态。

2. 完整性

完整性（completeness）主要是指保证按预期计划取得有系统性和连续性的有效样品，而且无缺漏地获得这些样品的监测结果及相关信息。

3. 可比性

可比性（compatibility）主要是指在监测方法、环境条件、数据表达方式等相同的前提下，实验室之间对同一样品的监测结果相互可比，以及同一实验室对同一样品的监测结果应该达到相关项目之间的数据可比，相同项目没有特殊情况时，历年同期的数据也是可比的。

阅读材料

优先监测和优先污染物

环境监测应遵循优先监测的原则。优先监测原则就是对符合下列条件的污染物实行优先监测：①对环境影响大的污染物；②已有可靠监测方法并获得准确数据的污染物；③已有环境标准或其他依据的污染物；④在环境中的含量已接近或超过规定的标准浓度的污染物；⑤环境样品有代表性的污染物。

优先污染物（priority pollutants）是指难以降解、在环境中有一定残留水平、出现频率较高、具有生物积累性、毒性较大的化学品。美国等一些发达国家很早就提出了优先污染物名单，我国也提出了包括14类有毒化学物质的"中国环境优先污染物黑名单"（见表1-1），其中有机物占58种。

表1-1 中国环境优先污染物黑名单

类别	污染物名称
卤代（烷、烯）烃类	二氯甲烷、三氯甲烷、四氯化碳、1,2-二氯乙烷、1,1,1-三氯乙烷、1,1,2-三氯乙烷、1,1,2,2-四氯乙烷、三氯乙烯、四氯乙烯、三溴甲烷
苯系物	苯、甲苯、乙苯、邻二甲苯、间二甲苯、对二甲苯
氯代苯类	氯苯、邻二氯苯、对二氯苯、六氯苯
多氯联苯类	多氯联苯
酚类	苯酚、间甲酚、2,4-二氯酚、2,4,6-三氯酚、五氯酚、对硝基酚
硝基苯类	硝基苯、对硝基甲苯、2,4-二硝基甲苯、三硝基甲苯、对硝基氯苯、2,4-二硝基氯苯
苯胺类	苯胺、二硝基苯胺、对硝基苯胺、2,6-二氯硝基苯胺
多环芳烃	萘、荧蒽、苯并[b]荧蒽、苯并[k]荧蒽、苯并[a]芘、茚并[1,2,3-c,d]芘、苯并[ghi]芘
邻苯二甲酸酯类	邻苯二甲酸二甲酯、邻苯二甲酸二丁酯、邻苯二甲酸二辛酯
农药	六六六、滴滴涕、敌敌畏、乐果、对硫磷、甲基对硫磷、除草醚、敌百虫
丙烯腈	丙烯腈
亚硝胺类	N-亚硝基二丙胺、N-亚硝基二正丙胺
氰化物	氰化物
重金属及其化合物	砷及其化合物、铍及其化合物、镉及其化合物、铬及其化合物、铜及其化合物、铅及其化合物、汞及其化合物、镍及其化合物、铊及其化合物

第三节　环境监测技术及发展

一、常用的环境监测技术

一般来说，环境监测技术包括采样技术、测试技术和数据处理技术。按照测试技术的不同，可将环境监测技术分为现场快速监测技术、采样后实验室分析监测技术、连续自动监测技术和遥测监测技术；按照采样技术的不同，可以将环境监测技术分为手工采样-实验室分析技术、自动采样-实验室分析技术和被动式采样-实验室分析技术；按照监测技术原理的不同，可以将环境监测技术分为物理监测、化学监测、生物监测和生态监测等。

1. 实验室分析技术

目前，实验室对污染物的成分、结构与形态分析主要采用化学分析法和仪器分析法。经典的化学分析法主要有容量法（volumetric method）和重量法（gravimetric method）两类，其中容量法包括酸碱滴定法、氧化还原滴定法、配位滴定法和沉淀滴定法。化学分析法因其准确度高、所需仪器设备简单、分析成本低，所以仍被广泛采用。仪器分析法是以物理和物理化学分析法为基础的分析方法，主要分为光谱分析（spectrometric analysis）、电化学分析（electrochemical analysis）、色谱分析（chromatographic analysis）、质谱法（mass spectrometry）、核磁共振波谱法（nuclear magnetic resonance spectroscopy）、流动注射分析

(flow injection analysis) 以及分析仪器联用技术。光谱分析法常见的有可见分光光度法、紫外分光光度法、红外分光光度法、原子吸收光谱法、原子发射光谱法、原子荧光光谱法、X射线荧光光谱法和化学发光法等；电化学分析法常见的有电导分析法、电位分析法、电解分析法、极谱法、库仑法等；色谱分析法包括气相色谱（GC）法、高效液相色谱（HPLC）法、离子色谱（IC）、超临界流体色谱（SFC）法以及薄层色谱（TLC）法等；分析仪器联用技术常见的有气相色谱-质谱（GC-MS）联用技术、液相色谱-质谱（LC-MS）联用技术等。

2. 现场快速监测技术

现场快速监测技术主要有试纸法、速测管法、化学测试组件法及便携式分析仪器测试法等。现场快速监测技术主要用来进行污染事故应急监测。

3. 连续自动监测技术

连续自动监测技术是以在线自动分析仪器为核心，运用自动采样、自动测量、自动控制、数据处理和传输等现代技术，对环境质量或污染源进行 24h 连续监测。目前，已应用于地表水水质连续自动监测、污水连续自动监测、环境空气质量连续自动监测、固定污染源烟气排放连续自动监测、大气酸沉降连续自动监测、沙尘暴连续自动监测等。

4. 生物监测技术

生物监测技术就是利用植物、动物在污染环境中产生的反应信息来判断环境质量的方法。常采用的手段包括：生物体污染物含量的测定；观察生物体在环境中的受害症状；生物的生理生化反应；生物群落结构和种类变化等。

5. "3S" 技术

环境遥感（environmental remote sensing，ERS）、地理信息系统（geographical information system，GIS）和全球定位系统（global positioning system，GPS）称为 "3S" 技术。

环境遥感是利用遥感技术探测和研究环境污染的空间分布、时间尺度、性质、发展动态、影响和危害程度，以便采取环境保护措施或制定生态环境规划的遥感活动。可以分为摄影遥感技术、红外扫描遥测技术、相关光谱遥测技术、激光雷达遥测技术。如通过 FTIR 遥测大气中 CO_2 浓度、VOC 的变化，用车载差分吸收激光雷达遥测 SO_2 等。

采用卫星遥感技术可以连续、大范围对不同空间的环境变化及生态问题进行动态观测，如海洋等大面积水体污染、大气中臭氧含量变化、环境灾害情况、城市生态及污染等。全球定位系统可提供高精度的地面定位方法，用于野外采样点定位，特别是海洋等大面积水体及沙漠地区的野外定点。地理信息系统是一种功能强大的对各种空间信息在计算机平台上进行装载运送、处理及综合分析的工具。三种技术相结合，形成了对地球环境进行空间观测、空间定位及空间分析的完整技术体系，为扩大环境监测范围和功能、提高其信息化水平以及对环境突发灾害事件的快速监测和评估等提供了有力的技术支持。

二、环境监测技术的发展

早期的环境监测技术主要是以化学分析为主要手段，对测定对象进行间断、定时、定点、局部的分析。这种分析结果不可能适应及时、准确、全面地反映环境质量动态和污染源动态变化的要求。20 世纪 70 年代后期，随着科学技术的进步，环境监测技术迅速发展，仪器分析、计算机控制等现代化手段在环境监测中得到了广泛应用。环境监测从单一的环境分析发展到物理监测、生物监测、生态监测、遥感及卫星监测；从间断性监测逐步过渡到自动连续监测。监测范围从一个点或面发展到一个城市，从一个城市发展到一个区域。一个以环境分析为基础，以物理测定为主导，以生物监测为补充的环境监测技术体系已初步形成。

进入 21 世纪以来，随着科技进步和环境监测的需要，环境监测在传统的化学分析技术基础上，发展高精密度、高灵敏度、痕量、超痕量分析的新仪器、新设备，同时研发了适用于特定任务的专属分析仪器。计算机在监测系统中的普遍使用，使监测结果快速处理和传递，多机联用技术的广泛采用，扩大了仪器的使用效率和应用价值。

今后一段时间，在发展大型、连续自动监测系统的同时，发展小型便携式仪器和现场快速监测技术将是环境监测技术的重要发展方向。广泛采用遥测遥控技术，逐步实现监测技术的信息化、自动化和连续化。

环境监测与环境分析

环境监测（environmental monitoring）是在环境分析的基础上发展起来的，其目的不限于得到一批数据，更重要的是应用数据来描述和表征环境质量的现状，预测环境质量的发展趋势，采取必要的环保措施及治理方案，是环境科学研究和环境保护必备的耳目和手段。

环境分析（environmental analysis）是环境分析化学的简称，是研究如何运用现代科学理论和先进实验技术来鉴别和测定环境污染物及有关物质的种类、成分与含量以及化学形态的科学，是环境化学的一个重要分支学科，也是环境科学和环境保护的重要基础学科。人们为了认识、评价、改造和控制环境，必须及时地了解引起环境质量变化的原因和程度，因此要对环境（包括原生环境和次生环境）的各组成部分，特别是对某些危害大的污染物质的性质、来源、含量及其状态进行分析。人们应用了现代分析化学中的各项新理论、新方法、新技术，并且引进了近代化学、物理学、数学、生物学、地学和其他技术科学的最新成就，定性定量地研究环境问题，从而建立了环境分析化学。

环境分析化学研究的领域非常广，对象又相当复杂，包括大气圈、水圈、土壤、岩石圈和生物圈内污染物的分布、迁移、形态、反应和归宿，控制与治理环境污染，评价环境质量优劣，探索环境因素与人体的关系等方面。环境分析化学已渗透到环境科学的各个领域，对国民经济建设和生命科学的研究都起着重要作用，从某种意义上讲，环境科学的发展依赖于环境分析化学的发展。

环境分析是对环境样品中污染物的成分与形态进行分析，多采用化学分析法和仪器分析法。化学分析法主要是重量分析法和滴定分析法。仪器分析法主要包括光谱分析法、色谱分析法和电化学分析法等。

第四节　中国环境保护标准简介

一、环境保护标准的作用

1. 环境保护标准

环境保护标准是为防治环境污染，维护生态平衡，保护人体健康，国务院环境保护行政主管部门和省、自治区、直辖市人民政府依据国家有关法律规定，对环境保护工作中需要统一的各项技术规范和技术要求制定的标准。

2. 环境保护标准的作用

（1）环境保护标准是环保法规的重要组成部分和具体体现，具有法律效力，是执法的依据。

（2）环境保护标准是推动环境保护科学进步及清洁生产工艺的动力。

（3）环境保护标准是环境监测的基本依据。

（4）环境保护标准是环境保护规划目标的体现。

（5）环境保护标准具有环境投资导向作用。

（6）环境保护标准在提高全民环境意识、促进污染治理方面具有十分重要的作用。

二、环境保护标准的体系和管理体制

我国通过环境保护立法确立了国家环境保护标准体系，《中华人民共和国环境保护法》《中华人民共和国大气污染防治法》《中华人民共和国水污染防治法》《中华人民共和国环境噪声污染防治法》《中华人民共和国海洋环境保护法》《中华人民共和国放射性污染防治法》等法律对制定环境保护标准作出了规定。我国的环境保护标准包括国家标准和地方标准。环境保护行业标准是环保标准的一种发布形式，根据其制定主体、发布方式、适用范围等方面所具有的特征，应属于国家环境保护标准。

按法律规定，国家环境保护标准和地方环境保护标准分别由国务院环境保护部门和地方省级人民政府制定。

1. 国家环境保护标准

国家环境保护标准依据其性质和功能分为六类：环境质量标准，污染物排放标准，环境基础标准，环境监测方法标准，环境标准样品标准，环境保护的其他标准。它由政府部门制定，属于强制性标准，具有法律效力。

环境保护标准是依法制定和实施的规范性技术文件，环境保护标准体系的核心内容环境质量标准和污染物排放标准是环境保护技术法规，其他环境保护标准是为满足实施环保技术法规的需要和满足环保执法、管理工作的需要而制定的。

国家环境保护标准的编号一般由标准级别代号、标准序号和标准发布的年份组成。如GB 3838—2002 地表水环境质量标准。其中

GB——表示标准级别代号；

3838——表示标准序号；

2002——表示标准发布的年份。

常见的标准代号有：GB——中华人民共和国强制性国家标准；GB/T——中华人民共和国推荐性国家标准；GB/Z——中华人民共和国国家标准化指导性技术文件；HJ——环境保护行业标准；HJ/T——环境保护行业推荐标准。

2. 地方环境保护标准

地方环境保护标准包括地方环境质量标准和地方污染物排放标准。地方环境质量标准是对国家环境质量标准的补充。地方污染物排放标准是对国家污染物排放标准的补充或提高，其效力高于国家污染物排放标准。

地方环境保护标准的编号一般由标准代号、省级行政区划代码前两位、标准序号和标准发布的年份组成。如《北京市锅炉大气污染物排放标准》的编号为 DB 11/139—2007。其中

DB——表示标准级别代号，"DB"表示强制性地方标准；

11——表示省级行政区划代码前两位，"11"指北京；

139——表示标准序号；

2007——表示标准发布的年份。

三、环境保护标准的分类

1. 环境质量标准

环境质量标准（environmental quality standard）是为保障人体健康、维护生态良性循

环并考虑政治、经济、技术条件而对环境中有害物质和因素所作的限制性规定。它是国家环境政策目标的体现，是制定污染物排放标准的依据，也是环境保护部门和有关部门对环境进行科学管理的重要手段。按照环境要素和污染要素分为水质、环境空气、土壤、噪声、放射性和辐射性质量标准等。如：

《地表水环境质量标准》（GB 3838—2002）

《地下水质量标准》（GB/T 14848—1993）

《海水水质标准》（GB 3097—1997）

《农田灌溉水质标准》（GB 5084—2005）

《环境空气质量标准》（GB 3095—2012）

《室内空气质量标准》（GB/T 18883—2002）

《土壤环境质量标准》（GB 15618—2008）

《声环境质量标准》（GB 3096—2008）

2. 污染物排放标准

污染物排放标准（pollutants discharge standard）是根据环境质量标准及污染治理的技术经济条件，对排入环境的有害物质和产生危害的各种因素所作的限制性规定。它是实现环境质量标准的主要保证，也是对污染进行强制性控制的主要手段。我国目前已经颁布执行的污染物排放标准分为水污染排放标准、大气污染排放标准、环境噪声排放标准等。如：

《污水综合排放标准》（GB 8978—2002）

《城镇污水处理厂污染物排放标准》（GB 18918—2002）

《制浆造纸工业水污染物排放标准》（GB 3544—2008）

《大气污染物综合排放标准》（GB 16297—1996）

《火电厂大气污染物排放标准》（GB 13223—2011）

《水泥工业大气污染物排放标准》（GB 4915—2013）

《煤炭工业污染物排放标准》（GB 20426—2006）

《社会生活环境噪声排放标准》（GB 22337—2008）

3. 环境基础标准

环境基础标准（environmental basic standard）是对环境质量标准和污染物排放标准所涉及的技术术语、符号、代号（含代码）、指南、程序、规范等所作的统一规定。它是制定其他环境保护标准的基础，处于指导地位。如：

《环境保护图形标志——排放口（源）》（GB 15562.1—1995）

《环境污染类别代码》（GB/T 16705—1996）

《环境污染源类别代码》（GB/T 16706—1996）

《环境信息网络建设规范》（HJ 460—2009）

4. 环境监测方法标准、技术规范和技术要求

环境监测方法标准（environmental monitoring method standard）是指在环境保护工作范围内以抽样、分析、试验、统计、计算、测定等方法为对象制定的标准。由于污染环境的因素繁杂，污染物的时、空变异性较大，因此对其测定的方法可能有多种。但从监测结果的准确性、可比性考虑，环境监测必须制定和执行国家或部门统一的环境方法标准。如：

《近岸海域水质自动监测技术规范》（HJ 231—2014）

《总铬水质自动在线监测仪技术要求及检测方法》（HJ 798—2016）

《环境空气 颗粒物中水溶性阴离子（F^-、Cl^-、Br^-、NO_2^-、NO_3^-、PO_4^{3-}、SO_3^{2-}、SO_4^{2-}）的测定 离子色谱法》（HJ 799—2016）

《水质 化学需氧量的测定 重铬酸盐法》（HJ 828—2017）

5. 环境标准样品标准

环境标准样品标准是对环境标准样品必须达到的要求所作的规定。它是为了在环境保护工作中和环境标准实施过程中校准仪器、检验监测方法、进行量值传递，由国家法定机关制作的能够确定一个或多个特性值的材料和物质，如《环境标准样品研复制技术规范》（HJ/T 137—2005）。

6. 环境保护的其他标准

环境保护的其他标准是指除上述标准以外，对在环保工作中还需统一协调的技术规范、分析仪器技术要求、环境保护产品技术要求、环境管理办法等。

习　题

1. 填空题

(1) 环境监测具有监测对象、手段、时间和空间的多变性，污染物繁杂和变异性，污染物毒性大、含量低等特性。具体表现为 _____、_____ 和 _____。

(2) 按监测目的不同，可将环境监测分为 _____、_____、_____ 和 _____。

(3) 为确保监测结果准确可靠、正确判断并能科学地反映实际，环境监测要满足 _____ 和 _____ 的要求。

(4) 我国的环境保护标准包括 _____ 和 _____ 2个级别。

(5) 我国环境标准依据其性质和功能分为 _____、_____、_____、_____ 和 _____ 六类。

2. 选择题

(1) 对环境中已知污染因素和污染物质定期监测，以了解污染现状及变化趋势、确定环境质量、评价控制措施的效果及环境标准的实施情况，这种监测属于（　　）。

A. 监督性监测　　B. 监视性监测　　C. 研究性监测　　D. 事故性监测

(2) 2016年中国环境状况公报中指出：影响我国城市空气质量的主要污染物是 $PM_{2.5}$，占超标天数的 66.8%。$PM_{2.5}$ 平均值为 $50\mu g/m^3$，超过国家二级标准0.43倍。这里所说的"标准"是指（　　）。

A. 环境质量标准　　B. 污染物排放标准　　C. 环境基础标准　　D. 样品标准和方法标准

(3) 对某一特定环境或某类污染因素进行监测，研究污染因素的变化规律及其对环境、人体、生物体的危害性质和影响程度，这种监测属于（　　）。

A. 监督性监测　　B. 监视性监测　　C. 研究性监测　　D. 事故性监测

(4) 测定某水库（属于集中式生活饮用水地表水源地二级保护区）水中总磷含量为 0.1mg/L，则该水库的总磷含量（　　）。

A. 超标100倍　　B. 超标10倍　　C. 超标1倍　　D. 不超标

(5)《地表水环境质量标准》（GB 3838—2002）中将地表水水域功能划分为____，功能类别从高到低依次为____。（　　）

A. 五类，Ⅴ、Ⅳ、Ⅲ、Ⅱ、Ⅰ类　　B. 四类，Ⅳ、Ⅲ、Ⅱ、Ⅰ类

C. 五类，Ⅰ、Ⅱ、Ⅲ、Ⅳ、Ⅴ类　　D. 四类，Ⅰ、Ⅱ、Ⅲ、Ⅳ类

3. 某2015年建造的燃煤火力发电厂，测定其锅炉烟气排气中二氧化硫的浓度为 $120mg/m^3$，该锅炉烟气排放二氧化硫浓度是否超过国家相应标准？

第二章 环境监测质量保证

环境监测质量保证（quality assurance）是对整个环境监测过程的全面质量管理。环境监测质量控制（quality control）是通过配套实施各种质量控制技术和管理规程而达到保证各个监测环节的工作质量的目的。

质量保证的目的就在于确保分析数据达到预定的准确度和精密度。为达到这一目的所应采取的措施和工作步骤都应当是事先规划好的，通过一系列的规约予以确定，并要求有关工作人员按规约执行，由此使整个监测工作处于受检状态。

环境监测质量控制是环境监测质量保证的一个部分，它包括实验室内部质量控制和外部质量控制两个部分。实验室内部质量控制是实验室自我控制质量的常规程序，它能反映分析质量的稳定性，以便及时发现分析过程中的异常情况，随时采取相应的校正措施。实验室内部质量控制的主要内容包括空白试验、校准曲线核查、仪器设备的定期标定、平行样分析、加标样分析、密码样品分析和质量控制图编制等。实验室外部质量控制通常是由上级监测站或环境管理部门委派有经验的人员对监测站的工作进行考核及评估，以便对数据质量进行独立评价，各实验室可以从中发现所存在的系统误差等问题，以便及时校正、提高监测质量。通常采用的方法是由检查人员下发考核样品（标准样品或密码样品），由受检查的监测站进行分析，以此对实验室的工作进行评价。

第一节 环境监测实验室基础

实验室是获得监测结果的关键部门，要使监测质量达到规定水平，必须要有合格的实验室和合格的分析操作人员。具体包括：仪器的正确使用和定期校正；玻璃仪器的选用和校正；化学试剂和溶剂的选用；溶液的配制和标定；试剂的提纯；实验室的清洁度和安全工作；分析人员的操作技术等。

仪器和玻璃量器是为分析结果提供原始测量数据的设备，其选择视监测项目的要求和实验室条件而定。仪器和量器的正确使用、定期维护和校准是保证监测质量、延长使用寿命的重要工作，也是反映操作人员技术素质的重要方面。

一、实验室用水

水是实验室最常用的溶剂，不同的监测项目需要不同质量的水。市售蒸馏水或去离子水必须经检验合格后才能使用。实验室中应配备相应的提纯装置。

1. 实验室用水的质量指标

实验室用水应为无色透明的液体，其中不得有肉眼可辨的颜色及杂质。实验室用水分三个等级，其质量应符合表 2-1 的规定。

2. 实验室用水的制备和用途

实验室用水的原料水应当是饮用水或比较纯净的水，如被污染，必须进行预处理。

（1）一级水 基本上不含溶解杂质或胶态粒子及有机物。它可用二级水经进一步处理制得：二级水经过再蒸馏、离子交换混合床、$0.2\mu m$ 滤膜过滤等方法处理，或用石英蒸馏装置进一步蒸馏制得。一级水用于有严格要求的分析试验，制备标准水样或配制分析超痕量物质用的试液。

表 2-1　实验室用水的质量指标

指标名称	一级水	二级水	三级水
pH 值范围(25℃)	—	—	5.0～7.5
电导率(25℃)/(mS/m)	≤0.01	≤0.10	≤0.50
可氧化物质含量(以 O 计)/(mg/L)	—	≤0.08	≤0.4
吸光度(254nm,1cm 光程)	≤0.001	≤0.01	—
可溶性二氧化硅(以 SiO_2 计)含量/(mg/L)	≤0.02	≤0.05	—
蒸发残渣(105℃±2℃)含量/(mg/L)	—	≤1.0	≤2.0

(2) 二级水　常含有微量的无机、有机或胶态杂质。可用蒸馏、反渗透或离子交换法制得的水通过再蒸馏的方法制备。二级水用于配制分析痕量物质用的试液。

(3) 三级水　适用于一般实验工作。可用蒸馏、反渗透或离子交换等方法制备。三级水用于配制分析微量物质用的试液。

3. 特殊要求的实验用水

(1) 不含氯的水　加入亚硫酸钠等还原剂将水中的余氯还原为氯离子，用附有缓冲球的全玻璃蒸馏器进行蒸馏。

(2) 不含氨的水　在 1L 蒸馏水中加 0.1mL 硫酸，在全玻璃蒸馏器中蒸馏，弃去 50mL 初馏液，其余馏出液收于具塞磨口玻璃瓶中，密塞保存。也可以使蒸馏水通过强酸型阳离子交换树脂柱制备。

(3) 不含二氧化碳的水　常用的制备方法是将蒸馏水或去离子水煮沸 10min，或使水量蒸发 10% 以上加盖冷却，也可将惰性气体（如纯氮）通入去离子水或蒸馏水中除去二氧化碳。

(4) 不含酚的水　加入氢氧化钠至水的 pH＞11，使水中酚生成不挥发的酚钠后进行蒸馏制得；或用活性炭吸附法制取。

(5) 不含砷的水　通常使用的普通蒸馏水或去离子水基本不含砷，进行痕量砷测定时应使用石英蒸馏器，使用聚乙烯树脂管及贮水容器贮存不含砷的蒸馏水。不得使用软质玻璃（钠钙玻璃）容器。

(6) 不含铅的水　用氢型强酸性阳离子交换树脂制备不含铅的水，贮水容器应用 6mol/L 硝酸浸洗后用无铅水充分洗净方可使用。

(7) 不含有机物的水　将碱性高锰酸钾溶液加入水中再蒸馏，再蒸馏的过程中应始终保持水中高锰酸钾的紫红色不得消退，否则应及时补加高锰酸钾。

4. 实验室用水的贮存

在贮存期间，水样被污染的主要原因是聚乙烯容器可溶成分的溶解或吸收空气中的二氧化碳和其他杂质。因此，一级水尽可能用前现制，二级水和三级水经适量制备后，可在预先经过处理并用同级水充分清洗过的密闭聚乙烯容器中贮存，室内应保证空气清新。

二、试剂与试液

实验室所用试剂、试液应根据实际需要，合理选用相应规格的试剂，按规定浓度和需要量正确配制。试剂和配好的试液需按规定要求妥善保存，注意空气、温度、光、杂质等因素的影响。另外，还要注意保存时间，一般浓溶液稳定性较好，稀溶液稳定性较差。通常，浓度约为 $1×10^{-3}$ mol/L 较稳定的试剂溶液可贮存一个月以上，浓度为 $1×10^{-4}$ mol/L 溶液只能贮存一周，而浓度为 $1×10^{-5}$ mol/L 溶液需当日配制。因此，许多试液常配成浓的贮存液，临用时稀释成所需浓度。配制溶液均需注明配制日期和配制人员，以备查核追溯。有时需对试剂进行提纯和精制，以保证分析质量。

化学试剂一般分为四级，其规格见表 2-2。

表 2-2　化学试剂的规格

级　　别	名　　称	代　　号	标签颜色
一级品	优级纯	G. R.	绿色
二级品	分析纯	A. R.	红色
三级品	化学纯	C. P.	蓝色
四级品	实验试剂	L. R.	蓝色

一级试剂用于精密的分析工作，主要用于配制标准溶液；二级试剂常用于配制定量分析中的普通试液，如无注明，环境监测所用试剂均应为二级或二级以上；三级试剂只能用于配制半定量、定性分析中的试液和清洁液等；四级试剂杂质含量较高，但比工业品的纯度高，主要用于一般的化学实验。

其他表示方法还有：高纯物质（E. P.），基准试剂（第一基准试剂、pH 基准试剂和工作基准试剂），光谱纯试剂（S. P.），色谱纯试剂（G. C.），生化试剂（B. R.），生物染色剂（B. S.），特殊专用试剂等。

阅读材料

基准试剂

基准试剂（primary reagent，reference reagent）是一种高纯度、组成与化学式相符、化学稳定性高的物质，常被用来直接配制标准溶液，用以标定未知溶液的浓度。

基准试剂应符合以下要求：①组成与其化学式相符；②纯度足够高；③化学稳定性高；④能按反应式定量进行化学反应，无副反应发生；⑤具有较大的摩尔质量。

根据纯度高低和用途，将基准试剂分为工作基准试剂和第一基准试剂。工作基准试剂的质量分数通常要求要达到 99.95%～100.05%，常见的如草酸钠、无水碳酸钠、碘酸钾、碳酸钙、氧化锌等。第一基准试剂的质量分数要求达到 99.98%～100.02%，常见的如氯化钠、邻苯二甲酸氢钾、重铬酸钾等。

三、仪器的检定与管理

分析仪器是开展监测分析工作不可缺少的基本工具，不同级别的监测站应配备满足监测任务和符合要求的监测仪器设备。仪器性能和质量的好坏将直接影响分析结果的准确性，因此必须对仪器设备定期进行检定。

1. 仪器的检定

监测实验室所用分析天平的分度值常为万分之一克或十万分之一克，其精度应不低于三级天平和三级砝码的规定，天平的计量性能应进行定期检定（每年由计量部门按相关规程至少检定一次），检验合格方可使用。

新的玻璃量器（如容量瓶、吸液管、滴定管等）在使用前均应对其进行检定，检验的指标包括量器的密合性、水流出时间、标准误差等，检验合格的方可使用。有些仪器只是示值存在较大误差，经校准后也可使用。

监测分析仪器（如分光光度计、pH 计、电导仪、气相色谱仪等）也必须定期检定，确保测定结果的准确。

如果仪器设备在使用过程中出现了过载或错误操作，或显示的结果可疑，或在检定时发现有问题，应立即停止使用，并加以明显标识。修复的仪器设备必须经校准、检定，证明仪器的功能指标已经恢复后方可继续使用。

2. 仪器的管理

实验室监测仪器是环境监测工作的主要装备，各类仪器的精度、使用环境、使用条件、校正方法及日常维护要求都不尽相同，因此在监测仪器的管理中必须采取相应的措施，才能保证仪器设备的完好和监测工作的质量。具体要求如下：

（1）仪器设备购置、验收、流转应受控，未经定型的专用检验仪器设备需提供相关技术单位的验证证明方可使用。

（2）各种精密贵重仪器以及贵重器皿（如铂器皿和玛瑙研钵等）要由专人管理，分别登册、建档。仪器档案应包括仪器使用说明书，验收和调试记录，仪器的各种初始参数，定期保修、检定和校准以及使用情况的登记记录等。

（3）精密仪器的安装、调试、使用和保养维修均应严格遵照仪器说明书的要求。上机人应通过专业培训和考核，考核合格方可上机操作。

（4）使用仪器前应先检查仪器是否正常。仪器发生故障时，应立即查清原因，排除故障后方可继续使用。仪器用完之后，应将各部件恢复到所要求的位置，及时做好清理工作，盖好防尘罩。仪器的附属设备应妥善安放，并经常进行安全检查。

四、实验室环境条件

1. 一般实验室

一般实验室应有良好的照明、通风、采暖等设施，同时还应配备停电、停水、防火等应急的安全设施，以保证分析检验工作的正常运行。实验室的环境条件还应符合人身健康和环保要求。大型精密仪器实验室中应配置相应的空调设备和除湿除尘设备。

2. 清洁实验室

实验室空气中往往含有细微的灰尘以及液体气溶胶等物质，对于一些常规项目的监测不会造成太大的影响，但对痕量分析和超痕量分析会造成较大的误差。因此在进行痕量和超痕量分析以及需要使用某些高灵敏度的仪器时，对实验室空气的清洁度就有较高的要求。

实验室空气清洁度分为三个级别：100 号、10000 号和 100000 号。它是根据室内悬浮固体颗粒的大小和数量多少来分类的，一般有两个指标，即每平方米面积上 $\geqslant 0.5\mu m$ 和 $\geqslant 5.0\mu m$ 的颗粒数。颗粒物数量与空气清洁度的关系见表 2-3。

表 2-3　空气清洁度

空气清洁度/号	颗粒直径/μm	工作面上最大污染颗粒数/（颗粒/m^2）
100	$\geqslant 0.5$	100
	$\geqslant 5.0$	0
10000	$\geqslant 0.5$	10000
	$\geqslant 5.0$	65
100000	$\geqslant 0.5$	100000
	$\geqslant 5.0$	700

要达到清洁度为 100 号标准，空气进口必须用高效过滤器过滤。高效过滤器效率为 85%～95%，对直径为 0.5～5.0μm 颗粒的过滤效率为 85%，对直径大于 5.0μm 颗粒的过滤效率为 95%。超净实验室面积一般较小（约 12m^2），并有缓冲室，四壁涂环氧树脂油漆，桌面用聚四氟乙烯或聚乙烯膜，地板用整块塑料地板，门窗密闭，室内略带正压，用层流通风柜。

没有超净实验室条件的可采用一些其他措施。例如，样品的预处理、蒸干、消化等操作最好在专用的通风柜内进行，并与一般实验室、仪器室分开。几种分析同时进行时应注意防止相互交叉污染。

第二节　环境监测实验室质量保证

一、基本概念

1. 准确度

准确度（accuracy）是指测定值与真实值相符合的程度，用绝对误差和相对误差来表示。它是分析方法或测量系统中存在的系统误差和随机误差两者的综合反映。

准确度的评价有两种方法：第一种是通过分析标准物质，根据所得结果的误差来确定准确度；第二种是通过加标回收实验测定回收率的方法，以确定准确度。

2. 精密度

精密度（precision）是使用特定的分析程序在受控条件下重复分析同一样品所得测定值之间的一致程度。它反映了分析方法或测量系统存在的随机误差的大小。测试结果的随机误差越小，测试的精密度越高。

精密度通常用极差、平均偏差和相对平均偏差、标准偏差和相对标准偏差表示。为满足某些特殊需要，引用下述三个精密度的专用术语。

（1）平行性（parallelism）　在同一实验室中，若分析人员、分析设备和分析时间都相同时，用同一分析方法对同一样品进行双份或多份平行样测定结果之间的符合程度。

（2）重复性（repeatability）　在同一实验室内，若分析人员、分析设备及分析时间中的任一项不相同时，用同一分析方法对同一样品进行两次或多次独立测定所得结果之间的符合程度。

（3）再现性（reproducibility）　用相同的方法，对同一样品在不同条件下获得的单个结果之间的一致程度。"不同条件"指不同实验室、不同分析人员、不同设备、不同（或相同）时间。

3. 灵敏度

灵敏度（sensitivity）是指某分析方法对单位浓度或单位量的待测物质的变化所引起的响应量变化的程度，它可以用仪器的响应量或其他指示量与对应的待测物质的浓度或量之比来描述。如用某仪器进行样品测定时，常用标准曲线的斜率来度量灵敏度。标准曲线的线性回归方程用下式表示：

$$S=kc+a \tag{2-1}$$

式中　S——仪器的响应量；

　　　c——待测物质的浓度；

　　　a——校准曲线的截距；

　　　k——方法的灵敏度。k 值越大，说明方法的灵敏度越高。

一个方法的灵敏度因实验条件的改变而改变。在一定的实验条件下，灵敏度具有相对的稳定性。

4. 校准曲线

校准曲线是用于描述待测物质的浓度或量与相应的测量仪器的响应量或其他指示量之间定量关系的曲线。校准曲线包括标准曲线和工作曲线，前者是用标准溶液直接测量，没有经过样品的预处理过程，对复杂样品的测定往往造成较大的误差；后者所用的标准溶液经过与样品相同的消解、净化、测量等全过程。环境监测数据处理时常用校准曲线的直线部分。某一方法校准曲线的直线部分所对应的待测物质浓度（或量）的变化范围，称为该方法的线性范围。

5. 空白试验

空白试验又叫空白测定，是指用蒸馏水代替试样的测定。其所加试剂和操作步骤与实验测定完全相同。空白试验应与试样测定同时进行，试样分析时仪器的响应值（如吸光度、峰高等）不仅是试样中待测物质的分析响应值，还包括其他因素，如试剂中杂质、环境及操作进程的沾污等的响应值。这些因素是经常变化的，因此每次测定时，均需要进行空白试验，空白试验所得的响应值称为空白值。当空白试验值偏高时，应全面检查空白试验用水、试剂的空白、量器和容器是否沾污、仪器的性能以及环境状况等。

6. 检测限

检测限（detection limit）是指某一分析方法在给定的可靠程度内可以从样品中检测待测物质的最小浓度或最小量。检测限的规定如下：

（1）分光光度法中规定以扣除空白值后，吸光度为 0.01 相对应的浓度值为检测限。

（2）气相色谱法中规定检测器产生的响应信号为噪声值两倍时的量。最小检测浓度是指最小检测量与进样量（体积）之比。

（3）离子选择性电极法规定某一方法的标准曲线的直线部分外延的延长线与通过空白电位且平行于浓度轴的直线相交时，其交点所对应的浓度值即为检测限。

（4）《全球环境监测系统水监测操作指南》中规定，给定置信水平为 95％时，样品浓度的一次测定值与零浓度样品的一次测定值有显著性差异者，即为检测限（L）。若空白平行测定（批内）标准偏差为 σ_{wb}，空白测定次数 n 大于 20 时，检测限（L）可用式(2-2)计算：

$$L = 4.6\sigma_{wb} \tag{2-2}$$

检测上限是指校准曲线直线部分的最高点（弯曲点）相应的浓度值。

7. 测定限

测定限（limit of determination）分测定下限和测定上限。测定下限是指在测定误差能满足预定要求的前提下，用特定方法能够准确地定量测定待测物质的最小浓度或量；测定上限是指在测定误差能满足预定要求的前提下，用特定方法能够准确地定量测定待测物质的最大浓度或量。

某一特定方法测定下限至测定上限之间的浓度范围称为方法的适用范围。在测定误差能满足预定要求的前提下，特定方法的测定下限到测定上限之间的浓度范围称为最佳测定范围（或有效测定范围）。显然，最佳测定范围应小于方法的适用范围。

二、离群值的取舍

对于一次测量的一组分析数据，有个别值与其他数据相差较大；或者多组分析数据，有个别组数据的平均值与其他组的平均值相差较大，这种与其他数据有明显差别的数据被称为离群值（可疑数据）。这些可疑数据的存在往往会显著地影响分析结果，当测定数据不多时，影响尤为明显。因为正常数据具有一定的分散性，所以对于这种数据，既不能轻易保留，也不能随意舍弃，应对它进行检验，常用的判别方法有狄克逊（Dixon）检验法和格鲁布斯（Grubbs）检验法。

三、线性相关和回归分析

1. 直线回归方程

对于任意的两个变量，无论它们是否具有相关关系，都可以用一定的方法来建立它们之间的关系式，这种关系式就叫做回归方程式。最简单的为直线回归方程，其形式为：

$$\hat{y} = ax + b \tag{2-3}$$

根据测定的一系列 x_1，x_2，…，x_n 值，和对应的一系列 y_1，y_2，…，y_n 值，上述方程可以根据偏最小二乘法来建立，并由式(2-4)和式(2-5)来确定方程中 a 和 b 的值。

$$a = \frac{\sum\limits_{i=1}^{n}(x_i - \bar{x})(y_i - \bar{y})}{\sum\limits_{i=1}^{n}(x_i - \bar{x})^2} = \frac{\sum\limits_{i=1}^{n}x_i y_i - \frac{1}{n}\sum\limits_{i=1}^{n}x_i \sum\limits_{i=1}^{n}y_i}{\sum\limits_{i=1}^{n}x_i^2 - \frac{1}{n}\left(\sum\limits_{i=1}^{n}x_i\right)^2} \tag{2-4}$$

$$b = \frac{\sum\limits_{i=1}^{n}y_i - a\sum\limits_{i=1}^{n}x_i}{n} = \bar{y} - a\bar{x} \tag{2-5}$$

式中　$\bar{x}$——x 的平均值；

$\bar{y}$——y 的平均值；

x_i——第 i 个测量值；

y_i——第 i 个与 x_i 相对应的测量值。

当 a 和 b 得到后，回归方程就确定了。但只有 x 与 y 之间有着良好的线性关系，根据回归直线方程绘制的直线才有意义；反之，就毫无意义。

2. 线性相关检验

变量与变量之间的不确定关系称为相关关系，它们之间线性关系的密切程度用相关系数 r 表示。

$$r = \frac{S_{xy}}{\sqrt{S_{xx}S_{yy}}} \tag{2-6}$$

式中

$$S_{xx} = \sum_{i=1}^{n}(x_i - \bar{x})^2 = \sum_{i=1}^{n}x_i^2 - \frac{1}{n}\left(\sum_{i=1}^{n}x_i\right)^2$$

$$S_{yy} = \sum_{i=1}^{n}(y_i - \bar{y})^2 = \sum_{i=1}^{n}y_i^2 - \frac{1}{n}\left(\sum_{i=1}^{n}y_i\right)^2$$

$$S_{xy} = \sum_{i=1}^{n}(x_i - \bar{x})(y_i - \bar{y}) = \sum_{i=1}^{n}x_i y_i - \frac{1}{n}\sum_{i=1}^{n}x_i \sum_{i=1}^{n}y_i$$

r 的取值在 $-1 \sim +1$ 之间，有以下三种情况：

(1) 当 $r = 0$ 时，x 与 y 毫无线性关系。

(2) 当 $|r| = 1$ 时，x 与 y 为完全线性相关，即有确定的线性函数关系。

(3) 当 $0 < |r| < 1$ 时，x 与 y 之间存在一定的线性关系。

$|r|$ 越接近 1，则所得的数据线性相关就越好。对于环境监测工作中的标准曲线，一般要求相关系数 $|r| > 0.999$，否则应找出原因加以纠正，并重新进行测定。但在实际监测分析中，其标准曲线的相关系数达不到 $|r| > 0.999$，因此根据实际情况制定了相关系数的临界值 r_α 表（见表2-4）。根据不同的测定次数 n 和给定的显著性水平 α（环境监测中 α 常取 0.05 或 0.01）可查得相应的临界值 r_α，只有当 $|r| > r_\alpha$ 时，表明 x 与 y 之间有着良好的线性关系，这时根据直线回归方程绘制的直线才有意义。反之，x 与 y 之间不存在线性相关关系。

表 2-4 相关系数临界值表

测定次数 n	显著性水平 α		测定次数 n	显著性水平 α		测定次数 n	显著性水平 α	
	0.05	0.01		0.05	0.01		0.05	0.01
3	0.9969	0.9999	12	0.5760	0.7079	21	0.4329	0.5487
4	0.9500	0.9900	13	0.5529	0.6835	22	0.4227	0.5368
5	0.8783	0.9587	14	0.5324	0.6614	23	0.3809	0.4869
6	0.8114	0.9172	15	0.5139	0.6411	24	0.3494	0.4487
7	0.7545	0.8745	16	0.4973	0.6226	42	0.3044	0.3932
8	0.7067	0.8343	17	0.4821	0.6055	52	0.2732	0.3541
9	0.6664	0.7977	18	0.4683	0.5897	62	0.2500	0.3248
10	0.6319	0.7646	19	0.4555	0.5751	82	0.2172	0.2830
11	0.6021	0.7348	20	0.4438	0.5614	102	0.1946	0.2540

【例 2-1】 用分光光度法测酚的工作曲线数据见下表，试求吸光度（A）对酚浓度（ρ）的线性回归方程。

序　　号	1	2	3	4	5	6
酚浓度 $\rho/(mg/L)$	0.005	0.010	0.020	0.030	0.040	0.050
吸光度 A	0.020	0.046	0.100	0.120	0.140	0.180

解 设酚的浓度为 x，吸光度为 y，则

$$\sum x = 0.155, \quad \sum y = 0.606, \quad n = 6$$

$$\bar{x} = 0.0258, \quad \bar{y} = 0.101, \quad \sum x_i y_i = 0.0208, \quad \sum x_i^2 = 0.00552$$

根据上述公式：

$$a = \frac{6 \times 0.0208 - 0.155 \times 0.606}{6 \times 0.00552 - 0.155^2} = 3.4$$

$$b = 0.101 - 3.4 \times 0.0258 = 0.013$$

其回归方程式为： $A = 3.4\rho + 0.013$

现常用 Microsoft Excel 求线性回归方程并绘制工作曲线（见图 2-1）。

四、实验室内质量控制

1. 加标回收

在样品中加入一定量的标准物质，用测定的数值按式(2-7)计算加标回收率。回收率的理论值为 100%，实测值越接近 100% 表明方法的准确度越高。这是实验室中最常用的确定准确度的方法。

$$\text{回收率 } P = \frac{\text{加标试样测定值} - \text{试样测定值}}{\text{加标量}} \times 100\% \qquad (2-7)$$

进行加标回收率测定时应该注意以下几点：

(1) 加标物的形态应该与待测物的形态相同。

(2) 加标量应尽量与样品中待测物质含量相等或相近。

(3) 当样品中待测物质含量接近方法检测限时，加标量应控制在校准曲线的低浓度范围。

(4) 在任何情况下，加标量均不得大于待测物含量的 3 倍。

(5) 当样品中待测物浓度高于校准曲线的中间浓度时，加标量应控制在待测物浓度的半量。

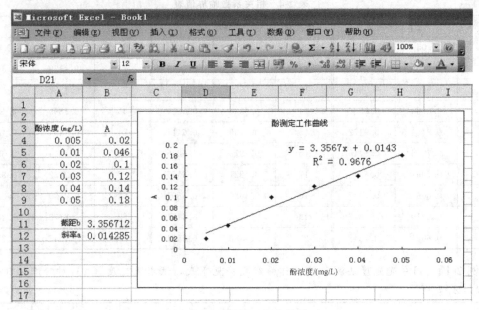

图 2-1　酚测定工作曲线图

2. 对照分析

在进行环境样品分析的同时，对标准物质进行平行分析，将后者的测定结果与浓度进行比较，以控制分析准确度。也可以由他人（上级或权威部门）配制（或选用）标准样品，但不告诉操作人员浓度值（即密码样），然后由上级或权威部门对结果进行检查，这也是考核人员的一种方法。

3. 比较实验

对同一样品采用不同的分析方法进行测定，比较结果的符合程度来估计测定准确度。对于难度较大而不易掌握的方法或测得结果有争议的样品，常用此法，必要时还可以进一步交换操作者、交换仪器设备或两者都换。将所得结果加以比较，以检查操作稳定性和发现问题。

4. 质量控制图及应用

质量控制图是实验室内部实行质量控制的一种常用的、简便有效的方法，它可用于准确度和精密度的检验。

质量控制图的基本原理是 W. A. Shewart 提出的，每一个方法都存在着变异，都受到时间和空间的影响，即使在理想的条件下获得的一组分析结果，也会存在一定的随机误差。但当某一个结果超出了随机误差的允许范围时，运用数理统计的方法，可以判断这个结果是异常的、不可信的。质量控制图可以起到这种监测的仲裁作用。因此实验室内质量控制图是监测常规分析过程中可能出现误差，控制分析数据在一定的精密度范围内，保证常规分析数据质量的有效方法。

（1）质量控制样的分析和数据积累　编制控制图的基本假设：测定结果在受控的条件下具有一定的精密度和准确度，并符合正态分布。若以一个控制样品，用一种方法，由一个分析人员在一定时间内进行分析，累积一定数据，而且这些数据达到了规定的精密度和准确度的要求（即处于控制状态），则可以其结果分析次序编制控制图。在以后的经常分析过程中，取每份（或多次）平行的控制样品随机地编入环境样品中一起分析，根据控制样品的分析结果，推断环境样品的分析质量。

控制样品的浓度和组成应尽量与环境样品相似，用同一方法在一定时间内（如每天分析一次平行样）重复测定，至少累积 20 个数据（不可将 20 个重复实验同时进行，或一天分析两次或两次以上）。

按式(2-8)、式(2-9) 和式(2-10) 分别计算总均值 $\overline{\overline{x}}$、标准偏差 S 和平均极差 $\overline{R}$ 等。

$$\overline{\overline{x}} = \frac{1}{n} \sum_{i=1}^{n} \overline{x}_i \tag{2-8}$$

$$S = \sqrt{\frac{\sum_{i=1}^{n} \overline{x}_i^2 - \frac{(\sum_{i=1}^{n} \overline{x}_i)^2}{n}}{n-1}} \tag{2-9}$$

$$\overline{R} = \frac{1}{n} \sum_{i=1}^{n} R_i \tag{2-10}$$

式中　$\overline{x}_i$——第 i 次平行分析质量控制样品的平均值；

$\quad\quad$ R_i——第 i 次平行分析质量控制样品的极差。

（2）质量控制图的基本组成　图 2-2 所示为质量控制图的基本组成。预期值即图中的中心线，目标值即图中上、下警告限之间区域（置信度 95.46％），实测值的可接受范围即图中上、下控制限之间的区域（置信度 99.7％），上、下辅助线位于中心线两侧与上、下警告限之间各一半处（置信度 68.26％）。

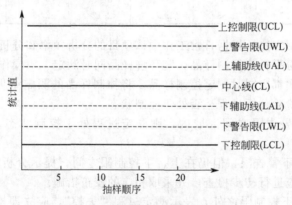

图 2-2　质量控制图的基本组成

（3）均数控制图（$\overline{x}$ 图）　以测定顺序为横坐标，相应的测定值为纵坐标，将各实验点按顺序用线连接起来，并绘制相关控制线。

中心线——以总均值 $\overline{\overline{x}}$ 估计 μ；

上、下控制限——按 $\overline{\overline{x}} \pm 3S$ 值绘制；

上、下警告限——按 $\overline{\overline{x}} \pm 2S$ 值绘制；

上、下辅助线——按 $\overline{\overline{x}} \pm S$ 值绘制。

（4）均数-极差控制图（$\overline{x}$-R 图）　有时分析平行样的平均值 $\overline{x}_i$ 与总均值 $\overline{\overline{x}}$ 很接近，但极差较大，显然这属于质量较差的控制图。而采用均数-极差控制图就能同时考察均数和极差的变化情况。

① 对于均数控制部分

中心线——$\overline{\overline{x}}$

上、下控制限——$\bar{\bar{x}} \pm A_2 \bar{R}$

上、下警告限——$\bar{\bar{x}} \pm \frac{2}{3} A_2 \bar{R}$

上、下辅助线——$\bar{\bar{x}} \pm \frac{1}{3} A_2 R$

② 对于极差控制部分

上控制限——$D_4 \bar{R}$

上警告限——$\bar{R} + \frac{2}{3}(D_4 \bar{R} - \bar{R})$

上辅助线——$\bar{R} + \frac{1}{3}(D_4 \bar{R} - \bar{R})$

中心线——$\bar{R}$

下控制限——$D_3 \bar{R}$

系数 A_2、D_3、D_4 可从表 2-5 中查到。

表 2-5 控制图系数表

系数 \ n	2	3	4	5	6	7	8
A_2	1.88	1.02	0.73	0.58	0.48	0.42	0.37
D_3	0	0	0	0	0	0.076	0.136
D_4	3.27	2.58	2.28	2.12	2.00	1.92	1.86

（5）控制图的使用方法　根据日常工作中该项目的分析频率和分析人员的技术水平，每间隔适当时间，取两份平行的控制样品，随环境样品同时测定，对操作技术较低的人员和测定频率低的项目，每次都应同时测定控制样品，将控制样品的测定结果 $\bar{x}_i$ 依次在控制图上标出，根据下列规定检验分析过程是否处于控制状态。

① 若点在上、下警告限之间区域内，则测定过程处于控制状态，环境样品分析结果有效。

② 若点超出上、下警告限，但仍在上、下控制限之间，提示分析质量开始变劣，可能存在"失控"倾向，应进行初步检查，并采取相应的校正措施。

③ 若点落在上、下控制限之外，表示测定过程"失控"，应立即检查原因，予以纠正。环境样品应重新测定。

④ 如遇到 7 点连续上升或下降时，表示测定有失去控制倾向，应立即查明原因，予以纠正。

⑤ 落在 $\bar{\bar{x}} \pm S$（或 $\bar{\bar{x}} \pm \frac{1}{3} A_2 \bar{R}$）范围内的点数应约占总点数的 68%。若少于 50%，则认为点的分布不合适，表明此图不可靠。

⑥ 若连续 7 点位于中心线同一侧，表示数据失控，此图不适用。

⑦ 如果 11 点中有 10 点位于中心线的一侧，表示数据失控，同样还有 14 点中有 12 点、17 点中有 14 点、20 点中有 16 点位于中心线的一侧，亦表明所得数据失控。

⑧ 数据点若呈周期性变化，亦表明所得数据失控。

五、实验室间质量控制

实验室工作质量的外部控制称为实验室间质量控制。通常由中心实验室或上级主管部门负责实施，接受外部控制的各实验室必须是内部质量已经达到合格者。各实验室接受考核时，一般采用统一的标准方法对上级部门统一发放的密码标准样品进行测定，测定数据由上级部门进行统计处理后，对接受检查的实验室作出质量评价并予以公布，从中可以发现各实验室存在的问题并及时纠正。实际考核的内容和方法有很多种，常见的有各实验室等精度检验、质量检查图和双样图等。

第三节　监测方法的质量保证

一、标准分析方法

对于一种化学物质或元素往往可以有许多种分析方法可供选择。例如，水体中汞的测定方法就有冷原子荧光法、冷原子吸收法和双硫腙分光光度法等，这些分析方法都是国家标准中公布的标准方法。

标准分析方法的选定首先要达到所要求的检测限，其次能提供足够小的随机和系统误差，同时对各种环境样品能得到相近的准确度和精密度，当然也要考虑技术、仪器的现实条件和推广的可能性。

标准分析方法通常是由某个权威机构组织有关专家编写的，因此具有很高的权威性。

编制和推行标准分析方法的目的是为了保证分析结果的重复性、再现性和准确性，不但要求同一实验室的分析人员分析同一样品的结果要一致，而且要求不同实验室的分析人员分析同一样品的结果也要一致。

标准是标准化活动的结果，标准化工作是一项具有高度政策性、经济性、技术性、严密性和连续性的工作，开展这项工作必须建立严密的组织机构，同时必须按照一定的规范来进行工作。

二、实验室间的协作试验

协作试验是指为了一个特定的目的并按照预定的程序所进行的合作研究活动。协作试验可用于分析方法标准化、标准物质浓度定值、实验室间分析结果争议的仲裁和分析人员技术等级评定等项工作。

分析方法标准化协作试验的目的则是为了确定拟作为标准的分析方法在实际应用的条件下可以达到的精密度和准确度，制定实际应用中分析误差的允许界限，以作为方法选择、质量控制和分析结果仲裁的依据。

进行协作试验要预先制订一个合理的试验方案，并应注意下列因素。

1. 实验室的选择

参加协作试验的实验室要选择在地区和技术上有代表性，并具备参加协作试验的基本条件，如分析人员、分析设备等。避免选择技术太高和太低的实验室，实验室数目以多为好，一般要求 5 个以上。

2. 分析方法

选择成熟和比较成熟的方法，方法应能满足确定的分析目的，并已写成了较严谨的文件。

3. 分析人员

参加协作试验的实验室应指定具有中等技术水平的分析人员参加工作，分析人员应对被试验的方法具有较丰富的实践经验。

4. 实验设备

参加协作试验的实验室要尽可能用已有的可互换的同等设备。各种量器、仪器等按规定校准，如果同一实验有两人以上参加，除专用设备外，其他常用设备（如天平、玻璃器皿和分光光度计等）不得共用。

5. 样品的类型和含量

样品基体应有代表性，在整个试验期间必须均匀稳定。

由于精密度往往与样品中被测物质的浓度水平有关，一般至少要包括高、中、低三种浓度。如要确定精密度随浓度变化的回归方程，至少要使用 5 种不同浓度的样品。

作为商品或浓度值已为人们知道的标准物质不宜作为方法标准化协作试验或考核人员的样品，使用密码样品可避免"习惯性"偏差。

6. 分析时间和测定次数

同一名分析人员至少要在两个不同的时间进行同一样品的重复分析。一次平行测定的平行样数目不得少于两个。每个实验室对每种含量的样品的总测定次数不应少于 6 次。

7. 协作试验中的质量控制

在正式分析以前要分发类型相似的已知样，让分析人员进行操作练习，取得必要的经验，以检查和消除实验室的系统误差。

协作试验设计不同，数据处理的方法也不尽相同。以方法标准化为例，一般计算步骤是：

（1）整理原始数据，汇总成便于计算的表格；

（2）核查数据并进行离群值检验；

（3）计算精密度，并进行精密度与含量之间的相关性检验；

（4）计算允许差；

（5）计算准确度。

第四节 环境标准样品

一、标准样品和标准物质

1. 标准样品

标准样品（reference material，RM）是指一种或多种特性值已很好被确定了的足够均匀的材料或物质，用于校准仪器、评价测量方法或为材料赋值。这里所说的特性值可以是化学、物理、生物学、工程技术或感官的性能特征。

有证标准样品（certified reference material，CRM）是指附有证书的标准样品，其一种或多种特性值用建立了溯源性的程序确定，使之可溯源到准确复现的表示该特性值的测量单位，证书上给出的每个特性值都附有给定置信水平的不确定度。这里所说的不确定度是指测定结果表达式中说明数值范围的那部分，表示真值以给定的概率落在此范围内。

根据《标准样品工作导则〈1〉在技术标准中陈述标准样品的一般规定》（GB/T 15000.1）的规定："在技术标准中规定的各项技术指标以及有关标准分析试验方法，凡需要标准样品配合才能确保这些技术标准应用效果在不同时间、空间的一致性时，都应规定研制和使用相应的标准样品"。由此可见，标准样品是保证文字标准有效实施的实物标准，是文字标准的必要补充。国家实物标准代号为"GSB"。

2. 标准物质

标准物质（reference material，RM）是指具有一种或多种足够均匀和很好确定了的特性值，用以校准测量装置、评价测量方法或给材料赋值的材料或物质。

有证标准物质（certified reference material，CRM）是指附有证书的标准物质，其一种或多种特性值用建立了溯源性的程序确定，使之可溯源到准确复现的表示该特性值的测量单位, 证书上给出的每个特性值都附有给定置信水平的不确定度。

我国将标准物质分为一级标准物质和二级标准物质两个级别。一级标准物质是用绝对测量法或两种以上不同原理的准确可靠的方法定值(若只有一种定值方法可采取多个实验室合作定值)。它的不确定度具有国内最高水平, 均匀性良好, 在不确定度范围之内, 且稳定性在一年以上, 具有符合标准物质技术规范要求的包装形式。一级标准物质由国务院计量行政部门批准、颁布并授权生产, 其代号为"GBW"。

二级标准物质是用与一级标准物质进行比较测量的方法或一级标准物质的定值方法定值, 其不确定度和均匀性未达到一级标准物质的水平, 稳定性在半年以上, 能满足一般测量的需要, 包装形式符合标准物质技术规范的要求。二级标准物质由国务院计量行政部门批准、颁布并授权生产, 其代号"GBW(E)"。

市售的标准物质的相关信息主要包括名称、产品编号、标准值和单位、不确定度、规格(见表 2-6)。

表 2-6　市售标准物质的相关信息

名称	产品编号	标准值和单位	不确定度	规格
氮中甲烷	BW 0101	$10\sim1000\mu mol/mol$	1%	4L
氮中一氧化碳	BW 0106	$10\sim1000\mu mol/mol$	1%	4L
氮中二氧化碳	BW 0111	$10\sim1000\mu mol/mol$	1%	4L
氮中二氧化硫	BW 0116	$300\sim3000\mu mol/mol$	1.5%	4L
硫代硫酸钠滴定溶液标准物质	BWB 2017—2016	0.1000mol/L	0.3	50mL
高锰酸钾滴定溶液标准物质	BWB 2016—2016	0.02001mol/L	0.3	100mL
水中磷酸盐标准物质	BW 085519	0.10mg/L	—	20mL
13种元素混标 (Pr Nd B Al Co Cu Ga Gd Ho Tb Dy Zr Cr)	YS-005	Pr50μg/mL, Nd100μg/mL 其他11种元素 10μg/mL		100mL

我国将标准样品和标准物质的英文均译为"reference materials", 从定义看, 它们既有计量学方面的特性, 又有标准化方面的内涵。对研制工作者来说, 其研制程序是相同的, 对其内在质量要求也是一样的; 对使用者而言, 其作用也是相同或相近的。所不同的只是目前管理的机构、审批程序不同, 强调的侧重点略有差异。在标准化系统称为"标准样品", 而在计量系统称为"标准物质"。前者的管理机构是国家技术监督局标准司, 而后者的管理机构是国家技术监督局计量司。

二、环境标准样品

环境标准样品(environmental reference materials, ERM)是指具有一种或多种足够均匀和充分确定了特性量值、通过技术评审且附有使用证书的环境样品, 主要用于校准和检定环境监测分析仪器、评价和验证环境监测分析方法或确定其他环境样品的特性量值。

国家环境标准样品(national certified environmental reference materials, NCERM)是指通过国家环境保护主管部门组织的专家技术评审, 由国家标准化主管部门批准、发布、授权生产并附有国家标准样品证书的环境标准样品。

环境标准样品可以是纯的或混合的气体、液体或固体。通常将以纯化学试剂为原料制备的环境标准样品称为人工合成环境标准样品, 如环境监测分析用的标准溶液、标准气体、模拟水值标准样品等; 将以实际环境样品为原料制备的环境标准样品称为天然基体环境样品, 如土壤标准样品、空气颗粒物标准样品等。

市售的环境标准样品的相关信息主要包括名称、批号、国标号、浓度、有效期和包装规格等(见表 2-7)。

表 2-7　市售环境标准样品的相关信息

名称	批号	国标号	浓度	包装规格
化学需氧量水质标样	200199	GSB 07-3161—2014	260mg/L	20mL 安瓿瓶
	2001100	GSB 07-3161—2014	117mg/L	20mL 安瓿瓶
	2001101	GSB 07-3161—2014	59.5mg/L	20mL 安瓿瓶
挥发酚水质标样	200347	GSB 07-3180—2014	30.7μg/L	20mL 安瓿瓶
	200348	GSB 07-3180—2014	61.1μg/L	20mL 安瓿瓶
	200349	GSB 07-3180—2014	74.8μg/L	20mL 安瓿瓶
氮气中一氧化碳气体标样	054L11	GSB 07-1407—2001	$30\sim90\mu mol/mol$	4L
	054L12	GSB 07-1407—2001	$700\sim1200\mu mol/mol$	4L
	054L13	GSB 07-1407—2001	$1800\sim3000\mu mol/mol$	4L

　　目前国内外提供的标准物质有几百种，如何从中选择适合自己工作需要的标准样品，是十分重要的。选择和使用标准物质时需要注意如下几点：

　　(1) 要选择与待测样品的基体组成和待测成分的浓度水平相类似的标准物质；

　　(2) 根据测定工作本身对准确度的要求可选用不同级别的标准物质。例如，在研制标准物质时必须使用一级标准物质，而在普通实验室的分析质量控制则可使用二级标准物质或工作标准物质；

　　(3) 要注意标准物质证书中规定的有效期限能否满足实际工作的需要；

　　(4) 要注意标准物质证书中规定的保存条件，并按证书中的要求妥善保存；

　　(5) 要仔细了解标准物质的量值特点、化学组成、最小取样量和标准值的测定条件等内容；

　　(6) 必须在测量系统经过标准化并达到稳定后方可使用标准物质。如果在使用标准物质时测量系统不稳定、噪声高、灵敏度低、重现性差，测量条件经常发生变化，或存在明显的系统误差，即使使用了标准物质也难以取得质量可靠的结果。

习　　题

1. 填空题

　　(1) 配制分析痕量物质用的试液，需要用＿＿＿＿＿＿级的水。

　　(2) 制备不含氨的水，是向去离子水中加入硫酸至 pH＿＿＿＿＿后蒸馏。

　　(3) 制备不含酚的水，是向去离子水中加入氢氧化钠至 pH＿＿＿＿＿后蒸馏。

　　(4) 工作基准试剂的质量分数通常要求达到＿＿＿＿＿＿＿＿＿＿＿＿。第一基准试剂的质量分数通常要求达到＿＿＿＿＿＿＿＿＿＿。

　　(5) 二级水和三级水经适量制备后，可在预先经过处理并用同级水充分清洗过的密闭的＿＿＿＿容器中贮存。

2. 选择题

　　(1) 配制原子吸收光谱分析试液，应采用 (　　)。

　　A. 一级水　　B. 二级水　　C. 三级水　　D. 自来水

　　(2) 关于实验室用水 pH 值范围的叙述，(　　) 说法不正确。

　　A. 由于在一级水纯度下，难以测定 pH 真实值，因此对 pH 范围不作规定

　　B. 由于在二级水纯度下，难以测定 pH 真实值，因此对 pH 范围不作规定

　　C. 二级水的 pH 范围（25℃）是 5.0～7.5

　　D. 三级水的 pH 范围（25℃）是 5.0～7.5

　　(3) 配制环境监测定量分析中的普通试液常采用 (　　) 试剂。

　　A. 化学纯　　B. 分析纯　　C. 优级纯　　D. 色谱纯

　　(4) 用相同方法，对同一样品在不同条件下进行测定获得的单个结果之间的一致程度，称为 (　　)。

　　A. 平行性　　B. 重复性　　C. 再现性　　D. 准确性

（5）关于环境标准样品的英文及缩写，（　　）是正确的。

A. reference material，RM

B. environmental reference materials，ERM

C. certified reference material，CRM

D. environmental standard substance，ESS

3. 用双硫腙比色法测定水样中的铅，六次测定的结果分别为 1.06mg/L、1.08mg/L、1.10mg/L、1.15mg/L、1.10mg/L、1.20mg/L，试计算测定结果的平均值、平均偏差、相对平均偏差、标准偏差、极差、变异系数，并表示出该测定的结果。

4. 用分光光度法测定铁标准系列溶液得到下列数据：

$Fe^{3+}/(\mu g/mL)$	0.40	0.80	1.20	1.60	2.00
吸光度 A	0.250	0.495	0.740	0.969	1.225

试求直线回归方程，并检验所确定的关系式是否有意义。

5. 某一铜的控制水样，累计测定 20 个数据见下表，试绘制均数控制图。

序号	1	2	3	4	5	6	7	8	9	10
$\bar{x_i}/(mg/L)$	0.251	0.250	0.250	0.263	0.235	0.240	0.260	0.290	0.262	0.234
序号	11	12	13	14	15	16	17	18	19	20
$\bar{x_i}/(mg/L)$	0.229	0.250	0.263	0.300	0.262	0.270	0.225	0.250	0.256	0.250

6. 用分光光度法测定水中 Cr(Ⅵ) 含量，其校准曲线数据为：

Cr 含量/μg	0	0.20	0.50	1.00	2.00	4.00	6.00	8.00	10.00
A	0	0.010	0.020	0.044	0.090	0.183	0.268	0.351	0.441

（1）用偏最小二乘法求回归方程，并计算线性相关系数。

（2）若取 5.00mL 水样进行测定测得吸光度为 0.088，求该水样中 Cr(Ⅵ) 的浓度。

（3）在同一水样中加入 4.00mL 铬标准溶液（1.00μg/mL），测得其吸光度为 0.267，试计算加标回收率。

第三章　水和废水监测

第一节　概　述

一、水质、水质指标和水质量标准

水是自然界最普通的物质，是生命存在和发展的必要条件，没有水就没有生命。地球的3/4被水覆盖，水广泛分布于海洋、江、河、湖、地下、大气、冰川等。其中海水占97.3%，淡水占2.7%，可被利用的淡水不足总水量的1%。人类对水的需求量很大，工农业生产对水的需求量更大。我国是一个水资源贫乏的国家，而且分布不均匀，节约用水及保护水资源是每个公民的责任和义务。

水体是河流、湖泊、沼泽、冰川、海洋及地下水的总称。它不仅包括水，也包括水中的悬浮物、底泥和水生生物。从自然地理的角度看，水体是指地表被水覆盖的自然综合体。

地球上的水是处于川流不息的循环运动中，水中所含的杂质就是在水循环过程中产生的。

水质（water quality）是水体质量的简称，是指水和其中所含的杂质共同表现出来的综合特性。它标志着水体的物理、化学和生物的特性及其组成的状况。

描述水质的参数有时也称为水质指标，通常分为物理指标（如温度、浊度等）、化学指标（如溶解氧、氨氮、总磷等）、生物指标（如细菌总数、大肠菌群数等）和放射性指标（如总 α 射线、总 β 射线等）。有些指标是用某一项物理参数或某一种物质的浓度来表示，称为单项指标，如温度、pH 值、溶解氧等；而有些指标则是根据某一类物质的共同特性来表明在多种因素的共同作用下所形成的水质状况，称为综合性指标，如化学需氧量、五日生化需氧量和总有机碳等。

水质标准（water quality standard）是指允许水作为特定类型用水（如集中式饮用水、地表水、农田灌溉水、渔业水）的一组水质特征参数的限值。不同用途的水，其测定的项目有所不同；相同的项目，其标准限值也会不同。

二、水质监测的分类、目的和程序

水质监测是指测定水体中各种特征参数，评价水体质量状况，监视水质变化的过程。

1. 水质监测的分类

按照监测对象可分为天然水监测和污水监测。天然水监测又分为地表水监测、地下水监测、降水监测和近海海域水质监测；污水监测分为生活污水监测、医院污水监测和各种工业废水监测。按监测技术可分为手工监测、自动监测和生物监测等。按监测目的可分为监视性监测（例行监测）、特定目的监测和研究性监测等。

2. 水质监测的目的

对天然水监测的主要目的包括：对进入江、河、湖、库、海洋等地表水体的污染物质及渗透到地下水中的污染物质进行经常性的监测，以掌握水质现状及其发展趋势，为开展水环境质量评价、预测预报及进行环境科学研究提供基础数据和手段；研究大气污染物对雨水质量的影响；评价地面物质输入对水质的影响；评价底部沉积物的积集和释放对水体中或底部沉积物中水生生物的影响；研究河流调节，不同河流间河水的相互转移对天然水道的影响；研究河口淡水径流和海水对河口环境的影响，提供混合类型及因潮汐和淡水流动的变化引起咸淡分层情况的资料。

对污水进行监测的主要目的包括：对生产过程、生活设施及其他排放源排放的各类污水进行监视性监测，为污染源管理和排污收费提供依据；研究排放污染物（包括偶然泄漏）对受纳水体的影响；评价生活污水、工业废水处理厂的性能和管理。

对水环境污染事故进行应急监测，为分析判断事故原因、危害及采取对策提供依据。

3. 水质监测的程序

水质监测的基本程序是：制订监测方案→现场测定和样品采集→水样的运输和保存→水样的预处理和项目测定→数据处理和填写报表。

第二节　监测方案的制订

一、地表水监测方案的制订

地表水（surface water）是指河流、湖泊、水库、沼泽和冰川的总称，是人类生活用水的重要来源之一。地表水监测方案的主要内容包括监测项目的确定、监测断面和采样点的布设、采样频次和采样时间的确定、质量控制和质量保证等。

1. 地表水水质监测项目

我国《地表水和污水监测技术规范》（HJ/T 91—2002）中规定了地表水水质监测的具体项目。地表水水质监测项目见表3-1。

表 3-1　地表水水质监测项目

分类	必测项目	选测项目
河流	水温、pH、溶解氧、高锰酸钾指数、化学需氧量、BOD_5、氨氮、总氮、总磷、铜、锌、氟化物、硒、砷、汞、镉、铬（六价）、铅、氰化物、挥发酚、石油类、阴离子表面活性剂、硫化物和粪大肠菌群	总有机碳、甲基汞,其他项根据纳污情况由各级相关环境保护主管部门确定
集中式饮用水源地	水温、pH、溶解氧、悬浮物、高锰酸盐指数、化学需氧量、BOD_5、氨氮、总磷、总氮、铜、锌、氟化物、铁、锰、硒、砷、汞、镉、铬（六价）、铅、氰化物、挥发酚、石油类、阴离子表面活性剂、硫化物、硫酸盐、氯化物、硝酸盐和粪大肠菌群	三氯甲烷、四氯化碳、三溴甲烷、二氯甲烷、1,2-二氯乙烷、环氧氯丙烷、氯乙烯、1,1-二氯乙烯、1,2-二氯乙烯、三氯乙烯、四氯乙烯、氯丁二烯、六氯丁二烯、苯乙烯、甲醛、乙醛、丙烯醛、三氯乙醛、苯、甲苯、乙苯、二甲苯、异丙苯、氯苯、1,2-二氯苯、1,4-二氯苯、三氯苯、四氯苯、六氯苯、硝基苯、二硝基苯、2,4-二硝基甲苯、2,4,6-三硝基甲苯、硝基氯苯、2,4-二硝基氯苯、2,4-二氯苯酚、2,4,6-三氯苯酚、五氯酚、苯胺、联苯胺、丙烯酰胺、丙烯腈、邻苯二甲酸二丁酯、邻苯二甲酸二(2-乙基己基)酯、水合肼、四乙基铅、吡啶、松节油、苦味酸、丁基黄原酸、活性氯、滴滴涕、林丹、环氧七氯、对硫磷、甲基对硫磷、马拉硫磷、乐果、敌敌畏、敌百虫、内吸磷、百菌清、甲萘威、溴氰菊酯、阿特拉津、苯并[a]芘、甲基汞、多氯联苯、微囊藻毒素-LR、黄磷、钼、钴、铍、硼、锑、镍、钡、钒、钛、铊
湖泊水库	水温、pH、溶解氧、高锰酸盐指数、化学需氧量、BOD_5、氨氮、总磷、总氮、铜、锌、氟化物、硒、砷、汞、镉、铬（六价）、铅、氰化物、挥发酚、石油类、阴离子表面活性剂、硫化物和粪大肠菌群	总有机碳、甲基汞、硝酸盐、亚硝酸盐,其他项目根据纳污情况由各级相关环境保护主管部门确定

续表

分 类	必 测 项 目	选 测 项 目
排污河（渠）	根据纳污情况，参照工业废水监测项目	

2. 地表水监测断面的布设

在进行河流监测时，应设置监测断面，也称为采样断面，一般分为背景断面、对照断面、控制断面和削减断面等。

（1）背景断面 指为评价某一完整水系的污染程度，未受人类生活和生产活动影响，能够提供水环境背景值的断面。要求基本上不受人类活动的影响，远离城市居民区、工业区、农药化肥施放区及主要交通路线。原则上应设在水系源头处或未受污染的上游河段，若选定断面处于地球化学异常区，则要在异常区的上、下游分别设置；若有较严重的水土流失情况，则设在水土流失区的上游。

（2）对照断面 指具体判断某一区域水环境污染程度时，位于该区域所有污染源上游处，能够提供这一区域水环境本底值的断面。

（3）控制断面 指为了解水环境受污染程度及其变化情况的断面。由于控制断面用来反映某排污区（口）排放的污水对水质的影响，因此应设置在排污区（口）的下游，污水与河水基本混合处。控制断面的数量、控制断面与排污区（口）的距离可根据以下因素决定：主要污染区的数量及其间的距离、各污染源的实际情况、主要污染物的迁移转化规律和其他水文特征等。此外，还应考虑对纳污量的控制程度，即由各控制断面所控制的纳污量不应小于该河段总纳污量的80%。

（4）削减断面 指工业废水或生活污水在水体内流经一定距离而达到最大限度混合，污染物受到稀释、降解，其主要污染物浓度有明显降低的断面。削减断面主要反映河流对污染物的稀释净化情况，应设置在控制断面下游，主要污染物浓度有显著下降处。

对于流经某行政区域的河流，还应设置入境断面和出境断面。入境断面用来反映水系进入某行政区域时的水质状况，应设置在水系进入本区域且尚未受到本区域污染源影响处。出境断面用来反映水系进入下一行政区域前的水质，因此应设置在本区域最后的污水排放口下游，污水与河水已基本混匀并尽可能靠近水系出境处。如在此行政区域内，河流有足够长度，则应设削减断面。

图3-1所示是流经某城市河段的监测断面设置示意图。断面1是该市生活用水取水口处的控制断面；断面2是有支流汇合后的控制断面；断面3是流经全市的污染源控制断面；断面4既是污染源的削减断面，又是出地区的控制断面；断面5是城市污水排放的控制断面。

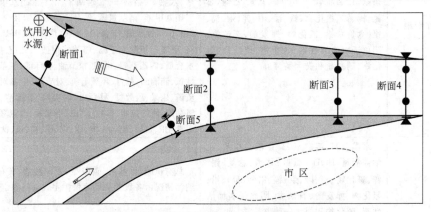

图3-1 流经某城市河段监测断面设置示意图

监测断面设置的原则：在总体和宏观上必须能反映水系或所在区域的水环境质量状况。各断面的具体位置必须能反映所在区域环境的污染特征；尽可能以最少的断面获取足够的有代表性的环境信息；同时还必须考虑实际采样时的可行性和方便性。具体要求如下。

（1）对流域或水系要设立背景断面、控制断面和入海口断面。对行政区域可设背景断面（对水系源头）或入境断面（对过境河流）或对照断面、控制断面和入海河口断面或出境断面；在各控制断面下游，如果河段长度超过10km，还应设削减断面。

（2）根据水体功能区设置控制监测断面，同一水体功能区至少要设置1个监测断面。

（3）断面位置应避开死水区、回水区、排污口处，尽量选择河段顺直、河床稳定、水流平稳、水面宽阔、无急流、无浅滩处。

（4）监测断面力求与水文断面一致，以便利用其水文参数，实现水质监测与水量监测的结合。

（5）监测断面的布设应考虑社会经济发展、监测工作的实际状况和需要，要具有相对的长远性。

（6）监测断面的设置数量，应根据掌握水环境质量状况的实际需要，考虑对污染物时空分布和变化规律的了解、优化的基础上，以最少的断面、垂线和测点取得代表性最好的监测数据。

（7）潮汐河流监测断面的布设原则与其他河流相同，设有防潮桥闸的潮汐河流，根据需要在桥闸的上游、下游分别设置断面；根据潮汐河流的水文特征，潮汐河流的对照断面一般设在潮区界以上，若感潮河段潮区界在该城市管辖的区域之外，则在城市河段的上游设置一个对照断面；潮汐河流的削减断面一般应设在近入海口处，若入海口处于城市管辖区域外，则设在城市河段的下游。

（8）湖泊、水库通常只设置监测垂线，如有特殊情况可参照河流的有关规定设置监测断面。

3. 地表水采样垂线和采样点的布设

在设置监测断面后，应先根据水面宽度确定断面上的采样垂线，再根据水深确定采样点的数目和位置。在一个监测断面上设置的采样垂线数与各垂线上的采样点数应分别符合表3-2和表3-3中要求。

表3-2　采样垂线的设置

水面宽	垂 线 数	说　明
≤50m	一条（中泓）	1. 垂线布设应避开污染带，若测污染带应另加垂线
50～100m	两条（近左、右岸有明显水流处）	2. 确能证明该断面水质均匀时，可仅设中泓垂线
>100m	三条（左、中、右）	3. 凡在该断面要计算污染物通量时，必须按此表设置

表3-3　采样垂线上采样点数的设置

水深	采 样 点 数	说　明
≤5m	1（水面下0.5m）	1. 封冻时在冰下0.5m处采样
5～10m	2（水面下0.5m，河底上0.5m）	2. 水深不足0.5m时，在水深1/2处采样
>10m	3（水面下0.5m，1/2水深，河底上0.5m）	3. 凡在该断面要计算污染物通量时，必须按此表设置采样点

对于湖泊和水库的不同水域，如进水区、出水区、深水区、浅水区、湖心区、岸边区，要按照水体的类别分别设置监测垂线，如图3-2所示。湖（库）区若无明显功能区别，可采用网格法均匀设置监测垂线。湖（库）区监测垂线上采样点的布设应符合表3-4中要求。在调查水质状况时，应考虑到成层期与循环期的水质明显不同。若要了解循环期水质，可采集表层水样；若要了解成层期水质，应按深度分层采样。

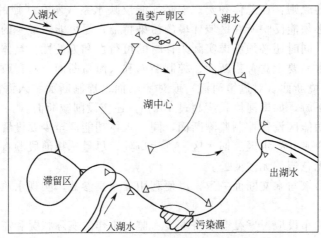

图 3-2　湖（库）区的监测垂线设置示意图

表 3-4　湖（库）区监测垂线上采样点的设置

水深	分层情况	采样点数	说　　明
≤5m	不分层	1（水面下 0.5m）	1. 分层是指湖水温度分层状况
5～10m	不分层	2（水面下 0.5m，河底上 0.5m）	2. 水深不足 1m，在 1/2 水深处设置测点
5～10m	分层	3（水面下 0.5m，1/2 斜温层，河底上 0.5m）	3. 有充分数据证实垂线水质均匀时，可酌情减少测点
>10m	分层	除水面下 0.5m 和河底上 0.5m 外，每一斜温分层 1/2 处	

4. 地表水采样频次和采样时间

确定采样频次的原则是：依据不同的水体功能、水文要素、污染源和污染物排放等实际情况，力求以最低的采样频次，取得最有时间代表性的样品，既要满足能反映水质状况的要求，又要切实可行。

（1）对于饮用水源地、省（自治区、直辖市）交界断面中需要重点控制的监测断面每月至少采样一次。

（2）对于国控水系、河流上的监测断面及湖（库）监测垂线，逢单月采样一次，全年六次。

（3）国控监测断面（垂线）每月采样一次，在每月 5 日至 10 日内进行采样。一般要求在采样前至少连续两天晴天，水质较稳定的时段进行采样。

（4）对于水系的背景断面每年采样一次。

（5）对于受潮汐影响的监测断面的采样，分别在大潮期和小潮期进行，涨、退潮水样应分别测定。涨潮水样应在断面处水面涨平时采样，退潮水样应在水面退平时采样。

（6）若有必测项目连续三年均未检出，且在断面附近确定无新增排放源，而现有污染源排污量未增的情况下，每年可采样一次进行测定。一旦检出，或在断面附近有新的排放源或现有污染源有新增排污量时，即恢复正常采样。

（7）遇有特殊自然情况，或发生污染事故时，要随时增加采样频次。

（8）为配合局部水流域的河道整治，及时反映整治的效果，应在一定时期内增加采样频次。

观察与思考

图 3-3 描述的是一个湖泊的水平衡状况。为了监测该湖的水质，应该怎样设置监测垂线和采样点？

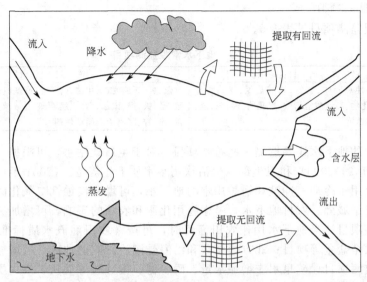

图 3-3　湖泊水平衡示意图

二、地下水监测方案的制订

地下水（groundwater）狭义指埋藏于地面以下岩土孔隙、裂隙、溶隙饱和层中的重力水，广义指地表以下各种形式的水。地下水可分为上层滞水、潜水和承压水。上层滞水的水质与地表水的水质基本相同。潜水含水层通过包气带直接与大气圈、水圈相通，因此具有季节性变化的特点。承压水地质条件不同于潜水，受水文、气象因素直接影响小，含水层的厚度不受季节变化的支配，水质不易受人为活动污染。

地下水水质监测（monitoring of groundwater quality）是为了掌握地下水环境质量状况和地下水体中污染物的动态变化，对地下水的各种特性指标进行测定。监测地下水重点污染区及可能产生污染的地区，监视污染源对地下水的污染程度及动态变化，以反映所在区域地下水的污染特征。

监测点网布设原则是在总体和宏观上应能控制不同的水文地质单元，能反映所在区域地下水系的环境质量状况和地下水质量空间变化。

1. 背景值监测井的布设

为了解地下水体未受人为影响条件下的水质状况，需在研究区域的非污染地段设置地下水背景值监测井（对照井）。

根据区域水文地质单元状况和地下水主要补给来源，在污染区外围地下水水流上方垂直水流方向，设置一个或数个背景值监测井。背景值监测井应尽量远离城市居民区、工业区、农药化肥施放区、农灌区及交通要道。

2. 污染控制监测井的布设

污染源的分布和污染物在地下水中的扩散形式是布设污染控制监测井首先要考虑的因素。可根据地下水流向、污染源分布状况和污染物在地下水中的扩散形式，采取点面结合的方法布设污染控制监测井，监测重点是供水水源地保护区。

为了解地下水与地表水体之间的补给和排泄关系，可根据地下水流向在已设置地表水监测断面的地表水体设置垂直于岸边线的地下水监测线。

对于区域内的代表性泉、自流井、地下长河出口等应布设监测点。选定的监测点（井）应经环境保护行政主管部门审查确认。一经确认不准任意变动。确实需要变动时，需征得环境保护行政主管部门同意，并重新进行审查确认。

3. 地下水监测项目

地下水常规监测项目见表3-5。

表 3-5　地下水常规监测项目

必 测 项 目	选 测 项 目
pH、总硬度、溶解性总固体、氨氮、硝酸盐氮、亚硝酸盐氮、挥发性酚、总氰化物、高锰酸盐指数、氟化物、砷、汞、镉、六价铬、铁、锰、大肠菌群	色、臭、浑浊度、氯化物、硫酸盐、碳酸氢盐、石油类、细菌总数、硒、铍、钡、镍、六六六、滴滴涕、总 α 放射性、总 β 放射性、铅、铜、锌、阴离子表面活性剂

对不同用途的地下水还要选测一些特殊项目。对于生活饮用水，可根据《生活饮用水卫生标准》（GB 5749—2006）和卫生部《生活饮用水水质卫生规范》（2001年）中规定的项目选取。对工业上用于冷却、冲洗和锅炉用水的地下水，可增测侵蚀性二氧化碳、磷酸盐、硅酸盐等项目；对于城郊、农村地下水，考虑施用化肥和农药的影响，可增加有机磷、有机氯农药及凯氏氮等项目；当地下水用作农田灌溉时，可按《农田灌溉水质标准》（GB 5084—92）规定，选取全盐量等项目；北方盐碱区和沿海受潮汐影响的地区，可增加电导率、溴化物和碘化物等监测项目；矿泉水应增加水量、硒、锶、偏硅酸等反映矿泉水质量和特征的特种监测项目。

对水源性地方病流行地区，应增加地方病成因物质监测项目。如在地方甲状腺肿病区，应增测碘化物；在大骨节病、克山病区，应增测硒、钼等项目；在肝癌、食道癌高发病区，应增测亚硝胺以及其他有关有机物、微量元素和重金属含量等项目。

对于地下水受污染地区，应根据污染物的种类和浓度，适当增加或减少有关监测项目。如放射性污染区，应增测总 α 放射性及总 β 放射性监测项目；对有机物污染地区，应根据有关标准增测相关有机污染物监测项目；对人为排放热量的热污染源影响区域，可增加溶解氧、水温等监测项目。

4. 地下水采样频次和采样时间

背景值监测井和区域性控制的孔隙承压水井每年枯水期采样一次。污染控制监测井逢单月采样一次，全年六次。作为生活饮用水集中供水的地下水监测井，每月采样一次。污染控制监测井的某一监测项目如果连续两年均低于控制标准值的1/5，且在监测井附近确实无新增污染源，而现有污染源排污量未增的情况下，该项目可每年在枯水期采样一次进行监测。一旦监测结果大于控制标准值的1/5，或在监测井附近有新的污染源或现有污染源新增排污量时，需恢复正常采样频次。同一水文地质单元的监测井采样时间尽量相对集中，日期跨度不宜过大。遇到特殊的情况或发生污染事故，可能影响地下水水质时，应随时增加采样频次。

三、近岸海域水质监测方案的制订

近岸海域（coastal waters）一般是指自沿海岸低潮线向海一侧12海里❶以内的海域。

1. 污染源调查

入海污染源分为陆域点源、陆域沿海面源和海上污染源。

对陆域点源的调查应重点调查入海直排口和入海河口。入海直排口包括工厂直排口、混合排污口和市政下水。

由于自然降水形成的地表径流可携带地表污染物直接入海，因此对陆域沿海面源调查的重点是沿海地表径流，其污染物主要是各种化肥和农药残留物，其含量可通过测定地表径流水样来确定。

---

❶　1海里＝1.852千米，后同。

海上污染源包括移动污染、海水养殖污染源和海上石油开采等。

2. 监测点位的布设

为监测近岸海域环境质量、污染来源及影响需要设置近岸海域环境监测点位，包括环境质量监测点位、近岸海域环境功能区监测点位、潮间带环境质量监测点位、陆域直排海污染源监测点位、入海河流监测断面、海滨浴场监测点位和应急监测点位等。

(1) 近岸海域环境质量监测点位的布设　临岸近岸海域环境质量监测点位一般在低潮线（或人工岸线离岸）向海方向 2～8km 内的海域布设。当在滨海城镇、人口密集区、重要港口、工业园区、重要河口及海上养殖区等附近海域布设的临岸监测点位水质符合一类海水水质标准时，应在其附近 0.5～2km 内补充布设 1 个临岸监测点位，并在两侧自然岸线布设 1～2 个临岸对照监测点位。监测点位密度根据岸线利用情况进行确定，对于自然岸线（包括一般村镇）来说，占用岸线长度 20～50km，布设 1 个监测点位；占用岸线长度 50～100km，布设 2 个监测点位；占用岸线长度超过 100km 时，每增加 50km，增设 1 个监测点位。对于滨海城镇、人口密集区、重要港口、工业园区和重要河口来说，占用岸线长度小于 5km，一般布设 1 个监测点位；占用岸线长度 5～30km，布设 2 个监测点位；占用岸线长度超过 30km 时，每增加 15～20km，增设 1 个监测点位。

临岸外侧近岸海域环境质量监测点位在临岸监测点位向海方向近岸海域范围内布设，监测点位密度根据区域大小和受污染影响情况进行确定，点位间距 5～40km，受污染影响严重海域，可根据具体情况适当加密。

(2) 近岸海域环境功能区监测点位的布设　监测点位布设时，应保证每个功能区均有代表其环境质量状况的监测点位。对于面积小于 5km^2 的功能区，可与临近功能区共同布设一个代表性的监测点位，或采用临近的环境质量监测点位代替。对于面积大于 5km^2 的功能区，应至少在中心位置布设 1 个监测点位，面积较大的环境功能区，应根据海域的环境状况，适当增加监测点位。

(3) 潮间带环境质量监测点位布设　在辖区内自然岸线选择有代表性的潮间带（应避开人类活动影响），沿岸线垂线方向至少设置 1 个监测断面。参照当地的潮汐类型划分潮带，在高潮带布设 2 个监测点位，在中潮带布设 3 个监测点位，在低潮带布设 1～2 个监测点位。

(4) 海滨浴场水质监测点位布设　根据海滨浴场岸线宽度确定监测断面，若浴场宽度在 250m 以下，在人群活动集中区域沿向海垂线方向布设 1 个监测断面；若浴场宽度在 250～500m 之间，布设 2 个监测断面；若浴场宽度大于 500m，应布设 3 个监测断面。在每个监测断面上根据向海延伸距离确定监测点位数，距离小于 1km 时在人群活动集中区域设 1 个监测点位，距离大于 1km 时设 2～3 个监测点位。

(5) 陆域直排海污染源污染影响监测点位布设方法　对于沿岸排放的陆域直排海污染源来说，在陆域直排海污染源可能的影响范围内设置监测点位，以排放口为放射中心，在扇形 3 条边界线布设不少于 6 个监测点位，并在附近海域设置 1～2 个对照点位。

对于深海排放的陆域直排海污染源来说，以深海排放口位置为中心，沿着海流方向中线及两侧 15°夹角线，与建设项目环境影响评价报告中确定的影响区外边界线及外边界向外 500m 处线的交点处各设置 1 个监测点位（共 6 个），并在海流反方向建设项目环境影响评价报告中确定的影响区外边界外 500m 处设置 1 个对照点。

3. 监测时间和频次

一般每年 2～3 次，每年第一次监测安排在 3～5 月份，第二次监测安排在 7～8 月份，第三次监测在 10 月份完成。

4. 监测项目

近岸海域水质监测项目见表 3-6。

表 3-6　近岸海域水质监测项目

必 测 项 目	选 测 项 目
水深、盐度、水温、pH、悬浮物、溶解氧、活性磷酸盐、化学需氧量、BOD_5、氨氮、亚硝酸盐氮、硝酸盐氮、非离子氨、汞、镉、铅、铜、锌、砷、石油类	海况、风速、风向、气温、气压、天气现象、水色、粪大肠菌群、浑浊度、透明度、漂浮物质、硫化物、挥发酚、氰化物、氯化物、活性硅酸盐、总有机碳、六价铬、总铬、镍、铁、锰、硒、阴离子表面活性剂、六六六、滴滴涕、有机磷农药、苯并[a]芘、多氯联苯、狄氏剂

四、污水监测方案的制订

1. 监测项目

按照污染物的来源可将水污染源分为工业废水、生活污水和医院污水。生活污水和医院污水监测项目见表 3-7，工业废水监测项目见表 3-8。

表 3-7　生活污水和医院污水监测项目

类 型	必 测 项 目	选 测 项 目
生活污水	pH、COD、BOD_5、悬浮物、氨氮、挥发酚、油类、总氮、总磷、重金属	氯化物
医院污水	pH、COD、BOD_5、悬浮物、油类、挥发酚、总氮、总磷、汞、砷、粪大肠菌群、细菌总数	氟化物、氯化物、醛类、总有机碳

表 3-8　工业废水监测项目

类 型		必 测 项 目	选 测 项 目
黑色金属矿山（包括磷铁矿、赤铁矿、锰矿等）		pH、悬浮物、重金属	硫化物、锑、铋、锡、氯化物
钢铁工业（包括选矿、烧结、炼焦、炼铁、炼钢等）		pH、悬浮物、COD、挥发酚、氰化物、油类、六价铬、锌、氨氮	硫化物、氟化物、BOD_5、铬
选矿药剂		COD、BOD_5、悬浮物、硫化物、重金属	
有色金属矿山及冶炼（包括选矿、烧结、电解、精炼等）		pH、COD、悬浮物、氰化物、重金属	硫化物、铍、铝、钒、钴、锑、铋
非金属矿物制品业		pH、悬浮物、COD、BOD_5、重金属	油类
煤气生产和供应业		pH、悬浮物、COD、BOD_5、油类、重金属、挥发酚、硫化物	多环芳烃、苯并[a]芘、挥发性卤代烃
火力发电（热电）		pH、悬浮物、硫化物、COD	BOD_5
电力、蒸汽、热水生产和供应业		pH、悬浮物、硫化物、COD、挥发酚、油类	BOD_5
煤炭采造业		pH、悬浮物、硫化物	砷、油类、汞、挥发酚、COD、BOD_5
焦化		COD、悬浮物、挥发酚、氨氮、氰化物、油类、苯并[a]芘	总有机碳
石油开采		COD、BOD_5、悬浮物、油类、硫化物、挥发性卤代烃、总有机碳	挥发酚、总铬
石油加工及炼焦业		COD、BOD_5、悬浮物、油类、硫化物、挥发酚、总有机碳、多环芳烃	苯并[a]芘、苯系物、铝、氯化物
化学矿开采	硫铁矿	pH、COD、BOD_5、硫化物、悬浮物、砷	
	磷矿	pH、氟化物、悬浮物、磷酸盐、黄磷、总磷	
	汞矿	pH、悬浮物、汞	硫化物、砷
无机原料	硫酸	酸度（或 pH）、硫化物、重金属、悬浮物	砷、氟化物、氯化物、铝
	氯碱	碱度（或酸度、或 pH）、COD、悬浮物	汞
	铬盐	酸度（或碱度、或 pH）、六价铬、总铬、悬浮物	汞
有机原料		COD、挥发酚、氰化物、悬浮物、总有机碳	
塑料		COD、BOD_5、油类、总有机碳、硫化物、悬浮物	氯化物、铝
化学纤维		pH、COD、BOD_5、悬浮物、总有机碳、油类、色度	氯化物、铝
橡胶		COD、BOD_5、油类、总有机碳、硫化物、六价铬	苯系物、苯并[a]芘、重金属、邻苯二甲酸酯、氯化物等

类　型		必　测　项　目	选　测　项　目
医药生产		pH、COD、BOD₅、油类、总有机碳、悬浮物、挥发酚	苯胺类、硝基苯类、氰化物、铝
染料		COD、苯胺类、挥发酚、总有机碳、色度、悬浮物	硝基苯类、硫化物、氰化物
颜料		COD、硫化物、悬浮物、总有机碳、汞、六价铬	色度、重金属
油漆		COD、挥发酚、油类、总有机碳、六价铬、铅	苯系物、硝基苯类
合成洗涤剂		COD、阴离子合成洗涤剂、油类、总磷、黄磷、总有机碳	苯系物、氰化物、铝
合成脂肪酸		pH、COD、悬浮物、总有机碳	油类
聚氯乙烯		pH、COD、BOD₅、总有机碳、悬浮物、硫化物、总汞、氯乙烯	挥发酚
感光材料、广播电影电视业		COD、悬浮物、挥发酚、总有机碳、硫化物、银、氰化物	显影剂及其氧化物
其他有机化工		COD、BOD₅、悬浮物、油类、挥发酚、氰化物、总有机碳	pH、硝基苯类、氰化物
化肥	磷肥	pH、COD、BOD₅、悬浮物、磷酸盐、氟化物、总磷	砷、油类
	氮肥	COD、BOD₅、悬浮物、氨氮、挥发酚、总氮、总磷	砷、铜、氰化物、油类
合成氨工业		pH、COD、悬浮物、氨氮、总有机碳、挥发酚、硫化物、氰化物、石油类、总氮	镍
农药	有机磷	COD、BOD₅、悬浮物、挥发酚、硫化物、有机磷、总磷	总有机碳、油类
	有机氯	COD、BOD₅、悬浮物、硫化物、挥发酚、有机氯	总有机碳、油类
除草剂工业		pH、COD、悬浮物、总有机碳、百草枯、阿特拉津、吡啶	除草醚、五氯酚、五氯酚钠、2,4-D、丁草胺、绿麦隆、氰化物、铝、苯、二甲苯、氨、氯甲烷、联吡啶
电镀		pH、碱度、重金属、氰化物	钴、铝、氰化物、油类
烧碱		pH、悬浮物、汞、石棉、活性氯	COD、油类
电气机械及器材制造业		pH、COD、BOD₅、悬浮物、油类、重金属	总氮、总磷
普通机械制造		COD、BOD₅、悬浮物、油类、重金属	氰化物
电子仪器、仪表		pH、COD、BOD₅、氰化物、重金属	氟化物、油类
造纸及纸制品业		酸度(或碱度)、COD、BOD₅、可吸附有机卤化物(AOX)、pH、挥发酚、悬浮物、色度、硫化物	木质素、油类
纺织染整业		pH、色度、COD、BOD₅、悬浮物、总有机碳、苯胺类、硫化物、六价铬、铜、氨氮	总有机碳、氰化物、油类、二氧化氯
皮革、毛皮、羽绒服及其制品		pH、COD、BOD₅、悬浮物、硫化物、总铬、六价铬、油类	总氮、总磷
水泥		pH、悬浮物	油类
油毡		COD、BOD₅、悬浮物、油类、挥发酚	硫化物、苯并[a]芘
玻璃、玻璃纤维		COD、BOD₅、悬浮物、氰化物、挥发酚、氟化物	铅、油类
陶瓷制造		pH、COD、BOD₅、悬浮物、重金属	
石棉(开采与加工)		pH、石棉、悬浮物	挥发酚、油类
木材加工		COD、BOD₅、悬浮物、挥发酚、pH、甲醛	硫化物
食品加工		pH、COD、BOD₅、悬浮物、氨氮、硝酸盐氮、动植物油	总有机碳、铝、氰化物、挥发酚、铅、锌、油类、总氮、总磷
屠宰及肉类加工		pH、COD、BOD₅、悬浮物、动植物油、氨氮、大肠菌群	石油类、细菌总数、总有机碳
饮料制造业		pH、COD、BOD₅、悬浮物、氨氮、粪大肠菌群	细菌总数、挥发酚、油类、总氮、总磷

类型		必测项目	选测项目
兵器工业	弹药装药	pH、COD、BOD$_5$、悬浮物、梯恩梯（TNT）、地恩锑（DNT）、黑索今（RDX）	硫化物、重金属、硝基苯类、油类
	火工品	pH、COD、BOD$_5$、悬浮物、铅、氰化物、硫氰化物、铁（Ⅲ、Ⅳ）氰配物	肼和叠氮化物（叠氮化钠生产厂为必测）、油类
	火炸药	pH、COD、BOD$_5$、悬浮物、色度、铅、TNT、DNT、硝酸盐	油类、总有机碳、氨氮
航天推进剂		pH、COD、BOD$_5$、悬浮物、氨氮、氰化物、甲醛、苯胺类、肼、一甲基肼、偏二甲基肼、三乙胺、二亚乙基三胺	油类、总氮、总磷
船舶工业		pH、COD、BOD$_5$、悬浮物、油类、氨氮、氰化物、六价铬	总氮、总磷、硝基苯类、挥发性卤代烃
制糖工业		pH、COD、BOD$_5$、色度、油类	硫化物、挥发酚
电池		pH、重金属、悬浮物	酸度、碱度、油类
发酵和酿造工业		pH、COD、BOD$_5$、悬浮物、色度、总氮、总磷	硫化物、挥发酚、油类、总有机碳
货车洗刷和洗车		pH、COD、BOD$_5$、悬浮物、油类、挥发酚	重金属、总氮、总磷
管道运输业		pH、COD、BOD$_5$、悬浮物、油类、氨氮	总氮、总磷、总有机碳
宾馆、饭店、游乐场所及公共服务业		pH、COD、BOD$_5$、悬浮物、油类、挥发酚、阴离子洗涤剂、氨氮、总氮、总磷	粪大肠菌群、总有机碳、硫化物
绝缘材料		pH、COD、BOD$_5$、挥发酚、悬浮物、油类	甲醛、多环芳烃、总有机碳、挥发性卤代烃
卫生用品制造业		pH、COD、悬浮物、油类、挥发酚、总氮、总磷	总有机碳、氨氮

2. 采样点位的设置

废水采样点位设在排污单位的外排口。原则上外排口应设置在厂界外，若设置在厂界内，溢流口及事故排水口必须能够纳入采样点位排水中。有毒有害污染物采样点位应设置在车间排放口。

若采样口为多个企业共用时，采样点应设在各企业排放污水未汇集处。若一个企业有多个排放口，应对每个排放口同时采样并测定流量。

对整体污水处理设施效率监测时，在各种污水处理设施的污水入口和污水设施的总排放口设置采样点；对各污水处理单元效率监测时，应在各种处理设施单元的污水入口和设施单元的排放口设置采样点。

3. 采样频次

对于监督性监测，地方环境监测站对污染源的监督性监测每年不少于1次，如被国家或地方环境保护行政主管部门列为年度监测的重点排污单位，应增加到每年2～4次。

对于企业自我监测，工业废水应按生产周期和生产特点确定监测频率。一般每个生产日至少3次。

对于污染治理、环境科研、污染源调查和评价等工作中的污水监测，其采样频次可以根据工作方案的要求另行确定。

排污单位为了确认自行监测的采样频次，应在正常生产条件下的一个生产周期内进行加密监测：周期在8h以内的，每1h采1次样；周期大于8h的，每2h采1次样，但每个生产周期采样次数不少于3次。

第三节　水样的采集、运输、保存和预处理

一、水样类型和质量控制样品

1. 水样类型

常见的水样类型有瞬时水样、周期水样、连续水样、混合水样和综合水样。

（1）瞬时水样　从水体中不连续随机采集的样品称为瞬时水样。对于组分较稳定的水体，或水体的组分在相当长的时间和相当大的空间范围变化不大时，采集瞬时样品具有很好的代表性。当水体的组成随时间发生变化，则要在适当的时间间隔内进行瞬时采样，分别进行分析，测出水质的变化程度、频率和周期。当水体的组成发生空间变化时，就要在各个相应的部位采样。

下列情况适用瞬时采样：①流量不固定、所测参数不恒定时；②不连续流动的水流，如分批排放的水；③水或废水特性相对稳定时；④需要考察可能存在的污染物，或要确定污染物出现的时间；⑤需要污染物高值、低值或变化的数据时；⑥需要根据较短一段时间内的数据确定水质的变化规律时；⑦需要测定参数的空间变化时，如某一参数在水流或开阔水域的不同断面（或）深度的变化情况；⑧测定某些不稳定的参数，如溶解气体、余氯、可溶性硫化物、微生物、油脂、有机物和 pH 时。

（2）周期水样　在固定时间间隔或在固定排放量间隔下不连续采集的样品，称为周期样品。在固定时间间隔下采集周期样品时，时间间隔的大小取决于待测参数。在固定排放量间隔下采集周期样品时，所采集的体积取决于流量。

（3）连续水样　在固定流速或可变流速下采集的连续样品，称为连续水样。在固定流速下采集的连续样品，可测得采样期间存在的全部组分，但不能提供采样期间各参数浓度的变化。在可变流速下采集流量比例样品代表水的整体质量，即便流量和组分都在变化，而流量比例样品同样可以揭示利用瞬时样品所观察不到的变化。因此，对于流速和待测污染物浓度都有明显变化的流动水，采集流量比例样品是一种精确的采样方法。

（4）混合水样　在同一采样点上以流量、时间、体积或是以流量为基础，按照已知比例（间歇的或连续的）混合在一起的样品，称为混合水样。混合样品提供组分的平均值，因此需测定平均浓度、计算单位时间的质量负荷、为评价特殊的变化的或不规则的排放和生产运转的影响时，均适合采集混合水样。如果测试成分在水样储存过程中易发生明显变化，则不适用混合水样，如测定挥发酚、油类、硫化物等。

（5）综合水样　把从不同采样点同时采集的瞬时水样混合为一个样品，称为综合水样。综合水样是获得平均浓度的重要方式，有时需要把代表断面上的各点或几个污水排放口的污水按相应比例流量混合，取其平均浓度。

2. 质量控制样品

为了提高分析结果的精密度，检验分析方法的可靠性，常常还要采集现场空白样、现场平行样和加标样。

（1）现场空白样　在采样现场，用纯水按样品采集步骤装瓶，与水样同样处理，以掌握采样过程中环境与操作条件对监测结果的影响。

（2）现场平行样　现场采集平行水样，用于反映采样与测定分析的精密度，采集时应注意控制采样操作条件一致。

（3）加标样　取一组平行水样，在其中一份中加入一定量的被测标准物溶液，两份水样均按规定方法处理。

二、地表水水样的采集

1. 采样前的准备

首先要确定采样负责人，主要负责制订采样计划并组织实施。采样负责人在制订计划前要充分了解该项监测任务的目的和要求，应对要采样的监测断面周围情况有所了解，并熟悉采样方法、水样容器的洗涤、样品的保存技术等。有现场测定项目和任务时，还应了解有关现场测定技术。

其次要制订详细的采样计划，内容包括确定采样垂线和采样点位、测定项目和数量、采样质量保证措施、采样时间和路线、采样人员和分工、采样器材和交通工具以及需要进行的现场测定项目和安全保证等。

再次，准备采样器材，主要有采样器、采样瓶、保存剂、过滤装置、现场测定仪器、标签、记录笔、冰袋、雨靴、石蜡等。

2. 采样器和采样方法

按照采样的手段可以将水样的采集方法分为手工采样和自动采样。手工采样（hand sampling）是指用手工的方法将水样装入采样器中的过程，而自动采样（automatic sampling）是指水质自动采样器按预先编定的程序自动连续或间歇式采集水样的过程。

用来采集水样的容器或装置称为水样采样器，又叫采水器。采水器的种类很多，按工作方式可分为间歇式和连续式采水器；按工作深度可分为表层、中深层和底层采水器；按结构可分为伸缩杆式、抛浮式、卡盖式、球阀式、倒转式、击开式、压差式采水器；按贮水容器的形状可分为开管式、圆桶式和多瓶式采水器；按水样进入贮水容器的方式可分为开口浸入式、密封浸入式和泵吸式采水器；按照采样手段可分为手工式和自动式采样装置。

（1）表层采样器　表层采样器是适用于采集表层水样的容器，如聚乙烯塑料桶、有机玻璃桶、玻璃瓶等。采样前用水样冲洗2～3次，采样时使瓶（桶）口迎着水流方向浸入水面下0.3～0.5m处中，待水充满容器后，迅速提出水面，应避免水面漂浮的物质进入采样容器中，如图3-4所示。

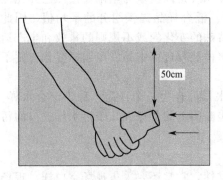

图3-4　表层水样采集方法示意图

（2）密封浸入式采样器　密封浸入式采样器是由充满空气的密闭容器和附加设备组成的。采样时用缆绳将其放至所需深度，然后打开塞子，水进入容器将空气赶出。这种采样器适用于规定深度水样的采集。常见的密封浸入式采样器有单层采水瓶、急流采水器、双瓶溶解气体采集器等。

单层采水器（如图3-5所示）是一个装在金属框内用绳索吊起的玻璃瓶，框底有铅块，以增加重量，瓶口配塞，以绳索系牢，绳上标有深度，将采水瓶降落到预定的深度，然后将细绳上提，把瓶塞打开，水样便充满水瓶。目前市售的改进型单层采水器的材质多是有机玻璃的，如图3-6所示。该采样器底部有一圆形进水口，进水口上有一开闭挡片，顶部是折叶。在将采样器放入水中时，依靠重力作用采水器沉入水中，此时进水口上的开闭挡片处于悬空的状态，水便进入桶中，桶中水装满以后便会通过顶部的折叶溢出，当到达所需深度后向上提起采水器时，折叶与开闭挡片因压力作用均处于关闭状态，因此桶内的水样就是所需深度的水样。该采样器适用于采集水流比较平缓的表层和深层水样。

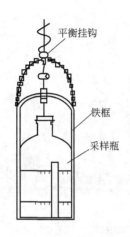

图 3-5　单层采水器示意图

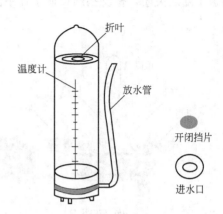

图 3-6　有机玻璃单层采水器示意图

如果采样河段水流急、水层深时应选用急流采水器（如图 3-7 所示）。它是将一根长金属管固定在铁框上，管内装橡皮管，橡皮管上部用铁夹夹紧，下部与瓶塞上的短玻璃管相连，瓶塞上另有一长玻璃管直通至采样瓶底部。采样前塞紧橡皮塞，然后沿船身垂直伸入特定的水深处，打开上部橡皮管夹，水样即沿长玻璃管进入样品瓶中。

测定溶解气体所需水样，需用特殊的双瓶采水器（如图 3-8 所示）。将双瓶采水器放入水中指定深度后，打开上部的橡皮管夹，水样进入小瓶（采样瓶）并驱出空气，然后进入大瓶，驱出大瓶中的空气，直至大瓶被水样全充满，提出水面后立即密封。此采水器可防止水和空气扰动而改变水样中溶解气体的成分。

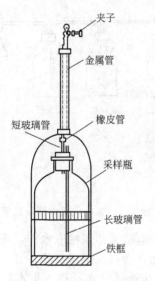

图 3-7　急流采水器示意图

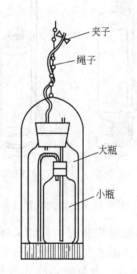

图 3-8　双瓶采水器示意图

（3）开管或圆筒采样器　这类采样器的容器部分是管或圆筒，两端装有折叶或阀门。当采样器被放下时，折叶或阀门打开，水流自由通过。当提起采样器时，折叶或阀门关闭。这类采样器适用于死水或低流速的河流采样。常见的圆筒采样器有水平式和直立式等。

图 3-9 是水平式采样器，图 3-10 是直立式采样器，它们主要由采样管、折叶、门闩、水瓶尾翼、重锤等构成。采样前，使采样管两端的盖子处于开启状态，通过门闩将盖子扣住。用钢丝绳将采样器放至采样位置后，沿绳子落下的重锤撞击门闩而使其脱扣，采样管两

端的盖子随之关闭，橡皮垫圈可使水样不漏出。

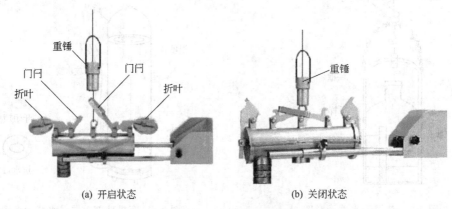

(a) 开启状态　　　　　　　　　　(b) 关闭状态

图 3-9　水平式采样器

（4）泵吸式采样器　图 3-11 所示的是一种简单的泵吸式采样器，主要由浸入水中的采样管（一般可用聚乙烯管）、采样瓶、安全瓶和泵等部件构成。采样管的进水口固定在带有重锤的钢丝绳上，到达预定水层用泵抽吸水样，水样便被吸到采样瓶中。此泵吸式采水器可用于多种监测项目的样品采集。

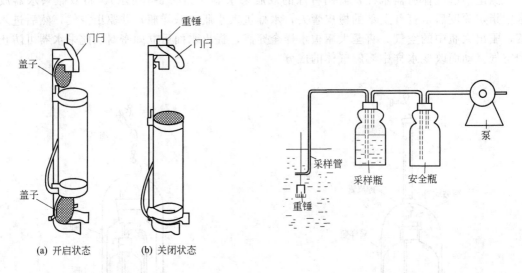

(a) 开启状态　　　　(b) 关闭状态

图 3-10　直立式采样器　　　　　　　　　图 3-11　泵吸式采样器示意图

（5）自动采样装置　自动采样装置是利用定时关启的电动采样泵抽取水样，或利用进水面与表层水面的水位差产生的压力采样，或可随流速变化自动按比例采样等。

图 3-12 是一种自动抽吸式采样器。经过进水口的水样通过分水器进入集水杯，然后进入样瓶箱中的样瓶中，当一个样瓶装满后，旋转盘转动，集水杯对准下一个样瓶，通过计时器控制，实现自动采样。

3. 水样采集注意事项

（1）采样时应根据当地实际情况，选用适当类型的水质采样器。由于玻璃吸附痕量金属，塑料吸附有机质和痕量金属。因此，塑料容器常用于金属和无机物的监测项目，玻璃容器常用于有机物和生物等的监测项目，惰性材料常用于特殊监测项目。

（2）采样时应保证采样点的位置准确，必要时使用定位仪（GPS）定位。

（3）采样时不可搅动水底的沉积物。如采样现场水体很不均匀，无法采到有代表性的样品，则应详细记录不均匀的情况和实际采样情况，供使用该数据者参考。

（4）如果水样中含沉降性固体（如泥沙等），应分离除去。分离方法：将所采水样摇匀后倒入筒形玻璃容器（如 1～2L 量筒），静置 30min，将不含沉降性固体但含有悬浮性固体的水样移入盛样容器并加入保存剂（测定水温、pH、溶解氧、电导率、总悬浮物和油类的水样除外）。

（5）测定溶解氧、生化需氧量和有机污染物等项目的水样必须注满容器，上部不留空间，并用水封口。

（6）测定湖库水的 COD、高锰酸盐指数、叶绿素 a、总氮、总磷时，水样静置 30min 后，用吸管一次或几次移取水样，吸管进水尖嘴应插至水样表层 50mm 以下位置，再加保存剂保存。

（7）测定油类、BOD_5、溶解氧、硫化物、余氯、粪大肠菌群、悬浮物、放射性等项目要单独采样。测定油类的水样，应在水面至水面下 300 mm 采集柱状水样，并全部用于测定，采样瓶不能用采集的水样冲洗。

（8）采样时要求认真填写水质采样记录表（见表 3-9），用签字笔或硬质铅笔在现场记录，字迹应端正、清晰，项目完整。从采样记录表中可知，水温、pH、溶解氧、透明度、电导率等指标要现场测定，水的颜色、臭等感官指标要在现场描述。另外，还要记录水文参数和气象参数。

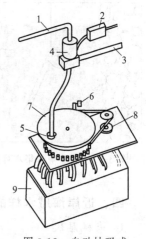

图 3-12　自动抽吸式
采样器示意图
1—进水口；2—计时器；3—上水；4—分水器；5—集水杯；6—限位开关；7—旋转盘；8—主动机械；9—样瓶箱

表 3-9　水质采样记录表

监测站名＿＿＿＿＿＿＿＿＿＿＿＿＿＿＿＿＿＿＿＿＿＿＿＿＿＿＿＿＿年＿＿＿月＿＿＿日

编号	河流名称	采样日期	断面名称	采样位置				气象参数					流速	流量	现场测试记录						备注
				断面号	垂线号	点位号	水深	气温	气压	风向	风速	相对湿度			水温	pH	溶解氧	透明度	电导率	感官指标	

（9）保证采样安全。采样结束前，应核对采样计划，如有错误或遗漏，应立即补采或重采。

三、地下水水样的采集

地下水水质监测通常采集瞬时水样。从井中采集水样时常利用抽水机设备。启动后，先放水数分钟，将积留在管道内的水排出，然后用采样容器接取水样。若无抽水设备时，可使用深层采水器或自动采水器采集水样，采样深度应在水面 0.5m 以下，以保证水样的代表性，如图 3-13 所示。对封闭的生产井可在抽水时在泵房出水管放水阀处采样，采样前应将抽水管中存水放净。

采集自喷的泉水时，可在涌口处出水水流的中心采样。采集不自喷泉水时，用采集井水水样的方法采集。

采集自来水时，先将水龙头完全打开，将积存在管道中的水排出后再采集。若水龙头长时间不用，还要擦净龙头，必要时对龙头进行消毒处理。

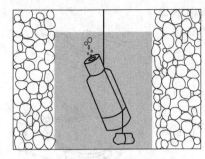

图 3-13 从井中采集水样示意图

采样前，除五日生化需氧量（BOD$_5$）、有机物和细菌类监测项目外，先用采样水荡洗采样器和水样容器2~3 次。测定溶解氧、五日生化需氧量和挥发性、半挥发性有机污染物项目的水样必须注满容器，上部不留空隙。但对准备冷冻保存的样品则不能注满容器，否则冷冻之后，因水样体积膨胀使容器破裂。测定溶解氧的水样采集后应在现场固定，盖好瓶塞后再用水封口。

地下水现场监测项目包括水位、水量、水温、pH、电导率、浑浊度、色、臭、肉眼可见物等指标，同时还应测定气温、描述天气状况和近期降水情况。

四、近岸海域水样的采集

1. 采样层次

当水深小于 10m 时，采集水面下 0.1~1m 的表层水样；当水深在 10~25m 时，采集表层和距海底 2m 的底层水样；当水深大于 25m 时，原则上分表层、中层和底层水样，可根据水深情况增加层次。

2. 采样器

常用来采集海水的采样器有抛浮式采水器、倒转式采水器、Niskin 球盖式采水器、GO-FLO 阀式采水器等。一般可采用抛浮式采水器采集石油类样品，用 Niskin 球盖式采水器采集表层水样，用 GO-FLO 阀式采水器进行分层采样，也可用自动控制采水系统进行各层次水样的采集。

图 3-14 是倒转式采水器（reversing water sampler）示意图。它最早是由挪威探险家和海洋学家 F. Nansen 在 1910 年发明的，因此又称南森瓶（Nansen bottle）。采水器为圆筒形，总长 65cm，容积约 1L，两端各有活门，由弹簧调节松紧，通过杠杆与同一根连杆连接，使两个活门可同时开启或关闭。采水器上端装有释放器，由撞击开关和挡片组成。采水器下端固定在钢丝绳上，上端利用挡片扣在钢丝绳上，

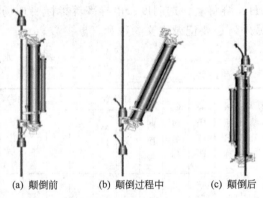

(a) 颠倒前   (b) 颠倒过程中   (c) 颠倒后

图 3-14 倒转式采水器示意图

并从重锤的孔穿过。使用时用钢丝绳将采水器放入水中，两端的活门处于打开状态，水可自由出入。当到达预定的深度后，在水面将重锤释放，自由下降的重锤将释放器上的撞击开关撞开，这时挡片也被移开，不再扣住钢丝绳，采水器上端脱开绳子倒转 180°，这时靠重力使两端的活门同时关闭。采水器还配置颠倒温度计，因此可同时测定各水样所在水层的水温。南森瓶适于常规水文、海水化学和微生物调查水样的采集。由于结构简单、工作可靠、使用方便，是一种被广泛采用的采水器。

图 3-15 是 Niskin 采水器示意图。它是 S. Niskin 于 1966 年在南森瓶的基础上发展来的，因此又叫 Niskin 瓶。为了减少水样的污染，Niskin 瓶采用塑料材质，瓶身实际上是个塑料管，两端的球形盖子也是塑料的。两端的"帽子"通过一根具有弹性的橡皮绳连接起来，放入水中时两端的球形盖子被扣在信号控制器上的上塞绳和底塞绳拉住，球形盖子处于开启状态（如图3-16 所示）。当放至所需深度时，释放击发信号，绳扣开启，瓶子上的弹簧或橡皮绳收缩使上下盖子闭合，从而将水样采集到采样器中。Niskin 瓶外框上也常装配颠倒温度计用来测定不同

水层的水温,由于 Niskin 瓶不是倒转式的,因此必须为颠倒温度计装配独立的旋转装置,以便在重锤落下后,Niskin 瓶两端的盖子关闭时,颠倒温度计可以记录所采水层的温度。

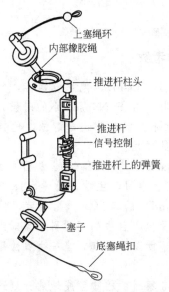

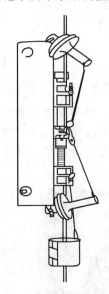

图 3-15 Niskin 采水器示意图　　　　　　　　　图 3-16 盖子处于开启状态的 Niskin 瓶

现在,Niskin 瓶的击发信号多采用电信号,再配合使用 CTD 测量装置,不仅操作方便,可以实现远程控制,而且可以方便地实现不同深度水样的采集。CTD 测量装置是指用来测量电导率(conductivity)、温度(temperature)和深度(depth)的装置,可以通过传感器准确地测定采样层水的电导率、温度。这样的设置可以方便地将多个 Niskin 瓶悬挂在一个圆形的钢架上,组成一个轮盘式采水器(rosette sampler),如图 3-17 所示。根据需要一个轮盘式采水器多的可以悬挂 36 个 Niskin 瓶,每个采样瓶可以按照设定好的程序在不同的深度采集水样。

图 3-18 是美国 General Oceanics 公司研发的 GO-FLO 阀式采水器示意图。采样瓶放入水中时,两端的阀门是关闭的,因此采集不同深度的水样时可以避免表层油污的污染。当采样瓶在水下约 10m 处时,其压力阀受压,球形阀在橡皮绳牵动下会转动而将阀门打开。将采样瓶放至所需的深度时,给予击发信号,瓶子上的弹性绳再牵动阀门而使阀门闭合,即将水样采集在瓶中。

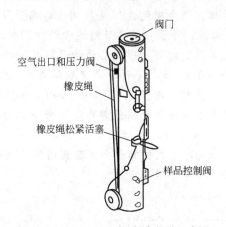

图 3-17 轮盘式采水器　　　　　　　　　　图 3-18 GO-FLO 阀式采水器示意图

F. Nansen 的北极科学考察

  1861 年 10 月 10 日，F. Nansen 出生在挪威的奥斯陆（Oslo）。他家境富裕，父亲是当地著名的律师，母亲爱好体育运动，意志坚强，体格健壮。在 F. Nansen 小的时候，母亲经常带着他进行户外活动，培养他的体育技能。不管是滑冰、翻筋斗还是游泳，他样样是能手，而他最擅长的是滑雪，这对他的一生起着非常重要的作用。

Fridtjof Nansen
（1861 年—1930 年）

  在中学时期，F. Nansen 在科学和绘画方面成绩优秀。1881 年，他进入奥斯陆大学学习，主攻动物学。1882 年，他乘船到了格陵兰（Greenland）的东海岸。几年后，他却把这次为期四个半月的旅行以及他心目中的那些科学家对海豹和熊的观察活动写成了一本书。就从那时起，当一个冒险家的念头悄悄在他的心中萌发。

  经过对穿越从来未被考察过的格陵兰腹地的计划进行了很长时间的研究之后，F. Nansen 决定从不适宜居住的东海岸向适宜居住的西海岸穿越。考察队的六名成员在−45℃的条件下，翻越海拔 9000 英尺❶，克服了险冰、疲劳、食物匮乏等困难，在出发 2 个月后于 1888 年 10 月初到达了西海岸。考察中获得了关于格陵兰腹地的许多重要信息，这也是用雪橇进行的首次成功穿越。在接下来的三年时间内，他发表了好几篇论文，并分别于 1890 年和 1891 年出版了《首次穿越格陵兰》和《爱斯基摩人的生活》两本书。

  1893 年 9 月 22 日，F. Nansen 乘法拉姆（Fram）号开始了为期三年多的北极探险旅程。他的探险计划是根据"海洋环流会带着北极的冰从东向西运动"这个具有革命性的理论制订的。法拉姆在冰中行走了一年多以后，最终只到达了北纬 84°4′。F. Nansen 意识到法拉姆是不可能达到极地了，但他没有乘船返回，而是决定继续步行北上。那是一个极危险的地方，离开法拉姆就意味着无法返回。1895 年 3 月 14 日，F. Nansen 和他的一个伙伴带着三个运输雪橇、两个皮艇、28 条狗向 400 海里以外的极地进发了。在 23 天的时间里，行进了大约 140 海里，并于 4 月 8 日到达北纬 86°14′，那里是海拔最高的地方，也是当时人们达到的离极地最近的地方。当他们开始返回时，却找不到他们期望的位于北纬 83° 的那块陆地（本来就不存在）。他们不得不划皮艇沿着开冰的水面向西南行进，穿过一个又一个岛屿，到达了法兰仕约瑟夫地群岛（Franz Josef Land），并在那里度过了冬季。为了生存，他们在岛上用石头和苔藓等搭起棚屋御寒，不得不以海象油脂和北极熊肉为食。1896 年 5 月，他们又开始了向南航行，终于在 7 月 24 日到达挪威的瓦尔德（Vardø），于 8 月 21 日在特罗姆瑟（Tromsø）与法拉姆号全体船员团聚。1897 年，F. Nansen 出版了六卷 1893～1896 年关于北极的科学考察报告。

---

❶ 1 英尺＝0.3048 米，后同。

F. Nansen 是著名的动物学家和海洋学家，也是神经元理论的先驱。他在 1910 年发明了南森瓶，后被 Shale Niskin 改进后，现在仍然在使用。F. Nansen 还是一个非常有鉴别能力的外交家，成为国际高级商务代表联盟的一员，并因此获得了 1922 年的诺贝尔和平奖。

五、污水水样的采集和排污总量监测

1. 污水水样的采集

实际的采样位置应在采样断面的中心。当水深大于 1m 时，应在表层下 1/4 深度处采样；当水深小于或等于 1m 时，在水深的 1/2 处采样。

当污水排放量较稳定时可采用时间比例采样，否则必须采用流量比例采样。

采集测定 pH、COD、BOD_5、溶解氧、硫化物、油类、有机物、余氯、粪大肠菌群、悬浮物、放射性等项目的样品时，不能混合，只能单独采样。

【注意事项】　①用样品容器直接采样时，必须用水样冲洗三次后再行采样。但当水面有浮油时，采油的容器不能冲洗。②采样时应注意除去水面的杂物、垃圾等漂浮物。③用于测定悬浮物、BOD_5、硫化物、油类、余氯的水样，必须单独定容采样，全部用于测定。④采样时应认真填写"污水采样记录表"，表中应有污染源名称、监测目的、监测项目、采样点位、采样时间、样品编号、污水性质、污水流量、采样人姓名等。

2. 流量测量

流量测量的方法主要有流量计法、容积法、流速仪法、量水槽法、溢流堰法等。流量计法就是用流量计来测量流量，在此不再赘述。

(1) 容积法　是将污水纳入已知容量的容器中，测定其充满容器所需要的时间，从而计算污水流量的方法。本法简单易行，测量精度较高，适用于计量污水流量较小的连续或间歇排放的污水。对于流量小的排放口用此方法。但溢流口与受纳水体应有适当落差或能用导水管形成落差。

(2) 流速仪法　通过测量排污渠道的过水截面积，以流速仪测量污水流速，计算污水流量。适当地选用流速仪，可用于很宽范围的流量测量。流速仪法多数用于渠道较宽的污水流量测量。测量时需要根据渠道深度和宽度确定点位垂直测点数和水平测点数。本方法简单，但易受污水水质影响，难用于污水流量的连续测定。排污截面底部需硬质平滑，截面形状为规则几何形，排污口处须有 3~5m 的平直过流水段，且水位高度不小于 0.1m。

(3) 量水槽法　在明渠或涵管内安装量水槽，测量其上游水位可以计量污水流量。常用的是巴氏槽。用量水槽测量流量与溢流堰法相比，同样可以获得较高的精度（±2%~±5%）和进行连续自动测量。其优点是水头损失小，底部冲刷力大，不易沉积杂物。

(4) 溢流堰法　是在固定形状的渠道上安装特定形状的开口堰板，过堰水头与流量有固定关系，据此测量污水流量。根据污水流量大小可选用三角堰、矩形堰、梯形堰等。溢流堰法精度较高，在安装液位计后可实行连续自动测量。为进行连续自动测量液位，已有的传感器有浮子式、电容式、超声波式和压力式等。

3. 总量控制项目

国家水污染物排放总量控制项目如 COD、石油类、氰化物、六价铬、汞、铅、镉和砷等，要逐步实现等比例采样和在线自动监测。

根据总量控制项目的浓度和污水排放量，即可得到排污总量。

WS700 型自动采样器和 WS750 型自动采样器

WS700 型自动采样器是由美国生产的一种便携式采样器,主要由外壳、蠕动泵、采样管、采样头(带过滤器)、聚乙烯样品瓶(11.4L)和电池等部件组成,如图 3-19 所示。可以用来采集污水、工业废水、雨水和地表水等,既可以采集混合水样又可以采集瞬时水样。

WS750 型自动采样器是由美国生产的一种双瓶便携式采样器,它有两个独立的样品瓶(4.5L)和采样管,在一个瓶进行混合水样采集的同时,另一个瓶可以采集瞬时水样,如图 3-20 所示。

图 3-19　WS700 型自动采样器

图 3-20　WS750 型自动采样器

六、水样的运输

采集的水样除供一部分项目在现场监测使用外,大部分水样要运到实验室进行测定。在水样运输过程中,为使水样不受污染、损坏和丢失,保证水样的完整性、代表性,应注意以下几点。

(1)用塞子塞紧采样容器,塑料容器塞紧内、外塞子,必要时用封口胶、石蜡封口(测油类水样除外)。

(2)采样容器装箱,用泡沫塑料或纸条作衬里和隔板,防止碰撞损坏。

(3)需冷藏的样品,应配备专门的隔热容器,放入制冷剂,将样品置于其中(如图 3-21 所示);冬季应采取保温措施,防止冻裂样品容器;避免日光直接照射。

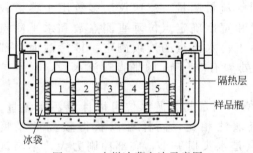

图 3-21　水样冷藏方法示意图

七、水样的保存

采样器的材质分为聚乙烯、聚丙烯、聚碳酸酯、玻璃和不锈钢。在测定有机组分时应使用玻璃材质的采样器。

各种水质的水样,从采集到测定这段时间内,水样组分常易发生变化。引起水样变化的因素有物理因素、化学因素和生物因素。

物理因素有挥发和吸附作用等,如水样中二氧化碳挥发可引起 pH、总硬度、酸(碱)度发生变化,水样中某些组分可被容器壁或悬浮颗粒物表面吸附而损失。

化学因素有化合、配位、水解、聚合、氧化还原等，这些作用将会导致水样组成发生变化。

生物因素是指细菌等微生物的新陈代谢活动使水样中有机物的浓度和溶解氧浓度降低。

针对上述水样发生变化的原因，可采取以下几种方法保存水样。

1. 冷藏

水样置冰箱或冰-水浴中，冷藏温度为 $4℃$ 左右。因不加化学试剂，对以后测定无影响。

2. 冷冻

把水样置于冰柜或制冷剂中贮存，冷冻温度为 $-20℃$ 左右。冷藏和冷冻抑制生物活动，减缓物理挥发和化学反应速率。

3. 化学方法

为防止样品中某些被测组分在保存、运输中发生分解、挥发、氧化还原等变化，常加入化学保护剂。

（1）加生物抑制剂 加入氯化汞、硫酸铜、三氯甲烷等抑制微生物作用。如在测定氨氮、COD 时，水样中加入氯化汞，可抑制生物的氧化还原作用；测定酚的水样用磷酸调至 pH 为 4 时，加入硫酸铜，即可抑制苯酚菌的分解活动。

（2）加入酸或碱 加入强酸（如硝酸）或强碱（如氢氧化钠）改变水样的 pH，从而使待测组分处于稳定状态。例如测定重金属时加硝酸至 pH 为 1～2，既可防止水解沉淀，又可避免被器壁吸附；测氰化物时则加氢氧化钠至 pH 为 12 保存。

（3）加入氧化剂或还原剂 如测定汞的水样需加入硝酸（至 pH<1）和重铬酸钾，使汞保持高价态；测定硫化物的水样加入抗坏血酸，可以防止硫化物被氧化。

【注意事项】 化学法加入的保存剂不能干扰以后的测定，保存剂最好是优级纯的，加入的方法要正确，避免沾污，同时还应做空白实验，扣除保存剂空白，对测定结果进行校正。

采样器材主要是采样器和水样容器，水样保存方法见表 3-10。对于新启用的容器，则应事先作更充分的清洗，容器应做到定点、定项。

表 3-10 水样保存技术

测试项目	采样容器	保存方法	可保存时间	最少采样量/mL	容器洗涤方法
浊度	P 或 G		12h	250	I
色度	P 或 G		12h	250	I
气味	G	1～5℃冷藏	6h	500	IV
pH	P 或 G		12h	250	I
电导率	P 或 BG		12h	250	I
悬浮物	P 或 G	1～5℃暗处	14d	500	I
酸度	P 或 G	1～5℃暗处	30d	500	I
碱度	P 或 G	1～5℃暗处	12h	500	I
二氧化碳	P 或 G	水样充满容器	24h	500	II
总固体	P 或 G	1～5℃冷藏	24h	100	I
化学需氧量	G	硫酸酸化,pH≤2	2d	500	I
	P	-20℃冷冻	30d	100	I
高锰酸盐指数	G	1～5℃暗处冷藏	2d	500	I
	P	-20℃冷冻	30d	500	I
溶解氧	溶解氧瓶	加入硫酸锰,碱性 KI 叠氮化钠溶液,现场固定	24h	500	I
BOD₅	溶解氧瓶	1～5℃暗处冷藏	12h	250	I
	P	-20℃冷冻	30d	1000	I

测试项目	采样容器	保存方法	可保存时间	最少采样量 /mL	容器洗涤方法
总有机碳	G	硫酸酸化,pH≤2,1~5℃冷藏	7d	250	I
	P	−20℃冷冻	30d	1000	I
总磷	P 或 G	盐酸,硫酸酸化,pH≤2	24h	250	IV
	P	−20℃冷冻	30d	250	IV
溶解磷酸盐	P 或 G	1~5℃冷藏	30d	250	IV
	P	−20℃冷冻	30d	250	IV
氨氮	P 或 G	硫酸酸化,pH≤2	24h	250	I
亚硝酸盐氮	P 或 G	1~5℃暗处冷藏	24h	250	I
硝酸盐氮	P 或 G	1~5℃冷藏	24h	250	I
	P 或 G	盐酸酸化,pH1~2	7d	250	I
	P	−20℃冷冻	30d	250	I
总氮	P 或 G	H_2SO_4,pH≤2	7d	250	I
	P	−20℃冷冻	30d	500	I
硫化物	P 或 G	1L 水样加氢氧化钠至 pH9,加入 5% 抗坏血酸 5mL,饱和 EDTA 3mL,滴加饱和 $Zn(Ac)_2$ 至胶体产生,常温避光	24h	250	I
总氰	P 或 G	加氢氧化钠,pH≥9,1~5℃冷藏	12h	250	I
易释放氰化物	P	加氢氧化钠,pH≥12,1~5℃暗处冷藏	7d	500	I
F^-	P	1~5℃避光	14d	250	I
Cl^-	P 或 G	1~5℃避光	30d	250	I
Br^-	P 或 G	1~5℃避光	14d	250	I
I^-	P 或 G	加氢氧化钠,pH12	14d	250	I
SO_4^{2-}	P 或 G	1~5℃避光	30d	250	I
PO_4^{3-}	P 或 G	调 pH 为 7,0.5%$CHCl_3$	7d	250	IV
总硅酸盐	P	1~5℃冷藏	30d	100	IV
阳离子表面活性剂	p	1~5℃冷藏	2d	100	IV
阴离子表面活性剂	P 或 G	1~5℃冷藏,硫酸酸化,pH1~2	2d	250	IV
阴离子表面活性剂	G	1~5℃冷藏,加入 37% 甲醛,使样品中甲醛含量达 1%	30d	500	IV
溴酸盐	P 或 G	1~5℃冷藏	30d	100	I
氯酸盐	P 或 G	1~5℃冷藏	30d	500	I
二氧化氯	P 或 G	避光	5min	500	I
铍	P 或 G	1L 水样中加浓硝酸 10mL	14d	250	III
硼	P	1L 水样中加浓硝酸 10mL	14d	250	II
钠	P	1L 水样中加浓硝酸 10mL	14d	250	II
镁	P 或 G	1L 水样中加浓硝酸 10mL	14d	250	II
钾	P	1L 水样中加浓硝酸 10mL	14d	250	II
钙	P 或 G	1L 水样中加浓硝酸 10mL	14d	250	II
六价铬	P 或 G	用氢氧化钠调 pH8~9	14d	250	III
锰	P 或 G	1L 水样中加浓硝酸 10mL	14d	250	III
铁	P 或 G	1L 水样中加浓硝酸 10mL	14d	250	III
镍	P 或 G	1L 水样中加浓硝酸 10mL	14d	250	III
铜	P	1L 水样中加浓硝酸 10mL	14d	250	III
锌	P	1L 水样中加浓硝酸 10mL	14d	250	III
砷	P 或 G	1L 水样中加浓硝酸 10mL,DDTC 法,HCl 2mL	14d	250	I
硒	P 或 G	1L 水样中加浓盐酸 2mL	14d	250	III
银	P 或 G	1L 水样中加浓硝酸 2mL	14d	250	III

续表

测试项目	采样容器	保存方法	可保存时间	最少采样量 /mL	容器洗涤方法
镉	P 或 G	1L 水样中加浓硝酸 10mL	14d	250	Ⅲ
锑	P 或 G	盐酸,0.2%(氢化物法)	14d	250	Ⅲ
汞	P 或 G	1L 水样中加浓硝酸 10mL	14d	250	Ⅲ
铅	P 或 G	1L 水样中加浓硝酸 10mL	14d	250	Ⅲ
铝	P、G 或 BG	硝酸酸化,pH1～2	30d	100	Ⅲ
铀	P、G 或 BG	硝酸酸化,pH1～2	30d	200	Ⅲ
钒	P、G 或 BG	硝酸酸化,pH1～2	30d	200	Ⅲ
钴	P 或 G	硝酸酸化,pH1～2	30d	500	Ⅲ
油类	G	盐酸酸化,pH≤2	7d	250	Ⅱ
酚类	G	用 H_3PO_4 调至 pH=2,用 0.01～0.02g 抗坏血酸除去残余氯,1～5℃	24h	1000	Ⅰ
挥发性有机物	G	用(1+10)HCl 调至 pH=2,加入 0.01～0.02g 抗坏血酸除去残余氯,1～5℃	12h	1000	Ⅰ
除草剂	G	加入抗坏血酸 0.01～0.02g 除去残余氯,1～5℃	24h	1000	Ⅰ
杀虫剂	G	1～5℃冷藏	5d	3000	Ⅰ
农药类	G	加入抗坏血酸 0.01～0.02g 除去残余氯	24h	1000	Ⅰ
除草剂类	G	加入抗坏血酸 0.01～0.02g 除去残余氯	24h	1000	Ⅰ
邻苯二甲酸酯类	G	加入抗坏血酸 0.01～0.02g 除去残余氯	24h	1000	Ⅰ
甲醛	G	加入硫代硫酸钠至 0.2～0.5g/L,除去残余氯	24h	250	Ⅰ
单环芳烃	G	硫酸酸化,pH1～2	7d	500	Ⅰ
多环芳烃	G	硫酸酸化,pH1～2	7d	500	Ⅰ
多氯联苯	G	硫酸酸化,pH1～2	7d	1000	Ⅰ
三氯甲烷	G	硫酸酸化,pH1～2	14d	100	Ⅰ

注:1. G 为硬质玻璃瓶;P 为聚乙烯瓶(桶);BG 为硼硅酸盐玻璃瓶。

2. Ⅰ:洗涤剂洗一次,自来水三次,蒸馏水一次;

Ⅱ:洗涤剂洗一次,自来水洗二次,(1+3)HNO_3 荡洗一次,自来水洗三次,蒸馏水一次;

Ⅲ:洗涤剂洗一次,自来水洗二次,(1+3)HNO_3 荡洗一次,自来水洗三次,去离子水一次;

Ⅳ:铬酸洗液洗一次,自来水洗三次,蒸馏水洗一次。

八、水样的预处理

水样的预处理是环境监测中一项重要的常规工作,其目的是去除组分复杂的共存干扰成分,将含量低、形态各异的组分处理成适合于监测的含量及形态。常用的水样预处理方法有消解、富集和分离等方法。

1. 水样的消解

水样的消解是将样品与酸、氧化剂、催化剂等共置于回流装置或密闭装置中,加热分解并破坏有机物的一种方法,金属化合物的测定多采用此方法进行预处理。处理的目的一是排除有机物和悬浮物的干扰,二是将金属化合物转变成简单稳定的形态,同时消解还可达浓缩之目的。消解后的水样应清澈、透明、无沉淀。

常用的消解法有:①硝酸消解法,适用于较清洁的水样;②硝酸-高氯酸消解法,适用于含有机物、悬浮物较多的水样;③硫酸-高锰酸钾消解法,常用于消解测定汞的水样;④硝酸-硫酸消解法,不适用于处理测定易生成难溶硫酸盐组分(如铅、钡、锶)的水样;⑤硫酸-磷酸消解法,适用于消除 Fe^{3+} 等离子干扰的水样,因硫酸和磷酸的沸点都比较高,硫酸氧化性较强,磷酸能与一些金属离子配合。

2. 水样的富集和分离

当水样中待测组分含量低于分析方法的检测限时，就必须进行富集或浓缩；当有共存干扰组分时，就必须采取分离或掩蔽措施。富集和分离往往是不可分割、同时进行的。常用的方法有过滤、挥发、蒸馏、溶剂萃取、离子交换、吸附、共沉淀、色谱分离、低温浓缩等。重点介绍挥发、蒸馏、溶剂萃取和离子交换。

（1）挥发　挥发分离法是利用某些污染组分易挥发，用惰性气体带出而达到分离目的的方法。例如，用冷原子荧光法测定水样中的汞时，先将汞离子用氯化亚锡还原为原子态汞，再利用汞易挥发的性质，通入惰性气体将其带出并送入仪器测定；用分光光度法测定水中的硫化物时，先使其在磷酸介质中生成硫化氢，再用惰性气体载入乙酸锌-乙酸钠溶液中吸收，从而达到与母液分离的目的。

（2）蒸馏　蒸馏法是利用水样中各组分具有不同的沸点而使其彼此分离的方法。测定水样中的挥发酚、氰化物、氟化物、氨氮时，均需在酸性（或碱性）介质中进行预蒸馏分离。蒸馏具有消解、富集和分离三种作用。

（3）溶剂萃取　根据物质在不同的溶剂相中分配系数不同，从而达到组分的分离与富集的目的，常用于水中有机化合物的预处理。根据相似相溶原理，用一种与水不相溶的有机溶剂与水样一起混合振荡，然后放置分层，此时有一种或几种组分进入到有机溶剂中，另一些组分仍留在水相中，从而达到分离、富集的目的。该法常用于常量组分的分离及痕量组分的分离与富集；若萃取组分是有色化合物，可直接用于测定吸光度。

（4）离子交换　离子交换法是利用离子交换剂与溶液中的离子发生交换作用而使离子分离的方法。用途较广的是有机离子交换剂（离子交换树脂），根据阴、阳离子交换树脂对不同离子的亲和力不同，从而使不同离子分离、富集。

第四节　一般指标的测定

水质的一般性指标是水质质量评价的重要指标，主要包括水温、pH、电导率、溶解氧、浊度、臭、色度、透明度和悬浮物等，其中水温、pH、电导率、溶解氧和浊度就是平常所说的常规五参数。

一、水温

水温测量在现场进行，常用的方法有水温计法、深水温度计法、颠倒温度计法和热敏电阻温度计法。

水的物理化学性质、水中溶解性气体的溶解度、水生生物和微生物活动、化学和生物化学反应速率、pH等都与水温变化密切相关。

1. 水温计法

水温计（thermometer）的水银温度计安装在金属半圆槽壳内，开有读数窗孔，下端连接一个金属贮水杯，温度计水银球位于金属杯的中央，顶端的槽壳带一圆环，用于拴一定长度的绳子，如图3-22所示。测定时，将水温计插入一定深度的水中，感温5min后，迅速提出水面并读数。测量范围一般为（−6～+41)℃，分度值为0.2℃，适用于测量水的表层温度。

2. 深水温度计法

深水温度计构造与水温计相似，贮水杯较大，并有上、下活门，在放入水中和提升时自动启开和关闭，使筒内装满水样，如图3-23所示。测量范围为（−2～+40)℃，分度值为

0.2℃，适用于水深小于 40m 的水温测量。

图 3-22 水温计示意图

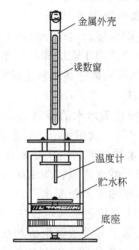

图 3-23 深水温度计示意图

3. 颠倒温度计法

颠倒温度计（reversing thermometer）分为开端式和闭端式两种。闭端式颠倒温度计由主温计和辅温计组装在厚壁玻璃套管内构成，套管两端完全封闭，水银柱的高度不受水压的影响，仅与现场温度有关，因此又称为防压式。开端式温度表的外套管一端是开口的，所以水银柱的高度取决于现场的温度和压力。根据开端式与闭端式温度计的温度差值和开端式温度计的压缩系数，即可算出仪器的沉放深度。

闭端式颠倒温度计的主温表是双端式水银温度计，由贮泡、接受泡、毛细管和盲枝等部分组成（如图 3-24 所示），用于观测水温；辅温表为普通水银温度计，用于观测读取水温时的气温，以校正因环境温度改变而引起的主温表读数的变化。测定时，一般将其装在颠倒采水器上，沉入预定深度水层，感温 10min，此时温度计的贮泡向下，盲枝的交叉点（断点）以上的水银柱高度取决于测定水层的水温。当温度计颠倒时，温度计中的水银在断点处断开，并分成上、下两部分，此时接受泡一端的水银柱示值，即为所测温度。将温度计提出水面后立即读数，根据主、辅温度表的读数，用海洋常数表得出校正值。测量范围为主温表（−2～+32)℃，分度值为 0.1℃，辅温表（−20～+50)℃，分度值为 0.5℃，适用水深超

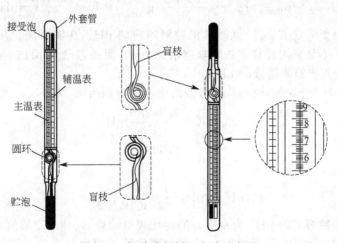

图 3-24 闭端式颠倒温度计示意图

过 40m 的各层水温测量。

4. 热敏电阻温度计法

热敏电阻温度计（thermistor thermometer）是目前温度测量中应用极为广泛的一种温度测量系统，适用于表层和深层水温的测定。测量时，将仪器探头放入预定深度的水中，感温 1min，直接从数字显示屏上读取水温数值。

二、pH

pH 可间接表示水的酸碱程度，当水体受到污染后，pH 可能发生变化。天然水的 pH 多在 6~9 之间；饮用水 pH 要求在 6.5~8.5 之间；某些工业用水的 pH 必须保持在 7.0~8.5 之间。水体的酸污染主要来自于冶金、搪瓷、电镀、轧钢、金属加工等工业的酸洗工序和人造纤维、酸洗造纸、酸性矿山排出的废水；碱污染主要来源于碱法造纸、化学纤维、制革、制碱、炼油等工业废水。

测定 pH 有比色法和电位法，如果要粗略地测定水样 pH，可使用 pH 试纸。

比色法基于各种酸碱指示剂在不同 pH 的水溶液中显示不同的颜色，而每种指示剂都有一定的变色范围。在已知 pH 的缓冲溶液中加入适当的指示剂，并配制成标准系列，测定时在与缓冲溶液量相同的水样中加入相同的指示剂，然后与标准系列进行比较，以确定水样的 pH。比色法不适用于有色、浑浊或含较高游离氯、氧化剂、还原剂的水样。

由于电位法（玻璃电极法）准确、快速，受水体色度、浊度、胶体物质、氧化剂、还原剂及含盐量等因素的干扰程度小，因此应用最为广泛。

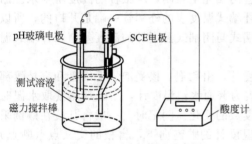

图 3-25 pH 测定装置示意图

1. 电位法测定 pH 的方法原理

电位法测定 pH 是以 pH 玻璃电极为指示电极，饱和甘汞电极为参比电极，将二者与被测溶液组成原电池（如图 3-25 所示）。

若饱和甘汞电极的电极电位为 $\varphi_{\text{甘汞}}$，pH 玻璃电极的电极电位为 $\varphi_{\text{玻璃}}$，则原电池的电动势为：

$$E_{\text{电池}} = \varphi_{\text{甘汞}} - \varphi_{\text{玻璃}}$$

$\varphi_{\text{玻璃}}$ 可用能斯特方程式表示，25℃时，$E_{\text{电池}}$ 可表示为：

$$E_{\text{电池}} = \varphi_{\text{甘汞}} - \left(\varphi_0 + \frac{2.303RT}{F}\lg a_{\text{H}^+}\right) = K + \frac{2.303RT}{F}\text{pH} \tag{3-1}$$

由此可知，只要测定 $E_{\text{电池}}$，就能求出被测溶液的 pH。在实际测定中，要准确求得 K 值比较困难，因此不是采用计算方法来求溶液的 pH，而是以已知 pH 的溶液为标准进行校准，用 pH 计直接测出被测溶液的 pH。

若测定已知 pH 的标准溶液和待测溶液的电动势分别为 E_{S} 和 E_x，则

$$E_{\text{S}} = K + \frac{2.303RT}{F}\text{pH}_{\text{S}} \tag{3-2}$$

$$E_x = K + \frac{2.303RT}{F}\text{pH}_x \tag{3-3}$$

$$\text{pH}_x = \text{pH}_{\text{S}} + \frac{E_x - E_{\text{S}}}{2.303RT/F} \tag{3-4}$$

这种以标准缓冲溶液的 pH_{S} 为基准，通过比较电动势 E_x 和 E_{S} 的值，求出待测试液的 pH_x 的方法，通常又称为 pH 标度法。校准方法均采用两点校准法，即选择两种标准缓冲液：第一种是 pH 为 7（pH＝6.8 左右）的标准缓冲液，第二种是 pH 为 9 的标准缓冲液或

（图中标注）pH玻璃电极　SCE电极　测试溶液　磁力搅拌棒　酸度计

pH 为 4 的标准缓冲液。

先用 pH 为 7 的标准缓冲液对酸度计进行定位，再根据待测溶液的酸碱性选择第二种标准缓冲液。如果待测溶液呈酸性，则选用 pH 为 4 的标准缓冲液；如果待测溶液呈碱性，则选用 pH 为 9 的标准缓冲液。不同温度时常见标准缓冲溶液的 pH 见表 3-11。

表 3-11 不同温度时常见标准缓冲溶液的 pH

温度/℃	草酸盐标准缓冲溶液	邻苯二甲酸盐标准溶液	酒石酸盐标准缓冲溶液	磷酸盐标准缓冲溶液	硼酸盐标准缓冲溶液	氢氧化钙标准缓冲溶液
0	1.67	4.00	—	6.98	9.46	13.42
5	1.67	4.00	—	6.95	9.39	13.21
10	1.67	4.00	—	6.92	9.33	13.00
15	1.67	4.00	—	6.90	9.28	12.81
20	1.68	4.00	—	6.88	9.23	12.63
25	1.68	4.01	3.56	6.86	9.18	12.45
30	1.69	4.01	3.55	6.85	9.14	12.29
35	1.69	4.02	3.55	6.84	9.11	12.13
40	1.69	4.04	3.55	6.84	9.07	11.98

2. 玻璃电极、饱和甘汞电极和复合电极

（1）玻璃电极　pH 玻璃电极是一个对氢离子具有高度选择性响应的膜电极，其敏感膜是用特殊成分的玻璃吹制而成的球状薄膜，膜厚约为 0.1mm，球内一般装有 0.1mol/L HCl 溶液，并以 Ag-AgCl 电极作内参比电极。常见的 pH 玻璃电极有 211 型、221 型、231 型等。

玻璃指示电极在使用前必须在水中浸泡 24h 以上，使用后应立即清洗并浸于水中保存。若玻璃电极表面污染，可先用肥皂或洗涤剂洗；然后用水淋洗几次，再浸入（1＋9）盐酸溶液中，以除去污物；最后用水洗净，浸入水中备用。

（2）饱和甘汞电极　饱和甘汞电极是由金属汞、甘汞（Hg_2Cl_2）和饱和氯化钾溶液组成的电极。甘汞电极的电极电位随温度和氯化钾的浓度变化而变化。

使用时拔出电极上端小孔的橡皮塞，以防止产生扩散电位影响测定结果。电极内氯化钾溶液中不能有气泡，以防止断路。溶液中应保持有少许氯化钾晶体，以保证氯化钾溶液的饱和。

（3）复合电极　将玻璃电极与饱和甘汞电极做成一体就成为 pH 复合电极。复合电极分为塑壳和玻璃的两种类型，塑壳 pH 复合电极常见的有 200-C 型、201-C 型，玻璃 pH 复合电极常见的有 2501-C 型、2503-C 型、2511-C 型等。

复合电极在使用前须在水中浸泡 24h 以上，使用后立即清洗并加塞保存。

阅读材料

常用 pH 计简介

酸度计又称 pH 计，是一种通过测量电位差的方法来测定溶液 pH 的仪器。

实验室常用的酸度计有多种型号，如国产的 pHS-25 型数字 pH 计、pHS-2F 型精密 pH 计、pHS-3B 型精密 pH 计、pHS-3C 型 pH 计（如图 3-26 所示）、pHS-3D 型 pH 计、pHS-3E 型数字 pH 计、pHBJ-260 型便携式 pH 计（见图 3-27）等。进口 pH 计也有多种型号，如意大利 HANNA 公司生产的 pH211/213 型台式酸度计，美国 EUTECH 公司生产的 pH500 系列台式酸度计等。

图 3-26　pHS-3C 型 pH 计

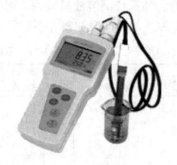
图 3-27　pHBJ-260 型便携式 pH 计

三、电导率

溶解于水的酸、碱、盐电解质，在溶液中解离成正、负离子，使电解质溶液具有导电能力，其导电能力的大小用 25℃时的电导率（conductivity）表示。电导率的单位为 S/cm，在水质分析中常用它的百万分之一即 μS/cm 表示水的电导率。

用电导率仪测定水的电导率，要求其测量范围为 $0 \sim 10^4\ \mu$S/cm。

四、溶解氧

溶解在水中的分子态氧称为溶解氧（dissolved oxygen），简称 DO。溶解氧与大气中氧的平衡、温度、气压、盐分有关。清洁地表水溶解氧一般接近饱和；有藻类生长的水体，溶解氧可能过饱和。水体受有机物、无机还原性物质（如硫化物、亚硝酸根、亚铁离子等）污染后，溶解氧下降，可趋近于零。溶解氧是水体污染程度的综合指标。

溶解氧的测定方法有碘量法、比色法和电化学探头法。

1. 碘量法

在水样中加入硫酸锰和碱性碘化钾，二价锰先生成白色的 $Mn(OH)_2$ 沉淀，但很快被水中溶解氧氧化为三价或四价锰，从而将溶解氧固定住。在酸性条件下，高价的锰可以将 I^- 氧化为 I_2，然后用硫代硫酸钠标准溶液滴定生成的 I_2，即可求出水中溶解氧的含量。主要反应方程式如下：

$$Mn^{2+} + 2OH^- \longrightarrow Mn(OH)_2 \downarrow$$
$$4Mn(OH)_2 + O_2 + 2H_2O \longrightarrow 4Mn(OH)_3 \downarrow$$
$$2Mn(OH)_2 + O_2 \longrightarrow 2MnO(OH)_2 \downarrow$$
$$MnO(OH)_2 + 4H^+ + 2I^- \longrightarrow I_2 + 3H_2O + Mn^{2+}$$
$$2Mn(OH)_3 + 6H^+ + 2I^- \longrightarrow 2Mn^{2+} + I_2 + 6H_2O$$
$$I_2 + 2S_2O_3^{2-} \longrightarrow 2I^- + S_4O_6^{2-}$$

水样中溶解氧的含量（以 O_2 计，mg/L）按式（3-5）计算。

$$溶解氧(O_2) = \frac{1}{4} \times \frac{cVM(O_2)}{V_0} \times 10^3 \tag{3-5}$$

式中　c——硫代硫酸钠标准滴定溶液的浓度，mol/L；

　　　V——消耗硫代硫酸钠标准溶液的体积，mL；

　$M(O_2)$——氧气的摩尔质量，g/mol；

　　　V_0——滴定时所取水样的体积，mL。

如果水样是强酸性或强碱性的，可用氢氧化钠或硫酸溶液调至中性后测定。取样时要注意勿使水中含氧量有变化。在取地表水样时，应充满水样瓶至溢流，小心以避免溶解氧浓度改变；从配水系统管路中取样时，将一惰性材料管的入口与管道对接，将管子出口插入取样瓶底部，用溢流冲洗的方式充入大约10倍取样瓶体积的水，最后注满瓶子，瓶壁上不得留有气泡；对于不同深度取样，应用一种特别的取样器，内盛取样瓶，瓶上装有橡胶入口管并插入到取样瓶的底部，当溶液充满取样瓶时，将瓶中空气排出。取出水样后，最好在现场加入硫酸锰和碱性碘化钾溶液固定溶解氧，再送至实验室进行测定。

用硫代硫酸钠滴定时，若达到终点后溶液又变为蓝色，说明水中可能含有亚硝酸盐，因为亚硝酸盐可以将 I^- 氧化为 I_2。当水样中的亚硝酸盐高于 0.05mg/L 时，可以用叠氮化钠来消除亚硝酸盐的干扰，即叠氮化钠修正法。反应方程式如下：

$$2NaN_3 + H_2SO_4 \Longrightarrow 2HN_3 + Na_2SO_4$$

$$HNO_2 + HN_3 \Longrightarrow N_2 + N_2O + H_2O$$

若水样中的 Fe^{2+} 含量大于 1mg/L 时，可采用高锰酸钾修正法。以高锰酸钾将 Fe^{2+} 氧化为 Fe^{3+}，然后用氟化钾掩蔽，过量的高锰酸钾用草酸钠除去。若水样中游离氯大于 0.1mg/L 时，可先用两个溶解氧瓶，各取一瓶水样，一瓶加入 5mL 硫酸（1+5）和碘化钾溶液，用硫代硫酸钠标准溶液滴定游离出的碘，然后向另一瓶水样中加入与滴定消耗相同量的硫代硫酸钠标准溶液，再进行固定和测定。

2. 电化学探头法

电化学探头法是采用一种用透气薄膜将水样与电化学电池隔开的电极来测定溶解氧的方法。所采用的探头由一小室构成，室内有两个金属电极并充有电解质，用选择性薄膜将小室封闭。水和离子不能透过该薄膜，但氧和一定数量的其他气体可以透过。在外加电压的情况下使电极间产生电位差，使金属离子在阳极进入溶液，而透过膜的氧在阴极还原。由此产生的电流与透过膜和电解质液层的氧的传递速度成正比，也就与一定温度下水样中氧的分压成正比。

根据所采用探头的类型不同，可以测定水中氧的浓度（mg/L）或氧的饱和百分率。该法适用于测定色度高和浑浊的水，还适宜于含铁及能与碘作用的水样的测定。水样中氯、二氧化硫、硫化氢、氨、二氧化碳、溴和碘等能扩散并通过薄膜，对测定产生干扰。另外，水样中若含有油类、硫化物、碳酸盐和藻类等，会造成薄膜堵塞，也会对测定产生影响。

阅读材料

溶解氧测定仪简介

常见国产溶解氧测定仪有 GDY-8 型、SJG-203A 型、JPB-607 型、JYD-1A 型、YSI-58 型、DO600 型溶解氧测定仪，SJG-9435A 溶解氧分析仪，HK-318 型溶解氧分析仪，DO-1 高浓度溶氧仪，JPBJ-608 便携式溶解氧分析仪等。进口仪器有美国产的 YSI 550A 型便携式溶解氧分析仪、德国产的 OXI197 型和 OXI330i 型便携式溶解氧分析仪等。

图 3-28 是 OXI 197 型便携式溶解氧分析仪。仪器能同时显示氧气浓度和温度，氧气浓度的测量范围为 0.00～19.99mg/L。具有快速校准、自动空气压力补偿及自动温度补偿等功能。仪器配有可以使用 600h 的可充电电池，可以存储 50 对测量数据，并具有 RS232 数字输出接口。

图 3-29 是 YSI 550A 型便携式溶解氧分析仪，具有防水、防撞击外壳，使用极谱法技术和热敏电阻法技术，内置校准室，自动温度补偿、盐度补偿，同时显示溶解氧和温度读数。温度的测量范围为 $-5 \sim 45 ℃$，分辨率为 $0.1℃$，准确度为 $\pm 0.3℃$；溶解氧的测量范围为 $0 \sim 50 mg/L$，分辨率为 $0.01 mg/L$ 或 $0.1 mg/L$。

图 3-28　OXI 197 型便携式溶解氧分析仪　　　　图 3-29　YSI 550A 型便携式溶解氧分析仪

五、浊度

浊度（turbidity）是指水中悬浮物对光线透过时所发生的阻碍程度，是由水中的泥沙、黏土、浮游生物和其他微生物等悬浮物质引起的。美国公共卫生协会将浊度定义为"样品使穿过其中的光发生散射或吸收光线而不是沿直线穿透的光学特性的表征"。水的浊度大小与水中悬浮物质含量及其粒径等性质有关。

浊度的常用测定方法有目视比浊法、分光光度法和浊度计法。

1.目视比浊法

将水样与用硅藻土配制的浊度标准溶液进行比较以确定水样的浊度。我国规定 1L 蒸馏水中含有 1mg 一定粒度的硅藻土所产生的浊度称为 1 度。

用硅藻土配制浊度标准溶液，用目视比色法确定水样浊度大小。该方法适用于饮用水和水源水等低浊度水的测定，最低检测浊度为 1 度。

2.分光光度法

在适当的温度下，将一定量的硫酸肼 $[(N_2H_4)_2SO_4 \cdot H_2SO_4]$ 与六亚甲基四胺 $[(CH_2)_6N_4]$ 聚合，生成白色高分子聚合物，以此作为浊度标准溶液，在一定条件下与水样比较。规定 1L 溶液中含 1.25mg 硫酸肼和 12.5mg 六亚甲基四胺的反应产物为 1 度。

用硫酸肼和六亚甲基四胺配制浊度为 400 度的标准贮备液，然后配成标准色列。在 680nm 处测其吸光度，绘制吸光度-浊度标准曲线，或求出线性回归方程。测定水样的吸光度，即可求得水样的浊度。如水样经过稀释，要换算成原水样的浊度。该方法适用于饮用水、天然水和高浊度水的测定，最低检测浊度为 3 度。

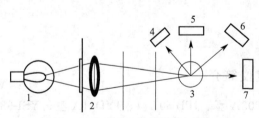

图 3-30　浊度计工作原理示意图
1—光源；2—透镜；3—样品池；4—后散射探测器；5—90°散射光探测器；6—前散射探测器；7—透射光探测器

3.浊度计法

浊度计（turbidimeter）是依据浑浊液对光进行散射的原理制成的，主要由光源、透镜、样品池、90°散射光探测器等部件组成，如图 3-30 所示。光源是具有 890nm 波长的红外发光二极管，散射光探测器位于与发射光线垂直的位置上。当一束平行光通过样品池时，一部分光被吸收和散射，另一部分光透过。在入射光恒定的条件下，散射光的强度与水的浊度成正比。用标准溶液校正后，测量由样品中悬浮颗粒散射的光强度，通过微电脑处理器就可以将光强的数值直接转换为浊度值。

散射光浊度仪测定浊度的单位为 NTU，1NTU 相当于 1 度。

便携式多参数水质测定仪

图 3-31 和图 3-32 分别是意大利产的 HI 9828 型和美国产的 W-22XD 型便携式多功能多参数水质测定仪，探头里装有多种传感器，可同时测定水的温度、pH、溶解氧、电导率、浊度、氧化还原电位等多种参数。

图 3-31　HI 9828 型便携式多功能
多参数水质测定仪

图 3-32　W-22XD 型便携式多功能
多参数水质测定仪

六、色度

纯水是无色的；天然水中因存在腐殖质、泥土、浮游生物、矿物质等，显示不同颜色；工业废水因污染源不同，有不同颜色。

色度是衡量水的颜色深浅的指标，单位用"度"表示。水的颜色可分为表色和真色，表色是指没有除去悬浮物时水的颜色，而真色是指除去悬浮物后水的颜色。对于清洁水或浊度很低的水样，真色和表色几乎相同；对颜色很深的工业废水，真色和表色差别很大。平时所说水的色度一般指真色。

色度的测定方法有铂钴比色法和稀释倍数法。

1. 铂钴比色法

用氯铂酸钾（K_2PtCl_6）和氯化钴（$CoCl_2 \cdot 6H_2O$）的混合溶液作为标准溶液，先配 500 度铂钴贮备液，再配成标准色列，与水样进行目视比色确定其色度。规定每升溶液中含有 1mg 铂和 0.5mg 钴所产生的颜色为 1 度。

该方法适用于清洁水、轻度污染并略带黄色的天然水和饮用水。测定前将水样放置澄清、离心分离或用 $0.45\mu m$ 滤膜除去悬浮物，但不能用滤纸过滤。

2. 稀释倍数法

用目视法与光学纯水（用 $0.2\mu m$ 滤膜过滤后的蒸馏水或去离子水）比较，将样品用光学纯水稀释至刚好看不见颜色时的稀释倍数作为表达颜色的强度，单位为倍。

测定时，分别取水样和光学纯水于具塞比色管中，定容至标线，将具塞比色管放在白色表面上，具塞比色管与该表面应呈合适的角度，使光线被反射自具塞比色管底部向上通过液柱。垂直向下观察，比较样品和光学纯水，描述样品颜色的深浅（如无色、浅色、深色等）和色调（红、橙、黄、绿、蓝、紫等）。

将水样用光学纯水按每次 2 倍逐级稀释成不同倍数，分别置于具塞比色管并定容至标线。将具塞比色管放在白色表面上，将水样稀释至刚好与光学纯水无法区别为止，此时的稀释倍数值即为水样的色度。

七、臭

清洁的地表水、地下水和生活饮用水都要求不能有异臭和异味。水中异臭和异味主要来源于工业废水和生活污水中的污染物、天然物质的分解或与之有关的微生物活动等。臭是水质的感官指标，测定方法主要有定性描述法和阈值法。

水样应采集在具磨口塞的玻璃瓶中，最好在 6h 内完成项目检验。如需要保存水样，则至少采集 500mL 于玻璃瓶中并充满，4℃ 以下冷藏，并确保冷藏时不得有外来气味进入水中。不能用塑料容器盛水样。

1. 定性描述法

取 100mL 水样于 250mL 锥形瓶中，在 (20±2)℃ 和煮沸稍冷后，振荡瓶内水样，检验人员依靠自己的嗅觉从瓶口闻水的气味。必要时可以用无臭水对照。用适当的词句描述臭特性（如芳香味、氯气味、硫化氢味、霉烂味等），并按六个等级报告臭强度（见表 3-12）。该法适用于天然水、饮用水、生活污水和工业废水中的臭检验。

表 3-12 臭强度等级

等级	强度	说　明
0	无	无任何气味
1	微弱	一般饮用者难于察觉，嗅觉敏感者可以察觉
2	弱	一般饮用者刚能察觉
3	明显	已能明显察觉，不加处理，不能饮用
4	强	有很明显的臭味
5	很强	有强烈的恶臭

2. 臭阈值法

用无臭水稀释水样，当稀释到刚能闻出臭味时的稀释倍数称为臭阈值。

用水样和无臭水在具塞锥形瓶中配制系列稀释水样，在水浴上加热至 (60±1)℃；取下锥形瓶，振荡 2~3 次，去塞，闻其气味，与无臭水比较，确定刚好闻出臭味的稀释水样，用式(3-6)计算臭阈值。如水样含余氯，应在脱氯前后各检验一次。

$$臭阈值(TON) = \frac{V_0 + V}{V_0} \tag{3-6}$$

式中　V_0——水样体积，mL；

　　　V——无臭水体积，mL。

由于不同检验人员嗅觉的敏感程度有差异，检验结果可能不一致，因此，一般选择 5 名以上嗅觉灵敏的检验人员同时检验，取其检验结果的几何平均值作为代表值。

一般用自来水通过颗粒状活性炭吸附方法制取无臭水；自来水中含余氯时，用硫代硫酸钠溶液脱除。也可将蒸馏水煮沸后制备无臭水。

八、透明度

透明度（transparency）是指水样的澄清程度，洁净的水是透明的。影响水透明度的因素有颜色、悬浮物和藻类等。一般来说，颜色越深，悬浮物越多，透明度就越低。常用的透明度测定方法有铅字法、十字法和塞氏盘法。

1. 铅字法

采用透明度计测定水样的透明度。检验人员从透明度计筒口垂直向下观察，刚好能看到透明度计底部标准铅字印刷符号时，水柱的高度即为透明度，单位是 cm。透明度计是一种长 33cm、内径 2.5cm 的玻璃筒，上面有 cm 为单位的刻度，筒底有一磨光的玻璃片。筒与玻璃片之间有一个胶皮圈，用金属夹固定。距玻璃筒底部 1～2cm 处侧面有一放水管，底部有标准印刷符号。如图 3-33 所示。

测定时，将振荡均匀的水样立即倒入筒内至 30cm 处，从筒口垂直向下观察，如不能清楚地看见印刷符号，则慢慢放出水样，直到刚好能辨认出符号为止，记录此时水柱高度。该法适用于天然水和处理后水的测定。

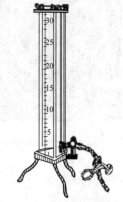

图 3-33　透明度计

2. 十字法

在内径为 30mm、长为 0.5m 或 1.0m 的刻度玻璃筒的底部放一白瓷片，片中部有宽度为 1mm 的黑色十字和四个直径为 1mm 的黑点，从筒顶观察明显看到十字，看不到四个黑点时，用水柱高度表示透明度，单位是 cm。

3. 塞氏盘法

塞氏盘（Secchi disk）是一直径为 200mm 黑白相间并各占一半的圆盘，正中间开小孔，穿一铅丝，下面加配重，上面系标有刻度的绳子，如图 3-34 所示。测定时，将塞氏盘沉入水中，以刚好看不到它时的水深（cm）表示透明度。用来测定海水的塞氏盘采用直径为 300mm 的全白圆盘。塞氏盘法的优点是既经济又方便。

测定时，将塞氏盘在船的背光处放入水中（见图 3-35），逐渐下沉，至恰好不能看见盘面的白色时，记录其刻度，观察时需反复 2～3 次。

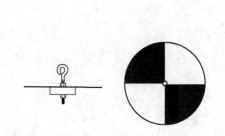

图 3-34　塞氏盘

图 3-35　塞氏盘法测定湖水透明度

塞氏盘的历史

塞氏盘（Secchi disk）是根据 Secchi Pietro Angelo 的名字命名的。Secchi 是罗马天主教教皇的科学顾问和天体物理学家。他应罗马教皇海军指挥官的邀请，测定地中海海

Secchi Pietro Angelo（1818—1878 年）

水的透明度。第一个盘是于 1865 年 4 月 20 日从一艘游艇上放入水中的。他曾试验了两种规格的盘，一种是直径为 43cm 的白色黏土盘，另一种是在一个直径 60cm 的铁环上包上漆成白色的帆布制成的盘。他曾用黄色和棕色盘测试过，但效果不好。他在风平浪静的时候进行过测试，也在暴风骤雨的时候进行过测试。有时在强烈的阳光下进行测试，他不得不用雨伞或帽子遮挡阳光，以便于观察，并因此获得了使用塞氏盘的经验。在早期塞氏盘的基础上，后来发展成如图 3-36 所示由金属制成的三种类型的圆盘，现在依然在使用的是第三种黑白相间的金属圆盘。

图 3-36　曾出现过的三种塞氏盘

九、悬浮物

水质中的悬浮物（suspended substance）是指水样通过孔径为 $0.45\mu m$ 的滤膜，截留在滤膜上并于 $103\sim105℃$ 烘干至恒重的物质。

测定时，量取充分混合均匀的试样 100mL 抽吸过滤，仔细取出载有悬浮物的滤膜放在已恒重的称量瓶里，移入烘箱中于 $103\sim105℃$ 下烘干 1h 后移入干燥器中，冷却至室温，称其质量。反复烘干、冷却、称量，直至连续两次称量的质量差≤0.4mg 为止。

悬浮物含量（mg/L）可用式(3-7)计算：

$$\rho（悬浮物）=\frac{m-m_0}{V}\times10^6 \tag{3-7}$$

式中　m——悬浮物、滤膜、称量瓶的总质量，g；

　　　m_0——滤膜、称量瓶的总质量，g；

　　　V——试样体积，mL。

十、溶解性总固体

水样经 $0.45\mu m$ 滤膜过滤后，在一定温度下烘干，所得固体残渣称为溶解性总固体，包括不易挥发的可溶性盐类、有机物及能通过滤膜的不溶性微粒等。

测定时，先将蒸发皿洗净，放在 $(105\pm3)℃$ 烘箱内干燥 30min，取出，于干燥器内冷却 30min。在分析天平上称量，再次干燥，称量，直至恒重。用移液管吸取过滤水样 100.00mL 于蒸发皿中（如水样的溶解性总固体过少时可增加水样体积）。将蒸发皿置于水浴上蒸干，移入 $(105\pm3)℃$ 烘箱内，1h 后取出，于干燥器内冷却 30min，称量，再烘 30min，冷却，称量，直至恒重。

水样中溶解性总固体含量（mg/L）用式(3-8)计算：

$$\rho（溶解性总固体）=\frac{m-m_0}{V}\times10^6 \tag{3-8}$$

式中　m——蒸发皿和溶解性总固体的质量，g；

　　　m_0——蒸发皿的质量，g；

　　　V——试样体积，mL。

观察与思考

图 3-37 为某同学设计的水透明度测定装置示意图，思考并描述测定的过程。还可以进行哪些改进？

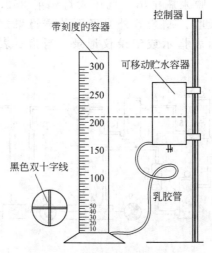

图 3-37　水透明度测定装置示意图

第五节　金属元素的测定

水中的金属污染物，由于其存在的形态不同毒性大小也不同，因此需要分别测定溶解的、悬浮的以及金属总量。溶解的金属是指能通过孔径为 $0.45\mu m$ 微孔滤膜的部分；悬浮的金属是指不能通过 $0.45\mu m$ 微孔滤膜的部分；金属总量是未经过滤的水样经消解后测得的金属总量，应为溶解的与悬浮的金属之和。

在众多金属元素中，毒性较大的有汞、镉、铬、铅、铊、铍等元素，毒性较小或无毒的有铋、钴、镍、铝、铜、锌、锡等元素，它们是水中金属污染物监测的重点。

一、汞

汞及其化合物属于剧毒物质，特别是有机汞化合物，由食物链进入人体，引起全身中毒作用。天然水含汞极少，一般不超过 $0.1\mu g/L$。我国生活饮用水标准限值为 $0.001mg/L$，工业污水中汞的最高允许排放浓度为 $0.05mg/L$。

地表水汞污染的主要来源是贵金属冶炼、食盐电解制钠、仪表制造、农药、军工、造纸、氯碱工业、电池生产等行业排放的污水。

汞的测定方法有硫氰酸盐法、双硫腙法、EDTA 配位滴定法、重量法、阳极溶出伏安法、气相色谱法、X 射线荧光光谱法、冷原子吸收法、冷原子荧光法、中子活化法等。以下主要介绍冷原子吸收法、冷原子荧光法和双硫腙分光光度法。

1. 冷原子吸收法

在硫酸-硝酸介质中，用高锰酸钾和过硫酸钾将水样消解，使水样中所含汞全部转化为二价汞。用盐酸羟胺将过剩的氧化剂还原，再用氯化亚锡将二价汞还原成金属汞。在室温下通入空气或氮气流将金属汞带出，载入冷原子吸收测汞仪，在 253.7nm 波长处测量吸光度，求得试样中汞的含量。

该方法适用于各种水中金属汞的测定，最低检测浓度为 $0.1\sim0.5\mu g/L$；在最佳条件下，当水样体积为 200mL 时，最低检测浓度可达 $0.05\mu g/L$。

冷原子吸收测汞仪主要由光源、吸收池、试样系统、光电检测系统等主要部件组成，如图 3-38 所示。抽气泵将载气（空气或氮气）抽入盛有经预处理的水样和氯化亚锡的还原瓶，在还原瓶中产生的汞蒸气随载气经装有变色硅胶的 U 形管除水蒸气后进入吸收池，然后经流量计、脱汞瓶排出。低压汞灯辐射 253.7nm 紫外光，经滤光片射入吸收池，部分被汞蒸气吸收，剩余紫外光经石英透镜聚焦于光电倍增管上，产生的光电流经放大后，通过指示表指示或记录仪记录。当指示表刻度用标准样校准后，可直接读出汞浓度。

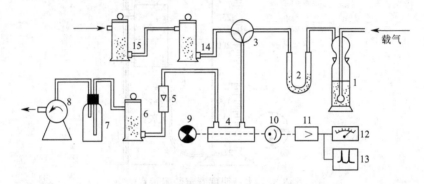

图 3-38 冷原子吸收测汞仪工作原理示意图

1—汞还原瓶；2—硅胶管；3—三通阀；4—吸收池；5—流量计；6,14—汞吸收瓶；7—缓冲瓶；
8—抽气泵；9—汞灯；10—光电倍增管；11—放大器；12—指示表；13—记录仪；15—水蒸气吸收瓶

2. 冷原子荧光法

水样中的汞离子被还原为汞原子蒸气，吸收 253.7nm 的紫外光激发而产生共振荧光，在一定的测量条件下和较低的浓度范围内，荧光强度与汞浓度成正比。

3. 双硫腙分光光度法

(1) 方法原理　用高锰酸钾和过硫酸钾在 95℃ 温度下将试样消解，把所含汞全部转化为二价汞。用盐酸羟胺将过剩的氧化剂还原，在酸性条件下，汞离子与双硫腙生成橙色螯合物，反应式如下：

用氯仿萃取，再用碱溶液洗去过剩的双硫腙。在 485nm 波长处测其吸光度，通过标准曲线可以求出样品中的汞含量。

该方法适用于工业废水和受汞污染的地表水中汞含量的测定，测定的浓度范围是 $2\sim40\mu g/L$。

(2) 采样与样品　采集 1000mL 水样后立即加入约 7mL 硝酸，调节样品的 pH≤1。若取样后不能立即进行测定，向每升样品中加入 4mL 浓度为 50g/L 的高锰酸钾溶液，必要时再多加一些，使其呈现持久的淡红色。样品贮存于硼硅玻璃瓶中。

向整个样品中加入浓度为100g/L的盐酸羟胺溶液，使所有二氧化锰完全溶解，然后立即取两份试样，每份250mL，立即进行测定。

（3）测定步骤

① 消解 将试样或已经稀释成250mL的部分待测试样（含汞不超过10μg）放入锥形瓶中，小心加入10mL硫酸和2.5mL硝酸，混匀。加入1.5mL浓度为50g/L的高锰酸钾溶液，如果不能在15min内维持深紫色，混合后再加15mL高锰酸钾溶液以使颜色持久，然后加入8mL浓度为50g/L的过硫酸钾溶液，在95℃的水浴上加热2h。冷却至40℃，加入盐酸羟胺溶液还原过剩的氧化剂，直至溶液的颜色刚好消失和所有锰的氧化物全部溶解。打开塞子，放置5～10min，将溶液转移至500mL分液漏斗中，以少量水洗锥形瓶两次，并入分液漏斗中。

② 萃取 分别向各份消解液中加入1mL浓度为200g/L的亚硫酸钠溶液，混匀后，再加入10.0mL双硫腙氯仿溶液（500nm，1cm比色皿，透光率70%），缓缓旋摇并放气，再密塞振摇1min，静置分层。

将有机相转入已盛有20mL双硫腙洗脱液的60mL分液漏斗中，振摇1min，静置分层。必要时再重复洗涤1～2次，直至有机相不带绿色。

③ 测定 用滤纸吸去分液漏斗放液管内的水珠，塞入少许脱脂棉，将有机相放入2cm比色皿中，在485nm波长下，以氯仿作参比，测定吸光度。

④ 校准曲线 取6个500mL锥形瓶，分别加入新配制的汞标准溶液（1.00μg/mL）0、0.50mL、1.00mL、2.50mL、5.00mL、10.00mL，加水至250mL。按上述方法对每一种标准溶液进行处理和测定。分别以测定的吸光度减去空白值后，与对应的汞含量绘制校准曲线。

将试样的吸光度减去空白值后，通过校准曲线求出汞含量。

（4）讨论

① 对于未过滤的水样，经剧烈消解后测得的汞浓度包括无机的、有机结合的、可溶的和悬浮的全部汞，即总汞。

② 用双硫腙分光光度法测定汞含量，在酸性条件下，干扰物主要是铜离子。在双硫腙洗脱液中加入浓度为10g/L的EDTA二钠盐溶液，至少可掩蔽300μg铜离子的干扰。

③ 双硫腙洗脱液的配制：将8g氢氧化钠溶于煮沸放冷的水中，加入10g EDTA二钠，稀释至1000mL，贮于聚乙烯瓶中。

二、镉

镉是人体必需的元素，镉的毒性很大，可在人体内蓄积，主要损害肾脏。绝大多数淡水的含镉量低于1μg/L。海水中镉的平均浓度为0.15μg/L。镉的主要污染源有电镀、采矿、冶炼、染料、电池和化学工业等排放的废水。

镉的测定方法有原子吸收分光光度法、双硫腙分光光度法、阳极溶出伏安法或示波极谱法。

1. 原子吸收分光光度法

原子吸收分光光度法是根据某元素的基态原子对该元素的特征谱线的选择性吸收来进行测定的分析方法，定量依据是朗伯-比尔定律。

由镉空心阴极灯发射的特征谱线（锐线光源），穿越被测水样经原子化后产生的镉原子蒸气时，产生选择性吸收，使入射光强度与透射光强度产生差异，通过测定基态原子的吸光度，确定试样中镉的含量。

直接吸入火焰原子吸收光度法是将水样或消解处理好的水样直接吸入火焰中测定，适用于地下水、地表水、污水中镉的测定，适用范围为0.05～1mg/L；萃取或离子交换火焰原子吸收分光光度法是将水样或消解处理好的水样，在酸性介质中与吡咯烷二硫代氨基甲酸铵（APDC）配位后，用甲基异丁基甲酮（MIBK）萃取后吸入火焰进行测定，适用于地下水、清洁地表水中微量镉的测定，适用范围为 $1\sim50\mu g/L$；石墨炉原子吸收分光光度法是将水样直接注入石墨炉内进行测定，适用于地下水和清洁地表水中微量镉的测定，测定范围是 $0.1\sim2\mu g/L$。

2. 双硫腙分光光度法

在强碱性溶液中，镉离子与双硫腙生成红色螯合物，用三氯甲烷萃取分离后，于 518nm 波长处测定吸光度，根据标准曲线求出水样中的镉含量。

该方法适用于受镉污染的天然水和废水中镉的测定，最低检测浓度（取 100mL 水样，2cm 比色皿时）为 0.001mg/L，测定上限为 0.06mg/L。水样中含 20mg/L 铅、30mg/L 锌、40mg/L 铜、4mg/L 锰、4mg/L 铁不干扰测定；镁离子浓度达到 20mg/L 时，需要多加酒石酸钾钠掩蔽。

三、铅

铅是可在人体和动植物组织中蓄积的有毒金属，其主要毒性效应是贫血症、神经机能失调和肾损伤。铅对水生生物的安全浓度为 0.16mg/L。用含铅 0.1mg/L 以上的水灌溉水稻和小麦时，作物中铅含量明显增加。铅的主要污染源有蓄电池、五金、冶金、机械、涂料和电镀工业等排放的废水。

铅的测定方法有原子吸收分光光度法、双硫腙分光光度法、阳极溶出伏安法或示波极谱法。

双硫腙分光光度法的测定原理是在 pH 为 8.5～9.5 的氨性柠檬酸盐-氰化钠的还原介质中，铅离子与双硫腙反应生成红色螯合物，用三氯甲烷（或四氯化碳）萃取后，于 510nm 处测定吸光度，根据标准曲线求出水样中的铅含量。

该法适用于地表水和废水中痕量铅的测定，最低检测浓度（取 100mL 水样，10mm 比色皿时）为 0.01mg/L，测定上限为 0.3mg/L。

测定时，要特别注意器皿、试剂及去离子水是否含有痕量铅。Bi^{3+}、Sn^{2+} 等干扰测定，可预先在 pH 为 2～3 时用双硫腙三氯甲烷溶液萃取分离。在氨性介质中加入盐酸羟胺可防止双硫腙被 Fe^{3+} 等氧化物质氧化。

四、铜

铜是人体必不可少的元素，人体缺乏铜会引起贫血、生长异常、动脉异常等，但过量摄入对人体有害。铜对水生生物毒性很大，毒性与其形态有关，游离铜离子的毒性比配合物的毒性大。当水中铜的含量达 0.01mg/L 时，对水体自净有明显的抑制作用。

铜的测定方法有原子吸收分光光度法、二乙氨基二硫代甲酸钠萃取分光光度法、新亚铜灵萃取分光光度法、阳极溶出伏安法和示波极谱法。下面主要介绍二乙氨基二硫代甲酸钠萃取分光光度法和新亚铜灵萃取分光光度法。

1. 二乙氨基二硫代甲酸钠萃取分光光度法

在 pH 为 9～10 的氨性溶液中，铜离子与二乙氨基二硫代甲酸钠（铜试剂 DDTC）作用，生成摩尔比为 1:2 的黄棕色配合物。用三氯甲烷（或四氯化碳）萃取后于 440nm 波长处测定吸光度，求出水样中铜的含量。在测定条件下，有色配合物可以稳定 1h。反应式为：

$$2(C_2H_5)_2N-\overset{\overset{\text{S}}{\|}}{C}-S-Na+Cu^{2+}\longrightarrow (C_2H_5)_2N-C\overset{\overset{\text{S}\quad\text{S}}{\diagdown\diagup}}{\underset{\underset{\text{S}\quad\text{S}}{\diagup\diagdown}}{Cu}}C-N(C_2H_5)_2+2Na^+$$

该方法适用于地表水和工业废水中铜的测定，最低检测浓度为 0.01mg/L，测定上限为 2.0mg/L。

为防止铜离子吸附在采样容器上，应尽快测定。若铜含量较高时，可直接在水样中进行分光光度法测定，并加入淀粉、明胶、阿拉伯胶作稳定剂。在进行萃取和光度测定时，应避免阳光直射，以免有色配合物分解。水样中铁、锰、镍、钴和铋等与 DDTC 生成有色配合物干扰测定，可用氰化钠除去铋，其余的用 EDTA 和柠檬酸铵掩蔽去除。

2. 新亚铜灵萃取分光光度法

用盐酸羟胺将水样中的二价铜离子还原为亚铜离子，在中性或微酸性溶液中，亚铜离子与新亚铜灵（2,9-二甲基-1,10-菲罗啉）反应生成摩尔比为 1:2 的稳定黄色配合物，用三氯甲烷-甲醇混合溶剂萃取，于 457nm 波长处测定吸光度，根据标准曲线求出水样中的铜含量。

该方法的最低检测浓度为 0.06mg/L，测定上限为 3mg/L，适用于地表水、生活污水和工业废水中铜的测定。

大量铬酸盐、锡及其他氧化性离子干扰测定，加入亚硫酸还原铬酸盐去除铬的干扰，加入盐酸羟胺消除锡和其他氧化性离子的干扰。氰化物、硫化物和有机物干扰测定，消解样品时即可去除。

五、锌

锌是人体必不可少的微量元素，锌对水生生物影响较大。锌对鱼类的安全浓度约为 0.1mg/L，水中含锌 1mg/L 时，对水体的生物氧化过程有轻微抑制作用。锌的主要污染源有电镀、冶金、颜料及化工等排放的废水。

锌的测定方法有原子吸收分光光度法、双硫腙分光光度法、阳极溶出伏安法或示波极谱法。

双硫腙分光光度法的测定原理是在 pH 为 4.0～5.5 的醋酸盐缓冲溶液中，锌离子与双硫腙形成红色螯合物，用三氯甲烷（或四氯化碳）萃取后于 535nm 波长处测定吸光度，求出水样中的锌含量。

该方法适用于轻度污染的地表水中锌的测定。取 100mL 水样，用 20mm 比色皿时，最低检测浓度为 0.005mg/L。

水中少量铋、镉、钴、金、铅、汞、镍、银、亚锡等离子均产生干扰，采用硫代硫酸钠掩蔽和控制溶液 pH 来消除；若水中存在大量上述干扰离子时，将萃取有色螯合物后的有机相先用硫代硫酸钠-乙酸钠-硝酸混合液洗涤除去部分干扰离子，再用新配制的 0.04% 硫化钠洗去过量的双硫腙，以消除干扰。

六、铬

铬是生物体所必需的微量元素之一。铬的毒性与其存在的价态有关，六价铬（以 CrO_4^{2-}、$HCrO_4^-$、$HCr_2O_7^-$、$Cr_2O_7^{2-}$ 形式存在）比三价铬毒性高 100 倍，易被人体吸收且在体内蓄积，三价铬和六价铬可以相互转化。当水中六价铬浓度为 1mg/L 时，水呈淡黄色并有涩味。三价铬浓度为 1mg/L 时，水的浊度明显增加，三价铬对鱼的毒性比六价铬大。天然水不含铬，海水中铬的平均浓度为 0.05μg/L，饮用水中更低。铬的污染源有含铬矿石的加工、金属表面处理、皮革鞣制、印染等排放的废水。

铬的测定方法有原子吸收分光光度法、二苯碳酰二肼分光光度法、硫酸亚铁铵滴定法、极谱法、气相色谱法、中子活化法、原子吸收分光光度法、化学发光法。下面主要介绍二苯碳酰二肼分光光度法和硫酸亚铁铵滴定法。

1. 二苯碳酰二肼分光光度法

在酸性介质中，六价铬与二苯碳酰二肼（DPC）反应，生成紫红色配合物，于 540nm

波长处测定吸光度，求出水样中六价铬的含量。若在酸性溶液中，先用高锰酸钾将水样中的三价铬氧化成六价铬，测定的是总铬的含量。反应式为：

$$\underset{\text{(DPC)}}{\overset{\displaystyle NH-NH-C_6H_5}{\underset{\displaystyle NH-NH-C_6H_5}{O=C}}} + Cr^{6+} \longrightarrow \underset{\text{(苯肼羰基偶氮苯)}}{\overset{\displaystyle NH-NH-C_6H_5}{\underset{\displaystyle N=N-C_6H_5}{O=C}}} + Cr^{3+} \longrightarrow 紫红色配合物$$

该方法适用于地表水和工业废水中铬的测定，最低检测浓度为 0.004mg/L，测定上限为 1mg/L。

二价铁、亚硫酸盐、硫代硫酸盐等还原性物质干扰测定，可先加显色剂，酸化后显色。浑浊、色度较深的水样在 pH 为 8～9 条件下，以氢氧化锌为共沉淀剂，此时 Cr^{3+}、Fe^{3+}、Cu^{2+} 均形成氢氧化物沉淀与水样中的 Cr(Ⅵ) 分离。次氯酸盐等氧化性物质干扰测定，可用尿素和亚硝酸钠去除。水样中的有机物干扰测定，用酸性 $KMnO_4$ 氧化去除。

2. 硫酸亚铁铵滴定法

在酸性溶液中，以银盐作催化剂，用过硫酸铵将三价铬氧化成六价铬。加入少量氯化钠并煮沸，除去过量的过硫酸铵及反应中产生的氯气。以苯基代邻氨基苯甲酸作指示剂，用硫酸亚铁铵标准溶液滴定，使六价铬还原为三价铬，溶液呈绿色为终点。根据硫酸亚铁铵标准溶液的浓度和消耗的体积（同样条件下做空白试验），计算出水样中铬的含量。该法适用于水和污水中高浓度（>1mg/L）总铬的测定。

$$6Fe^{2+} + Cr_2O_7^{2-} + 14H^+ \longrightarrow 6Fe^{3+} + 2Cr^{3+} + 7H_2O$$

水样中钒对测定有干扰，但在一般含铬废水中，钒的含量在允许范围之内。测定时若加热煮沸时间不够，过量的过硫酸铵及氯气未除尽，会使结果偏高；若煮沸时间过长，溶液体积太小，酸度高，可能使六价铬还原为三价铬，使结果偏低。

七、其他金属

除了上述的几种金属离子外，其他金属离子的测定方法见表 3-13。

表 3-13　部分金属离子的测定方法

元　素	分析方法	相关标准
钙、镁	(1)EDTA 滴定法	GB 7477—87
	(2)原子吸收分光光度法	GB 11905—89
	(3)离子色谱法	HJ 812—2016
钾、钠	(1)火焰原子吸收分光光度法	GB 11904—89
	(2)离子色谱法	HJ 812—2016
钡	(1)火焰原子吸收分光光度法	HJ 603—2011
	(2)石墨炉原子吸收分光光度法	HJ 602—2011
	(3)电位滴定法	GB/T 14671—93
铍	(1)石墨炉原子吸收分光光度法	HJ/T 59—2000
	(2)活性炭吸附-铬天菁分光光度法	HJ/T 58—2000
镍	(1)火焰原子吸收分光光度法	GB 11912—89
	(2)丁二酮肟分光光度法	GB 11910—89
铁	(1)火焰原子吸收分光光度法	GB 11911—89
	(2)邻菲罗啉分光光度法	HJ/T 345—2007
锰	(1)火焰原子吸收分光光度法	GB 11911—89
	(2)高碘酸钾氧化分光光度法	GB 11906—89
	(3)甲醛肟分光光度法	HJ/T 344—2007
银	(1)镉试剂 2B 分光光度法	HJ 490—2009
	(2)3,5-Br₂-PADAP 分光光度法	HJ 489—2009
	(3)火焰原子吸收分光光度法	GB 11907—89

续表

元　素	分析方法	相关标准
钒	(1)石墨炉原子吸收光度法	HJ 673—2013
	(2)钽试剂（bpha）萃取分光光度法	GB/T 15503—1995
钼	石墨炉原子吸收光度法	HJ 807—2016
钛	石墨炉原子吸收光度法	HJ 807—2016
钴	5-氯-2-(吡啶偶氮)-1,3-二氨基苯分光光度法	HJ 550—2009
锑	原子荧光法	HJ 694—2014
钍	铀试剂Ⅲ分光光度法	GB 11224—89
铊	石墨炉原子吸收光度法	HJ 748—2015
钋-210	钋-209 示踪 α 能谱仪法	HJ813—2016

阅读材料

离子色谱法测定水中 Li^+、Na^+、NH_4^+、K^+、Ca^{2+}、Mg^{2+} 的含量

离子色谱法（ion chromatography，IC）是利用离子交换的原理，连续对多种阳离子进行分离，采用保留时间定性、峰高或峰面积定量的分析方法。仪器主要由淋洗液输送系统（泵、淋洗液瓶、管线）、进样系统（进样阀、自动进样品器）、分离系统（分离柱、抑制柱）、检测及数据分析系统（电导检测器、工作站）等构成，如图3-39所示。

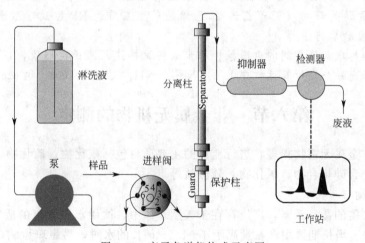

图 3-39　离子色谱仪构成示意图

（1）色谱条件　色谱柱为阳离子分析柱（聚二乙烯基苯/乙基乙烯苯，具有羧酸或磷酸功能团、高容量色谱柱）和阳离子保护柱。采用甲磺酸淋洗液（0.02mol/L），流速为1.0mL/min；抑制型电导检测器，连续自循环再生抑制器；进样量为 $25\mu L$。图3-40为在此参考条件下的阳离子标准溶液色谱图。

（2）标准曲线的绘制　分别移取浓度均为 1000mg/L 的 Li^+、Na^+、NH_4^+、K^+、Ca^{2+}、Mg^{2+} 标准贮备液 10.0mL、250mL、10.0mL、50.0mL、250mL、50.0mL，于1000mL 容量瓶中用水稀释定容至标线，混匀。配制成含有 10.0mg/L Li^+、250mg/L Na^+、10.0mg/L NH_4^+、50.0mg/L K^+、250mg/L Ca^{2+} 和50.0mg/L Mg^{2+} 的混合标准使

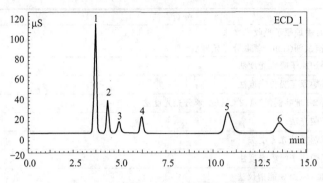

图 3-40 六种阳离子标准溶液色谱图

1—Li^+；2—Na^+；3—NH_4^+；4—K^+；5—Mg^{2+}；6—Ca^{2+}

用液。

分别准确移取 0.00、1.00mL、2.00mL、5.00mL、10.0mL、20.0mL 混合标准使用液置于一组 100mL 容量瓶中，用水定容至标线，混匀。按浓度由低到高的顺序依次进样，以各离子的质量浓度为横坐标，峰面积（或峰高）为纵坐标，分别绘制每种离子的标准曲线。

（3）试样的制备及测定　采集的水样盛放在聚乙烯瓶中，若不能及时测定，应过滤后于 4℃ 以下冷藏。对于不含疏水性化合物等干扰物质的清洁水样，可采用配有孔径≤0.45μm 醋酸纤维或聚乙烯滤膜的抽气过滤装置过滤后直接进样；也可用带 0.45μm 水系微孔滤膜针筒过滤器的一次性注射器进样。对含干扰物质的复杂水质样品，须用相应的预处理柱（聚苯乙烯-二乙烯基苯为基质的 RP 柱或硅胶为基质键合 C_{18} 柱）进行有效去除后再进样。

按照与绘制标准曲线相同的色谱条件和步骤将试样注入离子色谱仪，以保留时间定性，以峰面积（或峰高）分别计算试样中 Li^+、Na^+、NH_4^+、K^+、Ca^{2+} 和 Mg^{2+} 的浓度。

第六节　非金属无机物的测定

水体中的非金属无机物很多，进行监测的主要项目包括氟化物、硫化物、氰化物、含氮化合物、总磷、含砷化合物、氯化物、硫酸盐等。

一、氟化物

氟是人体必需的微量元素，广泛存在于天然水体中，饮用水中含氟的适宜浓度为 0.5～1.0mg/L（F^-）。当长期饮用含氟量高于 1～1.5mg/L 的水时，易患斑齿病，如水中含氟量高于 4mg/L，则可导致氟骨病，而缺氟易患龋齿病。氟化物的污染源有钢铁、有色冶金、铝加工、焦炭、玻璃、陶瓷、电子、电镀、化肥、农药及含氟矿物等排放的废水。

氟化物的测定方法有离子选择电极法、氟试剂分光光度法、茜素磺酸锆目视比色法、离子色谱法和硝酸钍滴定法等。下面主要介绍离子选择性电极法、氟试剂分光光度法和离子色谱法。

1. 离子选择电极法

以氟离子选择性电极为指示电极，饱和甘汞电极为参比电极，与被测水样组成原电池。工作电池可表示为：

Ag|AgCl,Cl^-（0.3mol/L），F^-（0.001mol/L）|LaF_3 ‖ 试液 ‖ 饱和甘汞电极

电池的电动势 E 的大小与溶液中氟离子活度遵守能斯特方程，当溶液中的总离子强度足够强且为定值时 $E = E^0 - \dfrac{2.303RT}{F}\lg c_{F^-}$（当待测氟离子浓度小于 10^{-2}mol/L 时，活度系数为 1，可用氟离子浓度代替氟离子活度）。此时 E 与 $\lg c_{F^-}$ 为线性关系，用标准曲线法或标准加入法定量，求出水样中氟化物的含量。

该方法的最低检测浓度为 0.05mg/L 氟化物（以 F^- 计），测定上限为 1900mg/L。

测定时加入总离子强度缓冲调节剂（TISAB），常用的是 0.2mol/L 柠檬酸钠和 1mol/L 硝酸钠溶液。某些高价阳离子（如 Fe^{3+}、Al^{3+}）及 H^+ 干扰测定，在碱性溶液中，OH^- 浓度大于氟离子的 1/10 时干扰测定，加入 TISAB 可去除。

2. 氟试剂分光光度法

氟离子在 pH4.1 的乙酸盐缓冲介质中，与氟试剂（1,2-二羟基蒽醌-3-甲胺-N,N-二乙酸）和硝酸镧反应，生成蓝色三元配合物，于 620nm 波长处测定吸光度，求出水样中氟化物含量（以 F^- 计）。

水样呈强酸性或强碱性时，应在测定前用 1mol/L NaOH 或 1mol/L HCl 溶液调节至中性。用有机胺的醇溶液萃取后可提高测定的灵敏度。氟试剂与 Pb^{2+}、Zn^{2+}、Cu^{2+}、Co^{2+}、Cd^{2+} 等反应生成红色螯合物，F^- 与 Al^{3+}、Be^{2+} 等生成稳定配离子，La^{3+} 与大量 PO_4^{3-}、SO_4^{2-} 等反应干扰测定，水样预蒸馏处理时可消除干扰。

3. 离子色谱法

用离子色谱法分析阴离子时，分离柱用低容量的阴离子交换树脂，抑制柱用强酸性阳离子交换树脂，淋洗液用氢氧化钠溶液或碳酸钠与碳酸氢钠的混合溶液。淋洗液带着水样在分离柱中将待测阴离子分离后，进入抑制柱被中和或抑制变成低电导的去离子水或碳酸，使待测阴离子得以依次进入电导检测器，根据保留时间定性，外标法进行定量。

色谱柱为阴离子分离柱和阴离子保护柱（高容量烷醇季铵基团阴离子交换柱），淋洗液为 0.1mol/L 氢氧化钾溶液，流速为 1.0mL/min。采用抑制型电导检测器。

用在 (105 ± 5)℃下烘干至恒重的优级纯氟化钠配制氟离子标准系列溶液，按浓度由低到高的顺序依次注入离子色谱仪，记录峰面积（或峰高）。以氟离子的质量浓度为横坐标，峰面积（或峰高）为纵坐标绘制标准曲线。

采集的样品盛放于聚乙烯瓶中，经过 0.45μm 微孔滤膜过滤后，收集于聚乙烯瓶，不加任何保存剂，于 4℃以下冷藏，可保存 48h。对于不含重金属、有机物的清洁水样，经过滤后可直接进样。对含干扰物质的复杂水质样品，必须用 C_{18} 固相萃取柱去除疏水性化合物，用氢型强酸性阳离子交换柱去除重金属和过渡金属离子，然后再进样。

按照与绘制标准曲线相同的色谱条件和步骤，将试样注入离子色谱仪，以保留时间定性，以峰高或峰面积定量。

二、硫化物

地下水（特别是温泉水）及生活污水通常含有硫化物，其中一部分是在厌氧条件下，由于细菌的作用使硫酸盐还原或由含硫有机物分解而产生的。水体中硫化物包括溶解性的 H_2S、HS^- 和 S^{2-}，存在于悬浮物中的可溶性硫化物、酸可溶性金属硫化物及未电离的有机、无机类硫化物。硫化物的主要污染源有焦化、造纸、造气、选矿、印染、制革等排放的污水。

硫化物的测定方法有对氨基二甲基苯胺分光光度法、碘量法、电位滴定法、离子色谱法、极谱法、比浊法等。下面主要介绍对氨基二甲基苯胺分光光度法、碘量法和电位滴定法。

1. 对氨基二甲基苯胺分光光度法

在含铁离子的酸性溶液中，硫离子与对氨基二甲基苯胺反应，生成蓝色亚甲蓝染料，颜色深度与水样中的硫离子浓度成正比，于 665nm 处测定吸光度，根据标准曲线求出水样中硫物的含量。反应式为：

$$S^{2-} + H_2N-\!\!\!\!\bigcirc\!\!\!\!-N\!\!\!\!\begin{array}{c} CH_3 \\ CH_3 \end{array} \xrightarrow{FeCl_3} \left[\begin{array}{c} H_3C \\ N \end{array}\!\!\!\!\bigcirc\!\!\!\!\begin{array}{c} N \\ S \end{array}\!\!\!\!\bigcirc\!\!\!\!N\begin{array}{c} CH_3 \\ CH_3 \end{array} \right] Cl^-$$

该方法的最低检测浓度为 0.02mg/L，测定上限为 0.8mg/L，酌情减少取样量，测定浓度可达 4mg/L。适用于地表水和工业污水中硫化物的测定。

水中亚硫酸盐、硫代硫酸盐超过 10mg/L 时干扰测定，可增加硫酸铁铵用量进行消除。

2. 碘量法

水样中的硫化物与乙酸锌生成白色硫化锌沉淀，将其用酸溶解后，加入过量碘溶液，碘与硫化物反应析出硫，用硫代硫酸钠标准溶液滴定剩余的碘，由硫代硫酸钠溶液所消耗的量，间接求出水样中硫化物的含量。反应方程式如下：

$$Zn^{2+} + S^{2-} \longrightarrow ZnS\downarrow \text{（白色）}$$
$$ZnS + 2HCl \longrightarrow H_2S + ZnCl_2$$
$$H_2S + I_2 \longrightarrow 2HI + S\downarrow$$
$$I_2 + 2Na_2S_2O_3 \longrightarrow Na_2S_4O_6 + 2NaI$$

硫化物的含量（以 S^{2-} 计，mg/L）用式(3-9) 计算：

$$\rho(\text{硫化物}) = \frac{\frac{1}{2}c(V_0 - V_1)M(S) \times 10^3}{V} \quad (3\text{-}9)$$

式中 c——硫代硫酸钠标准溶液的浓度，mol/L；

V_1——滴定水样消耗硫代硫酸钠标准溶液的体积，mL；

V_0——空白溶液消耗硫代硫酸钠标准溶液的体积，mL；

V——水样的体积，mL；

$M(S)$——硫的摩尔质量，g/mol。

该法适用于硫化物含量在 1mg/L 以上的水和污水中硫化物的测定。水样中的氧化性或还原性的物质干扰测定。

3. 电位滴定法

以硫离子选择性电极作指示电极，双盐桥饱和甘汞电极作参比电极，与被测水样组成原电池。用硝酸铅为标准溶液滴定硫离子，生成硫化铅沉淀（$Pb^{2+} + S^{2-} \longrightarrow PbS\downarrow$）。测量原电池电动势的变化，根据滴定终点电位突跃，求出硝酸铅标准溶液的用量（用一阶或二阶微分法），即可计算出水样中硫离子的含量。

该方法不受色度、浊度的影响。但硫离子易被氧化，常加入抗氧缓冲溶液（SAOB）予以保护。SAOB 溶液中含有水杨酸和抗坏血酸，水杨酸能与 Fe^{3+}、Fe^{2+}、Cu^{2+}、Cd^{2+}、Zn^{2+}、Cr^{3+} 等多种金属离子生成稳定的配合物；抗坏血酸能与 Ag^+、Hg^{2+} 等作用，消除其干扰。该方法的最低检测浓度为 0.2mg/L。

三、氰化物

氰化物属于剧毒物，对人体的毒性主要是与高铁细胞色素氧化酶结合，生成氰化高铁细胞色素氧化酶而失去传递氧的作用，引起组织缺氧窒息。水体中的氰化物以简单氰化物、配合氰化物和有机氰化物形式存在。其中简单氰化物易溶于水，毒性大；配合氰化物在水体中受 pH、水温和光照等影响，离解为简单氰化物。地表水一般不含氰化物，其主要污染源有电镀、选矿、焦化、造气、洗印、石油化工、有机玻璃制造、农药等排出的废水。

氰化物的测定方法有硝酸银滴定法、异烟酸-吡唑啉酮分光光度法、吡啶-巴比妥酸分光光度法和离子选择性电极法。

1. 硝酸银滴定法

(1) 方法原理　向水样中加入磷酸和 EDTA 二钠盐，在 pH<2 条件下，加热蒸馏，利用金属离子与 EDTA 配位能力比与氰离子配位能力强的特点，使配合氰化物离解出氰离子，并以氰化氢形式被蒸馏出，用氢氧化钠溶液吸收。调节馏出液 pH>11，用硝酸银标准溶液滴定，以试银灵（对二甲基氨基亚苄基罗丹宁）为指示剂，氰离子与硝酸银作用形成可溶性的银氰配离子，过量的银离子与试银灵指示剂反应，溶液由黄色变为橙红色即为终点。反应式如下：

$$Ag^+ + 2CN^- \longrightarrow [Ag(CN)_2]^-$$

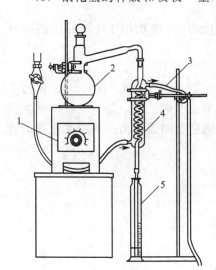

(2) 样品的采集　采集水样时，必须立即加氢氧化钠固定。一般每升水样加 0.5g 固体氢氧化钠。当水样酸度较高时，应适当增加固体氢氧化钠的量，使样品的 pH>12，并将样品存于聚乙烯塑料瓶或硬质玻璃瓶中。若水样中含有大量硫化物时，应先加碳酸镉或碳酸铅固体粉末，除去硫化物后，再加氢氧化钠固定。否则，在碱性条件下，氰离子与硫离子作用形成硫氰酸根离子而干扰测定。

检验硫化物时，可取几滴水样，放在乙酸铅试纸上，若变黑色，说明有硫化物存在。

采样后应及时测定，如果不能及时测定，必须将样品存放在冷暗的冰箱内，但必须在 24h 内完成样品分析。

(3) 氰化氢的释放和吸收　量取 200mL 样品，移入 500mL 蒸馏瓶中，加数粒玻璃珠。向接收瓶内加入 10mL 浓度为 10g/L 的氢氧化钠溶液作为吸收液（当样品中存在亚硫酸钠和碳酸钠时，可用 40g/L 的氢氧化钠溶液作为吸收液）。馏出液导管上端接冷凝管的出口，下端插入接收瓶的吸收液中，检查连接部位，使其严密（如图 3-41 所示）。将 10mL 浓度为 100g/L 的 EDTA 二钠溶液加入蒸馏瓶内。迅速加入 10mL 磷酸，当样品碱度大时，可适当多加磷酸，使 pH<2，立即盖好瓶塞，打开冷凝水，打开可调电炉，逐渐升高温度，馏出液以 2~4mL/min 速度进行加热蒸馏。接收瓶内溶液近 100mL 时，停止蒸馏，用少量水洗馏出液导管，取出接收瓶，用水稀释至标线，待测定总氰化物用。

图 3-41　总氰化物蒸馏装置图

1—电炉；2—蒸馏瓶；3—冷凝水出水；4—冷凝管；5—接收瓶

(4) 水样的测定　取 100mL 馏出液（如试样中氰化物含量高时，可少取试样，用水稀释至 100mL）于具柄瓷皿或锥形瓶中，加入 0.2mL 试银灵指示剂（0.2g/L），摇匀。用硝酸银标准溶液（0.01mol/L）滴定至溶液由黄色变为橙红色为终点。

用蒸馏水代替样品，按氰化氢的释放和吸收的操作步骤，得到空白试验馏出液。取 100mL 空白试验馏出液于锥形瓶中，按上述测定步骤进行滴定。

总氰化物含量（以 CN⁻ 计，mg/L）用式(3-10) 计算：

$$\rho(氰化物) = \frac{2c(V - V_0)M(CN^-)}{V_s} \times \frac{V_1}{V_2} \times 10^{-3} \tag{3-10}$$

式中　　c——硝酸银标准溶液的浓度，mol/L；

　　　　V——滴定水样消耗硝酸银标准溶液的体积，mL；

　　　　V_0——空白消耗硝酸银标准溶液的体积，mL；

　　　　V_1——馏出液的体积，mL；

　　　　V_2——滴定时所取馏出液的体积，mL；

　　　　V_s——蒸馏时所取水样的体积，mL；

$M(CN^-)$——氰离子（CN⁻）的摩尔质量，g/mol。

（5）讨论

① 在进行水样的预处理时，若向水样中加入酒石酸和硝酸锌，调节 pH＝4，加热蒸馏，则简单氰化物和部分配合氰化物以氰化氢形式被蒸馏出来，用氢氧化钠溶液吸收，取此蒸馏液进行滴定，测得的氰化物为易释放的氰化物；向水样中加入磷酸和 EDTA，在 pH＜2 的条件下加热蒸馏，此时可将全部简单氰化物和除钴氰配合物外的绝大部分配合氰化物以氰化氢形式蒸馏出来，用氢氧化钠溶液吸收，取该蒸馏液进行滴定，测得的结果为总氰化物。

② 若样品中存在活性氯等氧化剂，由于蒸馏时氰化物会被分解，使结果偏低，干扰测定。可量取两份体积相同的样品，向其中一份加入碘化钾-淀粉试纸 1～3 片，加硫酸（1＋5）酸化，用浓度为 12.6g/L 的亚硫酸钠溶液滴至碘化钾-淀粉试纸由蓝色变为无色为止；另一份样品不加试纸，仅加上述用量的亚硫酸钠溶液，进行蒸馏操作。

③ 若样品中含有大量亚硝酸根离子将干扰测定，可加入适量的氨基磺酸分解亚硝酸根离子，一般 1mg 亚硝酸根离子需要加 2.5mg 氨基磺酸。

④ 若样品中有大量硫化物存在，将 200mL 样品过滤，沉淀物用 1％氢氧化钠溶液（10g/L）洗涤，合并滤液和洗涤液。

2. 异烟酸-吡唑啉酮分光光度法

在中性条件下，加入氯胺 T 溶液与水样中的氰化物反应生成氯化氰（CNCl），再加入异烟酸-吡唑啉酮溶液，氯化氰与异烟酸作用，经水解后生成戊烯二醛，最后与吡唑啉酮进行缩合生成蓝色染料，在 638nm 波长处测定吸光度，根据标准曲线求出水样中氰化物的含量。反应式如下：

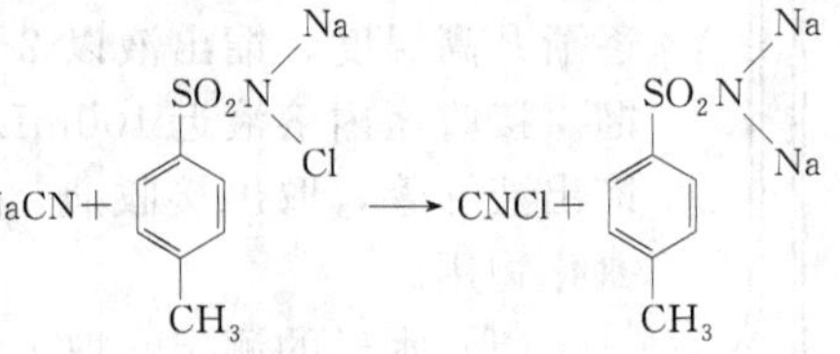

（氯胺 T）

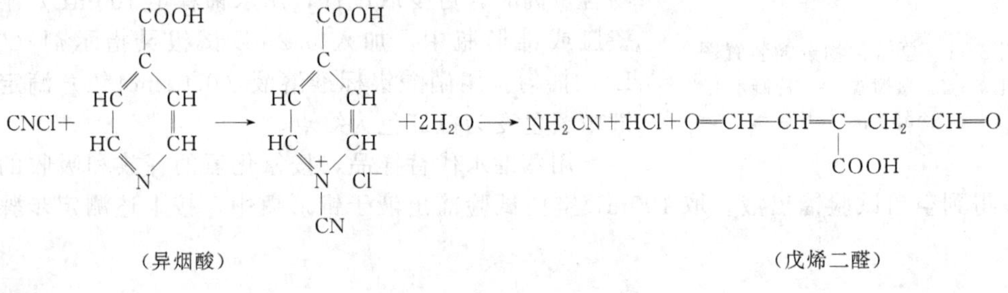

（异烟酸）　　　　　　　　　　　　（戊烯二醛）

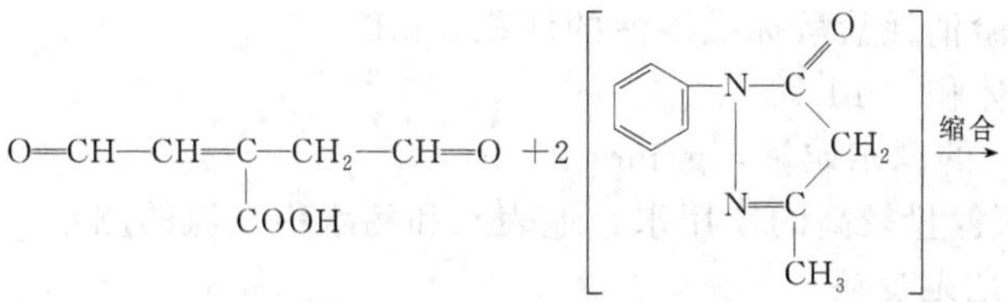

吡唑啉酮

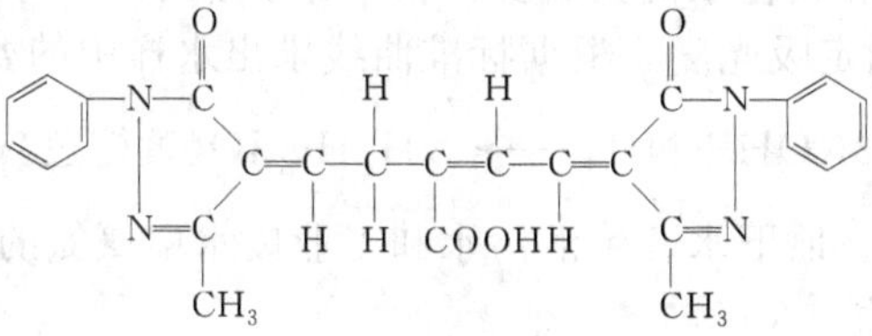

（蓝色化合物）

该法适用于饮用水、地表水、生活污水和工业废水中氰化物的测定，最低检出浓度为 0.004mg/L，测定上限为 0.25mg/L。

3. 吡啶-巴比妥酸分光光度法

取一定体积的预蒸馏馏出液，调节 pH 为中性，水样中的氰离子与氯胺 T 反应生成氯化氰，氯化氰与吡啶反应生成戊烯二醛，戊烯二醛再与巴比妥酸发生缩合反应，生成红紫色染料，于 580nm 波长处测定吸光度，求出水样中氰化物的含量。

该方法的最低检测浓度为 0.002mg/L，测定上限为 0.45mg/L，适用于饮用水、地表水、生活污水和工业废水中氰化物的测定。

四、氨氮

随生活污水和工业废水中大量含氮化合物进入水体，氮的自然平衡遭到破坏，使水质恶化。含氮化合物包括无机氮和有机氮，是水体富营养化的主要原因。有机氮在微生物作用下，逐渐分解变成无机氮。无机含氮化合物分为氨氮（NH_3—N）、亚硝酸盐氮（NO_2^-—N）和硝酸盐氮（NO_3^-—N）。因此测定水样中各种形态的含氮化合物，有助于评价水体被污染和自净情况。

氨氮以游离氨（NH_3）和铵盐（NH_4^+）的形式存在于水体中，当 pH 偏高时，游离氨比例较高；当 pH 偏低时，铵盐比例较高。氨氮的污染源主要是生活污水中含氮有机物分解产物、工业废水和农田排水等。

氨氮的测定方法有蒸馏-酸碱滴定法、纳氏试剂分光光度法、水杨酸分光光度法、流动注射-水杨酸分光光度法、气相分子吸收光谱法及氨敏电极法等。

水样中含有余氯干扰测定，可加入适量的硫代硫酸钠溶液去除，用淀粉-碘化钾试纸检验余氯除尽与否。水样中的钙、镁等金属离子干扰测定，可以加入适量的酒石酸钾钠溶液进行消除。若水样浑浊或有颜色时可采用预蒸馏或絮凝法处理。

1. 蒸馏-酸碱滴定法

取一定体积的水样，调节 pH 为 6.0～7.4，加入轻质氧化镁使呈微碱性。加热蒸馏，用硼酸溶液吸收，以甲基红-亚甲蓝为指示剂，用盐酸标准溶液滴定，根据消耗标准溶液的体积求出水样中氨氮的含量（以 N 计，mg/L）。

$$\rho(氨氮) = \frac{c(V_1 - V_0)M(N) \times 10^3}{V} \tag{3-11}$$

式中　c——盐酸标准溶液的浓度，mol/L；

　　　V_1——滴定水样消耗盐酸标准溶液的体积，mL；

V_0——空白试验消耗盐酸标准溶液的体积，mL；

V——水样的体积，mL；

$M(N)$——氮（N）的摩尔质量，g/mol。

该法适用于含氨氮量较高的饮用水、地表水和污水中氨氮的测定。

2. 纳氏试剂分光光度法

在水样中加入碘化钾和碘化汞的强碱性溶液（纳氏试剂），与氨反应生成黄棕色胶态化合物。在420nm波长处测定吸光度，根据标准曲线求出水样中的氨氮含量。反应式如下：

$$2K_2[HgI_4]+3KOH+NH_3 \longrightarrow NH_2Hg_2IO(黄棕色)+7KI+2H_2O$$

该方法适用于地表水、地下水、生活污水和工业废水中氨氮的测定。

3. 水杨酸分光光度法

在亚硝基铁氰化钠存在下，氨与水杨酸和次氯酸反应生成蓝色化合物，于697nm波长处测定吸光度，根据标准曲线求出水样中氨氮的含量。

氯胺在测定条件下干扰测定。钙、镁等阳离子干扰，加酒石酸钾钠掩蔽去除。

该方法适用于饮用水、生活污水和大部分工业废水中氨氮的测定。

4. 氨敏电极法

氨气敏电极是一复合电极，以pH玻璃电极为指示电极，银-氯化银电极为参比电极。将此电极对置于盛有0.1mol/L氯化铵内充液的塑料套管中，管端部紧贴指示电极敏感膜处装有疏水半透膜，使内电解液与外部水样隔开，半透膜与pH玻璃电极间有一层很薄的液膜。当水样中加入强碱溶液将pH提高到11以上时，铵盐转化为氨，生成的氨由于扩散作用而通过半透膜（水和其他离子则不能通过），使氯化铵电解质液膜层内 $NH_4^+ \rightleftharpoons NH_3 + H^+$ 的反应向左移动，引起氢离子浓度改变，由pH玻璃电极测得其变化。在恒定的离子强度下，测得的电动势与水样中氨氮浓度的对数呈线性关系。测得水样电位值便可求出水样中氨氮的含量。

该方法的最低检测浓度为0.03mg/L，测定上限为1400mg/L，适用于饮用水、地表水、生活污水和工业废水中氨氮含量的测定。

5. 流动注射-水杨酸分光光度法

在密闭的管路中，将一定体积的试样（S）通过蠕动泵注入连续流动的载液（无氨水，C）中，氢氧化钠、EDTA和磷酸氢二钠的混合溶液（缓冲溶液 R_1）、水杨酸钠和亚硝基铁氰化钾的混合溶液（显色剂 R_2）和次氯酸钠溶液（R_3）通过蠕动泵也加入管路中，如图3-42所示。在化学反应模块中按特定的顺序和比例混合，在碱性介质中，试样中的氨、铵与次氯酸根反应生成氯胺，在60℃和亚硝基铁氰化钾存在条件下，氯胺与水杨酸盐反应生成蓝色化合物，在非完全反应的条件下进入流动检测池，于660nm波长处测定吸光度。以测定信号值（峰面积）为纵坐标，以对应的氨氮浓度为横坐标，绘制标准曲线，根据样品测定的信号值计算氨氮的浓度。

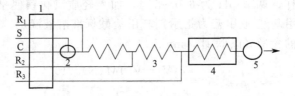

图3-42　流动注射-水杨酸分光光度法测定氨氮工作流程示意图

1—蠕动泵；2—注入阀；3—混合及反应单元；4—加热及反应单元；5—检测池

$$\rho(氨氮,N,mg/L)=\frac{(y-a)f}{b} \tag{3-12}$$

式中　ρ——样品中氨氮的质量浓度，mg/L；

　　　y——测定信号值（峰面积）；

　　　a——校准曲线方程的截距；

　　　b——校准曲线方程的斜率；

　　　f——稀释倍数。

五、亚硝酸盐氮

亚硝酸盐是含氮化合物分解过程中的中间产物，不稳定，是毒性较大的致癌物质。根据水环境条件，可被氧化成硝酸盐，也可被还原成氨。亚硝酸盐氮的主要污染源有石油、燃料燃烧、染料、药厂、试剂厂等排放的废水。

亚硝酸盐氮的测定方法有盐酸萘乙二胺分光光度法、气相分子吸收光谱法和离子色谱法等。

1. 盐酸萘乙二胺分光光度法

在 pH 为 1.8±0.3 酸介质中，亚硝酸盐与对氨基苯磺酰胺反应，生成重氮盐，再与盐酸萘乙二胺偶联生成红色染料，于 540nm 波长处测定吸光度，根据标准曲线求出水样中亚硝酸盐氮的含量。反应式如下：

（玫瑰红色偶氮染料）

该方法的最低检测浓度为 0.003mg/L，测定上限为 0.20mg/L，适用于饮用水、地表水、地下水、生活污水和工业废水中亚硝酸盐氮的测定。

2. 气相分子吸收光谱法

气相分子吸收光谱法是指在规定的分析条件下，将待测成分转变成气态分子载入测量系统，测定其对特征光谱吸收的方法。

在柠檬酸介质中，加入乙醇作催化剂，将亚硝酸盐瞬间转化成 NO_2，用空气载入气相分子吸收光谱仪的吸光管中，在 213.9nm 或 279.5nm 波长处测定吸光度。根据样品吸光度值和标准曲线方程计算出样品中亚硝酸盐氮的含量。

在柠檬酸介质中，某些能与 NO_2^- 发生氧化、还原反应的物质，达一定浓度时干扰测定。当亚硝酸盐氮质量浓度不小于 0.2mg/L 时，25mg/L SO_3^{2-}、10mg/L $S_2O_3^{2-}$、30mg/L I^-、20mg/L SCN^-、80mg/L Sn^{2+} 及 100mg/L MnO_4^- 不影响测定。S^{2-} 含量高时，在气路干燥管前串接乙酸铅脱脂棉的除硫管予以消除；存在产生吸收的挥发性有机物时，在适量水样中加入细颗粒状活性炭搅拌吸附，30min 后再取样测定。

该方法适用于地表水、地下水、海水、饮用水、生活污水及工业废水中亚硝酸盐氮的测定。方法的最低检出限为 0.003mg/L，测定下限 0.012mg/L，测定上限 10mg/L。

六、硝酸盐氮

水体中硝酸盐是在有氧环境下，各种形态的含氮化合物中最稳定的形式及最终阶段的分解产物。硝酸盐在清洁地表水中含量较低，在受污染的水体以及深层地下水中含量较高。人体摄入硝酸盐后，经肠道中的微生物作用转变成亚硝酸盐而呈现毒性作用。硝酸盐氮的污染源有制革或酸洗废水、某些生化处理设施的出水及农田排水。

硝酸盐氮的测定方法有酚二磺酸分光光度法、镉柱还原法、戴氏合金还原法、紫外分光光度法和气相分子吸收光谱法。

1. 酚二磺酸分光光度法

硝酸盐在无水情况下与酚二磺酸反应，生成硝基二磺酸酚，在碱性溶液中生成黄色的硝基酚二磺酸三钾盐化合物，于 410nm 波长处测定吸光度，根据标准曲线求出水样中硝酸盐氮的含量。反应式如下：

该方法的最低检测浓度为 0.02mg/L，测定上限为 2.0mg/L，适用于饮用水、地下水和清洁地表水中硝酸盐氮的测定。

若水样中含氯化物、亚硝酸盐、铵盐、有机物和碳酸盐时，干扰测定。加入硫酸银溶液去除氯化物，加入高锰酸钾溶液，使亚硝酸盐氧化为硝酸盐，最后从硝酸盐测定结果中减去亚硝酸盐氮量。若水样浑浊、有色时，用氢氧化铝絮凝并过滤。

2. 镉柱还原法

在一定条件下，水样通过镉还原柱（铜-镉、汞-镉、海绵状镉），使硝酸盐还原为亚硝酸盐，然后用盐酸萘基乙二胺 [N-(1-萘基)-乙二胺] 分光光度法测定。硝酸盐氮含量由测得的总亚硝酸盐氮减去未还原水样所含亚硝酸盐氮。

该方法的测定范围为 0.01～0.4mg/L，适用于硝酸盐含量较低的饮用水、清洁地表水和地下水中硝酸盐氮的测定。

若水样中悬浮物可堵塞柱子，则用过滤法去除。若水样中铜、铁等金属离子含量较高时，会降低还原效率，加入 EDTA 去除。

3. 戴氏合金还原法

在碱性条件下，硝酸盐可被戴氏合金（含 50%Cu、45%Al、5%Zn）在加热情况下定量还原为氨，经蒸馏出后用硼酸溶液吸收，用纳氏试剂分光光度法或滴定法测定。

该法适用于水样中硝酸盐氮含量大于 2mg/L、带深色的污染严重的水及含大量有机物或无机盐的污水。

由于亚硝酸盐干扰测定，因此在酸性条件下加入氨基磺酸去除。水样中氨及铵盐干扰测定，在加入戴氏合金前，在碱性介质中蒸馏去除。

4. 紫外分光光度法

利用硝酸根离子在 220nm 波长处的吸收而定量测定硝酸盐氮含量。溶解的有机物在 220nm 处也有吸收，因硝酸根离子在 275nm 处没有吸收，因此在 275nm 处作另一次测量，以校正硝酸盐氮值 A（$A = A_{220} - 2A_{275}$）。根据标准曲线计算出硝酸盐氮的含量。

该方法的最低检测浓度为 0.08mg/L，测定上限为 4mg/L，适用于清洁地表水和未受明显污染的地下水。

水样中的有机物、表面活性剂、亚硝酸盐、六价铬、溴化物、碳酸氢盐和碳酸盐等干扰测定，需进行预处理。采用絮凝共沉淀和大孔中性吸附树脂进行处理，以去除水样中大部分常见有机物、六价铬和三价铁。

5. 气相分子吸收光谱法

在 2.5mol/L 盐酸介质中，于（70±2）℃温度下，三氯化钛可将硝酸盐迅速还原分解，生成的 NO 用空气载入气相分子吸收光谱仪的吸光管中，在 214.4nm 波长处测得吸光度值与硝酸盐氮浓度遵守比耳定律。

NO_2^- 干扰测定，可加 2 滴 10%氨基磺酸溶液使之分解生成 N_2 以消除；SO_3^{2-} 及 $S_2O_3^{2-}$ 产生正干扰，可用稀硫酸调成弱酸性，加入 0.1%高锰酸钾将其氧化成 SO_4^{2-}，直至产生二氧化锰沉淀，取上清液测定；若含高价态阳离子，应增加三氯化钛用量至溶液紫红色不褪，取上清液测定；若水样中含有产生吸收的有机物时，加入细颗粒状的活性炭搅拌吸附，30min 后再取样测定。

七、总氮

水中总氮是指溶解及悬浮颗粒物中的含氮量。测定方法有碱性过硫酸钾消解紫外分光光度法、气相分子吸收光谱法及流动注射-盐酸萘乙二胺分光光度法。

1. 碱性过硫酸钾消解紫外分光光度法

在 60℃以上水溶液中，过硫酸钾可分解产生硫酸氢钾和原子态氧，硫酸氢钾在溶液中离解而产生氢离子，故在氢氧化钠的碱性介质中可使分解过程趋于完全。分解出的原子态氧在120～124℃温度下，可使水样中含氮化合物的氮元素转化为硝酸盐，并且在此过程中有机物同时被氧化分解。用紫外分光光度法在波长 220nm 和 275nm 处，分别测出吸光度 A_{220} 及 A_{275}，求出校正吸光度 A（$A_{220}-2A_{275}$），再根据标准曲线计算出总氮（以 NO_3^--N 计）含量。

2. 气相分子吸收光谱法

在 120～124℃的碱性介质中，加入过硫酸钾氧化剂，将水样中氨、铵盐、亚硝酸盐以及大部分有机氮化合物氧化成硝酸盐后，以硝酸盐氮的形式采用气相分子吸收光谱法进行总氮的测定。

3. 流动注射-盐酸萘乙二胺分光光度法

在密闭的管路中，将一定体积的试样（S）与过硫酸钾和四硼酸钠混合液（消解液，R_1）通过蠕动泵注入加热池混合并被加热至（95±2）℃，然后与四硼酸钠缓冲液（R_2）一起进入紫外消解装置，在碱性介质中，在紫外光的照射下，试料中的含氮化合物被过硫酸酸钾氧化为硝酸盐后，通过注入阀注入连续流动的载液（无氨水，C）中，与氯化铵缓冲溶液（R_3）混合后经镉柱被还原为亚硝酸盐。然后再与磷酸、磺胺、盐酸萘乙二胺混合液（显色剂，R_4）一起进入反应单元中，在酸性介质中，亚硝酸盐与磺胺进行重氮化反应，再与盐酸萘乙二胺偶联生成红色化合物，在 540nm 波长处测定吸光度，如图 3-43 所示。以测定信号值（峰面积）为纵坐标，以对应的氮浓度为横坐标，绘制标准曲线，根据样品测定的信号值计算总氮的浓度。

八、磷酸盐和总磷

水中的磷酸盐通常是指可溶性正磷酸盐，即通过 0.45μm 微孔滤膜过滤以 PO_4^{3-} 的形式被检测的正磷酸盐（包括 PO_4^{3-}、HPO_4^{2-} 和 $H_2PO_4^-$）。水中总磷是指水中溶解和不溶解的所有形态磷的总和。若水样采用 0.45μm 微孔滤膜过滤后直接测定得到的是水中磷酸盐的含量，若水样不用滤膜过滤并用过硫酸钾消解后进行测定得到的为水中总磷的含量。水中磷酸

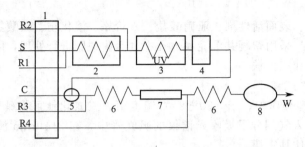

图3-43　流动注射-盐酸萘乙二胺分光光度法测定总氮工作流程示意图

1—蠕动泵；2—加热池；3—紫外消解装置；4—除气泡装置；

5—注入阀；6—混合及反应单元；7—镉柱；8—检测池

盐的测定方法有钼酸铵分光光度法和离子色谱法等。

1. 钼酸铵分光光度法

（1）方法原理　在中性条件下，用过硫酸钾（或硝酸-高氯酸）使试样消解，将所含磷全部氧化为正磷酸盐。在酸性介质中，正磷酸盐与钼酸铵反应，在酒石酸锑氧钾存在下生成磷钼杂多酸后，立即被抗坏血酸还原，生成蓝色的配合物，在700nm波长处，用分光光度计测其吸光度。

由于显色反应过程中使用了钼酸铵、锑盐和抗坏血酸，因此该方法被称为钼锑抗分光光度法；由于生成的配合物呈蓝色，因此该方法又被称为磷钼蓝分光光度法。

（2）工作曲线的绘制　取7个25mL容量瓶或比色管，分别加入0.0、0.50mL、1.00mL、3.00mL、5.00mL、10.0mL、15.0mL磷酸盐标准溶液（2.0μg/mL），分别加入1mL抗坏血酸溶液（100g/L），混匀，30s后加2mL钼酸铵-酒石酸锑钾溶液，定容至刻度，混匀。在室温下放置15min后，在700nm波长下，以水作参比，测定吸光度。以吸光度A为纵坐标，以PO_4^{3-}的浓度为横坐标，绘制标准曲线，或者用最小二乘法求出线性回归方程。

（3）样品的测定　取20mL处理过的水样于25mL容量瓶或比色管中，按照绘制标准曲线同样的操作测定溶液的吸光度。通过标准曲线求出磷的含量。

（4）方法讨论

① 钼酸铵-硫酸溶液的配制方法是将100mL浓硫酸缓缓加入到500mL水中，冷却后与400mL钼酸铵溶液（130g/L）相混合。

② 如试样浑浊或有颜色时，需配制一个空白试样，然后从试样的吸光度中扣除空白试样的吸光度。

③ 在测定过程中，若不对水样进行消解处理，测定的就是水样中正磷酸盐的含量；若对水样进行消解处理，水中的有机膦酸被转化为PO_4^{3-}，聚磷酸盐在酸性条件下也水解为正磷酸盐，则测定的就是总磷含量；若在测定时，不对水样进行消解处理，而是采用在沸水浴中煮沸的方法将水样的聚磷酸盐水解为正磷酸盐，测定的是总无机磷的含量。

④ 水中砷含量大于2mg/L时干扰测定，用硫代硫酸钠去除。硫化物含量大于2mg/L时干扰测定，通氮气去除。铬含量大于50mg/L时干扰测定，用亚硫酸钠去除。

（5）水样的消解方法　常见的有过硫酸钾消解法和硝酸-高氯酸消解法。

① 过硫酸钾消解法　移取25mL试样于锥形瓶中，加数粒玻璃珠，加4mL过硫酸钾，将具塞刻度管塞紧后，用一小块布和线将玻璃塞扎紧，放在大烧杯中置于高压蒸汽消毒器中加热，待压力达1.1kg/cm²（1kg/cm²＝98.0665kPa），相应温度为120℃时，保持30min后停止加热。待压力表读数降至零后，取出放冷。然后用水稀释至标线。

② 硝酸-高氯酸消解法　取 25mL 试样于锥形瓶中，加数粒玻璃珠，加 2mL 硝酸，在电热板上加热浓缩至 10mL。冷却后加 5mL 硝酸，再加热浓缩至 10mL，放冷。加 3mL 高氯酸，加热至高氯酸冒白烟，此时可在锥形瓶上加小漏斗或调节电热板温度，使消解液在锥形瓶内壁保持回流状态，直至剩下 3~4mL，放冷。加水 10mL，加 1 滴酚酞指示剂（10g/L），滴加氢氧化钠溶液（6mol/L）至刚呈微红色，再滴加硫酸溶液（1+36）使微红色刚好褪去，充分混匀。移至 50mL 容量瓶中，用水稀释至标线。

2. 离子色谱法

试料中的正磷酸盐随强碱性淋洗液进入阴离子色谱柱，以 PO_4^{3-} 形式被分离出来，用电导检测器检测，根据保留时间定性，外标法进行定量测定。

色谱柱为阴离子分离柱和阴离子保护柱（高容量烷醇季铵基团阴离子交换柱），淋洗液为 0.1mol/L 氢氧化钾溶液，流速为 1.0 mL/min。采用抑制型电导检测器。

用在 (105 ± 5)℃下烘干至恒重的优级纯磷酸二氢钾配制 PO_4^{3-} 标准系列溶液，按浓度由低到高的顺序依次注入离子色谱仪，记录峰面积（或峰高）。以 PO_4^{3-} 的质量浓度为横坐标，峰面积（或峰高）为纵坐标绘制标准曲线。

样品经过 0.45μm 微孔滤膜过滤后，收集于聚乙烯瓶或硬质玻璃瓶内，不加任何保存剂，于 4℃以下冷藏，可保存 48h。对于不含重金属、有机物的清洁水样，经过滤后可直接进样。对含干扰物质的复杂水质样品，必须用 C_{18} 固相萃取柱去除疏水性化合物，用氢型强酸性阳离子交换柱去除重金属和过渡金属离子，然后再进样。

按照与绘制标准曲线相同的色谱条件和步骤，将试样注入离子色谱仪，以保留时间定性，以峰高或峰面积定量。

九、含砷化合物

砷是人体非必需元素，元素砷的毒性极低，而化合物均有剧毒，其中三价砷毒性最强。生活饮用水卫生标准中砷的限值为 0.01mg/L。砷的污染源主要有采矿、冶金、化工、化学制药、纺织、玻璃、制革等排出的废水。

砷的测定方法有硼氢化钾-硝酸银分光光度法、二乙基二硫代氨基甲酸银分光光度法和原子吸收分光光度法。

1. 硼氢化钾-硝酸银分光光度法

硼氢化钾（或硼氢化钠）在酸性溶液中，产生新生态的氢，将水样中的无机砷还原成砷化氢（AsH_3）气体，以硝酸-硝酸银-聚乙烯醇-乙醇溶液为吸收液。砷化氢将吸收液中的银离子还原成单质胶态银，使溶液呈黄色，颜色强度与生成氢化物的量成正比。于 400nm 波长处测定吸光度，求出水样中砷的含量。黄色配合物在 2h 内无明显变化。反应式为：

$$BH_4^- + H^+ + 3H_2O \longrightarrow H_3BO_3 + 8[H]$$
$$As^{3+} + 3[H] \longrightarrow AsH_3 \uparrow$$
$$6Ag^+ + AsH_3 + 3H_2O \longrightarrow 6Ag + H_3AsO_3 + 6H^+$$

砷化氢发生及吸收装置如图 3-44 所示。水样中的砷化物在反应管中转变成砷化氢。U形管中装有二甲基甲酰胺（DMF）、乙醇胺、三乙醇胺混合溶剂浸渍的脱脂棉，用以消除锑、铋、锡等元素的干扰。脱胺管内装有无水硫酸钠和硫酸氢钾混合粉的脱脂棉，用于除去有机胺的细沫或蒸气。吸收管装有吸收液，吸收液中的聚乙烯醇是胶态银的良好分散剂，由于通入气体时，会产生大量的泡沫，因此加入乙醇作消泡剂。吸收液中加入硝酸，有利于胶态银的稳定。

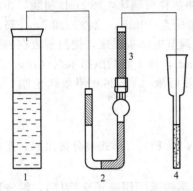

图 3-44 砷化氢发生及吸收装置示意图
1—反应管；2—U 形管；3—脱胺管；4—吸收管

对于清洁的地下水和地表水，可直接取样进行测定；对于污水，要用盐酸-硝酸-高氯酸消解。水样经调节 pH、加还原剂和掩蔽剂后移入反应管中测定。

该方法适用于地表水和地下水中痕量砷的测定，测定的浓度范围为 0.0004～0.012mg/L。

2. 二乙基二硫代氨基甲酸银分光光度法

在碘化钾和氯化亚锡存在下，将五价砷还原为三价，然后被锌与酸作用产生的新生态氢还原为气态砷化氢（AsH$_3$）。用二乙基二硫代氨基甲酸银-三乙醇胺的三氯甲烷溶液吸收砷化氢，生成红色胶体银，于 510nm 波长处测定吸光度，求出水样中砷的含量。显色反应如下：

$$H_3AsO_4 + 2KI + 2HCl \longrightarrow H_3AsO_3 + I_2 + 2KCl + H_2O$$
$$I_2 + SnCl_2 + 2HCl \longrightarrow SnCl_4 + 2HI$$
$$H_3AsO_4 + SnCl_2 + 2HCl \longrightarrow H_3AsO_3 + SnCl_4 + H_2O$$
$$H_3AsO_3 + 3Zn + 6HCl \longrightarrow AsH_3\uparrow + 3ZnCl_2 + 3H_2O$$

$$AsH_3 + 6\ \underset{C_2H_5}{\overset{C_2H_5}{N}}\text{—C—SAg} \longrightarrow 6Ag + 3\ \underset{C_2H_5}{\overset{C_2H_5}{N}}\text{—C—SH} + As\left[\underset{C_2H_5}{\overset{C_2H_5}{N}}\text{—C—S}\right]_3$$

（AgDDC）

该方法适用于地表水、地下水、饮用水和工业废水中砷的测定，方法的最低检测浓度为 0.007mg/L，测定上限为 0.50mg/L。

硫化物对测定有干扰，可采用乙酸铅棉去除。铬、钴、铜、镍、汞、银或铂的浓度高达 5mg/L 时不干扰测定。锑和铋能生成氢化物与吸收液作用生成红色胶体银干扰测定，加入氯化亚锡和碘化钾，可抑制 300μg 锑盐的干扰。加酸消解破坏有机物的过程中，勿使溶液变黑，否则砷可能损失。

十、氯化物

氯化物是水质分析中常见的测定项目，测定方法有莫尔（Mohr）法、离子色谱法和硝酸汞滴定法。当氯离子含量大于 10mg/L 时，常用莫尔法测定。

1. 莫尔法

在 pH＝7 左右的溶液中，以铬酸钾为指示剂，用硝酸银标准溶液直接滴定。硝酸银与氯离子作用生成白色氯化银沉淀，过量的硝酸银与铬酸钾作用生成砖红色铬酸银沉淀，至溶液显橙色即为滴定终点。反应式为：

$$Ag^+ + Cl^- \longrightarrow AgCl\downarrow （白色）$$
$$2Ag^+ + CrO_4^{2-} \longrightarrow Ag_2CrO_4\downarrow （砖红色）$$

测定时，准确移取 100mL 水样于 250mL 锥形瓶中，加入 2 滴酚酞指示剂（10g/L），用 0.1mol/L 氢氧化钠溶液和 0.1mol/L 盐酸溶液调节溶液的 pH，使酚酞由粉红色刚刚变为无色。加入 1mL 铬酸钾溶液（100g/L），用 0.01mol/L 硝酸银标准溶液滴定至橙色为终点，同时做空白试验。

水样中氯化物含量（以 Cl$^-$ 计，mg/L）用式（3-13）计算：

$$\rho(\text{氯化物}) = \frac{c(V-V_0)M(Cl^-)}{100} \times 10^3 \tag{3-13}$$

式中　c——硝酸银标准溶液的浓度，mol/L；

V——滴定水样时消耗硝酸银标准溶液的体积，mL；

V_0——滴定空白时消耗硝酸银标准溶液的体积，mL；

$M(Cl^-)$——Cl^- 的摩尔质量，g/mol。

该方法适宜的 pH 范围为 $6.5\sim10.5$，因为在酸性介质中 Ag_2CrO_4 的溶解度增大，而在 pH>10.5 时会生成 Ag_2O 沉淀。若水中含有 NH_4^+ 且浓度低于 0.05mol/L 时，应在 $6.5\sim7.2$ 的 pH 范围内滴定。

另外，指示剂铬酸钾的浓度不宜过大或过小。因为过大或过小会造成析出 Ag_2CrO_4 红色沉淀过早或过晚，产生较大误差。化学计量点时，计算出 CrO_4^{2-} 的浓度为 1.1×10^{-2} mol/L。由于铬酸钾显黄色，影响终点观察，实际测定时浓度应略低些，一般控制终点时 CrO_4^{2-} 的浓度为 5×10^{-3} mol/L 比较合适。

2. 硝酸汞滴定法

水样经过酸化后（pH 为 $3.0\sim3.5$），用硝酸汞进行滴定时，与氯化物生成难离解的氯化汞。滴定至终点时，过量的汞离子与二苯卡巴腙生成蓝紫色的配位化合物。反应式如下：

氯化物的含量（以 Cl^- 计，mg/L）按式(3-14)计算：

$$\rho(氯化物)=\frac{c(V_2-V_1)M(Cl^-)}{V}\times10^3 \tag{3-14}$$

式中 c——硝酸汞标准溶液的浓度，mol/L；

V_1——滴定空白时消耗硝酸汞标准溶液的体积，mL；

V_2——滴定水样时消耗硝酸汞标准溶液的体积，mL；

V——水样的体积，mL；

$M(Cl^-)$——Cl^- 的摩尔质量，g/mol。

该方法适用于地表水、地下水中氯化物的测定，对于工业废水经过预处理消除干扰后也可以采用该方法滴定，适用于测定氯离子的浓度范围为 $2.5\sim500$mg/L。

十一、硫酸盐

硫酸盐的测定有重量法、铬酸钡光度法、火焰原子吸收光度法、电位滴定法和离子色谱法。

1. 重量法

在盐酸溶液中，硫酸盐与氯化钡反应生成硫酸钡沉淀。经陈化、过滤、洗涤、灰化、灼烧，称量硫酸钡的质量。

测定时先用慢速滤纸过滤试样，然后用移液管移取一定量过滤后的试样，置于 500mL 烧杯中。加 2 滴甲基橙指示液，滴加 (1+1) 盐酸溶液至红色并过量 2mL，加水至总体积为 200mL，煮沸 5min，边搅拌边缓慢加入 10mL 热的氯化钡溶液（约 $80℃$），于 $80℃$ 水浴中放置 2h。用已于 $(105\pm2)℃$ 干燥至恒重的坩埚式过滤器过滤，用水洗涤沉淀，直至滤液中无氯离子为止（用硝酸银溶液检验）。将坩埚式过滤器在 $(105\pm2)℃$ 下干燥至恒重。

硫酸盐含量（以 SO_4^{2-} 计，mg/L）按式(3-15)计算：

$$\rho(\text{硫酸盐}) = \frac{(m-m_0)\dfrac{M(\text{SO}_4^{2-})}{M(\text{BaSO}_4)}}{V} \times 10^6 \tag{3-15}$$

式中　　m——坩埚和沉淀的质量，g；

$\quad\quad m_0$——坩埚的质量，g；

$\quad\quad V$——试样的体积，mL；

$M(\text{SO}_4^{2-})$——SO_4^{2-} 的摩尔质量，g/mol；

$M(\text{BaSO}_4)$——BaSO_4 的摩尔质量，g/mol。

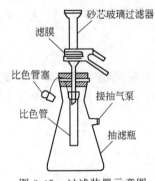

砂芯玻璃过滤器

滤膜

比色管塞

比色管

接抽气泵

抽滤瓶

图 3-45　过滤装置示意图

2. 铬酸钡光度法

在酸性条件下，用过量的铬酸钡悬浊液与水样中的硫酸根离子作用生成硫酸钡沉淀。

$$\text{SO}_4^{2-} + \text{BaCrO}_4 \longrightarrow \text{BaSO}_4 \downarrow + \text{CrO}_4^{2-}$$

用如图 3-45 的过滤装置过滤后，在碱性条件下用分光光度法测定滤液中的黄色铬酸根离子，从而间接求出硫酸根离子的含量。该方法适用于地表水和地下水中硫酸盐含量较低水样的测定。

3. 火焰原子吸收光度法

在水-乙醇的氨性介质中，硫酸盐与铬酸钡悬浊液反应，生成硫酸钡沉淀，用原子吸收法在 359.3nm 波长处测定释放出来的 CrO_4^{2-} 的浓度，就可以间接求出硫酸盐的含量。

4. 电位滴定法

以铅电极为指示电极，在 pH＝4 的条件下，以高氯酸铅标准溶液滴定 75％乙醇体系中的硫酸根离子，此时能定量地生成硫酸铅沉淀，过量的铅离子使电位产生突跃，从而求出滴定终点。水样中的重金属、钙、镁等离子可先用氢型强酸性阳离子交换树脂除去。磷酸盐和聚磷酸盐的干扰可用稀释法或二氧化锰共沉淀法来消除。

阅读材料

离子色谱法测定水中 F^-、Cl^-、NO_2^-、Br^-、NO_3^-、PO_4^{3-}、SO_3^{2-} 和 SO_4^{2-} 的含量

水中可溶性无机阴离子如 F^-、Cl^-、NO_2^-、Br^-、NO_3^-、PO_4^{3-}、SO_3^{2-} 和 SO_4^{2-}，经阴离子色谱柱交换分离，抑制型电导检测器检测，根据保留时间定性，以峰高或峰面积定量。

（1）色谱条件　色谱柱为阴离子分离柱（聚二乙烯基苯/乙基乙烯苯/聚乙烯醇基质，具有烷基季铵或烷醇季铵功能团、亲水性、高容量色谱柱）和阴离子保护柱。

若采用 6.0×10^{-3} mol/L Na_2CO_3 和 5.0×10^{-3} mol/L NaHCO_3 的碳酸盐体系淋洗液，流速为 1.0mL/min，进样量为 25μL，在此参考条件下的阴离子标准溶液色谱图（见图 3-46）。若采用 0.1mol/L 氢氧根淋洗液，流速为 0.7mL/min，梯度淋洗，抑制型电导检测器，进样量为 25μL。在此参考条件下的阴离子标准溶液色谱图（见图 3-47）。

（2）标准曲线绘制　分别移取浓度均为 1000mg/L 的 F^-、Cl^-、NO_2^-、Br^-、NO_3^-、PO_4^{3-}、SO_3^{2-} 和 SO_4^{2-} 离子标准贮备液 10.0mL、200.0mL、10.0mL、10.0mL、

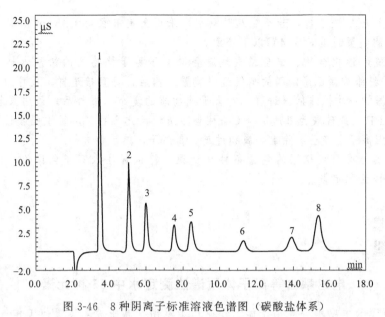

图 3-46　8 种阴离子标准溶液色谱图（碳酸盐体系）

1—F^-；2—Cl^-；3—NO_2^-；4—Br^-；5—NO_3^-；6—PO_4^{3-}；7—SO_3^{2-}；8—SO_4^{2-}

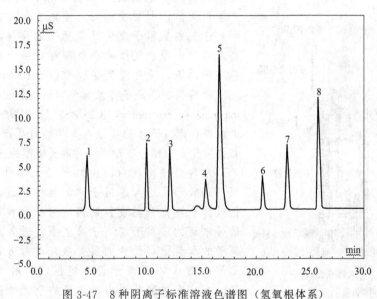

图 3-47　8 种阴离子标准溶液色谱图（氢氧根体系）

1—F^-；2—Cl^-；3—NO_2^-；4—SO_3^{2-}；5—SO_4^{2-}；6—Br^-；7—NO_3^-；8—PO_4^{3-}

100.0mL、50.0mL、50.0mL、200.0mL，于 1000mL 容量瓶中，用水定容至标线，混匀。配成含有 10mg/L F^-、200mg/L Cl^-、10mg/L NO_2^-、10mg/L Br^-、100mg/L NO_3^-、50mg/L PO_4^{3-}、50mg/L SO_3^{2-} 和 200mg/L SO_4^{2-} 的混合标准使用液。

分别准确移取 0.00mL、1.00mL、2.00mL、5.00mL、10.0mL、20.0mL 混合标准使用液于一组 100mL 容量瓶中，用水定容至标线，混匀。按浓度由低到高的顺序依次进样，记录峰面积（或峰高）。以各离子的质量浓度为横坐标，峰面积（或峰高）为纵坐标分别绘制每种阴离子的标准曲线。

（3）试样制备及测定　样品采集在用去离子水清洗的高密度聚乙烯瓶中。若测定 SO_3^{2-}，样品采集后，必须立即加入 0.1% 的甲醛进行固定；其余阴离子的测定不需加固定剂。采集的样品应尽快分析，若不能及时测定，采用配有孔径≤0.45μm 醋酸纤维或聚乙烯滤膜的抽气过滤装置过滤，于 4℃以下冷藏。

对于不含疏水性化合物、重金属或过渡金属离子等干扰物质的清洁水样，经配有孔径≤0.45μm 醋酸纤维或聚乙烯滤膜的抽气过滤装置过滤后，可直接进样；也可用带有水系微孔滤膜针筒过滤器的一次性注射器进样。对含干扰物质的复杂水质样品，须用聚苯乙烯-二乙烯基苯为基质的 RP 柱或硅胶为基质键合 C_{18} 柱除疏水性化合物，用氢型强酸性阳离子交换柱或钠型强酸性阳离子交换柱去除重金属和过渡金属离子，然后再进样。

按照与绘制标准曲线相同的色谱条件和步骤，将试样注入离子色谱仪，以保留时间定性，以峰高或峰面积定量。

电感耦合等离子体质谱法测定水中 65 种元素

图 3-48 所示为电感耦合等离子体工作原理示意图。高压放电装置使工作气体发生电离，

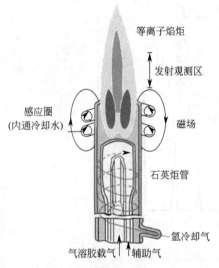

图 3-48　电感耦合等离子体工作原理示意图

被电离的气体经过环绕石英管顶部的高频感应圈时，产生巨大热能和交变磁场，使电离气体的电子、离子和处于基态的原子发生反复猛烈的碰撞，各种粒子的高速运动，导致气体完全电离形成一个类似线圈状的等离子焰炬，此处温度高达 6000～10000℃。

电感耦合等离子体质谱法 (inductively coupled plasma mass spectrometry, ICP-MS) 是以独特的接口技术将电感耦合等离子体的高温电离特性与质谱仪的灵敏快速扫描的优点相结合而形成一种高灵敏度的分析技术。

水样经预处理后，由载气带入雾化系统雾化后，以气溶胶形式进入等离子体的轴向通道，在高温和惰性气体中被充分蒸发、解离、原子化和电离，转化成的带电荷的正离子经离子采集系统进入质谱仪，根据离子的质荷比（元素的质量数）进行分离，根据元素的质谱图或特征离子进行定性，采用内标法进行定量。在一定浓度范围内，元素的质量数所对应的信号响应值与其浓度成正比。

环境保护标准（HJ 700—2014）规定了采用电感耦合等离子体质谱法测定地表水、地下水、生活污水或低浓度工业废水中的 65 种元素，其中ⅠA 族元素（锂、钠、钾、铷、铯）5 种，ⅡA 族元素（铍、镁、钙、锶、钡）5 种，ⅢA 族元素（硼、铝、镓、铟、铊）5 种，ⅣA 族元素（锗、锡、铅）3 种，ⅤA 族元素（磷、砷、锑、铋）4 种，ⅥA 族元素（硒、碲）2 种，ⅠB 族元素（铜、银、金）3 种，ⅡB 族元素（锌、镉）2 种，ⅢB 族元素（钪、钇、镧、铈、镨、钕、钐、铕、钆、铽、镝、钬、铒、铥、镱、镥、钍、铀）18 种，ⅣB 族元素（钛、锆、铪）3 种，ⅤB 族元素（钒、铌）2 种，ⅥB 族元素（铬、钼、钨）3 种，ⅦB 族元素（锰、铼）2 种，Ⅷ族元素（铁、钌、钴、铑、铱、镍、钯、铂）8 种。

测定时依次配制一系列待测元素的标准溶液，同时配制内标元素标准溶液（要求内标元素的浓度远高于样品自身所含内标元素的浓度）。内标元素标准溶液可直接加入工作溶液中，也可在样品雾化之前通过蠕动泵自动加入。用 ICP-MS 测定标准溶液，以标准溶液浓度为横坐标，以待测元素信号与内标元素信号的比值为纵坐标建立标准曲线，用线性回归分析方法求得直线方程，进行样品含量计算。

第七节　有机化合物综合指标的测定

水体中有机化合物种类繁多，难以对每一个组分逐一定量测定，目前多采用测定有机化合物的综合指标来间接表征有机化合物的含量。综合指标主要有化学需氧量、高锰酸盐指数、生化需氧量、总需氧量和总有机碳等。有机化合物的污染源主要有农药、医药、染料以及化工企业排放的废水。

一、化学需氧量

化学需氧量（chemical oxygen demand，COD）是指在一定条件下，氧化 1L 水样中还原性物质所消耗的氧化剂的量，以氧的质量浓度（mg/L）表示。化学需氧量反映了水体受还原性物质污染的程度。水中的还原性物质包括有机物、亚硝酸盐、亚铁盐、硫化物等。水被有机物污染是很普遍的，因此化学需氧量也作为有机物相对含量的指标之一。

化学需氧量随测定时所用氧化剂的种类、浓度、反应温度和时间、溶液的酸度、催化剂等变化而不同。水样中化学需氧量的测定方法有重铬酸钾法、氯气校正法、碘化钾碱性高锰酸钾法和快速消解分光光度法。

1. 重铬酸钾法

在水样中加入一定量的重铬酸钾溶液及硫酸汞溶液，并在强酸介质下以硫酸银作催化剂，按照图 3-49 或图 3-50 所示装置回流 2h 后，以 1,10-邻二氮菲为指示剂，用硫酸亚铁铵标准溶液滴定水样中未被还原的重铬酸钾，由消耗的硫酸亚铁铵的量计算出回流过程中消耗的重铬酸钾的量，并换算成消耗氧的质量浓度，即为水样的化学需氧量。反应式如下：

$$Cr_2O_7^{2-} + 14H^+ + 6e \Longrightarrow 2Cr^{3+} + 7H_2O$$

$$Cr_2O_7^{2-} + 14H^+ + 6Fe^{2+} \Longrightarrow 6Fe^{3+} + 2Cr^{3+} + 7H_2O$$

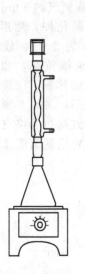

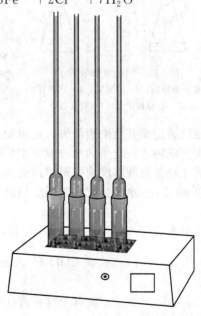

图 3-49　COD 测定回流装置（一）　　　　　图 3-50　COD 测定回流装置（二）

当污水 COD 大于 50mg/L 时，可用 0.25mol/L 的 $K_2Cr_2O_7$ 标准溶液；当污水 COD 为 5～50mg/L 时，可用 0.025mol/L 的 $K_2Cr_2O_7$ 标准溶液。

$K_2Cr_2O_7$ 氧化性很强，可将大部分有机物氧化，但吡啶不被氧化，芳香族有机物不易被氧化。挥发性直链脂肪族化合物、苯等有机物存在于蒸气相，氧化不明显。

氯离子能被 $K_2Cr_2O_7$ 氧化，并与硫酸银作用生成沉淀，影响测定结果，在回流前加入适量的硫酸汞去除。但当水中氯离子浓度大于 1000mg/L 时，不能采用此方法测定。

COD（O_2，mg/L）按式（3-16）计算：

$$COD(O_2, mg/L) = \frac{1}{4} \times \frac{c(V_0 - V_1)M(O_2) \times 10^3}{V} \tag{3-16}$$

式中　c——硫酸亚铁铵标准溶液的浓度，mol/L；

$\quad\quad V_0$——空白试验所消耗的硫酸亚铁铵标准溶液的体积，mL；

$\quad\quad V_1$——水样测定所消耗的硫酸亚铁铵标准溶液的体积，mL；

$\quad\quad V$——水样的体积，mL；

$M(O_2)$——氧气的摩尔质量，g/mol。

2. 氯气校正法

按照重铬酸钾法测定的 COD 值即为表观 COD。将水样中未与 Hg^{2+} 配位而被氧化的那部分氯离子所形成的氯气导出，用氢氧化钠溶液吸收后，加入碘化钾，用硫酸调节溶液为 pH 为 2～3，以淀粉为指示剂，用硫代硫酸钠标准溶液滴定，由此计算出与氯离子反应消耗的重铬酸钾，并换算为消耗氧的质量浓度，即为氯离子校正值。表观 COD 与氯离子校正值的差即为所测水样的 COD。

该方法适用于氯离子含量小于 20000mg/L 的高氯废水中化学需氧量的测定，主要用于油田、沿海炼油厂、油库、氯碱厂等废水中 COD 的测定。

按图 3-51 连接好装置。通入氮气（5～10mL/min），加热，自溶液沸腾起回流 2h。停止加热后，加大气流（30～40mL/min），继续通氮气约 30min。取下吸收瓶，冷却至室温，加入 1.0g 碘化钾，然后加入 7mL 硫酸（2mol/L），调节溶液 pH 为 2～3，放置 10min，用硫代硫酸钠标准溶液滴定至淡黄色，加入淀粉指示液，

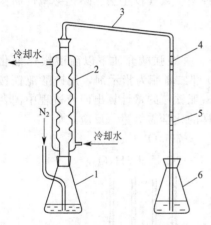

图 3-51　回流吸收装置
1—插管锥形瓶；2—冷凝管；3—导出管；
4,5—硅橡胶接管；6—吸收瓶

然后继续滴定至蓝色刚刚消失，记录消耗硫代硫酸钠标准溶液的体积。待锥形瓶冷却后，从冷凝管上端加入一定量的水，取下锥形瓶。待溶液冷却至室温后，加入 3 滴 1,10-邻二氮菲，用硫酸亚铁铵标准溶液滴定至溶液的颜色由黄色经蓝绿色变为红褐色为终点。

以 20.0mL 水代替试样进行空白试验，按照同样的方法测定消耗硫酸亚铁铵标准溶液的体积。

结果按式（3-17）和式（3-18）计算：

$$表观 COD(O_2, mg/L) = \frac{c_1(V_1 - V_2)M(O_2)}{4V_0} \times 10^3 \tag{3-17}$$

$$氯离子校正值(O_2, mg/L) = \frac{c_2 V_3 M(O_2)}{4V_0} \times 10^3 \tag{3-18}$$

式中　c_1——硫酸亚铁铵标准溶液的浓度，mol/L；

c_2——硫代硫酸钠标准溶液的浓度，mol/L；

V_1——空白试验消耗硫酸亚铁铵标准溶液的体积，mL；

V_2——试样测定时消耗硫酸亚铁铵标准溶液的体积，mL；

V_3——吸收液测定消耗硫代硫酸钠标准溶液的体积，mL；

V_0——试样的体积，mL；

$M(O_2)$——氧气的摩尔质量，g/mol。

3. 碘化钾碱性高锰酸钾法

在碱性条件下，在水样中加入一定量的高锰酸钾溶液，在沸水浴中反应一定时间，以氧化水中的还原性物质。加入过量的碘化钾，还原剩余的高锰酸钾，以淀粉为指示剂，用硫代硫酸钠滴定释放出来的碘。根据消耗高锰酸钾的量，换算成相对应的氧的质量浓度，用 COD_{OH-KI} 表示。该方法适用于油气田和炼化企业高氯废水中化学需氧量的测定。

由于碘化钾碱性高锰酸钾法与重铬酸盐法的氧化条件不同，对同一样品的测定值也不同。而我国的污水综合排放标准中 COD 指标是指重铬酸钾法的测定结果。可按式(3-19)将 COD_{OH-KI} 换算为 COD_{Cr}。

$$COD_{Cr} = \frac{COD_{OH-KI}}{K} \tag{3-19}$$

式中，K 为碘化钾碱性高锰酸钾法的氧化率与重铬酸盐法氧化率的比值，可以分别用碘化钾碱性高锰酸钾法和重铬酸盐法测定同一有代表性的废水样品的需氧量来确定。若用碘化钾碱性高锰酸钾法和重铬酸盐法测定同一有代表性的废水样品的需氧量分别为 COD_1 和 COD_2，则 K 值可以用式(3-20)计算：

$$K = \frac{COD_1}{COD_2} \tag{3-20}$$

若水中含有几种还原性物质，则取它们的加权平均 K 值作为水样的 K 值。

4. 快速消解分光光度法

试样中加入已知量的重铬酸钾溶液，在强硫酸介质中，以硫酸银作为催化剂，经高温消解后，溶液中的铬以 $Cr_2O_7^{2-}$ 和 Cr^{3+} 两种形态存在。由吸收曲线（见图 3-52）可知，在 $600nm \pm 20nm$ 波长处 Cr^{3+} 有吸收而 $Cr_2O_7^{2-}$ 无吸收，而在 $440nm \pm 20nm$ 波长处 Cr^{3+} 和 $Cr_2O_7^{2-}$ 均有吸收。若水样的 COD 值为 100mg/L 至 1000mg/L 时，配制 COD 值为 100mg/

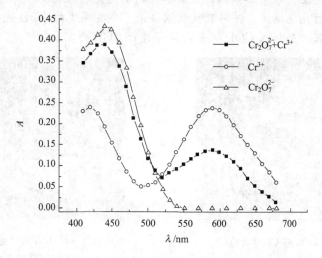

图 3-52　$Cr_2O_7^{2-}$、Cr^{3+} 及 $Cr_2O_7^{2-}$ 与 Cr^{3+} 混合液的吸收曲线

L 至 1000mg/L 范围内的标准系列溶液，经高温快速消解后，在（600±20）nm 波长处分别测定标准系列溶液中重铬酸钾被还原产生的 Cr^{3+} 的吸光度 A_i 和 A_x，同时测定空白实验溶液的吸光度 A_0。以吸光度 $A(A_i-A_0)$ 为纵坐标，以标准系列溶液的 COD 值为横坐标，绘制标准曲线，根据校准曲线方程计算试样的 COD 值。若试样中 COD 值为 15mg/L 至 250mg/L 时，在（600±20）nm 波长处 Cr^{3+} 的吸光度值很小，为了减小测量误差，可以在（440±20）nm 波长处测定重铬酸钾未被还原的六价铬和被还原产生的三价铬的总吸光度。试样中 COD 值与 $Cr_2O_7^{2-}$ 吸光度减少值成正比例关系，与 Cr^{3+} 吸光度增加值成正比例关系，且与总吸光度减少值成正比例关系。配制 COD 值为 15mg/L 至 250mg/L 范围内的标准系列溶液，经高温快速消解后，在（440±20）nm 波长处分别测定标准系列溶液和水样中 $Cr_2O_7^{2-}$ 和 Cr^{3+} 的总吸光度 A_i 和 A_x，同时测定空白实验溶液的吸光度 A_0。以吸光度 $A(A_0-A_i)$ 为纵坐标，以标准系列溶液的 COD 值为横坐标，绘制标准曲线，根据校准曲线方程计算试样的 COD 值。

该方法适用于地表水、地下水、生活污水和工业废水中 COD 的测定。对未经稀释的水样，其 COD 测定下限为 15mg/L，测定上限为 1000mg/L，氯离子浓度不应大于 1000mg/L。对于 COD 大于 1000mg/L 或氯离子含量大于 1000mg/L 的水样，可经适当稀释后进行测定。

在（600±20）nm 处测试时，Mn(Ⅲ)、Mn(Ⅵ) 或 Mn(Ⅶ) 形成红色物质，会引起正偏差；而在（440±20）nm 处，锰溶液（硫酸盐形式）的影响比较小。另外，若工业废水中存在高浓度的有色金属离子，对测定结果可能也会产生一定的影响。为了减少高浓度有色金属离子对测定结果的影响，应将水样适当稀释后进行测定，并选择合适的测定波长。

阅读材料

H-45600 型 COD 分析仪简介

H-45600 型 COD 反应器（见图 3-53）由美国 HACH 公司制造，可放置 25 个 16mL 的 COD 试管，在 150℃温度下加热回流，通过程序编制，反应器会在消解时间完毕之后自动关闭。配套的分光光度仪（见图 3-54）上具有专门的适配器可使 COD 测试管在消解完毕之后直接插入仪器进行比色测定，并可直接读取结果。备有现成的 COD 试剂瓶中每瓶含 3mL 装所需试剂，与样品一起加入 COD 试管，即可进行 COD 测定。

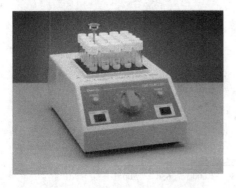

图 3-53　H-45600 型 COD 反应器

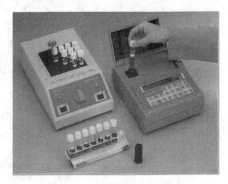

图 3-54　H-45600 型 COD 测定
配套分光光度仪

二、高锰酸盐指数

高锰酸盐指数（permanganate index）是指在一定条件下，以高锰酸钾为氧化剂氧化水样中的还原性物质所消耗的高锰酸钾的量，以氧的质量浓度（mg/L）来表示。

因高锰酸钾在酸性介质中的氧化能力比在碱性介质中的氧化能力强，故常分为酸性高锰酸钾法和碱性高锰酸钾法，分别适用于不同水样的测定。

取一定量水样（一般取 100mL），在酸性或碱性条件下，加入 10.0mL 高锰酸钾溶液，沸水浴 30min 以氧化水样中还原性无机物和部分有机物。加入过量的草酸钠溶液还原剩余的高锰酸钾，再用高锰酸钾标准溶液滴定过量的草酸钠。反应式如下：

$$4MnO_4^- + 12H^+ + 5C(有机物) \longrightarrow 4Mn^{2+} + 5CO_2 \uparrow + 6H_2O$$
$$2MnO_4^- + 5C_2O_4^{2-} + 16H^+ \longrightarrow 2Mn^{2+} + 10CO_2 \uparrow + 8H_2O$$

水样未稀释时，高锰酸盐指数（O_2，mg/L）按式（3-21）计算：

$$高锰酸盐指数(O_2, mg/L) = \frac{1}{4} \times \frac{c[(10+V_1)K-10]M(O_2)}{V} \times 10^3 \qquad (3-21)$$

式中　c——草酸钠$\left(\frac{1}{2}Na_2C_2O_4\right)$标准溶液的浓度，mol/L；

V_1——滴定水样消耗高锰酸钾标准溶液的体积，mL；

K——校正系数［每毫升高锰酸钾标准溶液相当于草酸钠标准溶液的体积(mL)］；

$M(O_2)$——氧气的摩尔质量，g/mol；

V——水样的体积，mL。

若水样的高锰酸盐指数超过 5mg/L 时，应少取水样稀释后再测定。稀释后水样的高锰酸盐指数（O_2，mg/L）按式（3-22）计算：

$$高锰酸盐指数(O_2, mg/L) = \frac{1}{4} \times \frac{c\{[(10+V_1)K-10]-[(10+V_0)K-10]f\}M(O_2)}{V} \times 10^3 \qquad (3-22)$$

式中　c——草酸钠$\left(\frac{1}{2}Na_2C_2O_4\right)$标准溶液的浓度，mol/L；

V_1——滴定水样消耗高锰酸钾标准溶液的体积，mL；

V_0——空白试验消耗高锰酸钾标准溶液的体积，mL；

K——校正系数［每毫升高锰酸钾标准溶液相当于草酸钠标准溶液的体积（mL）］；

f——稀释水样中含稀释水的比值；

$M(O_2)$——氧气的摩尔质量，g/mol；

V——原水样的体积，mL。

国际标准化组织（ISO）建议高锰酸盐指数仅限于测定地表水、饮用水和生活污水。

若水样中氯离子含量不高于 300mg/L 时，采用酸性高锰酸钾法；若氯离子含量高于 300mg/L 时，采用碱性高锰酸钾法。

三、生化需氧量

生化需氧量（biochemical oxygen demand，BOD）是指在规定的条件下，微生物分解水中某些物质（主要为有机物）的生物化学过程中所消耗的溶解氧。由于规定的条件是在（20±1）℃条件下暗处培养 5d，因此被称为五日生化需氧量，用 BOD_5 表示，单位为 mg/L。

BOD_5 是反映水体被有机物污染程度的综合指标，也是研究污水的可生化降解性和生化处理效果，以及生化处理污水工艺设计和动力学研究中的重要参数。

测定五日生化需氧量的方法可以分为溶解氧含量测定法、微生物传感器快速测定法和测压法三类。溶解氧的含量测定法是分别测定培养前后培养液中溶解氧的含量，进而计算出

BOD_5 的值，根据水样是否稀释或接种又分为非稀释法、非稀释接种法、稀释法和稀释接种法。如样品中的有机物含量较少，BOD_5 的质量浓度不大于 6mg/L，且样品中有足够的微生物，用非稀释法测定；若样品中的有机物含量较少，BOD_5 的质量浓度不大于 6mg/L，但样品中缺少足够的微生物，如酸性废水、碱性废水、高温废水、冷冻保存的废水或经过氯化处理等的废水，须采用非稀释接种法测定。若试样中的有机物含量较多，BOD_5 的质量浓度大于 6mg/L，且样品中有足够的微生物，采用稀释法测定；若试样中的有机物含量较多，BOD_5 的质量浓度大于 6mg/L，但试样中无足够的微生物必须采用稀释接种法测定。该方法适用于地表水、工业废水和生活污水中 BOD_5 的测定。

1. 溶解氧含量测定法

(1) 非稀释法

① 水样的采集与保存　采集的样品应充满并密封于棕色玻璃瓶中，样品量不小于 1000mL，在 0~4℃的暗处运输和保存，并于 24h 内尽快分析。

② 试样的制备与培养　若样品中溶解氧浓度低，需要用曝气装置曝气 15min，充分振摇赶走样品中残留的空气泡；若样品中氧过饱和，使样品量达到容器 2/3 体积，用力振荡赶出过饱和氧。将试样充满溶解氧瓶中，使试样少量溢出，防止试样中的溶解氧质量浓度改变，使瓶中存在的气泡靠瓶壁排出，盖上瓶塞。在制备好的试样的溶解氧瓶上加上水封，在瓶塞外罩上密封罩，防止培养期间水封水蒸发干，在恒温培养箱中于 (20±1)℃条件下培养 5d±4h。

③ 溶解氧的测定与结果计算　在制备好试样 15min 后测定试样在培养前溶解氧的质量浓度，在培养 5d 后测定试样在培养后溶解氧的质量浓度。测定前待测试样的温度应达到 (20±2)℃，测定方法可采用碘量法或电化学探头法，按式(3-23)计算 BOD_5。

$$BOD_5(O_2, mg/L) = DO_1 - DO_2 \tag{3-23}$$

式中　DO_1——水样在培养前溶解氧的质量浓度，mg/L；

DO_2——水样在培养后溶解氧的质量浓度，mg/L。

(2) 非稀释接种法　向不含有或少含有微生物的工业废水中引入能分解有机物的微生物的过程，称为接种。用来进行接种的液体称为接种液。

① 接种液的制备　获得适用的接种液的方法有：购买接种微生物用的接种物质，按说明书的要求操作配制接种液；采用未受工业废水污染的生活污水，要求化学需氧量不大于 300mg/L，总有机碳不大于 100mg/L；采取含有城镇污水的河水或湖水；采用污水处理厂的出水。

当需要测定某些含有不易被一般微生物所分解的有机物工业污水的 BOD_5 时，需要进行微生物的驯化。通常在工业废水排污口下游适当处取水样作为废水的驯化接种液，也可采用一定量的生活污水，每天加入一定量的待测工业废水，连续曝气培养，当水中出现大量的絮状物时（驯化过程一般需 3~8d），表明微生物已繁殖，可用作接种液。

② 接种水样、空白样的制备与培养　水样中加入适量的接种液后作为接种水样，按非稀释法同样的培养方法培养。若试样中含有硝化细菌，有可能发生硝化反应，需在每升试样中加入 2mL 丙烯基硫脲硝化抑制剂（1.0g/L）。

在每升稀释水（配制方法见稀释法）中加入与接种水样中相同量的接种液作为空白样，需要时每升空白样中加入 2 mL 丙烯基硫脲硝化抑制剂（1.0g/L）。与接种水样同时、同条件进行培养。

③ 溶解氧的测定与结果计算　采用碘量法或电化学探头法分别测定培养前后接种水样、空白样中溶解氧的质量浓度，按式(3-24)计算 BOD_5。

$$BOD_5(O_2, mg/L) = (DO_1 - DO_2) - (D_1 - D_2) \tag{3-24}$$

式中　DO_1——接种水样在培养前溶解氧的质量浓度，mg/L；

　　　DO_2——接种水样在培养后溶解氧的质量浓度，mg/L；

　　　D_1——空白样在培养前溶解氧的质量浓度，mg/L；

　　　D_2——空白样在培养后溶解氧的质量浓度，mg/L。

（3）稀释法

① 水样的预处理　若样品或稀释后样品 pH 值不在 6～8 范围内，应用盐酸溶液（0.5mol/L）或氢氧化钠溶液（0.5mol/L）调节其 pH 值至 6～8；若样品中含有少量余氯，一般在采样后放置 1～2h，游离氯即可消失。对在短时间内不能消失的余氯，可加入适量亚硫酸钠溶液去除样品中存在的余氯和结合氯；对于含有大量颗粒物、需要较大稀释倍数的样品或经冷冻保存的样品，测定前均需将样品搅拌均匀；若样品中有大量藻类存在，会导致 BOD_5 的测定结果偏高。当分析结果精度要求较高时，测定前应用滤孔为 1.6μm 的滤膜过滤，检测报告中注明滤膜滤孔的大小。

② 稀释水的制备　在 5～20L 的玻璃瓶中加入一定量的水，控制水温在（20±1）℃，用曝气装置至少曝气 1h，使稀释水中的溶解氧达到 8mg/L 以上。使用前每升水中加磷酸盐缓冲溶液、硫酸镁溶液（11g/L）、氯化钙溶液（27.6g/L）和氯化铁溶液（0.15g/L）各 1.0mL，混匀，于 20℃保存。在曝气的过程中应防止污染，特别是防止带入有机物、金属、氧化或还原物。稀释水中氧的质量浓度不能过饱和，使用前需开口放置 1h，且应在 24h 内使用。

③ 稀释水样、空白样的制备与培养　用稀释水（配制方法同非稀释接种法）稀释后的样品作为稀释水样。按照确定的稀释倍数，将一定体积的试样或处理后的试样用虹吸管加入已盛有部分稀释水的稀释容器中，加稀释水至刻度，轻轻混合避免残留气泡。若稀释倍数超过 100 倍，可进行两步或多步稀释。若样品中含有硝化细菌，有可能发生硝化反应，需在每升培养液中加入 2mL 丙烯基硫脲硝化抑制剂（1.0g/L）。在制备好的稀释水样的溶解氧瓶上加上水封，在瓶塞外罩上密封罩，在恒温培养箱中于（20±1）℃条件下培养 5d±4h。

以稀释水作为空白样，需要时每升稀释水中加入 2mL 丙烯基硫脲硝化抑制剂（1.0g/L）。与稀释水样同时、同条件进行培养。

【注意】　样品稀释的程度应使消耗的溶解氧质量浓度不小于 2mg/L，培养后样品中剩余溶解氧质量浓度不小于 2mg/L，且试样中剩余的溶解氧的质量浓度为开始浓度的 1/3～2/3 为最佳。稀释倍数可根据样品的总有机碳（TOC）、高锰酸盐指数（I_{Mn}）或化学需氧量（COD）的测定值进行估计。

④ 溶解氧的测定与结果计算　采用碘量法或电化学探头法分别测定培养前后稀释水样、空白样中溶解氧的质量浓度，按式(3-25) 计算 BOD_5。

$$BOD_5(O_2,mg/L)=\frac{(DO_1-DO_2)-(D_1-D_2)f_1}{f_2} \tag{3-25}$$

式中　DO_1——稀释水样在培养前溶解氧的质量浓度，mg/L；

　　　DO_2——稀释水样在培养后溶解氧的质量浓度，mg/L；

　　　D_1——空白样在培养前溶解氧的质量浓度，mg/L；

　　　D_2——空白样在培养后溶解氧的质量浓度，mg/L；

　　　f_1——稀释水在培养液中所占比例；

　　　f_2——水样在培养液中所占比例。

（4）稀释接种法

① 接种稀释水的制备　根据接种液的来源不同，每升稀释水中加入适量接种液。对于城市生活污水和污水处理厂出水通常加 1～10mL；对于河水或湖水通常加 10～100mL。要求制备的接种稀释水 pH 值为 7.2，BOD_5 应小于 1.5mg/L。将接种稀释水存放在（20±

1)℃的环境中，当天配制当天使用。

② 接种稀释水样、空白样的制备与培养　用接种稀释水稀释后的样品作为接种稀释水样。按照确定的稀释倍数，将一定体积的试样或处理后的试样用虹吸管加入已盛有部分稀释接种水的稀释容器中，加稀释接种水至刻度，轻轻混合避免残留气泡。若稀释倍数超过100倍，可进行两步或多步稀释。若样品中含有硝化细菌，有可能发生硝化反应，需在每升培养液中加入 2mL 丙烯基硫脲硝化抑制剂（1.0g/L）。在制备好的稀释水样的溶解氧瓶上加上水封，在瓶塞外罩上密封罩，在恒温培养箱中于（20±1）℃条件下培养 5d±4h。

以接种稀释水作为空白样，需要时每升稀释水中加入 2mL 丙烯基硫脲硝化抑制剂（1.0g/L）。与接种稀释水样同时、同条件进行培养。

③ 溶解氧的测定与结果计算　采用碘量法或电化学探头法分别测定培养前后接种稀释水样、空白样中溶解氧的质量浓度，按式(3-26)计算 BOD_5。

$$BOD_5(O_2,mg/L) = \frac{(DO_1 - DO_2) - (D_1 - D_2)f_1}{f_2} \tag{3-26}$$

式中　DO_1——接种稀释水样在培养前溶解氧的质量浓度，mg/L；

　　　DO_2——接种稀释水样在培养后溶解氧的质量浓度，mg/L；

　　　D_1——空白样在培养前溶解氧的质量浓度，mg/L；

　　　D_2——空白样在培养后溶解氧的质量浓度，mg/L；

　　　f_1——接种稀释水在培养液中所占比例；

　　　f_2——水样在培养液中所占比例。

【注意】　如果有几个稀释倍数的结果满足要求，测定结果取这些稀释倍数结果的平均值。测定结果小于100mg/L，保留一位小数；大于100mg/L，取整数位。结果报告中应注明样品是否经过过滤、冷冻或均质化处理。

【例 3-1】　测定某水样的 BOD_5，已知其 COD 为 2000mg/L，按照 0.075、0.15、0.25 的系数即 150、300、500 倍进行稀释，用稀释法测定的数据见下表：

项目	稀释倍数	取水样体积/mL	$Na_2S_2O_3$ 标准溶液浓度/(mol/L)	$Na_2S_2O_3$ 标准溶液用量/mL	
				当天	5d后
水样	150	100		9.25	4.55
	300	100	0.0125	9.24	6.65
	500	100		9.23	8.53
空白	0	100	0.0125	9.28	8.83

试计算水样的 BOD_5。

解　先计算当天和培养 5d 后样品的溶解氧，结果见下表：

项目	稀释倍数	取水样体积/mL	$Na_2S_2O_3$ 标准溶液浓度/(mol/L)	$Na_2S_2O_3$ 标准溶液用量/mL		溶解氧/(mg/L)	
				当天	5d后	当天	5d后
水样	150	100		9.25	4.55	9.25	4.55
	300	100	0.0125	9.24	6.65	9.24	6.65
	500	100		9.23	8.53	9.23	8.53
空白	0	100	0.0125	9.28	8.83	9.28	8.83

由于稀释 500 倍的水样在培养 5d 后耗氧量小于 2mg/L，稀释倍数不合适，因此该水样的 BOD_5 应为稀释倍数分别为 150 和 300 的结果的平均值。

稀释倍数为 150 时：

$$BOD_5 = \frac{(DO_1 - DO_2) - (D_1 - D_2)f_1}{f_2} = \frac{(9.25 - 4.55) - (9.28 - 8.83) \times \frac{149}{150}}{\frac{1}{150}} = 638(\text{mg/L})$$

稀释倍数为 300 时：

$$BOD_5 = \frac{(DO_1 - DO_2) - (D_1 - D_2)f_1}{f_2} = \frac{(9.24 - 6.65) - (9.28 - 8.83) \times \frac{299}{300}}{\frac{1}{300}} = 642(\text{mg/L})$$

于是水样的 BOD_5 为：

$$BOD_5 = \frac{638 + 642}{2} = 640 \ (\text{mg/L})$$

2. 微生物传感器快速测定法

微生物传感器（microorganism sensor）由氧电极和微生物菌膜组成，当含有饱和溶解氧的样品进入流通池中与微生物传感器接触时，样品中溶解的可生化降解的有机物受到微生物菌膜中菌种的作用而消耗一定量的氧，使扩散到氧电极表面上氧质量减少。当样品中可生化降解的有机物向菌膜扩散速度（质量）达到恒定时，此时扩散到氧电极表面上的氧质量也达到恒定，从而产生一个恒定的电流。由于恒定电流差值与氧的减少量存在定量关系，可直接读取仪器显示浓度值，或由工作曲线查出水样中的 BOD_5。

该法适用于地表水、生活污水及不含对微生物有明显毒害作用的工业废水中 BOD_5 的测定。

3. 测压法

在密闭的培养瓶中，系统中的溶解氧由于微生物降解有机物而不断消耗。产生与耗氧量相当的 CO_2 被吸收后，使密闭系统的压力降低，通过压力计测出压力降，即可求出水样的 BOD_5。在实际测定中，先以标准葡萄糖谷氨酸溶液的 BOD_5 和相应的压差进行曲线校正，便可直接读出水样的 BOD_5。

阅读材料

OxiTop 系列呼吸式 BOD 分析仪简介

由德国 WTW 公司开发的 OxiTop 系列 BOD 分析仪，是一种基于测压法的 BOD 测定仪，它不仅实现了 BOD 的无汞测定，而且也彻底地改变了繁琐的处理过程。OxiTop 系列 BOD 分析仪（见图 3-55）分为 6 瓶式和 12 瓶式，每瓶配备的组件包括 1 个搅拌平台、1 个搅拌子、1 个压电传感器、2 个按键（M 显示当前值，S 显示保存值）、2 位 LED，可保存 5 组数据，每天一组，不必每天去读数，因为仪器会把当天的测定值保存下来，5 天后查看测定结果。仪器还具有自动温度补偿功能，当样品温度太低时，仪器会延迟测定，直到温度稳定到一定值。延迟时间最长可达 3.5h，最短 0.5h。仪器配备取样瓶、氢氧化钠、硝化抑制剂和红外遥控器、2 个锂电池等。

测定时将测量瓶注入定量的水样，将 NaOH 置入橡皮套内，并将橡皮套置入测量瓶，关闭瓶子并按下按键以启动测量。将样品放入培养箱，在 20℃ 恒温培养 5d，直接由测量仪器读出结果。微电子压力传感器测试 BOD_5 范围在 $0 \sim 4000\text{mg/L}$，适用环境温度为 5～40℃。

图 3-55　OxiTop 系列呼吸式 BOD 分析仪

四、总需氧量

总需氧量（total oxygen demand，TOD）是指水中能被氧化的物质，主要是有机质在燃烧中变成稳定的氧化物时所需要的氧量，结果以氧气的质量浓度（mg/L）表示。

总需氧量常用 TOD 测定仪来测定，将一定量水样注入装有铂催化剂的石英燃烧管中，通入含已知氧浓度的载气（氮气）作为原料气，则水样中的还原性物质在 900℃下被瞬间燃烧氧化，测定燃烧前后原料气中氧浓度减少量，即可求出水样的 TOD 值。

TOD 是衡量水体中有机物污染程度的一项指标。TOD 值能反映几乎全部有机物质经燃烧后变成 CO_2、H_2O、NO、SO_2 等所需的氧量，它比 BOD_5、COD 和高锰酸盐指数更接近理论需氧量值。

有资料表明 BOD/TOD 为 0.1～0.6，COD/TOD 为 0.5～0.9，但它们之间没有固定相关关系，具体比值取决于污水性质。

研究表明，水样中有机物的种类可用 TOD 和 TOC 的比例关系来判断。对于含碳化合物来说，碳原子被完全氧化时，一个碳原子需要两个氧原子，而两个氧原子与一个碳原子的原子量比值为 2.67，于是理论上 TOD/TOC＝2.67。若某水样的 TOD/TOC≈2.67，可认为主要是含碳有机物；若 TOD/TOC＞4.0，可认为有较大量含硫、磷的有机物；若 TOD/TOC＜2.6，可认为有较大量的硝酸盐和亚硝酸盐，它们在高温和催化作用下分解放出氧，使 TOD 测定呈现负误差。

五、总有机碳

总有机碳（total organic carbon，TOC）指溶解和悬浮在水中所有有机物的含碳量，是以碳的含量表示水体中有机物质总量的综合指标。近年来，国内外已研制各种总有机碳分析仪，按工作原理可分为燃烧氧化-非色散红外吸收法、电导法、气相色谱法、湿法氧化-非色散红外吸收法等。目前广泛采用燃烧氧化-非色散红外吸收法。

1. 差减法

将试样连同净化气体分别导入高温燃烧管（900℃）和低温反应管（150℃）中，经高温燃烧管的试样被高温催化氧化，其中的有机碳和无机碳均转化为二氧化碳，低温石英管中装有磷酸浸渍的玻璃棉，能使无机碳酸盐在 150℃分解为二氧化碳，而有机物却不能被氧化分解。将两种反应管中生成的二氧化碳分别导入非分散红外检测器，分别测得总碳（TC）和无机碳（IC），二者之差即为总有机碳（TOC）。

2. 直接法

试样经过酸化将其中的无机碳转化为二氧化碳，曝气去除二氧化碳后，再将试样注入高温燃烧管中，以铂和三氧化钴或三氧化二铬为催化剂，使有机物燃烧转化为二氧化碳，导入非分散红外检测器直接测定总有机碳。

该方法适用于地表水、地下水、生活污水和工业废水中总有机碳（TOC）的测定，检出限为 0.1mg/L，测定下限为 0.5mg/L。

由于该法可使水样中的有机物完全氧化，因此 TOC 比 COD、BOD_5 和高锰酸盐指数能更准确地反映水样中有机物的总量。当地表水中无机碳含量远高于总有机碳时，会影响总有机碳的测定精度。地表水中常见共存离子如 SO_4^{2-}、Cl^-、NO_3^-、PO_4^{3-}、S^{2-} 无明显干扰，当共存离子浓度较高时，可影响红外吸收，用无二氧化碳水稀释后再测。

第八节　特定有机化合物的测定

特定有机污染物是指那些毒性大、蓄积性强、难降解、被列为优先污染物的有机化合物，主要有酚类、油类、苯胺类、硝基苯类、苯系物、邻苯二甲酸酯类、有机氯农药、有机磷农药、甲醛、三氯乙醛、丙烯腈和丙烯醛、多环芳烃、二噁英类、多氯联苯、阴离子表面活性剂等。

一、酚类

酚类化合物是指芳香烃苯环上的氢原子被羟基取代所生成的化合物。水中酚类属高毒物质，人体摄入一定量会出现急性中毒症状；长期饮用被酚污染的水，可引起头痛、出疹、瘙痒、贫血及各种神经系统症状。当水中含酚 $0.1\sim0.2$mg/L 时，鱼肉有异味；大于 5mg/L 时，鱼中毒死亡。根据酚的沸点分为挥发酚和不挥发酚，通常认为沸点在 230℃ 以下为挥发酚，一般为一元酚，能随水蒸气蒸馏出来；沸点在 230℃ 以上为不挥发酚。酚的主要污染源有煤气洗涤、炼焦、合成氨、造纸、木材防腐和化工排出的废水。

1. 挥发酚

挥发酚的监测方法有溴化容量法、4-氨基安替比林分光光度法和色谱法等。

（1）溴化容量法　取一定量水样，加入 $KBrO_3$ 和 KBr，再加入碘化钾溶液，以淀粉为指示剂，用 $Na_2S_2O_3$ 标准溶液滴定生成的碘，同时做空白试验。根据消耗 $Na_2S_2O_3$ 标准溶液的体积计算出以苯酚计的挥发酚含量（mg/L）。

$$KBrO_3 + 5KBr + 6HCl \longrightarrow 3Br_2 + 6KCl + 3H_2O$$
$$C_6H_5OH + 3Br_2 \longrightarrow C_6H_2Br_3OH + 3HBr$$
$$C_6H_2Br_3OH + Br_2 \longrightarrow C_6H_2Br_3OBr + HBr$$
$$Br_2 + 2KI \longrightarrow 2KBr + I_2$$
$$C_6H_2Br_3OBr + 2KI + 2HCl \longrightarrow C_6H_2Br_3OH + 2KCl + HBr + I_2$$
$$2Na_2S_2O_3 + I_2 \longrightarrow 2NaI + Na_2S_4O_6$$

$$\rho(挥发酚) = \frac{\frac{1}{6}c(V_0 - V_1)M(C_6H_5OH) \times 10^3}{V} \tag{3-27}$$

式中　　　c——$Na_2S_2O_3$ 标准溶液的浓度，mol/L；

V_1——水样滴定时 $Na_2S_2O_3$ 标准溶液消耗的体积，mL；

V_0——空白滴定时 $Na_2S_2O_3$ 标准溶液消耗的体积，mL；

V——水样的体积，mL；

$M(C_6H_5OH)$——苯酚（C_6H_5OH）的摩尔质量，g/mol。

该方法适用于含酚浓度较高的各种污水，尤其适用于车间排污口或未经处理的总排污口污水。

水样中的干扰成分，在蒸馏前去除。氧化剂如游离氯加入过量亚硫酸铁去除；还原剂如硫化物用磷酸把水样 pH 调至 4.0（用甲基橙或 pH 计指示）加入适量硫酸铜溶液生成硫化铜去除，当含量较高时用磷酸酸化水样，生成硫化氢逸出；油类用氢氧化钠颗粒调 pH 为

12～12.5，用四氯化碳萃取去除。

甲醛、亚硫酸盐等有机或无机还原物质，可分取适量水样于分液漏斗中，加硫酸酸化，分别用 50mL、30mL、30mL 乙醚或二氯甲烷萃取酚，合并乙醚层于另一分液漏斗中，分别用 4mL、3mL、3mL 10%氢氧化钠溶液反萃取，使酚类转入氢氧化钠溶液中。合并碱液于烧杯中，置水浴上加热，以除去残余萃取溶剂，然后用水将碱萃取液稀释至原分取水样的体积。

蒸馏时若发现甲基橙红色褪去，在蒸馏结束后，再加入 1 滴甲基橙指示剂，如显示蒸馏后残液不呈酸性，重新取样，增加磷酸用量，进行蒸馏。

（2）4-氨基安替比林分光光度法　酚类化合物在 pH 为 10.0±0.2 和铁氰化钾的存在下，与 4-氨基安替比林反应，生成橙红色的吲哚安替比林染料，于波长 510nm 处测定吸光度（若用氯仿萃取此染料，有色溶液可稳定 3h，于波长 460nm 处测定吸光度），求出水样中挥发酚的含量。

该法的最低检测浓度（用 20mm 比色皿时）为 0.1mg/L，萃取后，用 30mm 比色皿时，最低检测浓度为 0.002mg/L，测定上限为 0.12mg/L。适用于各类污水中酚含量的测定。

此法测定的不是总酚，因显色反应受酚环上取代基的种类、位置、数目的影响，羟基对位的取代基可阻止反应的进行，但卤素、羧基、磺酸基、羟基和甲氧基除外；邻位的硝基阻止反应生成，而间位的硝基不完全阻止反应；氨基安替比林与酚的偶合在对位较邻位多见；当对位被烷基、芳基、酯基、硝基、苯酰基、亚硝基或醛基取代，而邻位未被取代时，不呈现颜色反应。

若水样中含挥发性酸时，可使馏出液 pH 降低，此时应在馏出液中加入氨水呈中性后，再加入缓冲溶液。

2. 五氯酚

五氯酚主要用于化工原料、木材防腐剂、植物生长调节剂和除草剂等。目前，五氯酚已被美国 EPA 列为内分泌扰乱物质，被疾病控制和预防中心、世界野生动物基金会（加拿大）列为潜在的内分泌修正化学物质。

（1）气相色谱法　在酸性条件下，将水样中的五氯酚钠转变为五氯酚，用正己烷萃取，再用 0.1mol/L 的碳酸钠溶液反萃取，使五氯酚转变为五氯酚盐进入碱性水溶液中，使五氯酚钠与水样中的氯代烃类（如六六六、滴滴涕等）及多氯联苯分离，消除干扰。然后在碱性溶液中加入乙酸酐与五氯酚盐进行乙酰化反应。最后用正己烷萃取生成的五氯苯乙酸酯，用配有电子捕获检测器的气相色谱仪进行分析测定。

该方法适用于地表水中五氯酚的分析测定。水样体积为 50mL 时，最低检测浓度为 0.04μg/L。

（2）藏红 T 光度法　用蒸馏法蒸馏出五氯酚，与高沸点酚类和其他色素干扰物分离。被蒸馏出的五氯酚在硼酸盐缓冲液（pH=9.3）存在下，可与藏红 T 生成紫红色配合物，用乙酸异戊酯萃取，在 535nm 波长处测定吸光度。

该方法适用于含五氯酚的工业废水及被五氯酚污染的水样的测定。测定的浓度范围是 0.01～0.5mg/L，挥发酚类（以苯酚计）低于 150mg/L 时对测定无干扰。

3. 酚类化合物

（1）液液萃取/气相色谱法　在酸性条件下（pH≤2），用二氯甲烷/乙酸乙酯混合溶剂萃取水中的酚类化合物，浓缩后的萃取液用气相色谱毛细管色谱柱分离，氢火焰检测器检测，以保留时间定性，外标法定量。

该方法适用于地表水、地下水、生活污水和工业废水中苯酚、3-甲苯酚、2,4-二甲苯酚、2-氯苯酚、4-氯苯酚、4-氯-3-甲苯酚、2,4-二氯苯酚、2,4,6-三氯苯酚、五氯酚、2-硝基苯酚、4-硝基苯酚、2,4-二硝基苯酚、2-甲基-4,6-二硝基苯酚等酚类化合物的测定。

（2）气相色谱-质谱法　在酸性条件下（pH≤1），用液液萃取或固相萃取法萃取水样中的酚类化合物,经过五氟苄基溴衍生化后用气相色谱-质谱法(GC-MS)分离检测,以色谱保留时间定性,外标法或内标法定量。

该方法适用于地表水、地下水、生活污水和工业废水中苯酚、2-甲苯酚、3-甲苯酚、4-甲苯酚、2,4-二甲苯酚、2-氯苯酚、4-氯苯酚、4-氯-3-甲苯酚、2,4-二氯苯酚、2,6-二氯苯酚、2,4,5-三氯苯酚、2,4,6-三氯苯酚、2,3,4,6-四氯苯酚、五氯苯酚、4-硝基苯酚等酚类化合物的测定。

(3)高效液相色谱法 用GDX-502树脂吸附水中的酚类化合物,用碳酸氢钠水溶液淋洗树脂,去除有机酸,然后用乙腈洗脱、定容,用液相色谱法分离测定。

本方法适用于水和废水中酚类化合物的测定。当富集水样的体积为1L、进样体积为10μL时,最低检测浓度为0.6μg/L。

二、油类

水中油类包括石油类和动植物油类。石油类即矿物油,含有毒性大的芳烃,飘浮于水体表面,会直接影响空气与水体界面之间的氧交换。石油类污染物主要来自原油开采、加工运输、使用及炼油企业等。分散于水体中的动植物油类常被微生物氧化分解而消耗水中的溶解氧,从而使水质恶化。水中的动植物油类主要来源于工业废水和生活废水。

油类的测定方法主要有重量法、红外分光光度法、紫外分光光度法、荧光法和比浊法等。

1. 重量法

取一定量水样,加硫酸酸化,用石油醚萃取,然后蒸发除去石油醚。称量残渣重,计算出油类的含量。

$$\rho(\text{油类})(\text{mg/L}) = \frac{m_1 - m}{V} \times 10^6 \tag{3-28}$$

式中 m_1——烧杯和油质量,g;
m——烧杯质量,g;
V——水样体积,mL。

该方法适用于含油大于10mg/L的水样,不受油种类限制,测定的属于总油。

2. 红外分光光度法(三波数)

水中的油类包括石油类和动植物油类,能被四氯化碳萃取,且在2930cm^{-1}、2960cm^{-1}、3030cm^{-1}全部或部分有特征吸收。油类中能被四氯化碳萃取且不被硅酸镁吸附的物质为石油类,而被硅酸镁吸附的物质为动植物油类。

水样用四氯化碳萃取测定总油,将萃取液用硅酸镁吸附除去动植物油类后,测定石油类。总油与石油类含量的差值即为动植物油类含量。总油与石油类含量通过测定2930cm^{-1}(—CH$_2$基团中C—H键的伸缩振动)、2960cm^{-1}(—CH$_3$基团中C—H键的伸缩振动)和3030cm^{-1}(芳香环中C—H键的伸缩振动)波数处的吸光度A_{2930}、A_{2960}和A_{3030},由式(3-29)进行计算。

$$\rho = XA_{2930} + YA_{2960} + Z\left(A_{3030} - \frac{A_{2930}}{F}\right) \tag{3-29}$$

式中 ρ——四氯化碳萃取液中总油的含量或经硅酸镁吸附后的石油类含量,mg/L;
A_{2930}——四氯化碳萃取液在2930cm^{-1}波数处的吸光度;
A_{2960}——四氯化碳萃取液在2960cm^{-1}波数处的吸光度;
A_{3030}——四氯化碳萃取液在3030cm^{-1}波数处的吸光度;
X, Y, Z——分别为吸光度A_{2930}、A_{2960}和A_{3030}对应物质含量的系数;
F——脂肪烃对芳香烃影响的校正因子,为正十六烷在2930cm^{-1}与3030cm^{-1}波数处的吸光度的比值。

分别测定正十六烷(H)、异辛烷(I)和苯(B)标准溶液在2930cm^{-1}、2960cm^{-1}和

$3030cm^{-1}$ 波数处的吸光度，得到系列关系式，由于 $\rho(H)$、$\rho(I)$ 和 $\rho(B)$ 已知，通过解联立方程组，可以分别求出 X、Y、Z 和 F 的值，从而计算出四氯化碳萃取液中总油的含量或经硅酸镁吸附后的石油类含量。

$$\rho(H) = XA_{2930}(H) + YA_{2960}(H) + Z\left(A_{3030}(H) - \frac{A_{2930}(H)}{F}\right) \tag{3-30}$$

$$\rho(I) = XA_{2930}(I) + YA_{2960}(I) + Z\left(A_{3030}(I) - \frac{A_{2930}(I)}{F}\right) \tag{3-31}$$

$$\rho(B) = XA_{2930}(B) + YA_{2960}(B) + Z\left(A_{3030}(B) - \frac{A_{2930}(B)}{F}\right) \tag{3-32}$$

$$A_{3030}(H) - \frac{A_{2930}(H)}{F} = 0 \tag{3-33}$$

$$A_{3030}(I) - \frac{A_{2930}(I)}{F} = 0 \tag{3-34}$$

3. 紫外分光光度法

石油及其产品在紫外光区有特征吸收。带有苯环的芳香族化合物的主要吸收波长为 $250\sim260nm$；带有共轭双键的化合物主要吸收波长为 $215\sim230nm$；一般原油的两个吸收波长为 225nm 和 254nm，原油和重质油可选 254nm，轻质油及炼油厂的油品可选择 225nm。

水样用硫酸酸化，加氯化钠破乳化，然后用石油醚萃取、脱水、定容后测定。该法适用于 $0.05\sim50mg/L$ 的含矿物油水样。

三、苯胺类

苯胺类化合物微溶于水，在这类化合物中，苯胺是常用于染料、印染、橡胶、制药、塑料和油漆等的工业原料。苯胺可通过呼吸道、消化道摄入人体，也可通过皮肤吸收进入人体。苯胺对人体具有一定毒害作用，主要是使氧合血红蛋白变为高铁血红蛋白，影响组织细胞供氧而造成窒息。另外，某些苯胺类化合物还具有致癌性。

苯胺类化合物的测定方法有盐酸萘乙二胺偶氮分光光度法和高效液相色谱法。盐酸萘乙二胺偶氮分光光度法只能测定苯胺及芳香苯胺类化合物的总量，而不能对苯胺类的各种化合物进行定性、定量分析。高效液相色谱法可以测定苯胺类的各种化合物的含量。

1. 盐酸萘乙二胺偶氮分光光度法

苯胺类化合物在酸性条件下与亚硝酸盐重氮化，再与盐酸萘乙二胺偶合，生成紫红色染料，在 545nm 处测量吸光度，根据标准曲线计算出苯胺类的含量。以苯胺为例，反应式如下：

（紫红色染料）

该方法适用于测定受芳香族伯胺类化合物污染的地表水、染料和制药等行业的工业废水，检测的浓度范围是 $0.03\sim50mg/L$。

2. 高效液相色谱法（HPLC）

用二氯甲烷萃取，K-D浓缩器浓缩后，用 HPLC 定量分析水中的苯胺类化合物。

水体中的酚类化合物对苯胺类化合物的分析检测有干扰，萃取时控制 pH 在 10～11 之间可消除干扰，其他化合物的干扰可采用硅酸镁净化消除。该方法适用于环境水体和工业废水中苯胺类化合物的测定。不同化合物的最低检测限为：苯胺，0.3μg/L；邻硝基苯胺，0.9μg/L；间硝基苯胺，0.4μg/L；对硝基苯胺，1.3μg/L；2,4-二硝基苯胺，0.6μg/L。

四、硝基苯类

常见硝基苯类化合物有硝基苯、二硝基苯、二硝基甲苯、三硝基甲苯、二硝基氯苯等。该类化合物均难溶于水，易溶于乙醇、乙醚等有机溶剂。硝基苯类化合物主要存在于染料、炸药和制革等工业废水中。排入水体后，可影响水的感官性状。人体可通过呼吸道吸入或皮肤吸收而产生毒性作用，可引起神经系统症状、贫血和肝脏疾患。

废水中的一硝基和二硝基类化合物的分析常采用还原-偶氮光度法；三硝基类化合物则采用氯代十六烷基吡啶光度法；可以用气相色谱法测定硝基苯类各种化合物。

1. 一硝基和二硝基类化合物的测定（还原-偶氮光度法）

在含硫酸铜的酸性溶液中，由锌粉反应产生的初生态氢将硝基苯还原成苯胺，经重氮偶合反应生成紫红色染料，在 545nm 处测定吸光度。以硝基苯为例，反应如下：

（紫红色染料）

2. 三硝基类化合物的测定（氯代十六烷基吡啶光度法）

三硝基苯、2,4,6-三硝基甲苯和 2,4,6-三硝基苯甲酸等化合物在亚硫酸钠-氯代十六烷基吡啶（CPC）-二乙氨基乙醇（DEAE）溶液中，在 pH 为 6.5～9.5 范围内生成有色化合物，在 465nm 处测定吸光度。

3. 气相色谱法

采用有机溶剂萃取，萃取液经净化（或浓缩）后，进行气相色谱分析。对于某些一硝基苯类，由于能随水蒸气蒸发，可采用先蒸馏再萃取，然后将萃取液注入具有电子俘获检测器的气相色谱仪进行测定。

该方法适用于地表水、地下水和工业废水的测定。12 种在水中残留的硝基苯类化合物可同时分离测定，其检测限为：硝基苯，0.12μg/L；邻硝基甲苯，0.12μg/L；间硝基甲苯，0.12μg/L；对硝基甲苯，0.12μg/L；邻硝基乙苯，0.10μg/L；间硝基乙苯，0.12μg/L；对硝基乙苯，0.12μg/L；对硝基氯苯，0.10μg/L；2,6-二硝基甲苯，0.20μg/L；2,4-二硝基甲苯，0.24μg/L；2,5-二硝基氯苯，0.24μg/L；2,4-二硝基氯苯，0.36μg/L。

五、阴离子表面活性剂

表面活性剂是指在低浓度下能降低水和其他溶液体系的表面张力的物质。能降低表面张力的活性部分是阴离子的称为阴离子表面活性剂，如直链烷基苯磺酸钠（LAS）、烷基苯磺酸钠和脂肪醇硫酸钠等。

水中的表面活性剂主要来自生产性污染和生活污染，包括洗涤剂生产工业废水、洗衣工厂废水和生活污水的排放。

阴离子表面活性剂的测定方法主要有亚甲蓝分光光度法和电位滴定法。

1. 亚甲蓝分光光度法

水中的阴离子表面活性剂与亚甲蓝作用，生成蓝色的盐类，该生成物可用氯仿萃取，其色度与浓度成正比，用分光光度计在波长 652nm 处测量氯仿层的吸光度。有机硫酸盐、磺酸盐、羟酸盐和氯化物等也会与亚甲蓝作用，生成可溶于氯仿的蓝色配合物，致使结果偏高。通过水溶液反洗，可消除这些物质的干扰（有机硫酸盐、磺酸盐除外），其中氯化物和硝酸盐的干扰大部分可以去除。经水洗仍未去除的非表面活性物可引起的正干扰，可用汽油萃取法将阴离子表面活性剂从水相转移到有机相而加以消除。一般存在于未经处理或一级处理的污水中的硫化物能与亚甲蓝反应，生成无色的还原物而消耗亚甲蓝试剂，可将试样调至碱性，滴加适量的过氧化氢进行消除。

该方法的最低检测浓度（以 LAS 计）为 0.05mg/L，测定上限为 2.0mg/L，适用于饮用水、地面水、生活污水及工业废水的测定。

2. 电位滴定法

以 PVC-AD 电极为工作电极，饱和甘汞电极为参比电极，组成工作电池；以溴化十六烷基吡啶（CPB）为滴定剂对污染水体中的阴离子洗涤剂进行电位滴定。在工作电极的能斯特响应区内，电池电动势与阴离子洗涤剂活度之间有如下关系：

$$E = E_0 - K \lg a \tag{3-35}$$

式中　E——电池电动势，mV；

E_0——其值与所用参比电极、接界电位、膜的内表面膜电位等有关，mV；

K——能斯特方程的斜率，即电极的级差；

a——阴离子洗涤剂离子的活度。

当温度一定时，电极的 E_0 和 K 是常数。滴定反应为：

$$CPB + LAS \longrightarrow CPB \cdot LAS \downarrow （白色沉淀）$$

随着 CPB 的滴入，水样中 LAS 的浓度不断下降，电池电动势也将随之升高。在化学计量点附近，溶液中 [LAS] 将有一个突变，电池电动势也将发生突变。用二阶微分法求出滴定终点，由终点所对应的 CPB 消耗量求得样品中阴离子表面活性剂的量。

PVC-AD 电极需在活化液中浸泡 30min，若长时间不用，则要浸泡过夜。离子计或酸度计需预热 30min。将活化好的电极和甘汞电极插入放有搅拌子的水杯中清洗，边搅拌边记录电动势的值。需用水多次清洗，直到两次清洗的电池电动势相差为 ±1mV，此时的电池电动势记为 $E_水$。

测定时，在试样杯内放入搅拌子，将 PVC-AD 电极和甘汞电极插入水样中，边搅拌边滴定，每加入一定体积的 CPB 标准溶液，记录相应的电池电动势。由于滴定终点时电池电动势一般与 $E_水$ 相近，因此可用 $E_水$ 估计终点。滴定开始时，加入体积可多些，终点附近应尽可能（以单位体积增量的电动势变化 $\Delta E/\Delta V$ 变化明显为标准）少些，一般每次加 0.1mL。应在电动势变化 ≤1mV/min 时读取电动势，用二阶微分法确定终点。由此测得的阴离子表面活性剂含量（以 LAS 计，mg/L）按式(3-36) 计算：

$$\rho（阴离子表面活性剂）= \frac{cV_2 \times 0.3444}{V_1} \times 10^{-6} \tag{3-36}$$

式中　c——CPB 标准溶液的浓度，mol/L；

V_1——试样的体积，mL；

V_2——滴定消耗 CPB 标准溶液的体积，mL；

0.3444——CPB 标准溶液对 LAS 的滴定度，g/mL。

六、其他特定有机化合物

除以上介绍的几种特定有机化合物外，其他特定有机化合物的测定方法见表 3-14。

表 3-14　水中特定有机化合物的测定方法

有机化合物	测定方法	相关标准
苯系物	气相色谱法	GB 11890—89
挥发性卤代烃	顶空气相色谱法	HJ 620—2011
氯苯类化合物	气相色谱法	HJ 621—2011
	气相色谱-质谱法	HJ 699—2014
可吸附有机卤素	微库仑法	GB/T 15959—1995
	离子色谱法	HJ/T 83—2001
有机氯农药	气相色谱-质谱法	HJ 699—2014
有机磷农药	气相色谱法	GB 13192—91
甲醛	乙酰丙酮分光光度法	HJ 601—2011
三氯乙醛	吡唑啉酮分光光度法	HJ/T 50—1999
丙烯腈和丙烯醛	吹扫捕集/气相色谱法	HJ 806—2016
多环芳烃	液液萃取和固相萃取高效液相色谱法	HJ 478—2009
二噁英类	同位素稀释高分辨气相色谱-高分辨质谱法	HJ 77.1—2008
多氯联苯	气相色谱-质谱法	HJ 715—2014
吡啶	气相色谱法	GB/T 14672—93
肼	对二甲氨基苯甲醛分光光度法	HJ 674—2013
乙腈	直接进样/气相色谱法	HJ 789—2016
松节油	气相色谱法	HJ 696—2014
梯恩梯	N-氯代十六烷基吡啶-亚硫酸钠分光光度法	HJ 599—2011
	亚硫酸钠分光光度法	HJ 598—2011

第九节　底质监测

所谓底质是指江、河、湖、库、海等水体底部表层沉积物质。由于底质中所含腐殖质、微生物、泥沙及土壤微孔表面的作用，在底质表面发生沉淀、吸附、释放、化合、分解等一系列物理化学和生物转化作用，对水中污染物的自净、降解、迁移、转化等过程起着重要作用。因此，底质是水体的重要组成部分。

通过底质监测，不仅可以了解水体中易沉降、难降解污染物的累积情况，还可以追溯水系的污染历史，研究污染物的沉积规律；根据水文因素，可以研究并预测水质变化趋势及沉积污染物质对水体的潜在危害；从底质中可检测出水中因浓度过低而不易被检测出的污染物质，还可以检测出因形态变化而生成的新污染物质，为发现、解释和研究某些特殊的污染现象提供科学依据。

一、底质样品的采集

1. 采样点位

底质采样点位通常为水质采样垂线的正下方。当正下方无法采样时，可略作移动，移动的情况应在采样记录表上详细注明。采样点应避开河床冲刷、底质沉积不稳定及水草茂盛、表层底质易受搅动的地方。湖（库）底质采样点一般应设在主要河流及污染源排放口与湖（库）水混合均匀处。

2. 采样器

底质采样器分为抓斗采样器（grab samplers）和泥芯提取器（corer）两种类型。抓斗采样器主要用来采集底泥，因此又称采泥器，适用于采集软的、细颗粒状的沉积物。而泥芯提取器适合采集较硬的淤泥、砂底样品。常见的抓斗采样器有 Ekman 型、Ekman-Birge 型、Petersen 型、Ponar 型、Lenz 型和 Van Veen 型等。

Ekman 抓斗采样器主要由抓斗、样品盒和控制装置组成，如图 3-56 所示。它最早是由瑞典的 Sven Ekman 博士于 1910 年设计的，用黄铜制成，现多为不锈钢材质。采样时，将一对铁链扣在控制器上，使抓斗开启，同时底部的一对弹簧夹处于被拉紧状态。将采样器放入水中，在下降过程中，水可以自由通过抓斗，到达水底后，释放一个报信器（messenger）使铁链松扣，在向上提拉时，由于弹簧夹的作用而使抓斗关闭，沉积物样品被采集进入采样器。在上升过程中，取样器顶部的两块轻片因水的压力而关闭，从而避免在提升过程中样品被部分冲走。

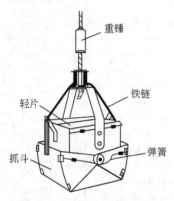

图 3-56　Ekman 抓斗采样器

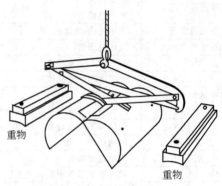

图 3-57　Petersen 抓斗采样器

Petersen 抓斗采样器有一对附有金属重物的半圆柱形"爪"，撑开抓斗并用锁钩锁住，当抓斗接触到底泥时，使锁钩自动松开，提起时靠重物的重力作用使抓斗闭合，同时将沉积物采集在抓斗内，如图 3-57 所示。该采样器可以用来采集坚硬的黏土层、砂砾层、泥灰岩等样品，必要时可通过额外增加重物来提高抓力。Ponar 抓斗采样器与 Petersen 抓斗采样器的采样原理和操作方法类似，如图 3-58 所示。所不同的是在下降过程中，Ponar 抓斗采样器一对抓斗上的筛孔可以让水自由通过，在提升时又可以关闭，以防止样品损失。

图 3-59 是一种手动泥芯取样器（hand corer），适用于采集沼泽、溪流、比较浅的河流的沉积物样品，潜水员可以用它来采集一定深度的底质样品。采样时用力插入沉积物底部，然后慢慢提取采样器，样品便被采集到采样管中。

图 3-60 是一种沉积物柱状取样器，又称为重力泥芯提取器，取样管长度为 600mm，内径为 72mm。可通过用手推或者自身重力插入沉积物底部，因此既可以从浅水中取样，也可从深水中取样。当取样器进入水中时，透明树脂玻璃管顶端的塑料阀门会打开，确保水可以自由流过取样管。当采到所需的样品时，将取样器从沉积物中取出，在上升过程中，取样器顶端的阀门会由于水压的作用而关闭，从而保证在提升的过程中样品保留在管中而不会损失。从水中取出采样器后，通过一个活塞将样品取出进行分析。

3. 采样方法

一般在船头采样，若船体或采泥器冲击搅动底质，或河床为砂卵石时，应另选采样点，但不能偏离原设置点位太远。采样时应装满抓斗，在采样器向上提升时，如发现样品流失过多，必须重新采样。

底质采样量通常为 1～2kg，若一次采样量不够时，可在周围采集几次，并将样品合并混匀。样品中的砾石、贝壳、动植物残体等杂物应予剔除。在较深水域一般常用掘式采泥器采样。样品在尽量沥干水分后，用塑料袋包装或用玻璃瓶盛装；供测定有机物的样品，用金属器具采样，置于棕色磨口玻璃瓶中。瓶口不要沾污，以保证磨口塞能塞紧。

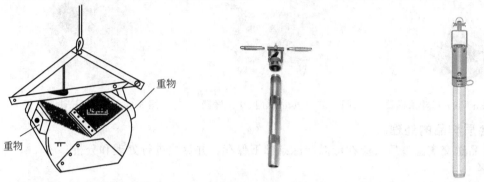

图 3-58　Ponar 抓斗采样器　　　　图 3-59　手动泥芯取样器　　　　图 3-60　重力泥芯提取器

样品采集后要及时将样品编号、贴上标签，并将底质的外观性状，如泥质状态、颜色、臭味、生物现象等情况填入采样记录表。

阅读材料

几种常见的底泥采样器

图 3-61 是 Ekman 抓斗采样器。图 3-62 是 Ekman-Birge 抓斗采样器，由美国的 Edward Birge 在 1921 年参考 Ekman 型采样器而设计，当时称为 Birge-Ekman 抓斗采样器，现在称为 Ekman-Birge 抓斗采样器，它与 Ekman 抓斗采样器非常相似。

图 3-63 是 Lenz 抓斗采样器，它是 Ekman-Birge 抓斗采样器的改进型。在样品室里可以将样品分成 5 层，每层 20cm 厚，每一层能被分别取出来进行分析。因此，能够重现底层表面的结构，其操作方法和 Ekman-Birge 抓斗采样器相似。

图 3-64 是 Van Veen 抓斗采样器，能用来提取任何深度的样本。当它下降的时候，两个控制杆是锁住的，采泥口处于打开状态。当碰到水面底部时，闭合器被释放，当绳缆被拉紧并向上拉动时，采泥器口就会关闭。

图 3-65 和图 3-66 分别是 Petersen 抓斗采样器和 Ponar 抓斗采样器。

图 3-61　Ekman 抓斗采样器　　　　图 3-62　Ekman-Birge 抓斗采样器　　　　图 3-63　Lenz 抓斗采样器

图 3-64　Van Veen 抓斗采样器　　　图 3-65　Petersen 抓斗采样器　　　图 3-66　Ponar 抓斗采样器

二、底质样品的处理

底质样品送交实验室后，应在低温冷冻条件下保存，并尽快进行处理和分析。

1. 脱水

除去底质中的水分，通常采用自然风干、离心分离、真空冷冻干燥和无水硫酸钠脱水等方法，而不宜直接置于日光下暴晒或高温烘干。一般来说，若待测组分较稳定，可将样品置于阴凉、通风处晾干；若待测组分为易挥发或易发生各种变化的污染物（如硫化物、农药及其他有机污染物），可采用离心分离脱水后立即取样进行分析；若待测组分为油类等有机污染物，可采用无水硫酸钠脱水法；若待测组分为对光、热、空气不稳定的污染物，则常采用真空冷冻干燥法进行脱水。

对于柱状样品来说，应将柱状样品从泥芯采样器中小心取出，尽量不要破坏分层状态，经干燥后，用不锈钢小刀刮去样品表层，然后按表层底质方法处理。若要了解各沉积阶段污染物质的成分及含量变化，可将柱状样品分段截取，分别进行处理。

2. 制备

将脱水干燥后的底质样品平铺在硬质白纸板上，用玻璃棒压散，剔除大小砾石及动植物残体等杂物。样品先过 20 目筛，然后用玛瑙研钵研磨至全部通过 80～200 目筛。将样品装入棕色广口瓶中，贴上标签，备用。

3. 样品的分解和浸取

若要调查底质中元素含量水平及随时间的变化和空间的分布，一般宜用全量分解方法；若要了解底质受污染的状况，可用硝酸分解法；若要了解底质对水体的二次污染，如评价底质向水体释放重金属的量，则用蒸馏水按一定的固液比进行浸取；若要了解底质中元素存在的价态和形态，则需要采用特殊的方法。

三、底质样品的分析

底质中的污染物分为金属化合物、非金属化合物和有机化合物，监测项目见表 3-15。

表 3-15　底质监测项目

必　测　项　目	选　测　项　目
砷、汞、烷基汞、总铬、六价铬、铅、镉、铜、锌、硫化物和有机质	有机氯农药、有机磷农药、除草剂、PCBs、烷基汞、苯系物、多环芳烃和邻苯二甲酸酯类

当测定金属和非金属无机污染物时，根据监测项目选择分解或酸溶的方法处理样品，所得试样溶液选用水质监测中相同项目的监测方法测定。当测定有机污染物时，选择适宜的方法提取样品中的待测组分后，用污水或土壤监测中相同项目的监测方法测定。

第十节　水质连续自动监测

水质自动监测系统是以在线自动分析仪器为核心，运用现代传感器技术、自动测量技术、自动控制技术、计算机应用技术以及相关的专用分析软件和通信网络所组成的综合性的在线自动监测系统。

一、水质自动监测系统

水质自动监测系统由一个监测中心站、若干个固定监测子站及数据处理和传递系统组成。

中心站是网络的指挥中心，也是信息数据处理中心。它配有网络中心交换机、有线或无线信息和数据传输通信系统等，其主要任务是按照预订程序通过网络向各子站发出各种指令，管理子站的各项检测工作（如开机、停机、仪器校准等）；收集子站的监测数据，并对数据进行统计和处理，建立数据库，打印统计表或绘制图形，上报相关数据。

子站配备有自动监测仪器、计算机及辅助设备、通信系统等。自动监测仪包括一般指标、综合指标、污染物单项指标以及水文气象参数测定仪。各子站的主要任务是按照计算机设定的监测时间、监测项目进行监测；按照一定的时间间隔采集和处理监测数据；将测得的数据按照不同需要进行显示、打印和存储；通过接受中心站的指令，传输监测数据。

水质自动监测项目及测定方法见表3-16。

表 3-16　水质自动监测项目及测定方法

项　　目		监　测　方　法
一般指标	水温	铂电阻法，热电偶法
	pH	玻璃电极法
	电导率	电极法
	浊度	光散射法
	溶解氧	隔膜电极法（极谱或原电池型）
综合指标	化学需氧量（COD）	库仑滴定法，光度法
	高锰酸盐指数	电位滴定法
	总有机碳（TOC）	燃烧氧化-非色散红外吸收法，紫外催化氧化-非色散红外吸收法
	生化需氧量（BOD）	微生物膜电极法
单项污染指标	总氮	密封燃烧氧化-化学发光法
	总磷	过硫酸钾氧化-钼锑抗分光光度法
	氨氮	气敏电极法，光度法
	氟离子	离子选择性电极法
	氯离子	离子选择性电极法
	氰离子	离子选择性电极法
	六价铬	分光光度法
	苯酚	分光光度法，紫外吸收法
其他	流量	超声波明渠污水流量计测量法，管道式电磁流量计测量法

水质自动监测系统在正常运行时一般不需要人员看守，所有监测工作包括采样、检测、数据采集和处理、数据存储和打印、数据传输等，均可在计算机控制下自动完成。

水质自动监测系统分为地表水连续自动监测系统和水污染源在线自动监测系统。

地表水自动监测系统是在一个水系或一个地区设置若干个有连续自动监测仪器的监测站，由一个中心站控制若干个固定监测子站，随时对该区的水质污染状况进行连续自动监测，为防止下游水质污染迅速作出预警预报，及时追踪污染源，从而为管理决策服务。

二、水质自动监测站

水质自动监测站由采水设备、配水系统、水质自动监测仪、自动操作控制装置、计算机、附属设备（包括水文和气象参数测量仪、无线电传输设备、避雷针、站房等）组成，如图3-67所示。

（一）采水设备

采水设备由网状过滤器、采水泵、送水管和高位贮水槽等组成，通常配备两套，以便在

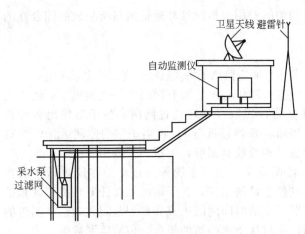

图 3-67　地表水连续自动监测站示意图

一套停止工作进行清洁时自动开启备用的一套。

采水泵常使用潜水泵和吸水泵，前者因浸入水中而易被腐蚀，故寿命较短，但适用于送水管道较长的情况；吸水泵不存在腐蚀问题，适合长期使用。

采水设备在微机控制下可自动进行定期清洗。清洗方式可采用压缩空气压缩喷射清洁水、超声波或化学试剂清洗。

水样通过传感器的方式有两种：一种是直接浸入式，即把传感器直接浸入被测水体中；另一种是用泵将水抽送到检测槽，传感器在检测槽内进行检测。

由于后一种方式适合于需要进行预处理项目的测定，并能保证水样通过传感器时有一定的流速，因此目前几乎都采用这种方式。

（二）水质自动监测仪

1. 常规五参数水质自动分析仪

常规五参数是指水温、pH、溶解氧、电导率和浊度。图 3-68 所示是常规五参数自动监测示意图，水样通过泵输送到贮水池，经过滤器过滤后进入测定槽，仪器通过传感器实时显示各参数值。

测量仪器主要由检测单元、信号转换及显示器、显示记录单元、数据处理和信息传输单元等构成。

水温水质自动测量仪的检测单元主要是铂电阻或热敏电阻传感器。pH 水质自动监测仪的检测单元主要是复合电极（或玻璃电极与参比电极）。电导率水质自动分析仪的检测单元主要是电导电极。溶解氧水质自动分析仪的测量单元主要是极谱式隔膜电极。传感器或电极可安装在同一测量池中，黏附在电极上的污物可以通过仪器的超声波清洗装置定期自动清洗。

常规五参数中，浊度的测定是一个独立单元。图 3-69 为表面散射式浊度监测仪工作原理示意图。水样进入消泡槽，去除水样中的气泡后，由槽底进入测量槽，再由槽顶溢流流出。测量槽顶的特别设计，可以使溢流水保持稳定，从而形成稳定的水面。从光源射入溢流水面的光束被水样中的颗粒物散射，其散射光通过安装在测量槽上部的检测器进行检测，通过运算放大器运算，并转换成与水样浊度呈线性关系的电信号，用记录仪记录。仪器零点可用通过过滤器的水样进行校正，量程可用标准溶液或标准散射板进行校正。光电元件、运算放大器应装于恒温器中，以避免温度变化带来的影响。测量槽内的污物可采用超声波清洗装置定期自动清洗。

2. 高锰酸盐指数水质自动分析仪

图 3-70 所示是根据电位滴定法原理设计的间歇式高锰酸盐指数自动监测仪工作原理示意图。在程序控制器的控制下，依次将水样、硝酸银溶液、硫酸溶液和 0.005mol/L 高锰酸钾溶液经自动计量后送入置于 100℃ 恒温水浴中的反应槽内，待反应 30min 后，自动加入 0.0125mol/L 草酸钠溶液，将残留的高锰酸钾还原，过量的草酸钠溶液再用 0.005mol/L 高锰酸钾溶液自动滴定，到达滴定终点时，指示电极系统发出控制信号，滴定剂停止加入。数据处理系统经过运算，将水样消耗的高锰酸钾量转换成电信号，直接显示测定结果。

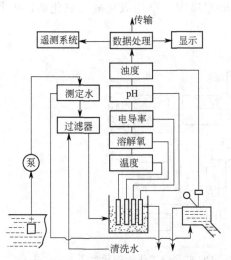

图 3-68　水质常规五参数自动监测示意图

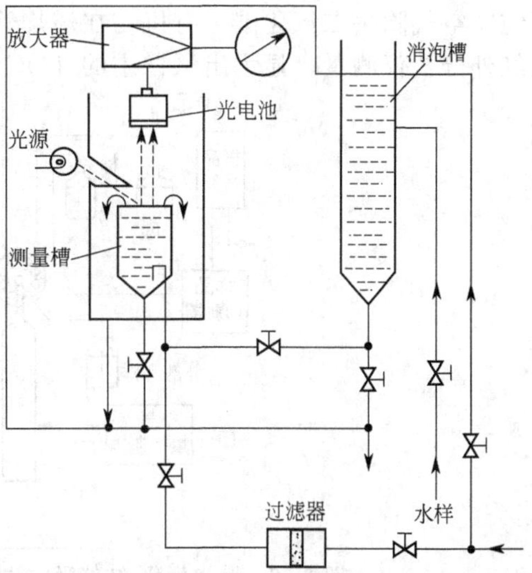

图 3-69　表面散射式浊度监测仪工作原理示意图

一旦测定过程结束，反应液从测定槽自动排除，然后用清水清洗，将整机恢复至初始状态。

3. 氨氮水质自动监测仪

采用电极法的氨氮自动监测仪主要由测量单元、信号转换器、显示记录、数据处理、信号传输单元等构成，如图 3-71 所示。

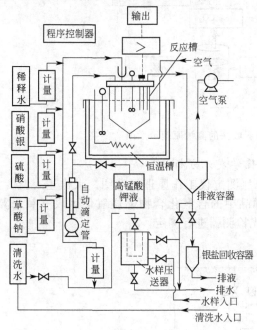

图 3-70　间歇式高锰酸盐指数
自动监测仪工作原理示意图

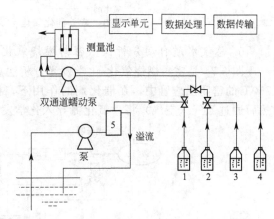

图 3-71　氨氮水质自动监测仪工作原理示意图
1—蒸馏水贮瓶；2—标液贮瓶；3,4—试剂贮瓶；5—水样杯

测量单元由试样前处理装置、氨气敏电极、参比电极、温度补偿传感器及电极支持等构成。水样经调节 pH 或调节离子强度后，经过电极系统，产生的信号稳定地传输至指示记录单元。

4. 总有机碳（TOC）水质自动监测仪

（1）燃烧氧化-红外吸收法　图 3-72 是一种燃烧氧化-红外吸收法自动在线 TOC 监测仪工作原理示意图。试样在进样装置中用盐酸或硝酸酸化后，无机碳变成二氧化碳，通入氮气或纯净空气除去二氧化碳。有机物在燃烧管里于680℃温度下燃烧氧化成二氧化碳，用非分散红外分析仪测量，显示出试样中的 TOC 浓度。

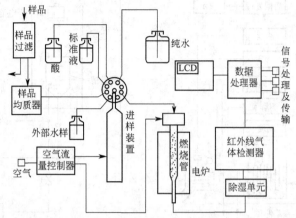

图 3-72　燃烧氧化-红外吸收法自动在线 TOC 监测仪工作原理示意图

（2）紫外催化氧化-红外吸收法　图 3-73 是紫外催化氧化-红外吸收法的测量原理示意图。水样经过酸化处理后曝气除去无机碳，水中有机物在紫外光的照射下催化氧化成二氧化碳，用红外检测器检测，计算出总有机碳的浓度。

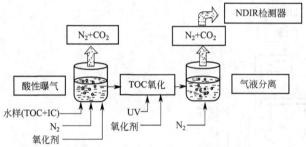

图 3-73　紫外催化氧化-红外吸收法的测量原理示意图

5. 总氮水质自动分析仪（密封燃烧氧化-化学发光分析法）

图 3-74 是密封燃烧氧化-化学发光分析法总氮测定仪工作原理示意图。水样注入温度为 750℃的密闭反应管中，在催化剂的作用下，样品中的含氮化合物燃烧氧化生成一氧化氮，然后通过氮气（空气）将一氧化氮导入化学发光检测器进行测定。

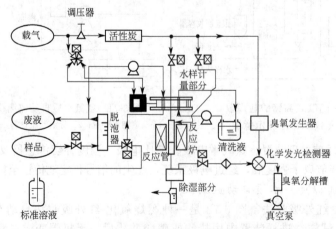

图 3-74　总氮测定仪工作原理示意图

6. 总磷水质自动监测仪（过硫酸钾氧化-钼锑抗分光光度法）

总磷水质自动监测仪主要由计量单元、反应器单元、检测单元、试剂贮存单元以及显示记录、数据处理、信号传输单元组成。

水样经计量单元进入测量池，然后加入硫酸和过硫酸钾溶液，充分混合后，在一定压力下加热，确保水中磷的各种化合物已转变成正磷酸盐，立即使其冷却。通过泵和计量单元向水池加入钼酸铵、锑盐和抗坏血酸溶液，生成的磷钼杂多酸被抗坏血酸还原为磷钼蓝。由检测单元的紫外可见分光光度计检测，如图 3-75 所示。

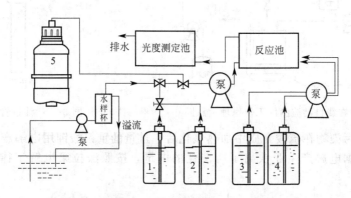

图 3-75　总磷水质自动监测仪工作原理示意图
1—蒸馏水贮瓶；2,3,4—试剂贮瓶；5—标液贮瓶

当仪器测试过程中出现故障或者长时间使用后出现沾污情况时，需要对仪器进行清洗。仪器可以设定为定时清洗，保证仪器内部的干净。

7. 化学需氧量（COD）水质自动分析仪

COD 在线自动监测仪由溶液输送系统、计量、加热回流、冷却、脱气、检测、自动控制、数据控制、数据显示、数据打印等部分组成，如图 3-76 所示。

（1）水样及试剂的输送　水样和试剂的输送可采用气体压力法、注射器法和蠕动泵输液法等方式。

气体压力法比较成熟，要求整个气压回路具有较高的气密性，当气路中有漏点时，仪器将不能工作。

注射器法可采用耐腐蚀的玻璃制品，不存在腐蚀的问题。缺点是控制装置比较复杂，机加工精度要求较高，导致其成本也较高。

蠕动泵输液法是目前使用较多的一种方法，由于它是采用负压式吸取溶液，因此管路连接比较容易，实施也比较简单。缺点是价格较高，不同溶液对泵管的要求也有所区别，如浓硫酸因其具有很强的腐蚀性需选用耐腐蚀材质的泵管。

（2）水样和试剂计量　为提高 COD 在线自动监测仪测定的精密度和准确度，需准确量取水样和重铬酸钾溶液，常采用计量管测量体积的方法，如图 3-77 所示。水样通过蠕动泵输送到计量管中，多余的水样则从溢流口流出，在计量管中保证有一定体积的水样，达到计量水样体积的目的。同样可以量取一定体积的重铬酸钾溶液。计量管每量取一次均须用纯水清洗，以消除水样及溶液之间的相互影响，保证废水中悬浮物不会堵塞进样管路。

（3）检测方法　检测方法有光度法、化学滴定法和库仑滴定法。库仑滴定法因试剂用量少、方法简单，已广泛应用于 COD 的快速检测，特别适合于 COD 自动检测的要求。

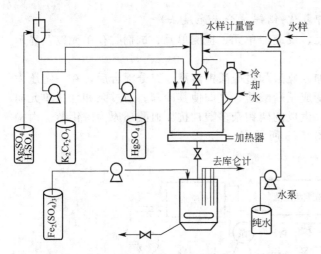

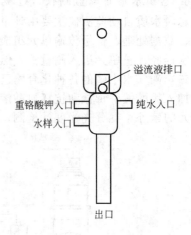

图 3-76　COD 在线自动监测仪工作原理示意图　　　　　图 3-77　计量管示意图

水样中有机污染物在硫酸介质中加热氧化后，过量的重铬酸钾用电解产生的亚铁离子进行库仑滴定，根据电解产生亚铁离子所消耗的电量，按照法拉第电解定律计算 COD(O_2，mg/L)。

$$COD = \frac{\frac{1}{4}(Q_s - Q_m)M(O_2)}{96487V} \times 10^3 \tag{3-37}$$

式中　Q_s——标定重铬酸钾所消耗的电量，C；

　　　Q_m——测定过量重铬酸钾所消耗的电量，C；

　　　V——水样的体积，mL；

　96487——法拉第常数，C/mol；

　$M(O_2)$——氧气的摩尔质量，g/mol。

8. 紫外（UV）吸收水质自动在线监测仪

由于溶解于水中的不饱和烃和芳香族化合物等有机物对 254nm 附近的光有强烈吸收，而无机物对其吸收甚微，实验证明某些废水对该波长附近光的吸光度与其 COD 值有良好的相关性，因此可用来反映有机物的含量。该方法操作简便，易于实现自动测定，目前在国外多用于监控排放废水的水质，若紫外吸收值超过预定吸收值时，就按超标处理。

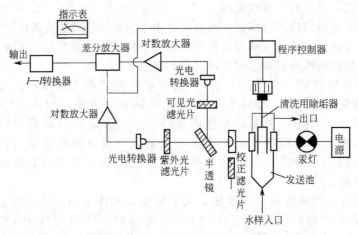

图 3-78　紫外吸收水质自动在线监测仪工作原理示意图

图 3-78 是一种单光程双波长紫外吸收水质自动在线监测仪的工作原理示意图。由低压汞灯发出约 90% 的 254nm 紫外光束，通过水样发送池后，聚焦并射到与光铀成 45°角的半透射半反射镜上，将其分成两束。一束经紫外光滤光片得到 254nm 的紫外光（测量光束），射到光电转换器上，将光信号转换成电信号，它反映了水中有机物对 254nm 光的吸收和水中悬浮粒子对该波长光吸收和散射的衰减程度；另一束光成 90°角反射，经可见光滤光片滤去紫外光（参比光束）射到另一光电转换器上，将光信号转换为电信号，它反映水中悬浮粒子对参比光束（可见光）吸收和散射的衰减程度。假设悬浮粒子对紫外光的吸收和散射与对可见光的吸收和散射近似相等，则两束的电信号经差分放大器作减法运算后，其输出信号即为水样中有机物对 254nm 紫外光的吸光度，从而消除了悬浮粒子对测定的影响。仪器经校准后可直接显示有机物浓度。

国家地表水环境监测网

目前，我国设立了国家、省、市三级环境监测网，国家、省、市、区县四级环境监测站。

国家地表水环境监测网，简称水网。目前，水网由 286 个站组成，其中 1 个网络中心、31 个中心站、208 个骨干站、46 个基础站，共计 759 个监测断面。

1. 网络中心

负责各流域监测工作计划、环境监测技术规范的制定及监督实施、各流域环境监测组织协调；负责全国主要流域重点断面水质预警自动监测系统的技术管理；收集、整理和汇总各流域监测数据，具有数据收集、存储、处理、传输和发布能力；编写各流域水质月报、季报、年报、水质同步监测报告及污染源排放总量报告等，综合分析与评价全国水环境质量状况；为各级监测站提供技术指导、技术培训和技术考核，加强质量保证和质量控制；具有污染事故应急监测、有毒有害有机污染物监测分析和环境纠纷仲裁能力；定期对重点省界断面进行监测和不定期抽测等。

配备与网络中心职能相适应，加强水环境常规监测、水环境污染事故应急监测和仲裁分析、污染源监督监测、源解析、有毒有机污染物分析以及仪器质量检定等方面的仪器设备。

2. 中心站

承担对省界、部分市界和城市河流断面、入河入海口断面的监测，河流流量的测量以及污染事故应急监测；具有本流域/地区主要污染物限期治理效果检查、现状监测、综合分析评价能力；具有本流域/地区监测信息的收集以及监测数据的收集、处理和传输能力；为地方环境管理提供技术支持，为所辖区各级监测站提供技术指导；直辖市中心站还承担例行监测任务。

配备监测车和便携式监测仪器，加强对全国水环境监测快速反应能力，满足我国水环境监测涉及范围广、采样断面分散、污染事故频繁、应急监测和仲裁监测要求高的需要。对省界断面，远离城镇的背景断面，出、入国境/国界河流断面进行不定期抽测和定期监测以及污染事故跟踪监测。一方面对重点控制断面进行抽查监测，另一方面形成中心站为核心的地表水环境流动监测。

3. 骨干站和基础站

骨干站是水网的主体力量，负责各类重点控制断面和饮用水源地、污染物排放总量断面、入海河口断面的监测；负责国家重点流域水质自动监测系统的日常管理和维护；具有常规项目的监测分析能力、数据处理和传输能力以及污染事故应急与跟踪监测能力；为地方环境管理和执法提供技术支持。

基础站负责当地部分重点断面常规项目监测；配合上级监测站进行污染事故应急监测，具有一定的数据处理和传输能力。

需要配置的仪器设备包括紫外分光光度计、原子吸收分光光度计、原子荧光分光光度计、气相色谱仪、红外测油仪、水质多功能分析仪、离子色谱仪等。为了加强部分重点骨干站对有机污染的监测能力，还要配置色-质联用仪、高效液相色谱仪、总有机碳测定仪等。

习　题

1. 填空题

(1) 水中的悬浮物是指截留在孔径为_____滤膜上并于 103～105℃烘干的固体物质。

(2) 用碘量法测定水中的溶解氧时，操作过程是用硫代硫酸钠溶液滴定至溶液呈_____，加入_____指示剂，继续滴定至_____刚好褪去为止。

(3) 重铬酸钾法测定 COD 时，加入 $HgSO_4$ 的作用是_____；若加热回流时溶液颜色变成蓝绿色，表明_____；滴定前将溶液稀释的目的是_____，使用的指示剂是_____。

(4) 测定五日生化需氧量，若 BOD_5 的质量浓度不大于 6mg/L，且样品中有足够的微生物，采用_____；若样品中的有机物含量较少，BOD_5 的质量浓度不大于 6mg/L，但样品中缺少足够的微生物时，必须采用_____。若试样中的有机物含量较多，BOD_5 的质量浓度大于 6mg/L，且样品中有足够的微生物，采用_____；若试样中的有机物含量较多，BOD_5 的质量浓度大于 6mg/L，但试样中无足够的微生物，采用_____。

(5) 测定 BOD_5 时，经 5 天培养后消耗溶解氧应大于_____，剩余溶解氧应大于_____。

(6) 采用红外分光光度法测定水中的油类，三波数是指_____、_____和_____。

2. 选择题

(1) 在地表水监测中，为了确定特定污染源对水体的影响，评价污染状况，以控制污染物排放而设置的采样断面称为（　　）。

A. 控制断面　　　　B. 背景断面　　　　C. 净化断面　　　　D. 削减断面

(2) 在一条宽 80m，平均水深 8m 的主河道的控制断面上设置采样点，按要求至少应设置的采样点个数是（　　）。

A. 2　　　　　　　B. 4　　　　　　　C. 6　　　　　　　D. 9

(3) 采集水样时，为了防止金属沉淀需要在水样中加入的试剂是（　　）。

A. H_2SO_4　　　　B. HNO_3　　　　C. HCl　　　　D. H_3PO_4

(4) 塞氏盘用来测定水的（　　）。

A. 透明度　　　　B. 浊度　　　　C. 色度　　　　D. 矿化度

(5) 湖泊、水库富营养化的特定指标是（　　）。

A. DO　　　　B. COD　　　　C. BOD　　　　D. 总磷和总氮

(6) 测定水样中的磷时，若水样经过 $0.45\mu m$ 滤膜过滤后，对滤液进行消解处理，测得的结果属于（　　）。

A. 水中总磷　　　　B. 可溶性总磷　　　　C. 正磷酸盐　　　　D. 可溶性正磷酸盐

(7) 测定水中总氰化物进行预蒸馏时，加入 EDTA 的作用是（　　）。

A. 保持溶液的酸度　　　　　　　　B. 使大部分配合氰化物离解

C. 防止 HCN 挥发　　　　　　　　D. 与氰化物形成配合物

(8) 水样中加磷酸和 EDTA，在 pH<2 的条件下，加热蒸馏，所测得的氰化物是（　　）。

A. 易释放氰化物　　　B. 总氰化物　　　C. 游离氰化物　　　D. 配合氰化物

（9）可以采用冷原子吸收光谱法测定的金属离子是（　　）。

A. Na^+　　　　　　B. Pb^{2+}　　　　　　C. Hg^{2+}　　　　　　D. Cr^{3+}

（10）水质自动监测站八项监测指标（水温、pH、浊度、溶解氧、电导率、COD、氨氮和 TOC）中，COD 是指水体中的（　　）。

A. 氧含量　　　　　　　　　　　　B. 营养物质的量

C. 含有机物及还原性无机物量　　　D. 有机物量

（11）若需配制 COD 值为 500mg/L 的溶液 1L，应称取苯二甲酸氢钾（　　）。

A. 0.4254g　　　B. 4.254g　　　C. 0.2127g　　　D. 2.127g

（12）重铬酸钾法测定 COD 时，加入 Ag_2SO_4 的目的是（　　）。

A. 催化作用　　　B. 消除 Cl^- 的干扰　　　C. 絮凝作用　　　D. 防止瀑沸

（13）生物化学需氧量主要表示有机污染物造成的污染程度，目前主要来自淀粉、酿酒、纺织、染色、造纸、石油、制革等工业废水和城市污水。测定 BOD_5 时，必须进行接种的水样是（　　）。

A. 有机物含量较多的水样　　　　　B. 较清洁的河水

C. 不含或少含微生物的工业废水　　D. 生活污水

（14）标准（HJ 812—2016）中规定离子色谱法测定水中可溶性的阳离子，（　　）不正确。

A. Li^+、Na^+、K^+、NH_4^+

B. Li^+、Na^+、K^+、NH_4^+、Ca^{2+}、Mg^{2+}

C. Li^+、Na^+、K^+、Ca^{2+}、Mg^{2+}

D. Li^+、Na^+、K^+、Ca^{2+}、Hg^{2+}

（15）HJ 84—2016 规定用离子色谱法测定水中八种阴离子，若采用氢氧根为淋洗液，则保留时间最长的是（　　）。

A. F^-　　　　　　B. PO_4^{3-}　　　　　　C. SO_3^{2-}　　　　　　D. SO_4^{2-}

3. 碘量法测定溶解氧时，取 100mL 水样，经过一系列反应，最后耗用 0.0250mol/L $Na_2S_2O_3$ 标准溶液 5.00mL，滴定至蓝色消失，试计算该水样中溶解氧的含量。

4. 用分光光度法测定水中铬，其校准曲线数据为：

Cr 含量/μg	0	0.20	0.50	1.00	2.00	4.00	6.00	8.00	10.00
A	0.005	0.010	0.020	0.044	0.090	0.183	0.268	0.351	0.441

（1）若取 10.00mL 水样直接测定，测得吸光度为 0.088，求该水样中 Cr(Ⅵ)的浓度。

（2）若取 50.00 mL 原水样，用高锰酸钾氧化处理后，定容成 50mL。取 10.00mL 水样进行测定，测得吸光度为 0.185，求该水样中的总铬与 Cr(Ⅲ)的浓度。

5. 取 20.00mL 水样，加入 10.0mL 0.2500mol/L $K_2Cr_2O_7$ 溶液，按操作步骤测定 COD，回流后用水稀释至 200 mL，用 0.1033mol/L 硫酸亚铁铵标准溶液滴定，消耗 19.55mL。若空白实验消耗该标准溶液 24.92mL，计算水样的 COD 值。

6. 稀释法测 BOD_5，取原水样 100mL，加稀释水至 1000mL，取其中一部分测其 DO 为 7.4mg/L，另一份培养 5 天再测 DO 为 3.8mg/L，已知稀释水空白值为 0.2mg/L，求水样的 BOD_5。

7. 下列所列数据为某水样的 BOD_5 测定数据，试计算每种稀释倍数水样的 BOD_5 值。

编号	稀释倍数	取水样体积/mL	$Na_2S_2O_3$ 标准溶液浓度/(mol/L)	$Na_2S_2O_3$ 标准溶液用量/mL	
				当天	5d 后
1	50	100	0.0125	9.16	4.33
2	40	100	0.0125	9.12	3.10
空白	0	100	0.0125	9.25	8.76

8. 采用离子色谱法测定水样中的磷含量，其标准曲线的数据如下：

PO_4^{3-} 含量/(mg/L)	0.00	0.50	1.00	2.50	5.00	10.0
峰面积/面积单位	0.00	0.11	0.20	0.49	1.00	1.98

若水样经过滤后直接进行测定，得到样品峰面积为 0.99 面积单位，试计算水样中的磷含量。

第四章　环境空气和废气监测

第一节　概　　述

一、空气污染、空气污染物和空气污染源

1. 空气污染

包围在地球周围厚度为 $1000 \sim 1400km$ 的气体称为大气（atmosphere），其中近地面约 10km 厚度的气层是对人类及生物生存起重要作用的空气层。平时所说的环境空气（ambient air）是指人群、动物、植物和建筑物等所暴露的室外空气，清洁的空气是人类和生物赖以生存的环境要素之一。

空气污染（air pollution）通常是指由于人类活动或自然过程引起某些物质进入空气中，呈现出足够的浓度，持续了足够的时间，并因此而危害了人体的舒适、健康和福利或危害了环境。

2. 空气污染物

空气污染物（air pollutants）是指由于人类活动或自然过程，排放到空气中并对人或环境产生不利影响的物质。

根据空气污染物的形成过程可将其分为一次污染物和二次污染物。一次污染物（primary pollutants）是指直接从各种污染源排放到空气中的有害物质，常见的有二氧化硫、二氧化氮、一氧化碳等；二次污染物（secondary pollutants）是指一次污染物在空气中发生化学反应而产生的新污染物，常见的有硫酸盐、硝酸盐、过氧乙酰硝酸酯（PAN）等。

按空气污染物的存在状态可将其分为气态污染物和颗粒污染物。气态污染物（gaseous pollutants）是指常温下以气态形式分散于空气中的污染物。常见的气态污染物有二氧化硫、二氧化氮、一氧化碳、氯气、臭氧、挥发性有机化合物等。颗粒污染物是指飘浮在空气中，由微小液滴或固体微粒组成的非均匀体系污染物。将能悬浮在空气中，空气动力学当量直径（密度为 $1000kg/m^3$ 的球形粒子直径）$\leqslant 100\mu m$ 的颗粒物称为总悬浮颗粒物（total suspended particulates，TSP）。将空气动力学当量直径 $\leqslant 10\mu m$ 的颗粒物称为 PM_{10}，由于该粒子可以进入呼吸道，因此又称为可吸入颗粒物（inhalable particles，IP）。将空气动力学当量直径 $\leqslant 2.5\mu m$ 的颗粒物称为 $PM_{2.5}$，由于该粒子可以进入肺部，因此又称为可入肺颗粒物。

按我国环境标准和环境政策法规规定，可将大气污染物分为两类：一类是为履行国际公约而确定的污染物，主要是二氧化碳和氯氟烃（CCl_3F、CCl_2F_2）；另一类是全国性的大气污染物，主要有烟尘、工业粉尘、二氧化硫、氮氧化物（NO_x）、一氧化碳、臭氧和过氧乙酰硝酸酯（PAN）等。

3. 空气污染源

空气污染源是指造成环境污染的污染物发生源，通常是指向环境排放有害物质或对环境产生有害影响的场所、设备、装置等，按其属性可分为自然污染源和人为污染源。自然污染源是由于自然现象造成的，如火山爆发时喷发的大量粉尘和二氧化硫等。人为污染源是由于人类的生产和生活活动造成的，是空气污染的主要来源。

按污染源存在的形式可将其分为固定污染源、移动污染源和无组织排放源。固定污染源

就是位置和地点固定不变的污染源，如工业废气排放源。移动污染源是指汽油车、柴油车等交通工具排放源。无组织排放源是指工艺过程的排放及扬尘和自然尘等。

按人类社会活动功能划分，还可以将空气污染源分为工业污染源、农业污染源、交通运输污染源、生活污染源和室内污染源等。

① 工业污染源是指火力发电、钢铁、化工和硅酸盐等工矿企业在生产过程中所排放的煤烟、粉尘及有害化合物等形成的污染源。

② 农业污染源主要是指施用农药、化肥、有机肥等过程不当所产生的有害物质挥发扩散，以及施用后挥发性成分从土壤中逸散进入大气等形成的污染源。

③ 交通运输污染源是指由汽车、飞机、火车和轮船等交通运输工具运行时向大气中排放的废气。废气中主要含有一氧化碳、氮氧化物、碳氢化合物等污染物，是影响城市环境空气质量的主要原因之一。

④ 生活污染源是指居民日常烧饭、取暖、沐浴等生活活动，燃烧化石类燃料而向大气排放烟尘、二氧化硫、二氧化氮等污染物。随着天然气等清洁能源利用率的提高，城市生活中因燃烧化石类燃料而向大气排放的污染物将越来越少。

⑤ 室内污染源是指室内装修时大量使用了含有过量有害物质的建材（如胶合板、油漆、内墙涂料、大理石、瓷砖等），释放出甲醛、苯类等挥发性有机物及放射性物质。另外，烹饪和吸烟等也会产生一些有害物质。

二、空气质量指数

空气质量指数（air quality index，AQI）是用来定量描述空气质量状况的无量纲的指数。单项污染物的空气质量指数称为空气质量分指数（IAQI）。HJ 633—2012 中规定了空气质量分指数及对应的污染物浓度限值见表 4-1。空气质量指数级别按表 4-2 规定进行划分。

表 4-1　空气质量分指数及对应的污染物浓度限值

空气质量分指数（IAQI）	污染物项目浓度限值									
	二氧化硫(SO_2）24小时平均/（$\mu g/m^3$)	二氧化硫(SO_2）1小时平均/（$\mu g/m^3$)[1]	二氧化氮(NO_2）24小时平均/（$\mu g/m^3$)	二氧化氮(NO_2）1小时平均/（$\mu g/m^3$)[1]	颗粒物（粒径小于等于$10\mu m$）24小时平均/（$\mu g/m^3$)	一氧化碳(CO)24小时平均/（mg/m^3)	一氧化碳(CO)1小时平均/（mg/m^3)[1]	臭氧(O_3）1小时平均/（$\mu g/m^3$)	臭氧(O_3）8小时滑动平均/（$\mu g/m^3$)	颗粒物（粒径小于等于$2.5\mu m$）24小时平均/（$\mu g/m^3$)
0	0	0	0	0	0	0	0	0	0	0
50	50	150	40	100	50	2	5	160	100	35
100	150	500	80	200	150	4	10	200	160	75
150	475	650	180	700	250	14	35	300	215	115
200	800	800	280	1200	350	24	60	400	265	150
300	1600	②	565	2340	420	36	90	800	800	250
400	2100	②	750	3090	500	48	120	1000	③	350
500	2620	②	940	3840	600	60	150	1200	③	500

说明：
① 二氧化硫(SO_2)、二氧化氮(NO_2)和一氧化碳(CO)的1小时平均浓度限值仅用于实时报,在日报中需使用相应污染物的24小时平均浓度限值。
② 二氧化硫(SO_2)1小时平均浓度值高于$800\mu g/m^3$的,不再进行其空气质量分指数计算,二氧化硫(SO_2)空气质量分指数按24小时平均浓度计算的分指数报告。
③ 臭氧(O_3)8小时平均浓度值高于$800\mu g/m^3$的,不再进行其空气质量分指数计算,臭氧(O_3)空气质量分指数按1小时平均浓度计算的分指数报告。

表 4-2　空气质量指数级别划分

空气质量指数	空气质量指数级别	空气质量指数类别及表示颜色		对健康影响情况	建议采取的措施
0~50	一级	优	绿色	空气质量令人满意,基本无空气污染	各类人群可正常活动
51~100	二级	良	黄色	空气质量可接受,但某些污染物可能对极少数异常敏感人群健康有较弱影响	极少数异常敏感人群应减少户外活动
101~150	三级	轻度污染	橙色	易感人群症状有轻度加剧,健康人群出现刺激症状	儿童、老年人及心脏病、呼吸系统疾病患者应减少长时间、高强度的户外锻炼
151~200	四级	中度污染	红色	进一步加剧易感人群症状,可能对健康人群心脏、呼吸系统有影响	儿童、老年人及心脏病、呼吸系统疾病患者避免长时间、高强度的户外锻炼,一般人群适量减少户外运动
201~300	五级	重度污染	紫色	心脏病和肺病患者症状显著加剧,运动耐受力降低,健康人群普遍出现症状	老年人和心脏病、肺病患者应停留在室内,停止户外运动,一般人群减少户外运动
>300	六级	严重污染	褐红色	健康人运动耐受力降低,有明显强烈症状,提前出现某些疾病	老年人和病人应当留在室内,避免体力消耗,一般人群应避免户外活动

若环境空气中的二氧化硫、二氧化氮、一氧化碳、臭氧、PM_{10}、$PM_{2.5}$ 等污染物对应的空气质量分指数分别为 $IAQI_1$、$IAQI_2$、$\cdots$、$IAQI_n$,则空气质量指数按式(4-1)确定。

$$AQI = \max(IAQI_1, IAQI_2, \cdots, IAQI_n) \tag{4-1}$$

AQI 大于 50 时,IAQI 最大的污染物即为首要污染物。浓度超过国家环境空气质量二级标准的污染物(IAQI 大于 100)即为超标污染物。

空气质量分指数按式(4-2)计算:

$$I_x = \frac{\rho_x - \rho_1}{\rho_2 - \rho_1}(I_2 - I_1) + I_1 \tag{4-2}$$

式中　I_x——某污染物的空气质量分指数;

　　　ρ_x——某污染物的均值,$\mu g/m^3$;

　　　ρ_1——表 4-1 中比 ρ_x 小的某污染物的浓度限值,$\mu g/m^3$;

　　　ρ_2——表 4-1 中比 ρ_x 大的某污染物的浓度限值,$\mu g/m^3$;

　　　I_1——表 4-1 中与 ρ_1 对应的空气质量分指数;

　　　I_2——表 4-1 中与 ρ_2 对应的空气质量分指数。

【例 4-1】 假定某城市的 $PM_{2.5}$ 的 24 小时均值为 $0.215mg/m^3$,SO_2 的 24 小时均值为 $0.105mg/m^3$,NO_2 的 24 小时均值为 $0.080mg/m^3$。计算该城市的空气质量指数,报告该城市的空气质量类别、首要污染物和超标污染物。

解: $PM_{2.5}$ 实测浓度 $\rho_x = 0.215mg/m^3 = 215\mu g/m^3$,介于 $150\mu g/m^3$ 和 $250\mu g/m^3$ 之间,$\rho_1 = 150\mu g/m^3$,$\rho_2 = 250\mu g/m^3$,而相应的分指数值 $I_1 = 200$,$I_2 = 300$,于是 $PM_{2.5}$ 的污染分指数为:

$$I_{PM_{2.5}} = \frac{\rho_x - \rho_1}{\rho_2 - \rho_1}(I_2 - I_1) + I_1 = \frac{215 - 150}{250 - 150} \times (300 - 200) + 200 = 265$$

同理可得　　　　　　　$I_{SO_2} = 77.5$　　　$I_{NO_2} = 100$

$$AQI = \max(I_{PM_{2.5}}, I_{SO_2}, I_{NO_2}) = \max(265, 77.5, 100) = 265$$

故该城市的环境空气质量指数为 265,空气质量指数级别为五级,属于重度污染,首要污染

物是 $PM_{2.5}$，超标污染物为 $PM_{2.5}$。

三、空气和废气监测分类和技术路线

1. 空气和废气监测分类

（1）按照监测的对象分类　按照监测的对象可以分为空气监测和污染源监测。

空气监测分为环境空气质量监测和室内环境空气质量监测，而环境空气质量监测又分为手工监测和自动监测。环境空气质量手工监测（manual methods for air quality monitoring）是指在监测点位用采样装置采集一定时段的环境空气样品，将采集的样品在实验室用分析仪器分析、处理的过程。环境空气质量自动监测（automated methods for air quality monitoring）是指在监测点位采用连续自动监测仪器对环境空气质量进行连续的样品采集、处理、分析的过程。

污染源监测是对包括固定污染源、移动污染源和无组织排放源进行监视性和监督性的定期或不定期的监测。

（2）按照监测的目的分类　按照监测的目的可分为大气质量监测和大气污染监测。

大气质量监测（air quality monitoring）是指对一个地区大气中的主要污染物进行布点监测，并由此评价大气环境质量的过程。大气质量监测通常根据一个地区的规模、大气污染源分布情况和源强、气象条件、地形地貌等因素，选定几个或十几个具有代表性的测点（大气采样点），进行规定项目的定期监测。监测人员根据监测结果，对照《环境空气质量标准》（GB 3095—2012）进行评价，从而得出区域大气环境质量优劣的结论。

大气污染监测（air pollution monitoring）是指测定大气中污染物的种类及其浓度，观察其时空分布和变化规律的过程。大气污染监测的目的在于识别大气中的污染物质，掌握其分布与扩散规律，监视大气污染源的排放和控制情况。由于大气污染与气象条件密切相关，因而在大气污染监测中应包括风向、风速、气温、气压、太阳辐射强度、相对湿度等气象参数的测定。大气污染监测是大气质量监测的基础。

2. 空气和废气监测技术路线

空气监测采用以连续自动监测技术为主导，以自动采样和被动式吸收采样-实验室分析技术为基础，以可移动自动监测技术为辅助的技术路线。

重点污染源采用以自动在线监测技术为主导，其他污染源采用以自动采样和流量监测同步-实验室分析为基础，并以手工混合采样-实验室分析为辅助手段的浓度监测与总量监测相结合的技术路线。

第二节　环境空气质量监测方案的制订

制订环境空气质量监测方案的程序同制订水质监测方案一样，首先要根据监测目的进行调查研究，收集相关的资料，然后经过综合分析，确定监测项目，设置监测点位，选定采样频率、采样方法和监测技术，建立质量保证程序和措施，提出进度安排计划和对监测结果报告的要求等。

一、环境空气质量监测点位布设

环境空气质量监测点位的布设应遵循代表性、可比性、整体性、前瞻性和稳定性的原则。根据监测评价的目的可将环境空气质量监测点位分为污染监控点、路边交通点、环境空气质量评价城市点、环境空气质量评价区域点和环境空气质量背景点。

1. 污染监控点

为监测本地区主要固定污染源及工业园区等污染源聚集区对当地环境空气质量的影响而设置的监测点。每个点代表范围一般为半径 $100\sim500m$ 的区域，有时也可扩大到半径

0.5～4km（较高的点源）的区域。原则上应设在可能对人体健康造成影响的污染物高浓度区以及主要固定污染源对环境空气质量产生明显影响的地区。

2. 路边交通点

为监测道路交通污染源对环境空气质量影响而设置的监测点。其代表范围为人们日常生活和活动场所中受道路交通污染源排放影响的道路两旁及其附近区域。一般应在行车道的下风侧，根据车流量的大小、车道两侧的地形、建筑物的分布等情况确定路边交通点的位置，采样口距道路边缘距离不得超过20m。

3. 环境空气质量评价城市点

环境空气质量评价城市点是以监测城市建成区的空气质量整体状况和变化趋势为目的而设置的监测点，参与城市环境空气质量评价。每个点代表范围一般为半径0.5～4km的区域，有时也可扩大到半径大于4km的区域。按城市建成区城市人口和面积确定监测点位数（表4-3）。

表4-3   国家环境空气质量评价点设置数量要求

建成区城市人口/万人	建成区面积/km²	最少监测点数
<25	<20	1
25～50	20～50	2
50～100	50～100	4
100～200	100～200	6
200～300	200～400	8
>300	>400	按每50～60 km²建成区面积设1个监测点，并且不少于10个点

城市加密网格点是指将城市的建成区划为规则的正方形网格状，单个网格应不大于2km×2km，加密网格点设在网格中心或网格线的交点上。

4. 环境空气质量评价区域点

以监测区域范围空气质量状况和污染物区域传输及影响范围为目的而设置的监测点，参与区域环境空气质量评价。区域点原则上应远离城市建成区和主要污染源20km以上，应根据我国的大气环流特征设置在区域大气环流路径上。

5. 环境空气质量背景点

以监测国家或大区域范围的环境空气质量本底水平为目的而设置的监测点。每个点的代表性范围一般为半径100km以上的区域。背景点原则上应远离城市建成区和主要污染源50km以上，设置在不受人为活动影响的清洁地区。

二、调查及资料收集

1. 污染源分布及排放情况

通过调查，弄清监测区域内的污染源类型、数量、位置、排放的主要污染物及其排放量，同时还要了解所用原料、燃料及消耗量。注意区分高烟囱排放的较大污染源与低烟囱排放的小污染源。

2. 气象资料

污染物在空气中的扩散、迁移和一系列的物理、化学变化在很大程度上取决于当时当地的气象条件。因此，要收集监测区域的风向、风速、气温、气压、降水量、日照时间、相对湿度、温度垂直梯度和逆温层底部高度等资料。

3. 地形资料

地形对当地的风向、风速和大气稳定情况有影响，是设置监测网点应当考虑的重要因素。为掌握污染物的实际分布状况，监测区域的地形越复杂，要求布设的监测点越多。

4. 土地利用和功能分区情况

监测区域内土地利用情况及功能区划分也是设置监测网点应考虑的重要因素之一。不同功能区的污染状况是不同的，如工业区、商业区、混合区、居民区等。另外，还可以按照建筑物的密度、有无绿化地带等作进一步分类。

5. 人口分布及人群健康状况

环境保护的目的是维护自然环境的生态平衡，保护人群的健康。因此，掌握监测区域的人口分布、居民和动植物受空气污染危害情况及流行性疾病等资料，有助于监测方案的制订。

三、环境空气质量监测项目

环境空气质量评价城市点监测项目分为基本项目和其他项目（见表4-4），环境空气质量评价区域点、背景点的监测项目见表4-5。

表 4-4   环境空气质量评价城市点监测项目

基本项目	其他项目	基本项目	其他项目
二氧化硫(SO_2)	总悬浮颗粒物(TSP)	臭氧(O_3)	苯并[a]芘(B[a]P)
二氧化氮(NO_2)	氮氧化物(NO_x)	可吸入颗粒物(PM_{10})	
一氧化碳(CO)	铅(Pb)	细颗粒物($PM_{2.5}$)	

表 4-5   环境空气质量评价区域点、背景点的监测项目

基本项目		二氧化硫(SO_2)、二氧化氮(NO_2)、一氧化碳(CO)、臭氧(O_3)、可吸入颗粒物(PM_{10})、细颗粒物($PM_{2.5}$)
其他项目	湿沉降	降雨量、pH、电导率、氯离子(Cl^-)、硝酸根离子(NO_3^-)、硫酸根离子(SO_4^{2-})、钙离子(Ca^{2+})、镁离子(Mg^{2+})、钾离子(K^+)、钠离子(Na^+)、铵离子(NH_4^+)
	有机物	挥发性有机物(VOCs)、持久性有机物(POPs)
	温室气体	二氧化碳(CO_2)、甲烷(CH_4)、氧化亚氮(N_2O)、六氟化硫(SF_6)、氢氟碳化物(HFCs)、全氟碳化物(PFCs)
	颗粒物主要理化特性	颗粒物数浓度谱分布，PM_{10} 或 $PM_{2.5}$ 中的硫酸盐、硝酸盐、氯盐、钾盐、钠盐、铵盐、钙盐、镁盐

四、采样点布设方法

常见的采样点布设方法有功能区布点法、网格布点法、同心圆布点法和扇形布点法。

1. 功能区布点法

多用于区域性常规监测。布点时先将监测地区按环境空气质量标准划分成若干功能区，如工业区、商业区、居民区、交通密集区、清洁区等，再按具体污染情况和人力、物力条件在各区域内设置一定数目的采样点。各功能区的采样点数不要求平均，一般在污染较集中的工业区和人口较密集的居民区多设采样点。

2. 网格布点法

对于多个污染源，且在污染源分布较均匀的情况下，通常采用此布点法。该法是将监测区域地面划分成若干均匀网状方格，采样点设在两条直线的交点处或方格中心。网格大小视污染强度、人口分布及人力、物力条件等确定。若主导风向明显，下风向设点要多一些，一般约占采样点总数的60%。

3. 同心圆布点法

主要用于多个污染源构成的污染群，且重大污染源较集中的地区。先找出污染源的中心，以此为圆心在地面上画若干个同心圆，再从圆心作若干条放射线，将放射线与圆周的交点作为采样点，如图4-1所示。圆周上的采样点数目不一定相等或均匀分布，常年主导风向的下风向应多设采样点。例如，同心圆半径分别取5km、10km、15km、25km，从里向外各圆周上分别设4、8、8、4个采样点。

4. 扇形布点法

适用于孤立的高架点源，且主导风向明显的地区。以点源为顶点，成 45°扇形展开，夹角可大些，但不能超过 90°，采样点设在扇形平面内距点源不同距离的若干弧线上，如图 4-2 所示。每条弧线上设 3~4 个采样点，相邻两点与顶点的夹角一般取 10°~20°，在上风向应设对照点。

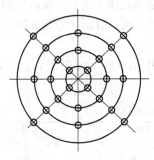 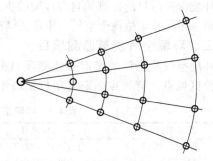

图 4-1　同心圆布点法　　　　　　　　　　图 4-2　扇形布点法

五、采样时间和采样频率

1. 采样时间

采样时间是指每次采样从开始到结束所经历的时间，也称采样时段，分为 24h 连续采样和间断采样。

24h 连续采样（24h continuous sampling）是指 24h 连续采集一个环境空气样品，监测污染物 24h 平均浓度的采样方式。适用于测定环境空气中二氧化硫、二氧化氮、可吸入颗粒物、总悬浮颗粒物、苯并 [a] 芘、氟化物、铅的采样。

间断采样是指在某一时段或 1h 内采集一个环境空气样品，监测该时段或该小时环境空气中污染物的平均浓度所采用的采样方法。

对环境空气中的总悬浮颗粒物、可吸入颗粒物、铅、苯并 [a] 芘及氟化物，其采样频率及采样时间应根据《环境空气质量标准》（GB 3095—2012）中各污染物监测数据统计的有效性规定确定；对其他污染物的监测，其采样频率及采样时间应根据监测目的、污染物浓度水平及监测分析方法的检测限确定。要获得 1h 平均浓度值，样品的采样时间应不少于45min；要获得 24h 平均浓度值，气态污染物的累计采样时间应不少于 18h，颗粒物的累计采样时间应不少于 12h。

通常，硫酸盐化速率及氟化物采样时间为 7~30d。但要获得月平均浓度值，样品的采样时间应不少于 15d。

2. 采样频率

采样频率是指一定时间范围内的采样次数。采样时间和频率要根据监测目的、污染物分布特征、分析方法的检测限及人力物力等情况确定。

第三节　环境空气样品的采集

一、采样方法

按采样原理可将空气采样方法分为直接采样法、富集（浓缩）采样法和无动力采样法三种；按采样时间和方式可分为间断采样和 24h 连续采样。

1. 直接采样法

当大气污染物浓度较高，或测定方法较灵敏，用少量气样就可以满足监测分析要求时，用直接采样法。如用氢火焰离子化检测器测定空气中的苯系物。常用的采样工具有塑料袋、注射器、采样管和真空采样瓶等。

（1）塑料袋采样 应选择与气样中待测组分既不发生化学反应，也不吸附、不渗漏的塑料袋。常用的有聚四氟乙烯袋、聚乙烯袋及聚酯袋等。为减小对被测组分的吸附，可在袋的内壁衬银、铝等金属膜。采样时，袋内应保持干燥，先用现场气体冲洗 2～3 次，再充满气样，封闭进气口，带回实验室分析。用带金属衬里的采样袋可以延长样品的保存时间，如聚氯乙烯袋对一氧化碳可保存 10～15h，而铝膜衬里的聚酯袋可保存 100h。

（2）注射器采样 图 4-3 是常用的 100mL 注射器，适用于采集有机蒸气样品。采样时，先用现场气体抽洗 2～3 次，然后抽取 100mL 样品，密封进气口，带回实验室在 12h 内进行分析。

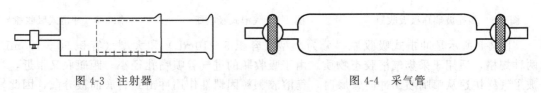

图 4-3 注射器　　　　　　　　图 4-4 采气管

（3）采气管采样 采气管是两端具有旋塞的管式玻璃容器，其容积为 100～500mL，如图 4-4 所示。采样时，打开两端旋塞，将二连球或抽气泵接在管的一端，迅速抽进比采气管容积大 6～10 倍的气样，完全置换出采气管中原有气体，关上两端旋塞。

（4）真空瓶采样 真空采样瓶是一种用耐压玻璃制成的固定容器，容积为 500～1000mL，如图 4-5 所示。采样时，先用抽真空装置将采气瓶内抽至剩余压力达 1.33kPa 左右。若瓶内预先装入吸收液，可抽至溶液冒泡为止，关闭旋塞。采样时，打开旋塞，被采空气即进入瓶内，关闭旋塞，则采样体积为真空采气瓶的容积。如果采气瓶内真空度达不到 1.33kPa，则实际采样体积应根据剩余压力进行计算。

（5）不锈钢采样罐采样 不锈钢采样罐的内壁经过抛光或硅烷化处理。可根据采样要求，选用不同容积的采样罐。使用前采样罐被抽成真空，采样时将采样罐放置现场，采用不同的限流阀可对空气进行瞬时采样或编程采样。该方法可用于空气中总挥发性有机物的采样。

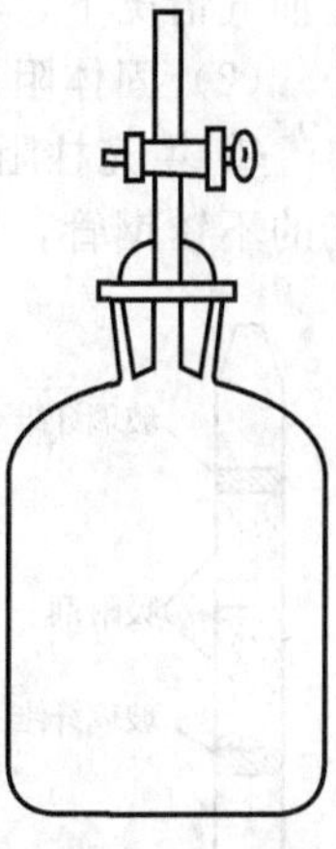

图 4-5 真空采样瓶

2. 富集采样法

当大气中被测物质浓度很低，或所用分析方法灵敏度不高时，需用富集采样法对大气中的污染物进行浓缩。富集采样的时间一般都比较长，测得结果是在采样时段内的平均浓度。富集采样法有溶液吸收法、固体阻留法和低温冷凝法。

（1）溶液吸收法 溶液吸收法是采集空气中气态、蒸气态及某些气溶胶态污染物的常用方法。采样时，用抽气装置将空气以一定流量抽入装有吸收液的吸收瓶（管）。采样结束后，倒出吸收液进行测定，根据测得结果及采样体积计算空气中污染物的浓度。

溶液吸收法常用的气样吸收瓶（管）有多孔玻璃筛板吸收瓶、气泡式吸收瓶和冲击式吸收瓶。

图 4-6 所示是多孔玻璃筛板吸收瓶，分为小型（容积 5～30mL）和大型（容积 50～100mL）两种规格。气样通过吸收瓶的筛板后，被分散成很小的气泡，且阻留时间长，大大增加了气液接触面积，从而提高了吸收效果。不仅适合采集气态和蒸气态物质，而且能采集气溶胶态物质。

图 4-7 所示是气泡式吸收瓶，容积为 5～10mL，适用于采集气态和蒸气态污染物。采样时，吸收管要垂直放置，不能有泡沫溢出。

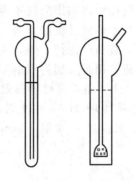

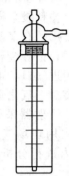

图 4-6　多孔玻璃筛板吸收瓶　　　　图 4-7　气泡式吸收瓶　　　　图 4-8　冲击式吸收瓶

图 4-8 所示是冲击式吸收瓶，分为小型（容积 5～10mL）和大型（容积 50～100mL）两种规格，适用于采集气溶胶态物质。由于吸收瓶的进气管喷嘴孔径小，距瓶底又很近，当被采气样快速从喷嘴喷出冲向管底时，气溶胶颗粒因惯性作用冲击到管底而被分散，因此易被吸收液吸收。冲击式吸收管不适合采集气态和蒸气态物质，因为气体分子的惯性小，在快速抽气情况下，容易随空气一起跑掉。

（2）固体阻留法　固体阻留法分为填充柱阻留法和滤膜阻留法。

① 填充柱阻留法　填充柱是一根长 6～10cm、内径 3～5mm 的玻璃管，或者是内壁抛光的不锈钢管，内装颗粒状或纤维状填充剂。采样时，让气样以一定流速通过填充柱，待测

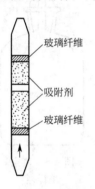

组分因吸附、溶解或化学反应等作用被阻留在填充剂上，从而达到富集采样的目的。采样后，通过解吸或溶剂洗脱，使被测组分从填充剂上释放出来。根据填充剂阻留作用的原理，填充柱可分为吸附型、分配型和反应型三种类型。

a. 吸附型填充柱。图 4-9 是吸附型填充柱示意图，其填充剂是颗粒状固体吸附剂，如活性炭、硅胶、分子筛、高分子多孔微球等。这些多孔物质的比表面积大，对气体和蒸气有较强的吸附能力。

b. 分配型填充柱。这类填充柱的填充剂是表面涂高沸点有机溶剂的惰性多孔颗粒物（如硅藻土），类似于气液色谱柱中的固定相。当被采集气样通过填充柱时，在有机溶剂（固定液）中分配系数大的组分保留

图 4-9　吸附型填充柱

在填充剂上而被富集。例如，空气中的有机氯农药（六六六、DDT 等）和多氯联苯（PCB）多以蒸气或气溶胶态存在，用溶液吸收法采样效率低，但用涂渍 5％甘油的硅酸铝载体填充剂采样，采集效率可达 90％以上。

c. 反应型填充柱。这种柱的填充剂是由惰性多孔颗粒物（如石英砂、玻璃微球等）或纤维状物（如滤纸、玻璃棉等）表面涂渍能与被测组分发生化学反应的试剂制成，也可用能与被测组分发生化学反应的纯金属（如金、银、铜等）丝或细粒作填充剂，适用于采集气态、蒸气态和气溶胶态物质。气样通过填充柱时，被测组分在填充剂表面因发生化学反应而被阻留。采样后，将反应产物用适宜溶剂洗脱或加热吹气解吸下来进行分析。例如，空气中的微量氨可用装有涂渍硫酸的石英砂填充柱富集，采样后用水洗脱下来进行测定。

② 滤膜阻留法　该方法是将滤膜放在采样夹上（如图 4-10 所示），用抽气装置抽气，则空气中的颗粒物被阻留在滤膜上，称量滤膜上富集的颗粒物质量，根据采样体积，即可计算出空气中颗粒物的浓度。

滤膜采集空气中的气溶胶颗粒物是利用直接阻截、惯性碰撞、扩散沉降、静电引力和重力沉降等作用。滤膜的采集效率除与自身性质有关外，还与采样速度、颗粒物的大小等因素有关。低速采样时以扩散沉降为主，对细小颗粒物的采集效率高；高速采样时以惯性碰撞作用为主，对较大颗粒物的采集效率高。

常用的滤膜有玻璃纤维滤膜、聚氯乙烯纤维滤膜、微孔滤膜等。

玻璃纤维滤膜吸湿性小、耐高温、阻力小，但其机械强度差。常用于采集空气中的悬浮颗粒物，样品用酸或有机溶剂提取，可用于不受滤膜组分及所含杂质影响的元素分析及有机污染物分析。

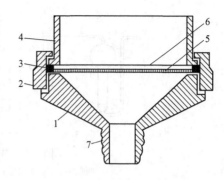

图 4-10 颗粒物采样夹
1—底座；2—紧固圈；3—密封圈；4—接座圈；
5—支撑网；6—滤膜；7—抽气接口

聚氯乙烯纤维滤膜吸湿性小、阻力小、有静电现象、采样效率高、不亲水、能溶于乙酸丁酯，适用于重量法分析，消解后可做元素分析。

微孔滤膜是由醋酸纤维素或醋酸-硝酸混合纤维素制成的多孔性有机薄膜，孔径细小、均匀、质量小，微孔滤膜阻力大，吸湿性强，有静电现象，机械强度好，可溶于丙酮等有机溶剂。不适用于进行重量分析，消解后适用于元素分析。由于金属杂质含量极低，因此特别适用于采集分析金属的气溶胶。

（3）低温冷凝法 空气中某些沸点比较低的气态污染物，如烯烃类、醛类等，在常温下用固体填充剂等方法富集效果不好，采用低温冷凝法可提高采集效率。

低温冷凝法是将 U 形管或蛇形采样管插入冷阱中，当空气流经采样管时，被测组分因冷凝而凝结在采样管底部，如图 4-11 所示。

制冷的方法有半导体制冷器法和制冷剂法。常用的制冷剂有冰（0℃）、冰-盐水（－10℃）、干冰-乙醇

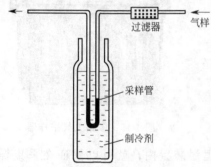

图 4-11 低温冷凝法采样示意图

（－72℃）、干冰（－78.5℃）、液氧（－183℃）、液氮（－196℃）。

低温冷凝采样法具有效果好、采样量大、利于组分稳定等优点，但空气中的水蒸气、二氧化碳等组分也会同时被冷凝下来，在气化时，这些组分也会气化，增大了气体总体积，从而降低浓缩效果，甚至干扰测定。为此，应在采样管的进气端装置选择性过滤器（内装高氯酸镁、碱石棉、氯化钙等），以除去空气中的水蒸气和二氧化碳等。但所用干燥剂和净化剂不能与被测组分发生作用，以免引起被测组分损失。

3. 无动力采样法

将采样装置或气样捕集介质暴露于环境空气中，不需要抽气动力，利用环境空气中待测污染物分子的自然扩散、迁移、沉降或化学反应等原理直接采集污染物的采样方式。其监测结果可代表一段时间内环境空气污染物的时间加权平均浓度或浓度变化趋势。

自然降尘量、硫酸盐化速率及空气中氟化物的测定常采用无动力采样法。

二、采样仪器

1. 气态污染物采样器

图 4-12 所示为气态污染物采样装置示意图，主要由气样捕集装置、滤水井和气体采样器组成。

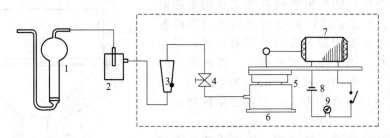

图 4-12　气态污染物采样装置示意图

1—吸收瓶；2—滤水井；3—流量计；4—流量调节阀；5—抽气泵；
6—稳流器；7—电动机；8—电源；9—计时器

　　采样器主要由流量计、流量调节阀、稳流器、计时器及采样泵等组成。采样流量范围为 0.5～2.0L/min。常见的采样器分为单路（见图 4-13）、双路（见图 4-14）和多路（见图 4-15），一般可用交流、直流两种电源。双路采样器可同时采集两种污染物，多路采样器可以同时采集多种污染物，也可以采集平行样。

图 4-13　单路大气采样器

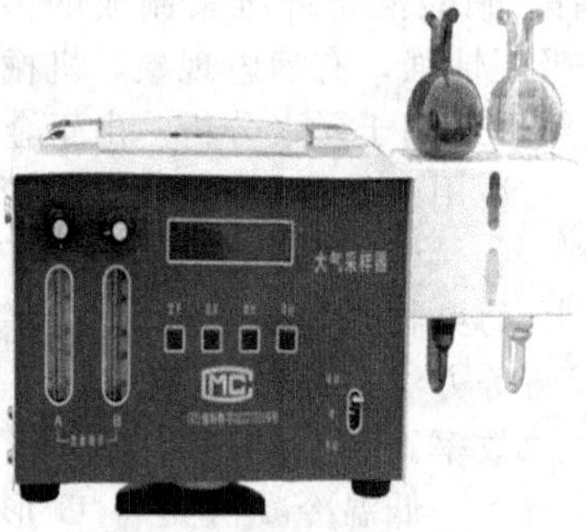

图 4-14　双路大气采样器

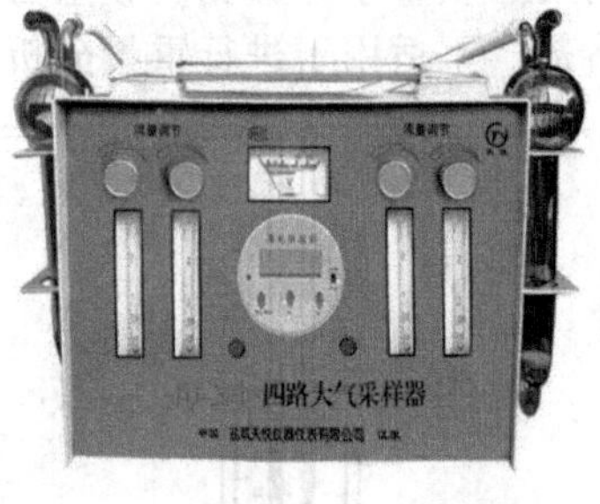

图 4-15　多路大气采样器

　　有的采样器上带有恒温装置，将采样吸收瓶放在恒温装置内，就可以保证在采集样品过程中吸收液温度保持恒定。这不仅可以提高吸收效率，而且可以保证待测组分的稳定。

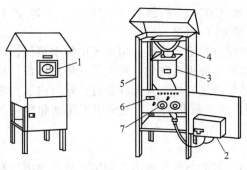

图 4-16　TSP 大流量采样器结构示意图

1—流量记录器；2—流量控制器；3—风机；
4—滤膜夹；5—外壳；6—工作计时器；
7—计时器的程序控制器

　　2. 颗粒污染物采样器

　　常见的颗粒污染物采样器分为大流量和中流量两种。

　　（1）大流量采样器　大流量采样器由采样夹、抽气风机、流量记录仪、计时器及控制系统、壳体等组成，如图 4-16 所示。滤料夹可安装 20cm×25cm 的长方形玻璃纤维滤膜，以 1.1～1.7m³/min 的流量采样 8～24h。

　　（2）中流量采样器　常见的中流量采样器分别如图 4-17、图 4-18 和图 4-19 所示，采样器流量一般为 0.05～0.15m³/min。

　　3. 24h 连续采样系统

　　（1）采样系统组成　主要由采样头、采样总管、采样支管、引风机、气体样品吸收装置及采样器等组成，如图 4-20 所示。

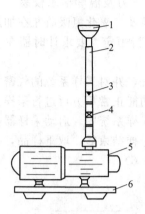

图 4-17　TSP 中流量采样器结构示意图　　　　图 4-18　TSP 中流　　　图 4-19　KC-6120 型
1—采样头；2—采样管；3—流量计；　　　　　量采样器　　　　　　综合采样器
4—调节阀；5—采样泵；6—消声器

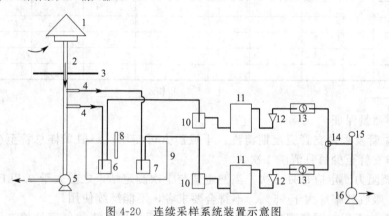

图 4-20　连续采样系统装置示意图
1—采样头；2—采样总管；3—采样亭屋顶；4—采样支管；5—引风机；6—二氧化氮吸收瓶；
7—二氧化硫吸收瓶；8—温度计；9—恒温装置；10—滤水井；11—干燥器；12—转子流量计；
13—限流孔；14—三通阀；15—真空表；16—抽气泵

① 采样头　采样头为一个能防雨、防雪、防尘及其他异物（如昆虫）的防护罩，其材质为不锈钢或聚四氟乙烯。采样头、进气口距采样亭顶盖上部的距离应为 1~2m。

② 采样总管　通过采样总管将环境空气垂直引入采样亭内，采样总管内径为 30~150mm，内壁应光滑。采样总管气样入口处到采样支管气样入口处之间的长度不得超过 3m，其材质为不锈钢、玻璃或聚四氟乙烯等。为防止气样中的湿气在采样总管中发生凝结，可对采样总管采取加热保温措施，加热温度应在环境空气露点以上，一般在 40℃ 左右。在采样总管上，二氧化硫进气口应先于二氧化氮进气口。

③ 采样支管　通过采样支管将采样总管中的气样引入气样吸收装置。采样支管内径一般为 4~8mm，内壁应光滑，采样支管的长度应尽可能短，一般不超过 0.5m。采样支管的进气口应置于采样总管中心和采样总管气流层流区内。采样支管材质应选用聚四氟乙烯或不与被测污染物发生化学反应的材料。

④ 引风机　用于将环境空气引入采样总管内，同时将采样后的气体排出采样亭外的动力装置，安装于采样总管的末端。采样总管内样气流量应为采样亭内各采样装置所需采样流量总和的 5~10 倍。采样总管进气口到出气口气流的压力降要小，以保证气样的压力接近于环境空气大气压。

⑤ 采样器　采样器应具有恒温、恒流控制装置和流量、压力及温度指示仪表，采样器应具备定时、自动启动及计时的功能。进行采样时，二氧化硫及二氧化氮吸收瓶在加热槽内的最佳温度分别为 23～29℃ 及 16～24℃，且在采样过程中保持恒定。要求计时器在 24h 内的时间误差应小于 5min。

（2）采样操作　采样前应对采样总管和采样支管进行清洗，并对采样系统的气密性、采样流量、温度控制系统及时间控制系统进行检查，确保各项功能正常后方可进行采样。采样时，将装有吸收液的吸收瓶（内装 50.0mL 吸收液）连接到采样系统中，启动采样器，进行采样。记录采样流量、开始采样时间、温度和压力等参数。采样结束后，取下样品，并将吸收瓶进、出口密封，填写气态污染物现场采样记录表（见表 4-6）。

表 4-6　气态污染物现场采样记录表

_____市（县）　　　　　_____测点　　　　　污染物：_____

采样日期	采样时间		气温 /℃	大气压 /kPa	流量/（L/min）			采集空气			天气状况
	开始	结束			开始后	结束前	平均	时间/min	体积/L	标准体积/L	

采样人_____　　　　　　　　　审核人_____

（3）采样质量保证

① 采样总管及采样支管应定期清洗，干燥后方可使用。一般采样总管至少每 6 个月清洗 1 次，采样支管至少每月清洗 1 次。

② 吸收瓶阻力测定应每月 1 次，当测定值与上次测定结果之差大于 0.3kPa 时，应做吸收效率测试，吸收效率应大于 95％。不符合要求者，不能继续使用。

③ 采样系统不得有漏气现象，每次采样前应进行采样系统的气密性检查。确认不漏气后，方可采样。

④ 使用临界限流孔控制采样流量时，采样泵的有载负压应大于 70kPa，且 24h 连续采样时，流量波动应不大于 5％。

⑤ 定期更换过滤膜，一般每周 1 次，当干燥器硅胶有 1/2 变色时，需更换。

三、采样效率和评价方法

采样效率指在规定的采样条件下，所采集污染物的量占其总量的百分数。污染物存在的状态不同，评价方法也不同。

1. 气态和蒸气态污染物采集效率的评价方法

（1）绝对比较法　精确配制一个已知浓度 c_0 的标准气体，用所选用的采样方法采集标准气体，测定其浓度 c_1，则其采样效率 K 可用式（4-3）计算：

$$K = \frac{c_1}{c_0} \times 100\% \qquad (4-3)$$

这种方法评价采样效率虽然比较理想，但由于配制已知浓度的标准气体有一定的困难，在实际中很少采用。

（2）相对比较法　配制一个恒定但不要求知道准确浓度的气体样品，用 2～3 个采样管串联起来采集所配样品，分别测定各采样管中的污染物浓度 c_1、c_2、c_3，则采样效率 K 可用式（4-4）计算：

$$K = \frac{c_1}{c_1 + c_2 + c_3} \times 100\% \qquad (4\text{-}4)$$

用这种方法评价采样效率，第二、三管中污染物的浓度所占的比例越小，采样效率越高。一般要求 K 值为 90% 以上。采样效率过低时，应更换采样管、吸收剂或降低抽气速度。

2. 颗粒物采集效率的评价方法

（1）颗粒数比较法　采样时，用一个灵敏度很高的颗粒计数器测量进入滤料前后空气中的颗粒数，则采样效率 K 为采集到的颗粒物数目占总颗粒数目的百分率，可用式(4-5) 计算：

$$K = \frac{n_1 - n_2}{n_1} \times 100\% \qquad (4\text{-}5)$$

式中　n_1——进入滤料前空气中的颗粒数，即总颗粒数，个；

　　　n_2——进入滤料后空气中的颗粒数，个。

（2）质量比较法　采样效率 K 为采集到的颗粒物质量占总质量的百分数，用式(4-6) 计算：

$$K = \frac{m_1}{m} \times 100\% \qquad (4\text{-}6)$$

式中　m_1——采集到的颗粒物质量，g；

　　　m——颗粒物的总质量，g。

当全部颗粒物的大小相同时，这两种采样效率在数值上才相等。但是，实际上这种情况是不存在的。由于粒径在几微米以下的小颗粒物的颗粒数总是占大部分，而按质量计算却占很小部分，因此质量采样效率总是大于颗粒数采样效率。在大气监测评价中，评价采集颗粒物方法的采样效率时多用质量采样效率表示。

第四节　环境空气中气态污染物的测定

一、二氧化硫

二氧化硫（sulfur dioxide）是大气中的主要污染物之一，它主要来源于煤的燃烧、含硫矿物的冶炼、硫酸等化工产品生产中排放的废气等，只有少量的二氧化硫来自机动车排气。二氧化硫对呼吸道黏膜有强烈的刺激性，是诱发支气管炎疾病的原因之一，特别是当它与烟尘等气溶胶共存时，可加重对呼吸道黏膜的损害。

环境空气中二氧化硫的测定方法有四氯汞钾溶液吸收-盐酸副玫瑰苯胺分光光度法、甲醛吸收-副玫瑰苯胺分光光度法和钍试剂分光光度法。

1. 四氯汞钾溶液吸收-盐酸副玫瑰苯胺分光光度法

用氯化钾和氯化汞配制成四氯汞钾吸收液，气样中的二氧化硫经该溶液吸收生成稳定的二氯亚硫酸盐配合物，该配合物再与甲醛和盐酸副玫瑰苯胺作用，生成紫色配合物，反应式如下：

$$HgCl_2 + 2KCl \longrightarrow K_2[HgCl_4]$$

$$K_2[HgCl_4] + SO_2 + H_2O \longrightarrow H_2[HgCl_2SO_3] + 2KCl$$

$$H_2[HgCl_2SO_3] + HCHO \longrightarrow HgCl_2 + HOCH_2SO_3H(羟甲基磺酸)$$

（盐酸副玫瑰苯胺，俗称品红）

$$\left[\begin{array}{c} H_2N-\!\!\!\!\bigcirc\!\!\!\!-C-\!\!\!\!\bigcirc\!\!\!\!-NH_2 \\ \\ \\ \\ \underset{H}{N^+}\!\!-CH_2SO_3H \end{array} \right] Cl^- + H_2O + 3H^+ + 3Cl^-$$

（紫色配合物）

当溶液 pH 为 1.5～1.7 时，显色后溶液呈红紫色，$\lambda_{max}=548nm$；当溶液 pH 为 1.1～1.3 时，显色后溶液呈蓝紫色，$\lambda_{max}=575nm$。该方法灵敏度高，选择性好，但吸收液毒性大。改进方法是采用甲醛吸收-副玫瑰苯胺分光光光度法。

2. 甲醛吸收-副玫瑰苯胺分光光光度法

二氧化硫被甲醛缓冲溶液吸收后，生成稳定的羟甲基磺酸加成化合物。在样品溶液中加入氢氧化钠使加成化合物分解，释放出二氧化硫与副玫瑰苯胺、甲醛作用，生成紫红色化合物，$\lambda_{max}=577nm$。

该法适用于环境空气中二氧化硫的测定，当用 10mL 吸收液采样 30L 时，测定下限为 $0.007mg/m^3$；当用 50mL 吸收液连续 24h 采样 300L 时，测定下限为 $0.003mg/m^3$。主要干扰物为氮氧化物、臭氧及某些金属元素。加入氨磺酸钠可消除氮氧化物的干扰，采样后放置一段时间臭氧可自行分解，加入磷酸和 EDTA（或 DCTA）可以消除或减少某些金属离子的干扰。

用二氧化硫标准溶液配制标准系列，二氧化硫含量分别为 0.00、$0.50\mu g$、$1.00\mu g$、$2.00\mu g$、$5.00\mu g$、$8.00\mu g$ 和 $10.00\mu g$ 以蒸馏水为参比测其吸光度，通过线性回归分析，求出标准曲线的回归方程。以同样方法测定显色后的样品溶液，经试剂空白校正后，按式（4-7）计算样气中 SO_2 的含量（mg/m^3）。

$$\rho(SO_2)=\frac{A-A_0-a}{bV_s}\times\frac{V_t}{V_a} \tag{4-7}$$

式中　A——样品溶液的吸光度；

A_0——试剂空白溶液的吸光度；

a——回归方程 $y=a+bx$ 中的截距；

b——回归方程 $y=a+bx$ 中的斜率；

V_t——样品溶液的总体积，mL；

V_a——测定时所取样品溶液的体积，mL；

V_s——换算成标准状态（273.15K，101.325kPa）下的采样体积，L。

掌握显色温度和显色时间，严格控制反应条件是实验的关键。配制二氧化硫溶液时加入 EDTA 溶液可使亚硫酸根稳定。用该法测定二氧化硫，避免了使用毒性大的四氯汞钾吸收液，其灵敏度、准确度相同，且样品采集后相当稳定，但操作条件要求严格。

3. 钍试剂分光光度法

空气中的二氧化硫用过氧化氢溶液吸收并氧化为硫酸，加入一定量过量的高氯酸钡溶液，生成硫酸钡沉淀。剩余的钡离子与钍试剂作用，生成紫红色的钍试剂-钡配合物，$\lambda_{max}=520nm$。

该方法是国际标准化组织推荐的测定空气中二氧化硫的标准方法，使用的吸收液无毒，样品采集后比较稳定，但灵敏度较低。当用 50mL 吸收液采集 $2m^3$ 空气时，最低检测浓度为 $0.01mg/m^3$，适合于测定二氧化硫的日均浓度。

二、二氧化氮

二氧化氮（nitrogen dioxide）主要来源于石化燃料高温燃烧和硝酸、化肥等生产中排放的废气以及汽车排气等。大气中氮的氧化物除二氧化氮外，还有一氧化氮、三氧化二氮、四氧化二氮、五氧化二氮等多种形态存在，其中一氧化氮和二氧化氮是主要存在形态，通常称为氮氧化物（NO_x）。

常用的测定方法是盐酸萘乙二胺分光光度法（Saltzman 法）。

采样装置如图 4-21 所示。空气中的二氧化氮被 1 号吸收瓶中的吸收液（冰乙酸、对氨基苯磺酸和盐酸萘乙二胺混合溶液）吸收，空气中的二氧化氮溶于水后生成 HNO_2，HNO_2 与对氨基苯磺酸进行重氮化反应，再与 N-(1-萘基)-乙二胺盐酸盐作用，生成玫瑰红色的偶氮染料。空气中的一氧化氮不与 1 号吸收瓶中的吸收液反应，通过酸性高锰酸钾溶液后被氧化为二氧化氮，被串联的 2 号吸收瓶中的吸收液吸收并反应生成粉红色偶氮染料。相关反应方程式如下：

$$2NO_2 + H_2O \longrightarrow HNO_2 + HNO_3$$

$$HO_3S-\!\!\!\!\!\!\raisebox{0pt}{\text{◯}}\!\!\!-NH_2 + HNO_2 + CH_3COOH \longrightarrow \left[HO_3S-\!\!\!\!\!\!\raisebox{0pt}{\text{◯}}\!\!\!-N^+\!\!\equiv\!\!N \right] CH_3COO^- + 2H_2O$$

$$\left[HO_3S-\!\!\!\!\!\!\raisebox{0pt}{\text{◯}}\!\!\!-N^+\!\!\equiv\!\!N \right] CH_3COO^- + \text{◯◯}-NH-CH_2-CH_2-NH_2 \cdot 2HCl \longrightarrow$$

$$HO_3S-\!\!\!\!\!\!\raisebox{0pt}{\text{◯}}\!\!\!-N\!=\!N-\text{◯◯}-NH-CH_2-CH_2-NH_2 + CH_3COOH + 2HCl$$

（玫瑰红色偶氮染料）

用亚硝酸钠标准溶液和吸收液配制成 NO_2^- 含量分别为 0.00、$1.00\mu g$、$2.00\mu g$、$3.00\mu g$、$4.00\mu g$ 和 $5.00\mu g$ 的标准系列，于波长 540nm 处测定其吸光度，并建立校准曲线的线性回归方程。分别测定第一个和第二个吸收瓶中样品的吸光度，计算两支吸收瓶内二氧化氮和一氧化氮的质量浓度，二者之和即为氮氧化物的质量浓度（以 NO_2 计）。

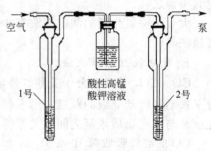

图 4-21 采样装置示意图

按式(4-8)计算空气中二氧化氮的浓度，按式(4-9)计算空气中一氧化氮（以 NO_2 计）的浓度，按式(4-10)计算空气中氮氧化物（以 NO_2 计）的浓度。

$$\rho(NO_2)(\text{以 } NO_2 \text{ 计}, mg/m^3) = \frac{(A_1 - A_0 - a)}{bfV_s} \times \frac{V_t}{V_a} \tag{4-8}$$

$$\rho(NO)(\text{以 } NO_2 \text{ 计}, mg/m^3) = \frac{(A_2 - A_0 - a)}{KbfV_s} \times \frac{V_t}{V_a} \tag{4-9}$$

$$\rho(NO_x) = \rho(NO) + \rho(NO_2) \tag{4-10}$$

式中　A_1——第 1 个吸收瓶中样品溶液的吸光度；

A_2——第 2 个吸收瓶中样品溶液的吸光度；

A_0——实验室空白溶液的吸光度；

b——标准曲线的斜率；

a——标准曲线的截距；

V_t——采样用吸收液总体积，mL；

V_a——测定时所取样品溶液体积，mL；

V_s——换算成标准状态下（273.15K，101.325kPa）的采样体积，L；

f——Saltzman 实验系数，0.88（当空气中 NO_2 浓度高于 $0.720mg/m^3$ 时，f 值取 0.77）；

K——NO 被氧化为 NO_2 的转化系数，通常取 0.68。

【注意】

(1) 用吸收液吸收大气中的 NO_2，NO_2 并不是 100％生成 HNO_2，还有部分生成硝酸。计算时需要根据 NO_2 生成 HNO_2 的转换率进行换算。Saltzman 实验系数是用 NO_2 标准混合气体进行多次吸收实验测定的平均值。Saltzman 实验系数受空气中的 NO_2 的浓度、采样流量、吸收瓶类型、采样效率等因素影响。

(2) 测定空气中 NO_x 含量时，还可以使气样通过三氧化铬-砂子氧化管，将 NO 氧化成 NO_2 后，再通入吸收液进行吸收和显色。因此样品不通过氧化管时测定的是 NO_2 含量，通过氧化管后测定的是 NO_2 和 NO 的总量，二者之差为 NO 的含量。

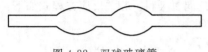

图 4-22　双球玻璃管

三氧化铬-砂子氧化管是一个装入三氧化铬和砂子的双球玻璃管（如图 4-22 所示），使用时用硅胶管与吸收瓶连接。

(3) 当空气中臭氧的浓度超过 $0.25mg/m^3$ 时，使吸收液略显红色，对二氧化氮的测定产生干扰。采样时在吸收瓶入口端串接一段 15～20cm 长的硅胶管，即可消除干扰。

三、一氧化碳

一氧化碳（carbon monoxide）是大气的主要污染物之一，它易与人体血液中的血红蛋白结合，形成碳氧血红蛋白，使血液输送氧的能力降低，造成机体缺氧，严重时会因窒息而死亡。它主要来源于化石燃料的不完全燃烧和汽车尾气，森林火灾、火山爆发等自然灾害也是其来源之一。

大气中一氧化碳的测定方法有非分散红外吸收法、气相色谱法、间接冷原子吸收法、汞置换法等。

1. 非分散红外吸收法

CO、CO_2 等气态分子受到红外辐射（1～25μm）时吸收各自特征波长的红外光，引起分子振动和转动能级的跃迁，形成红外吸收光谱。在一定浓度范围内，吸收光谱的峰值（吸光度）与气态物质浓度之间的关系符合朗伯-比尔定律，据此可确定 CO 的浓度。

CO 的红外吸收峰在 4.67μm 和 4.72μm 处，CO_2 在 4.3μm 附近，水蒸气在 6μm 和 3μm 附近，而大气中 CO_2 和水蒸气的浓度又远大于 CO 的浓度，所以干扰 CO 的测定。在测定前用制冷剂或通过干燥剂的方法可以除去水蒸气，用窄带光学滤光片或气体滤波室将红外辐射限制在 CO 吸收的范围内，可消除 CO_2 的干扰。

非分散红外吸收法广泛用于一氧化碳、二氧化碳、二氧化硫、氨、甲烷等气态污染物的测定，简便、快速，适用于连续自动监测。

2. 气相色谱法

空气中的 CO、CO_2、CH_4 等经过 TDX-01 碳分子筛柱分离，在（360±10）℃ 的条件下，在镍催化剂的作用下，CO 和 CO_2 在氢气流中均能转变为 CH_4，用氢火焰离子化检测器（FID）检测，出峰顺序为 CO、CH_4、CO_2。

四、臭氧

臭氧（ozone）是一种强氧化性气体，主要集中在大气平流层中，臭氧层能够吸收 99％以上来自太阳的紫外辐射，从而保护了地球上的生物不受紫外线伤害。空气中的臭氧一方面来自平流层，另一方面由于人类生产和生活活动排放的碳氢化合物及氮氧化物经一系列光化学反应而产生。臭氧具有强烈的刺激性，易损伤人体呼吸道和肺。

臭氧的手工测定方法主要是靛蓝二磺酸钠分光光度法、硼酸碘化钾分光光度法和紫外光度法。

1. 靛蓝二磺酸钠分光光度法

空气中的臭氧在磷酸盐缓冲剂存在下，与吸收液中黄色的靛蓝二磺酸钠等物质反应后，生成靛红二磺酸钠，在 610nm 处测量吸光度。

该法适用于测量环境空气中高含量的臭氧，当采样体积为 5～30L 时，测定范围为 $0.030～1.200mg/m^3$。

空气中的二氧化氮使测定结果偏高。当二氧化硫浓度高于 $750\mu g/m^3$、硫化氢浓度高于 $110\mu g/m^3$、过氧乙酰硝酸酯浓度高于 $1800\mu g/m^3$、氟化物高于 $2.5\mu g/m^3$ 时，对测定产生干扰。

2. 硼酸碘化钾分光光度法

用含有硫代硫酸钠的硼酸碘化钾溶液作吸收液采样，空气中的 O_3 等氧化剂将 I^- 氧化为 I_2，而 I_2 立即被硫代硫酸钠还原，剩余硫代硫酸钠被加入的过量碘标准溶液氧化，在 352nm 处以水为参比测定剩余碘的吸光度。

由于 SO_2、H_2S 等还原气体干扰测定，因此必须同时进行空白试验。空白试验采样时串联三氧化铬氧化管，在氧化管和吸收管之间串联 O_3 过滤器（装有粉末二氧化锰与玻璃纤维滤膜碎片的均匀混合物），采集空气样品。

五、硫酸盐化速率

硫酸盐化速率是指大气中的含硫污染物变为硫酸雾和硫酸盐雾的速率。测定方法有二氧化铅-重量法、碱片-重量法、碱片-铬酸钡分光光度法、碱片-离子色谱法等。

1. 二氧化铅-重量法

大气中的二氧化硫、硫酸雾、硫化氢等与二氧化铅反应生成硫酸铅，用碳酸钠溶液反应，使硫酸铅转化为碳酸铅，释放出硫酸根离子，再加入氯化钡溶液，生成硫酸钡沉淀，用重量法测定，结果以每日在 $100cm^2$ 的二氧化铅面积上所含 SO_3 的质量（mg）表示。反应式如下：

$$SO_2 + PbO_2 \longrightarrow PbSO_4$$
$$H_2S + PbO_2 \longrightarrow PbO + H_2O + S$$
$$PbO_2 + S + O_2 \longrightarrow PbSO_4$$

（1）PbO_2 采样管的制备　在素瓷管上涂一层黄蓍胶乙醇溶液，将适当大小的湿纱布平整地绕贴在素瓷管上，再均匀地刷上一层黄蓍胶乙醇溶液，除去气泡，自然晾至近干后，将 PbO_2 与黄蓍胶乙醇溶液研磨制成的糊状物均匀地涂在纱布上，涂布面积约为 $100cm^2$，晾干，移入干燥器存放。

（2）采样　将 PbO_2 采样管固定在百叶箱中，在采样点上放置（30±2）d。注意不要靠近烟囱等污染源。收样时，将 PbO_2 采样管放入密闭容器中。

（3）测定　准确测量 PbO_2 涂层的面积，将采样管放入烧杯中，用碳酸钠溶液淋湿涂层，用镊子取下纱布，并用碳酸钠溶液冲洗瓷管，取出。搅拌洗涤液，盖好，放置2～3h 或过夜。将烧杯在沸水浴上加热至近沸，保持 30min，稍冷，倾斜过滤并洗涤，获得样品滤液。在滤液中加甲基橙指示剂，滴加盐酸至红色并稍过量。在沸水浴上加热，赶除 CO_2，滴加 $BaCl_2$ 溶液至沉淀完全，再加热 30min，冷却，放置2h 后，用恒重的 G_4 玻璃砂芯坩埚抽气过滤，洗涤至滤液中无氯离子。将坩埚于 105～110℃烘箱中烘至恒重。同时，将保存在干燥器内的两支空白采样管按同法操作，测其空白值。

硫酸盐化速率 ［以 SO_3 计，$mg/(100cm^2\ PbO_2·d)$ ］可用式（4-11）计算。

$$硫酸盐化速率 = \frac{m - m_0}{nA} \times \frac{M(SO_3)}{M(BaSO_4)} \times 100 \qquad (4\text{-}11)$$

式中　m——样品管测得 $BaSO_4$ 的质量，mg；

$\quad\quad m_0$——空白管测得 $BaSO_4$ 的质量，mg；

$\quad\quad A$——采样管上 PbO_2 涂层的面积，cm^2；

$\quad\quad n$——采样天数。

2. 碱片-重量法

将用碳酸钾溶液浸渍的玻璃纤维滤膜暴露于大气中，碳酸钾与空气中的二氧化硫等反应生成硫酸盐，加入氯化钡溶液将其转化为硫酸钡沉淀，用重量法测定，结果以每日在 $100cm^2$ 碱片上所含 SO_3 的质量（mg）表示。

先制备碱片并烘干，放入塑料皿（滤膜毛面向上，用塑料垫圈压好边缘），在现场采样点，固定在特制的塑料皿支架上，采样 $(30\pm2)d$。将采样后的碱片置于烧杯中，加入盐酸使二氧化碳逸出，捣碎碱片并加热至近沸，用定量滤纸过滤，得到样品溶液，加入 $BaCl_2$ 溶液，得到 $BaSO_4$ 沉淀，将沉淀烘干、称重。同时，将一个没有采样的烘干的碱片放入烧杯中，按同样方法操作，并测其空白值。

六、总烃

环境空气中的烃类一般指具有挥发性的碳氢化合物（$C_1 \sim C_8$），常用两种方法表示：一种是包括甲烷在内的碳氢化合物，称为总烃（THC）；另一种是除甲烷以外的碳氢化合物，称为非甲烷烃（NMHC）。空气中的碳氢化合物主要是甲烷，其浓度范围为 $1.5 \sim 6mg/m^3$。但当空气污染严重时，甲烷以外的碳氢化合物大量增加。

空气中的碳氢化合物主要来自石油炼制、焦化、化工等生产过程中逸散和排放的废气及汽车排气，局部地区也来自天然气、油田气的逸散。

测定总烃的方法是气相色谱法。

测定原理是基于以氢火焰离子化检测器测定气样中的总烃和氧的含量，两者之差即为非甲烷烃含量。

以氮气为载气测定总烃时，总烃峰包括氧峰，即空气中的氧产生正干扰，可采用两种方法消除：一种方法用除碳氢化合物后的空气测定空白值，从总烃中扣除；另一种方法用除碳氢化合物后的空气作载气，在以氮气为稀释气的标准气中加一定体积的纯氧气，使配制的标准气样中氧含量与空气样品相近，则氧的干扰可相互抵消。

在气相色谱仪中并联了两根色谱柱，一根是不锈钢螺旋空柱，用于测定总烃；另一根是填充 GDX-502 载体的不锈钢柱，用于测定甲烷。

在选定色谱条件下，将空气试样、甲烷标准气样及除烃净化空气依次分别经过定量管和六通阀注入，通过色谱柱到达检测器，可分别得到三种气样的色谱峰。则总烃含量（以 CH_4 计，mg/m^3）用式(4-12)计算。

$$\rho(总烃) = \frac{(h_t - h_a)\rho_s}{h_s} \tag{4-12}$$

式中　h_t——空气试样中的总烃的峰高（包括氧峰）；

　　　h_a——除烃净化空气的峰高；

　　　h_s——甲烷标准气样的峰高；

　　　ρ_s——甲烷标准气的浓度。

在相同色谱条件下，将空气试样、甲烷标准气样通过定量管和六通阀分别注入仪器。经 GDX-502 柱分离到达检测器，可依次得到气样中甲烷的峰高（或峰面积）和甲烷标准气样的峰高（或峰面积）。甲烷含量（以 CH_4 计，mg/m^3）用式(4-13)计算。

$$\rho(甲烷) = \frac{h_m\rho_s}{h_s'} \tag{4-13}$$

式中　h_m——气样中甲烷的峰高；

　　　ρ_s——甲烷标准气的浓度；

　　　h_s'——甲烷标准气样的峰高。

第五节　环境空气中颗粒污染物的测定

一、总悬浮颗粒物（TSP）

TSP 的测定常采用重量法。用抽气动力抽取空气，经过切割器切割后的空气通过已恒重的滤膜，则空气中的总悬浮颗粒物被阻留在滤膜上，根据采样前后滤膜的质量之差及采样体积，即可计算总悬浮颗粒物的质量浓度。滤膜经处理后，可进行化学组分分析。该法适用于大流量或中流量总悬浮颗粒物采样器进行空气中总悬浮颗粒物的测定，检测限为 0.001mg/m^3。

1. TSP 切割器

所谓切割器（particle separate device）是指能够将不同粒径粒子进行分离的装置，又称为采样头。TSP 采样头的切割粒径 $D_{a50}=100\mu\text{m}$，即表示采样器对颗粒物的捕集效率为 50% 时所对应粒子的空气动力学当量直径。

根据采样器的流量，分为大流量 TSP 切割器和中流量 TSP 切割器。常见的中流量 TSP 切割器及其组件如图 4-23 所示，一般采用圆形滤膜，直径为 90mm，有效滤膜直径为 80mm。

2. 采样操作

打开采样头顶盖，取出滤膜夹，用清洁干布擦掉采样头内滤膜夹及滤膜支持网表面上的灰尘，将采样滤膜毛面向上，平放在滤膜支持网上。同时核查滤膜编号，放上滤膜夹，拧紧螺栓，以防漏气，装好采样头顶盖。采样时，启动采样器进行采样。记录采样流量、开始采样时间、温度和压力等参数。

采样结束后，取下滤膜夹，用镊子轻轻夹住滤膜边缘，取下样品滤膜，并检查在采样过程中滤膜是否有破裂及滤膜上尘的边缘轮廓是否有不清晰的现象。若有，则该样品膜作废，需重新采样。确认无破裂后，将滤膜的采样面向里对折两次放入与样品膜编号相同的滤膜袋（盒）中，并填写现场采样记录表（见表 4-7）。

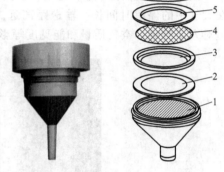

图 4-23　中流量 TSP 切割器外形及其组件
1—切割器下组件；2—橡胶垫圈；3—支撑网垫垫圈；4—支撑滤膜网垫；5—垫圈；6—切割器上组件

表 4-7　TSP 现场采样记录

_____ 市（县）_____ 测点 _____ 年 ___ 月 ___ 日

采样器编号	滤膜编号	采样时间		累积采样时间/min	气温/℃	气压/kPa	流量/(m³/min)	天气
		开始	结束					

采样人 _____　　　　　　　审核人 _____

3. 结果计算

总悬浮颗粒物（TSP）的含量（$\mu\text{g/m}^3$）按下式计算：

$$\text{TSP}(\mu\text{g/m}^3)=\frac{m_1-m_0}{V_s}\times10^3 \tag{4-14}$$

式中　m_1——采样后滤膜的质量，mg；

　　　m_0——采样前滤膜的质量，mg；

　　　V_s——换算成标准状态（273.15K，101.325kPa）下的采样体积，m^3。

【注意】　每张滤膜要用 X 光片机检查，不得有针孔或缺陷。两台采样器放在不大于 4m、不小于 2m 的距离内，测定总悬浮颗粒物含量的相对偏差应不大于 15%。

滤膜采集后，如不能立即称量，应在 4℃条件下冷藏保存。对分析有机成分的滤膜，采集后应立即放入-20℃冷冻箱内保存，为防止有机物的分解，不宜进行称重。

二、PM_{10} 和 $PM_{2.5}$

PM_{10} 在环境空气中持续的时间长，对人体健康和大气能见度有很大影响。PM_{10} 通常来自在未铺沥青或水泥的路面上行使的机动车、材料的破碎碾磨处理过程以及被风扬起的尘土；一些颗粒物来自烟囱与车辆等污染源的直接排放；另一些则是由环境空气中硫的氧化物、氮氧化物、挥发性有机化合物及其他化合物互相作用形成的细小颗粒物。它们的化学和物理组成依地点、气候、季节不同而变化很大。可吸入颗粒物被人吸入后，会累积在呼吸系统中，引发许多疾病。对老人、儿童和已患心肺病者等敏感人群的影响更大。

$PM_{2.5}$ 的粒径比 PM_{10} 更小，如图 4-24 所示。$PM_{2.5}$ 含有大量的有毒、有害物质，而且在大气中的停留时间长、输送距离远。虽然 $PM_{2.5}$ 只是地球大气成分中含量很少的组分，但对人体健康、空气质量和能见度等影响更大。

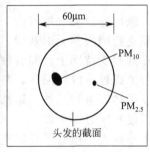

图 4-24　PM_{10} 和 $PM_{2.5}$ 的大小与头发直径的比较

图 4-25　撞击式 PM_{10} 切割器　　　　　图 4-26　撞击式 $PM_{2.5}$ 切割器

1. PM_{10} 和 $PM_{2.5}$ 切割器

图 4-25 和图 4-26 分别是撞击式 PM_{10} 和 $PM_{2.5}$ 切割器。要求 PM_{10} 切割器的切割粒径 $D_{a_{50}}=(10\pm0.5)\mu m$，$PM_{2.5}$ 切割器的切割粒径 $D_{a_{50}}=(2.5\pm0.2)\mu m$。空气中不同粒径的颗粒物，经过进气口进入切割器中，空气动力学当量直径大于 $10\mu m$ 粒子的粒子撞击后便沉积下来，而空气动力学当量直径小于 $10\mu m$ 的粒子随气流流动，通过滤膜阻隔而留在滤膜

上，从而实现了 PM_{10} 的切割分离（如图 4-27 所示）。若要测定 $PM_{2.5}$，必须将经过 PM_{10} 切割分离后的气流通过 $PM_{2.5}$ 切割器，空气动力学当量直径大于 $2.5\mu m$ 的粒子撞击后便沉积在撞击板上，而空气动力学当量直径小于 $2.5\mu m$ 的粒子随气流流动，通过滤膜阻隔而留在滤膜上，从而实现了 $PM_{2.5}$ 的切割分离（如图 4-28 所示）。

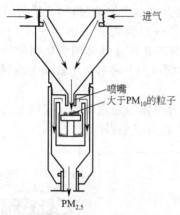 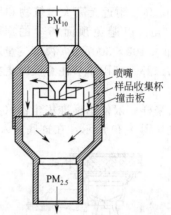

图 4-27　撞击式 PM_{10} 切割原理示意图　　　图 4-28　撞击式 $PM_{2.5}$ 切割原理示意图

2. 采样操作

选用边缘平整、薄厚均匀、无毛刺、无针孔、无破损、无污染的玻璃纤维滤膜（孔径小于 $2\mu m$），在恒温恒湿的条件下平衡 24h，用感量为 0.1mg 或 0.01mg 的分析天平称量滤膜质量，平衡 1h 后再称量。若采用大流量采样器时，同一滤膜两次称量的质量之差应小于 0.4mg；若采用中流量或小流量采样器时，同一滤膜两次称量的质量之差应小于 0.04mg。将已称重的滤膜用镊子放入洁净采样夹内的滤网上，并将滤膜压紧至不漏气，每测定一次浓度都必须更换滤膜。测定 24h 平均浓度时，只需采集到一张滤膜上。

采样点应避开污染源及障碍物，若测定交通枢纽处的 PM_{10} 和 $PM_{2.5}$，采样点应布置在距人行道边缘外侧 1m 处。采样器的入口距离地面距离应大于 1.5m，若多台采样器同时平行采样，大流量的应相距 2m 以上，中流量的应相距 1m 以上。测定 24h 平均浓度时，累计采样时间不应少于 20h。采样不能在风速大于 8m/s 或雨雪天的情况下进行。

采样结束时，用镊子将滤膜取出，将颗粒物面对折，放入样品盒或纸袋，记录采样时的温度、大气压、采样时间、采样流量等相关信息。采样结束后，滤膜应尽快平衡称量，如不能及时称量，应将滤膜在 4℃ 条件下密闭冷藏。

3. 结果计算

PM_{10} 或 $PM_{2.5}$ 浓度按式(4-15)计算。

$$\rho = \frac{m_1 - m_0}{V_s} \times 10^3 \tag{4-15}$$

式中　ρ——PM_{10} 或 $PM_{2.5}$ 浓度，$\mu g/m^3$；

$\quad\quad m_1$——采样后滤膜质量，mg；

$\quad\quad m_0$——采样前滤膜质量，mg；

$\quad\quad V_s$——换算成标准状态下（273.15K，101.325kPa）的采样体积，m^3。

三、自然降尘

自然降尘简称降尘，指大气中自然降落在地面上的颗粒物，其粒径多在 $10\mu m$ 以上。国家规定的标准分析方法是：空气中的可沉降颗粒物，沉降在装有乙二醇水溶液作收集液的集尘缸内，经蒸发、干燥、称量后，计算降尘量。此方法适用于测定环境空气中的可沉降颗粒物，方法的检测限为 $0.2t/(km^2 \cdot 30d)$。

1. 样品采集

采集空气中降尘的方法分为湿法和干法两种，其中湿法应用更加普遍。

湿法采样是在一圆筒形玻璃（或塑料、瓷、不锈钢）缸中加入一定量的水，放置在距地面 5～12m 高、附近无高大建筑物和无局部污染源的地方（如空旷的屋顶），采样口距基础面 1～1.5m，以避免顶面扬尘的影响。集尘缸的尺寸一般为内径（15.0 ± 0.5）cm、高 30cm，加水 100～300mL（视蒸发量和降雨量而定）。为防止冰冻和抑制微生物生长，需加入适量乙二醇。多雨季节注意及时更换集尘缸，防止水满溢出，将各集尘缸采集的样品合并后测定。

干法采样一般使用标准集尘器（如图 4-29 所示），夏季需加入除藻剂。我国干法采样用的集尘缸如图 4-30 所示，在缸底放入塑料圆环，圆环上再放置塑料筛板。

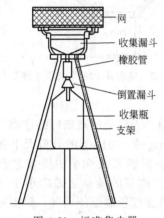

图 4-29　标准集尘器

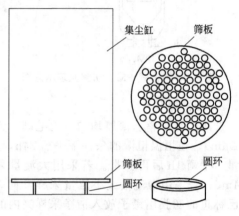

图 4-30　干法采样集尘缸

2. 降尘总量的测定

采样后，用淀帚把缸壁擦洗干净，将缸内溶液和尘粒全部转入烧杯中，蒸发，浓缩，冷却后用水冲洗杯壁，并用淀帚把杯壁上的尘粒擦洗干净，在电热板上小心蒸发至干（溶液少时注意不要迸溅），然后放入烘箱中于（105 ± 5）℃烘干，称量，直至恒重。

降尘总量可用式(4-16) 计算：

$$M=\frac{m_1-m_0-m_c}{ns}\times30\times10^4 \tag{4-16}$$

式中　M——降尘总量，$t/(km^2 \cdot 30d)$；

　　　m_1——降尘、瓷坩埚和乙二醇水溶液蒸发至干并在（105 ± 5）℃恒重后的质量，g；

　　　m_0——在（105 ± 5）℃烘干的瓷坩埚质量，g；

　　　m_c——与采样操作等量的乙二醇水溶液蒸发至干并在（105 ± 5）℃恒重后的质量，g；

　　　s——集尘缸口面积，cm^2；

　　　n——采样天数，d。

3. 降尘中可燃物的测定

将上述已测降尘总量的瓷坩埚放入马弗炉中，在 600℃灼烧，待炉内温度降至 300℃以下时取出，放入干燥器中，冷却，称重。再在 600℃下灼烧 1h，冷却，称量，直至恒重。

将与采样操作等量的乙二醇水溶液，放入烧杯中，与降尘总量测定步骤相同操作，灼烧后，称量至恒重，减去瓷坩埚的质量。

降尘中的可燃物含量可用式(4-17) 计算：

$$M' = \frac{(m_1 - m_0 - m_c) - (m_2 - m_b - m_d)}{ns} \times 30 \times 10^4 \tag{4-17}$$

式中　M'——降尘中的可燃物含量，$t/(km^2 \cdot 30d)$；

　　　m_1——降尘、瓷坩埚和乙二醇水溶液蒸发至干并在（105 ± 5）℃恒重后的质量，g；

　　　m_0——在（105 ± 5）℃烘干的瓷坩埚质量，g；

　　　m_c——与采样操作等量的乙二醇水溶液蒸发至干并在（105 ± 5）℃恒重后的质量，g；

　　　m_2——降尘、瓷坩埚及乙二醇水溶液蒸发残渣于600℃灼烧后的质量，g；

　　　m_b——瓷坩埚于600℃灼烧后的质量，g；

　　　m_d——与采样操作等量的乙二醇水溶液蒸发残渣于600℃灼烧后的质量，g；

　　　s——集尘缸口面积，cm^2；

　　　n——采样天数，d。

四、颗粒物中的金属元素

目前已发现颗粒中的金属元素主要有铝、钙、钾、钒、钛、铁、锰、钡、镉、钪、铜、钴、镍、铅、锌、锆、镓、锗、铷、锶、钇、钼、铑、钯、银、锡、锑、铯、镧、钨、金、汞、铬、铀、铪、镝、钍、铕、铽等。测定颗粒中金属元素常用的方法有原子吸收分光光度法、离子色谱法、电感耦合等离子体发射光谱法、电感耦合等离子体质谱法等。这里简单介绍铅、六价铬和水溶性阳离子的测定方法。

1. 铅

环境空气中的铅是指酸溶性铅与铅的氧化物，可采用石墨炉原子吸收分光光度、电感耦合等离子体发射光谱和电感耦合等离子体质谱等方法进行测定。这里只介绍石墨炉原子吸收分光光度法。

（1）样品采集　用直径为8cm的石英纤维滤膜，使用中流量采样器采样30～60m^3。采样后小心取下滤膜，使尘面朝里对折两次叠成扇形，放入纸袋中，并与全程序空白滤膜一起放入干燥器中保存。

（2）试样制备　将滤膜取出并剪成小块，置于高型烧杯或锥形瓶中，依次加入10mL硝酸、5mL盐酸和3mL过氧化氢，静止浸泡30min左右，待反应趋于平静后，在电热板上缓慢加热，微沸10min，蒸发至近干，再加入5mL硝酸和1.5mL过氧化氢，加热至近干。冷却，加入5mL（1＋9）硝酸溶液，再稍微加热，将溶液用4号多孔玻璃过滤器进行过滤，滤液收集于烧杯中，冷却至室温后转移至50mL容量瓶中，用1%硝酸溶液反复冲洗滤膜残渣至少三次，合并滤液，用1%硝酸溶液定容至标线。

将带至现场未采样的滤膜按同样方法制备成全程序空白试样。

【注意】　若采用微波消解，将滤膜取出并剪成小块，置于消解罐中，依次加入8mL硝酸、2mL盐酸和1mL过氧化氢，静止浸泡2～3h，待反应趋于平静后，进行消解。

（3）样品测定　在一组50mL容量瓶中，配成含铅量分别为0.00、0.50μg、1.00μg、1.50μg、2.00μg和2.50μg的标准系列。由低浓度到高浓度向石墨管中依次注入铅标准溶液，加入2μL磷酸二氢铵溶液（5%）基体改进剂，在选定的仪器工作条件下（波长283.3nm、灯电流8mA、狭缝0.5nm、氩气流速0.2L/min、进样量20μL），测定铅标准系列的吸光度，并建立校准曲线的线性回归方程。

按照同样的方法测定试样和空白试样的吸光度，根据校准曲线的线性回归方程计算出试样和空白试样中铅的含量。环境空气中铅的浓度按式(4-18)计算。

$$\rho(Pb, \mu g/m^3) = \frac{\rho_1 - \rho_0}{V_s} \tag{4-18}$$

式中 ρ_1——由校准曲线方程得到的试样中铅的含量，μg；

ρ_0——由校准曲线方程得到的空白试样中铅的含量，μg；

V_s——标准状态下（273.15K，101.325kPa）的采样体积，m^3。

2. 六价铬

环境空气颗粒物中的六价铬是指以铬酸盐和重铬酸盐形式存在的铬的化合物。可采用电感耦合等离子体发射光谱、电感耦合等离子体质谱以及柱后衍生离子色谱等方法进行测定。这里只介绍柱后衍生离子色谱法。

（1）**样品采集** 用经过碳酸氢钠溶液清洗过的纤维素滤膜采集环境空气中的颗粒物，用小流量采集24h，取下滤膜放在铝膜盒中低温保存，若不能及时测定，应于－18℃密封冷冻保存，在一周内测定。

（2）**试样制备** 将样品滤膜放入15mL聚四氟乙烯或聚丙烯材质具螺旋盖的管子中，加入10mL2.0×10^{-2}mol/L碳酸氢钠溶液，旋紧盖子放入超声波仪中超声1h，用0.22μm水溶性微孔滤膜过滤。

（3）**样品测定** 在一组100mL容量瓶中，配成Cr（Ⅵ）含量分别为0.00μg、0.010μg、0.020μg、0.050μg、0.10μg、0.20μg、0.50μg的标准系列。按其浓度由低到高的顺序注入离子色谱仪，用0.25mol/L硫酸铵和0.10mol/L氨水作为淋洗液，流速为1.0mL/min，柱后衍生剂流速0.33mL/min，分离后的Cr（Ⅵ）与二苯碳酰二肼发生显色反应生成红色化合物，在540nm波长处测定该化合物的吸光度，并建立标准曲线的线性回归方程。

按照同样的方法测定试样和空白试样的吸光度，根据校准曲线的线性回归方程计算出试样和空白试样中Cr（Ⅵ）的含量。环境空气中Cr（Ⅵ）的浓度按式(4-19)计算。

$$\rho[Cr(Ⅵ),\mu g/m^3] = \frac{\rho_1 - \rho_0}{V_s} \tag{4-19}$$

式中 ρ_1——由校准曲线方程得到的试样中Cr（Ⅵ）的含量，μg；

ρ_0——由校准曲线方程得到的空白试样中Cr（Ⅵ）的含量，μg；

V_s——标准状态下（273.15K，101.325kPa）的采样体积，m^3。

3. 水溶性阳离子

水溶性阳离子是指环境空气颗粒物中溶于水的阳离子，这里测定的是指Li^+、Na^+、NH_4^+、K^+、Ca^{2+}、Mg^{2+}六种阳离子，测定方法采用离子色谱法。

将采集的环境空气颗粒物样品，用水进行超声提取后，以甲磺酸或硝酸为淋洗液（流速为1.0mL/min），用阳离子色谱柱分离后，用电导检测器进行监测，根据保留时间定性，用峰高或峰面积进行定量。

五、颗粒物中的非金属元素及化合物

目前已发现颗粒中的非金属元素主要有硅、磷、砷、氟、硫、氯、溴、硒、碲、碘等。细颗粒物中还含有硫酸盐、硝酸盐等化合物。这里只介绍氟化物和水溶性阴离子。

1. 氟化物

环境空气中的气态氟化物主要是氟化氢及少量的氟化硅和氟化碳，颗粒态氟化物主要是冰晶石、氟化钠、氟化铝、氟化钙（萤石）等。氟化物污染主要来源于含氟矿石及其以燃煤为能源的工业过程。氟化物通过呼吸进入人体，会引起黏膜刺激、中毒等症状，并能影响组织和器官的正常生理功能。另外，氟化物对植物的生长也会产生不利影响。

测定环境空气中氟化物的方法有石灰滤纸采样-氟离子选择性电极法、滤膜采样-氟离子

选择性电极法、分光光度法等。

（1）滤膜采样-氟离子选择性电极法　用磷酸氢二钾溶液浸渍的玻璃纤维滤膜或碳酸氢钠-甘油溶液浸渍的玻璃纤维滤膜采样，则大气中的气态氟化物被吸收固定，颗粒态氟化物同时被阻留在滤膜上。采样后的滤膜用 0.25mol/L 盐酸溶液浸取后，用氟离子选择性电极法测定。

该方法测定的是环境空气中气态氟化物及溶于盐酸溶液的颗粒态氟化物。当采样体积为 $10m^3$ 时，最低检测浓度为 $0.5\mu g/m^3$。

（2）石灰滤纸采样-氟离子选择性电极法　空气中的氟化物与浸渍在滤纸上的氢氧化钙反应而被固定，用总离子强度调节缓冲液提取后，以氟离子选择性电极法测定。该方法不需要抽气动力，操作简便，采样时间长，得出的石灰滤纸上氟化物的含量，反映了在放置期间空气中氟化物的平均污染水平。

2. 水溶性阴离子

水溶性阴离子是指环境空气颗粒物中溶于水的阴离子，这里测定的是指 F^-、Cl^-、NO_2^-、Br^-、NO_3^-、PO_4^{3-}、SO_3^{2-} 和 SO_4^{2-} 八种阴离子，测定的方法采用离子色谱法。

将采集的环境空气颗粒物样品，用水进行超声提取后，以碳酸盐或氢氧根为淋洗液，用阴离子色谱柱分离后，用电导检测器进行监测，依保留时间定性，用峰高或峰面积进行定量。

六、颗粒物中的有机物

颗粒物中的有机物种类很多，其中烃类是主要成分，如烷烃、烯烃、芳香烃和多环芳烃，此外还有亚硝胺、氮杂环、环酮、醌类、酚类等。这里只介绍苯并 [a] 芘和二噁英类化合物。

1. 苯并 [a] 芘

苯并 [a] 芘（Benzo [a] pyrene）属于多环芳烃（PAHs）的一种，具有极强的致癌性，其相对分子质量是 252.32，沸点是 493~496℃，结构式为：

环境空气中的苯并 [a] 芘主要来自于一些工业废气、汽车排气和纸烟烟雾，并附着在颗粒物中。PM_{10} 或 $PM_{2.5}$ 中的苯并 [a] 芘通过人的呼吸可以在人体中累积，从而影响人体健康。因此，评价环境空气质量非常有必要测定环境空气中苯并 [a] 芘的含量。

（1）高效液相色谱法　采用大流量采样器，使用处理后的超细玻璃纤维滤膜连续采集24h。将滤膜边缘无尘部分减去，然后将滤膜分成若干等份。取一份滤膜于小玻璃管中，准确加入 5mL 乙腈，超声提取 10min，离心 10min，取上层清液进行测定。

该方法适用于环境空气 PM_{10} 或 $PM_{2.5}$ 中苯并 [a] 芘的测定。当采用乙腈-水作流动相时，最低检测浓度为 $6\times10^{-5}\mu g/m^3$；当采用甲醇-水作流动相时，最低检测浓度为 $1.8\times10^{-4}\mu g/m^3$。

在样品运输、保存和分析过程中，应防止温度、臭氧、二氧化氮、紫外线等因素的影响。采样后将玻璃纤维滤膜取下，尘面向里折叠，用黑纸包好，塑料袋密封后立即送实验室，在 -20℃ 下保存，7d 内分析。

（2）乙酰化滤纸色谱荧光分光光度法　用环己烷作溶解剂，将采集在玻璃纤维滤膜上的苯并 [a] 芘在水浴上连续加热提取，浓缩，用乙酰化滤纸进行色谱分离，斑点用丙酮洗脱，最后用荧光分光光度计测定。

该方法适用于大气飘尘中苯并［a］芘的测定。当采样体积为 $40m^3$ 时，最低检测浓度为 $2\times10^{-5}\mu g/m^3$。

乙酰化滤纸是采用乙酰化试剂处理过的滤纸。乙酰化试剂是 750mL 苯、250mL 乙酸酐、0.5mL 硫酸的混合溶液。

2. 二噁英类化合物

二噁英（dioxins）是由 2 个或 1 个氧原子连接 2 个被氯取代的苯环组成的三环芳香族有机化合物，包括多氯二苯并二噁英（polychlorinated dibenzo-p-dioxins，PCDDs）和多氯二苯并呋喃（polychlorinated dibenzo-p-furans，PCDFs），共有 210 种同类物，统称为二噁英类。

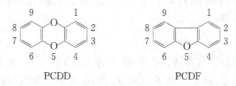

二噁英类是一类剧毒物质，其急性毒性相当于氰化钾的 1000 倍。二噁英类各异构体的毒性与所含氯原子的数量及氯原子在苯环上的取代位置有很大关系。含有 1～3 个氯原子的异构体被认为无明显毒性；含 4～8 个氯原子的化合物有毒，其中毒性最强的是 2,3,7,8-四氯二苯并二噁英类（2,3,7,8-TCDD）。

二噁英类的分析方法为同位素稀释高分辨气相色谱-高分辨质谱法（HRGC-HRMS）。

（1）测定原理　利用滤膜和吸附材料对环境空气中的二噁英类进行采样，采集的样品加入同位素标记内标，分别对滤膜和吸附材料进行处理，将得到的样品提取液经过净化和浓缩制备成分析试样，用高分辨气相色谱-高分辨质谱法进行定性和定量分析。

（2）采样方法　环境空气中二噁英类采样装置如图 4-31 所示。进行高流速采样时，控制 500～700L/min 流量连续采样；进行中流速采样时，控制 100～300L/min 流量连续长时间采样。

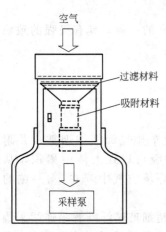

图 4-31　环境空气中二噁英类采样装置示意图

过滤材料使用石英纤维滤膜，使用前用铝箔将滤膜包好放入马弗炉中，在 400℃温度下加热 6h。处理好的滤膜用铝箔包好密封保存。吸附材料为聚氨基甲酸乙酯泡沫（PUF），直径为 90～100mm，厚度为 50～60mm，密度为 0.016g/cm³。使用前也要进行处理。首先用沸水烫洗，再将其放入温水中反复搓洗干净，在空气中晾干，用丙酮洗去水分，再用丙酮索氏提取至少 16h。也可以用丙酮在超声波池中清洗 3 次，每次 30min。将清洗后的 PUF 在真空干燥器中低于 50℃条件下加热 8h，然后保存在密封的 PUF 充填管中。

采样之前对现场进行调查，避开大风、下雨的天气进行采样。选择采样点最好选在开阔地带，距离障碍物至少 2m 以上。为防止地面扬尘的影响，采样器应安装在距地面 1.5m 以上的位置，必要时在设备附近地面铺设塑料布或其他隔离物。

采样时将装有两个 PUF 的充填管安装到采样装置上，把滤膜放在滤膜架上固定好，添加采样内标（浓度已知的同位素 ¹³C 或 ³⁷Cl 标记的二噁英类标准物质的壬烷溶液）。启动采样装置，调节好流量，进行采样。

采样结束后尽量在阴暗处拆卸采样装置，将 PUF 充填管密封，装入密封袋中。将滤膜采样面向里对折，用铝箔包好后装入密实袋中保存。样品应低温保存，并尽快送实验室分析。

（3）环境空气样品的提取 将滤膜放入索氏提取器中，用甲苯提取 16～24h。将滤膜放入索氏提取器中，用丙酮提取 16～24h。将两部分提取液分别进行浓缩，用正己烷作溶剂再次浓缩后合并。

（4）样品的净化 初步净化可以采用硫酸处理-硅胶柱净化，也可以采用多层硅胶柱净化。进一步净化可以选择氧化铝柱或活性炭硅胶柱净化。

（5）干扰及消除 在 PCDDs 和 PCDFs 化合物出峰时间的前后 2s 内出峰并与目标化合物有类似质量和质荷比的化合物都可能干扰测定。干扰化合物通常是与目标化合物一起被萃取出来的化合物，如多氯联苯、甲氧基联苯、多氯二苯醚、多氯萘、DDT、DDE 等物质。这些干扰化合物的大部分可以通过样品净化过程来消除，剩下的干扰物可以通过高分辨的色谱和质谱有效地进行分离。

由于 PCDDs 和 PCDFs 的浓度非常低，因此实验室必须使用高纯度的试剂和溶剂，所有的实验器具必须彻底清洗干净。所有实验用品必须定期分析以确定是否存在污染。为了达到富集目标化合物、排除干扰物的目的，在样品净化过程中应细心操作以尽量减少目标化合物的损失。在一批样品的分析过程中，应进行现场空白、方法空白和方法加标试验，以评价分析数据的有效性。

（6）实验安全及防护 实验室必须建立严格的安全制度，分析工作应在专用的、通风良好的操作间进行，应建立隔离工作区，应急处理设施必须完备，并且要建立一套完整的方法来处置危险品和消除污染。实验室工作人员要牢记危险品的安全操作规程，要使用处理放射性和传染性疾病的防护技术。操作人员必须经过严格的培训，精通实验室操作并且熟悉 2，3，7，8-TCDD 的毒性，尽量减少人体暴露在这些物质中。

阅读材料

二噁英和 POPs

POPs 是持久性有机污染物（persistent organic pollutants）的简称。国际社会于 2001 年 5 月 23 日在瑞典首都斯德哥尔摩共同缔结的专门环境公约《关于持久性有机污染物的斯德哥尔摩公约》中禁止使用 12 种有机化学物质。这 12 种化学物质分别是：艾氏剂（aldrin）、氯丹（chlordane）、滴滴涕（DDT）、狄氏剂（dieldrin）、二噁英、异狄氏剂（endrin）、呋喃（furans）、七氯（heptachlor）、六氯（代）苯（hexachlorobenzene，HCB）、灭蚁灵（mirex）、多氯化联苯（polychlorinated biphenyls，PCBs）、毒杀芬（toxaphene）。

二噁英是 12 种持久性有机污染物（POPs）之一，是已知的合成化学品中最致命的一种。大量的动物实验表明很低浓度的二噁英类就对动物表现出致死效应，有人把毒性最强的 2，3，7，8-TCDD 对天竺鼠的半致死剂量称作为"世纪之毒"。1997 年，国际癌症研究机构将二噁英定为致癌物。根据 WHO 的数据，相当于一个米粒大的二噁英，如果直接等量地分给 100 万人，那么每个人的摄入量就相当于年允许剂量。

现在，二噁英也是 12 种持久性有机污染物中唯一"合法"地继续输送到环境中的有毒物质。二噁英类化合物主要来源于城市垃圾和工业固体废物焚烧，含氯化学品及农药生产过程可能伴随产生，在纸浆和造纸工业的氯气漂白过程中也可以产生，并随废水或废气排放出来。这类物质一旦排放到空气中，就会随空气和海洋环流输送到很远的地方。世界上大多数国家在人体的组织和血液中发现了二噁英。人类接触到二噁英类化合物的主要途径是通过日常饮食，特别是食用肉、鱼和乳制品等含二噁英高的食品。由于二噁英是脂溶性的，因此像北极熊、白鲸等处于食物链顶端的动物体内特别是脂肪中，经过长时间积累会达到较高的浓度。据体内二噁英含量高于平均水平的人群介绍说，他们平时食用鱼和海洋哺乳动物较多。

二噁英的化学稳定性很高，在环境中很难降解，在沉积物、污泥和粉尘中含量较高。二噁英对人类的危害可能是长期的，也是全球性的，需要全世界人共同关注。

第六节 环境空气质量自动监测

一、环境空气质量自动监测系统

环境空气质量自动监测系统是由监测子站、中心计算机室、质量保证实验室和系统支持实验室等四部分组成的，如图 4-32 所示。

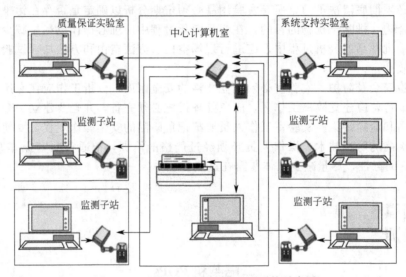

图 4-32 环境空气质量自动监测系统示意图

中心计算机室一般应配备 2 台能满足系统软件工作要求的计算机，一台作为主机，另一台作为辅机。同时还应配置打印机、UPS 不间断电源。系统采用有线或无线通讯方式，数据传输速率应在 2400b/s 以上。中心计算机室的主要任务是通过有线或无线通信设备收集各子站的监测数据和设备工作状态等信息，并对收取的监测数据进行判别、检查和存储；对采集的监测数据进行统计处理、分析；对监测子站的监测仪器进行远程诊断和校准。计算机软件系统可生成并存储基本统计报表（日报表、周报表、月报表、季报表和年报表）。

质量保证实验室的主要任务是对系统所用监测设备的标定、校准和审核；对检修后的仪器设备进行校准和主要技术指标的运行考核；对系统有关监测质量控制措施的制定和落实。

系统支持实验室的主要任务是根据仪器设备的运行要求，对系统仪器设备进行日常保养和维护，及时对发生故障的仪器设备进行检修和更换。

监测子站的主要任务是对环境空气质量和气象状况进行连续自动监测；采集、处理和存储监测数据；按中心计算机指令定时或随时向中心计算机传输监测数据和设备工作状态等信息。

二、监测子站

监测子站主要由采样单元、污染物分析单元、气象参数测量单元、数据处理及传输单元等组成，如图 4-33 所示。

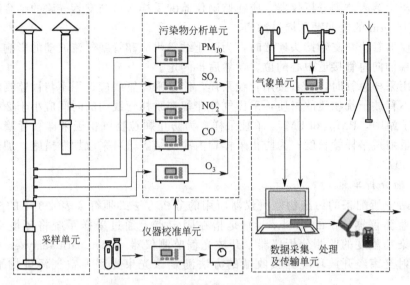

图 4-33 监测子站仪器设备配置示意图

1. 采样单元

在使用多台点式监测仪器的监测子站中，除 PM_{10} 和 $PM_{2.5}$ 监测仪器单独采样外，其他多台仪器可共用一套多支路集中采样装置进行样品采集。多支路集中采样装置有两种组成形式：垂直层流式采样总管（如图 4-34 所示）和竹节式采样总管（如图 4-35 所示）。

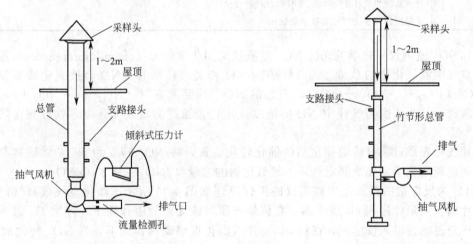

图 4-34 垂直层流式多路支管系统

图 4-35 竹节式多路支管系统

采样头设置在总管户外的采样气体入口端，要防止雨水和粗大的颗粒物落入总管，同时避免鸟类、小动物和大型昆虫进入总管。采样头的设计应保证采样气流不受风向影响，稳定进入总管。

采样总管内径选择在 1.5～15cm 之间，管内的气流应保持层流状态，采样气体在总管内的滞留时间应小于 20s。总管进口至抽气风机出口之间的压降要小，所采集气体样品的压力应接近大气压。支管接头应设置于采样总管的层流区域内，各支管接头之间间隔距离大于 8cm。

监测仪器与支管接头连接的管线长度不能超过 3m，同时应避免空调机的出风直接吹向采样总管和与仪器连接的支管线路。

为防止灰尘落入监测分析仪器，应在监测仪器的采样入口与支管气路的结合部之间，安装孔径不大于 $5\mu m$ 的聚四氟乙烯过滤膜。

在监测仪器管线与支管接头连接时，为防止结露水流和管壁气流波动的影响，应将管线与支管连接端伸向总管接近中心的位置，然后再固定。

在不使用采样总管时，可直接用管线采样，但是采样管线应选用不与被监测污染物发生化学反应和不释放干扰物质的材质，采样气体滞留在采样管线内的时间应小于 20s。

在监测子站中，PM_{10} 和 $PM_{2.5}$ 单独采样，为防止颗粒物沉积于采样管管壁，采样管应垂直，并尽量缩短采样管长度；为防止采样管内冷凝结露，可采取加温措施，加热温度一般控制在 $30 \sim 50℃$。

2. 污染物分析单元

监测子站中所配备的污染物监测仪器所用的分析方法必须符合表 4-8 中的要求。表中所指的点式监测仪器（point analyzers）是指在固定点上通过采样系统将环境空气采入并测定空气污染物浓度的监测分析仪器。开放光程监测仪器（open path analyzers）是指采用从发射端发射光束经开放环境到接收端的方法测定该光束光程上空气污染物平均浓度的仪器。

表 4-8 监测仪器及分析方法

监测项目	点式监测方法	开放光程监测方法
NO_2	化学发光法	差分吸收光谱分析法（DOAS）
SO_2	紫外荧光法	差分吸收光谱分析法（DOAS）
O_3	紫外光度法	差分吸收光谱分析法（DOAS）
CO	气体滤波相关红外吸收法、非分散红外吸收法	—
PM_{10} 和 $PM_{2.5}$	微量振荡天平法（TEOM）、β射线法	—

（1）NO_2 监测仪　化学发光法 NO_2 监测仪采用化学发光（chemiluminescence）原理测定环境空气中氮氧化物的总量。当气样中的 NO 和臭氧接触时，NO 会被氧化成激发态的 NO_2^*（$NO + O_3 \longrightarrow NO_2^* + O_2$），激发态的 NO_2^* 回到基态时（$NO_2^* \longrightarrow NO_2 + h\nu$），产生发光现象。发光强度与气样中 NO 的浓度成正比，通过测定发光强度，就可测得气样中 NO 的含量。

若使气样先通过装有碳钼催化剂的催化转化装置，将 NO_2 转变为 NO，然后再与臭氧接触，即可利用化学发光法测定气样中氮氧化物的总量（$2NO_2 \longrightarrow 2NO + O_2$）。

以 O_3 为反应剂的氮氧化物监测仪的工作原理如图 4-36 所示。净化空气或氧气经电磁阀、膜片阀、流量计进入 O_3 发生器，在紫外光照射或无声放电作用下，产生 O_3 进入反应室；气样经过滤器进入反应室，在约 345℃ 和石墨化玻璃碳的作用下，将 NO_2 转化成 NO，再通过电磁阀、流量计到达装有制冷器的反应室。气样中的 NO 与 O_3 在反应室中发生化学发光反应，产生的光量子经反应室端面上的滤光片获得特征波长光照射到光电倍增管上，信号经放大和处理后，记录仪表显示并记录测定结果。反应室内化学发光反应后的气体经净化器由泵抽出，通过三通电磁阀抽入零气校正仪器的零点。

化学发光法灵敏度高、选择性好，对于多种污染物共存的大气，通过化学发光反应和发光波长的选择，可不经分离有效地进行测定，且线性范围宽，响应速度快，因此可作为氮氧化物连续自动监测的方法。

（2）SO_2 监测仪　用于连续自动测定环境空气中 SO_2 的监测仪器中以紫外脉冲荧光 SO_2 监测仪应用最广泛。该仪器具有灵敏度高、选择性好、适用于连续自动监测等特点，

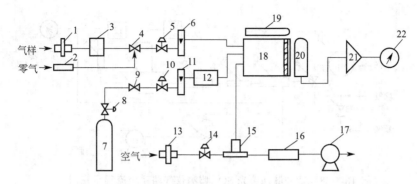

图 4-36 氮氧化物监测仪工作原理示意图

1,13—过滤器；2—零气处理装置；3—NO₂转变为NO装置；4,9—电磁阀；5,8,10,14—针形阀；

6,11—流量计；7—氧气钢瓶；12—O₃发生器；15—三通管；16—净化器；17—抽气泵；

18—反应室及滤光片；19—半导体制冷器；20—光电倍增管；21—放大器；22—指示表

目前广泛地应用于大气环境地面自动监测系统中。

紫外脉冲荧光 SO_2 监测仪主要由荧光计和气路系统两部分组成。图 4-37 所示是紫外脉冲荧光 SO_2 监测仪工作原理示意图。紫外脉冲光源发射的光束通过激发光滤光片后（波长为 190～230nm）进入反应室，空气中的 SO_2 吸收紫外光后被激发至激发态（$SO_2 + h\nu_1 \longrightarrow SO_2^*$）。激发态 SO_2^* 不稳定，瞬间返回基态，发射出波峰为 330nm 的荧光（$SO_2^* \longrightarrow SO_2 + h\nu_2$）。发射荧光强度与 SO_2 浓度成正比，通过发射光滤光片、光电倍增管及电子系统测量荧光强度。

图 4-38 所示是紫外脉冲荧光 SO_2 监测仪的气路系统流程。空气试样经除尘过滤器后，通过采样阀进入渗透膜除湿器和除烃器然后进入荧光反应室，反应后的干

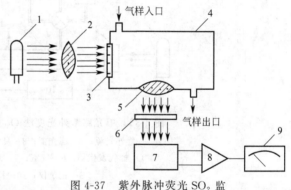

图 4-37 紫外脉冲荧光 SO_2 监测仪工作原理示意图

1—紫外脉冲光源；2,5—透镜；3—激发光滤光片；4—反应室；6—发射光滤光片；7—光电倍增管；8—放大器；9—指示表

燥气体经流量计测定流量后由抽气泵抽引排出。该方法的主要干扰物质是水分和芳香烃化合物。水的影响是由于 SO_2 可溶于水造成损失，且 SO_2 遇水产生荧光猝灭会造成负误差，可以用半透膜渗透法或反应室加热法除去水的干扰。芳香烃化合物在 190～230nm 紫外光激发下也能发射荧光造成正误差，可用装有特殊吸附剂的过滤器预先除去。

（3）O_3 监测仪 图 4-39 所示是一种单光路紫外光度法 O_3 监测仪工作原理示意图。当空气样品和经 O_3 涤去器去除 O_3 后的背景气以恒定流速交变地通过气室时，分别吸收光源发出并经滤光器过滤的特征波长紫外光（254nm），由光电检测系统测定透过空气样的光强 I 和透过背景气的光强 I_0，经数据处理器根据 I/I_0 值算出空气样中 O_3 的浓度，直接显示和记录消除背景干扰后的测定结果。通过输入 O_3 标准气体定期进行量程校正。

该方法在 25℃和 101.3kPa 的测定条件下，臭氧的测定范围为 2～2000 $\mu g/m^3$。

（4）CO 监测仪 图 4-40 所示是气体滤波相关红外吸收法 CO 监测仪工作原理示意图。红外光源发射的红外光经马达带动的气体滤波相关轮及窄带滤光片进入多次反射光吸收气室被气样吸收。气体滤波相关轮由两个半圆气室组成，其中一个半圆气室充入纯 CO 气，另一

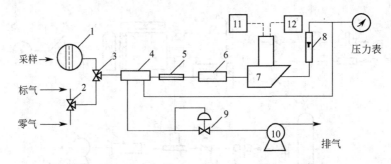

图 4-38　紫外脉冲荧光 SO_2 监测仪气路系统流程示意图

1—除尘过滤器；2—零气、标气电磁阀；3—采样电磁阀；4—渗透膜除湿器；5—毛细管；
6—除烃器；7—反应室；8—流量计；9—调节阀；10—抽气泵；11—电源；12—信号处理器

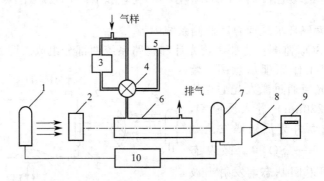

图 4-39　单光路紫外光度法 O_3 监测仪工作原理示意图

1—紫外光源；2—滤光器；3—臭氧涤去器；4—电磁阀；
5—O_3 标气发生器；6—气室；7—光电倍增管；8—放大器；
9—记录仪；10—稳压电源

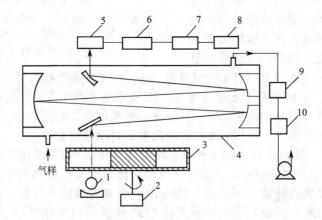

图 4-40　气体滤波相关红外吸收法 CO 监测仪工作原理示意图

1—红外光源；2—电机；3—气体滤波相关轮；4—多次反射光吸收气室；
5—红外检测器；6—前置放大器；7—电子信息处理系统；
8—记录仪；9—流量传感器；10—压力传感器

个充入纯 N_2 气，它们依一定频率交替通过入射光。当红外光通过 CO 气室时，则吸收了全部可被 CO 吸收的红外光，射入反射光吸收气室的光束相当于参比光；当红外光通过相关轮的 N_2 气室时，不吸收光，射入反射光吸收气室的光束相当于测量光。两束光交替被吸收气室内的气样吸收后，由反射镜反射到红外检测器，将光信号转变成电信号，放大后由电子信息处理系统进行处理，由记录仪表显示并记录测定结果。

（5）PM_{10} 监测仪　PM_{10} 监测仪分为微量振荡天平法和 β 射线法两种。

微量振荡天平法（tapered element oscillating microbalance，TEOM）PM_{10} 监测仪工作原理如图 4-41 所示。微量振荡天平法 PM_{10} 监测仪的测量单元的振荡系统主要由滤膜、空心锥形振荡管和底座构成。滤膜固定在空心锥形振荡管的顶部，工作时与振荡管一起振荡。锥形振荡管的底部固定在底座上，工作时空心锥形振荡管和滤膜一起以固有频率振动。气样经 PM_{10} 采样切割器切割分离后，再通过振荡管，颗粒物积累在滤膜上，随着采样膜片质量的增加，膜片下方微量振荡管的振荡频率随之发生变化，通过测量振荡管的振动频率，可以推算出采样膜片增加的质量，从而计算出颗粒物的浓度。

β 射线法 PM_{10} 监测仪的测定原理是基于物质对 β 射线的吸收作用。当 β 射线通过被测物质后，射线强度衰减程度与所透过物质的质量有关，而与物质的物理、化学性质无关。

图 4-42 所示是 β 射线法 PM_{10} 监测仪的工作原理示意图。它是通过测定未采样的清洁滤带和已采样滤带对 β 射线吸收程度的差异来测定 PM_{10}。采集 PM_{10} 的滤带为玻璃纤维滤纸或聚四氟乙烯滤膜，β 射线源可用 ^{14}C 等低能源；检测器采用脉冲计数管，对射线脉冲进行计数。

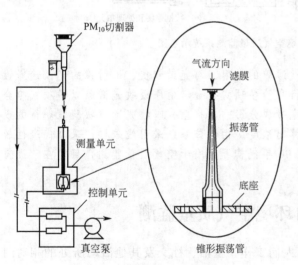

图 4-41　微量振荡天平法 PM_{10}
监测仪工作原理示意图

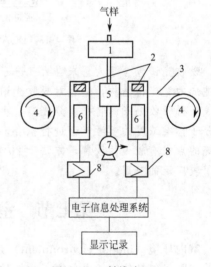

图 4-42　β 射线法 PM_{10}
监测仪工作原理示意图
1—切割器；2—射线源；3—滤带；4—滚筒；
5—集尘器；6—计数器；7—抽气泵；8—放大器

差分吸收光谱环境空气质量监测系统

差分吸收光谱（differential optical absorption spectroscopy）简称 DOAS。DOAS 技术在 20 世纪 70 年代末出现，并已成功地应用于对流层和平流层痕量气体的测量中，是研究大气痕量气体成分的有力遥测手段。DOAS技术利用气体分子对紫外光、可见光辐射的特征吸收来实现定性和定量测量，可同时测量SO_2、NO_2、O_3、NH_3、HCHO和挥发性有机物（VOCs）等多种污染物。该方法具有无需采样、代表性强、自动实时在线、多种气体成分同时监测、高分辨率及低检测限等特点。

DOAS环境空气质量监测系统主要由开放光程测量单元、气象参数测量单元、标准气校准单元、RS232变换器和RS232扩展器、数据采集和处理单元等组成，如图4-43所示。开放光程测量单元的光源为高压氙灯，由抛物反射镜准直成平行光出射，经过100m甚至1000m的长光程，由接收端抛物反射镜将光会聚耦合进入光纤，通过光纤导入光栅分光系统，在出射狭缝处用光电倍增管或光电二极管阵列检测器检测。

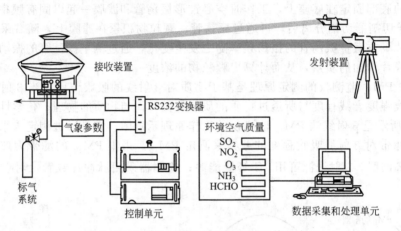

图4-43　DOAS环境空气质量监测系统示意图

吸收光谱包含了大量来自大气分子和气溶胶的散射、灯光谱起伏、反射镜的光谱选择性等造成的宽光谱结构，通过对吸收光谱进行高阶多项式拟合，用原吸收光谱除以多项式拟合曲线获得吸收分子的特征差分光谱，去除宽带成分影响，将差分吸收光谱与实验室获得的吸收分子标准浓度的参考光谱进行拟合，计算出浓度。由于该系统采用线采样，采样代表性较传统的点式有较大的改善，方法于20世纪90年代初开始用于空气质量监测，目前在欧洲得到了较广泛的应用。

第七节　室内环境空气质量监测

室内环境（indoor environment）是指人们工作、生活、社交及其他活动所处的相对封闭的空间，包括住宅、办公室、学校教室、医院、候车（机）室、交通工具以及用于体育、娱乐等的室内活动场所。

按照物质的存在状态，可以将室内环境空气污染物分为气态污染物和颗粒状污染物。室内气态污染物主要是指CO、CO_2、NO_2、SO_2、O_3、NH_3、HCHO、挥发性有机物（VOCs）、^{222}Rn等。室内颗粒污染物主要指尘和尘螨、石棉、铅、微生物、多环芳烃、苯并[a]芘等。

一、布点和采样

1. 布点原则和方法

采样点位的数量根据室内面积大小和现场情况而确定，要能正确反映室内空气污染物的污染程度。原则上小于$50m^2$的房间应设1～3个点，50～$100m^2$设3～5个点，$100m^2$以上至少设 5 个点。

多点采样时应按对角线或梅花式均匀布点，应避开通风口，离墙壁距离应大于 0.5m，离门窗距离应大于 1m。

采样点的高度原则上与人的呼吸带高度一致，一般相对高度在 0.5～1.5m 之间。也可根据房间的使用功能，人群的高低以及在房间立、坐或卧时间的长短，来选择采样高度。有特殊要求的可根据具体情况而定。

2. 采样时间及频次

经装修的室内环境，采样应在装修完成 7d 以后进行。一般建议在使用前采样监测。年平均浓度至少连续或间隔采样 3 个月，日平均浓度至少连续或间隔采样 18h，8h 平均浓度至少连续或间隔采样 6h，1h 平均浓度至少连续或间隔采样 45min。

检测应在门窗关闭 12h 后进行。对于采用集中空调的室内环境，空调应正常运转。

3. 采样方法

要求年平均、24h 平均、8h 平均值的参数，可以先做筛选采样检验。若检验结果符合标准值要求即为达标；若筛选采样检验结果不符合标准值要求，必须按年平均、24h 平均、8h 平均值的要求，用累积采样检验结果评价。

筛选法采样是在满足上述要求的条件下，采样时关闭门窗，一般至少采样 45min。采用瞬时采样法时，一般采样间隔时间为 10～15min，每个点位应至少采集 3 次样品，每次的采样量大致相同，其监测结果的平均值作为该点位的小时均值。

二、监测项目与分析方法

室内环境空气监测项目分为物理参数的测量和污染物质的测定。室内空气物理参数的测量方法见表 4-9，污染物的分析方法见表 4-10。对于新装饰、装修过的室内环境应测定甲醛、苯、甲苯、二甲苯、总挥发性有机物（TVOC）等；对于人群比较密集的室内环境应测菌落总数、新风量及二氧化碳；对于使用臭氧消毒、净化设备及复印机等可能产生臭氧的室内环境应测臭氧；对于住宅一层、地下室、其他地下设施以及采用花岗岩、彩釉地砖等天然放射性含量较高材料新装修的室内环境都应监测氡（^{222}Rn）；对于北方冬季施工的建筑物应测定氨。

表 4-9 室内空气物理参数的测量方法

项目	检验方法
温度	玻璃液体温度计法、数显式温度计法
相对湿度	通风干湿表法、氯化锂湿度计法、电容式数字湿度计法
空气流速	热球式电风速计法、数字式风速表法
新风量	示踪气体法

表 4-10 室内空气污染物的分析方法

项目	检验方法
二氧化硫	甲醛溶液吸收-盐酸副玫瑰苯胺分光光度法、紫外荧光法
二氧化氮	改进 Saltzman 法、化学发光法
一氧化碳	非分散红外法、气相色谱法、电化学法
二氧化碳	非分散红外线气体分析法、气相色谱法、容量滴定法
臭氧	紫外光度法、靛蓝二磺酸钠分光光度法、化学发光法
氨	靛酚蓝分光光度法、纳氏试剂分光光度法、离子选择性电极法、次氯酸钠-水杨酸分光光度法、光离子化气相色谱法
可吸入颗粒物	撞击式-重量法
甲醛	AHMT 分光光度法、酚试剂分光光度法、气相色谱法、乙酰丙酮分光光度法、电化学传感器法
苯	气相色谱法、光离子化气相色谱法

项目	检验方法
甲苯、二甲苯	气相色谱法、光离子化气相色谱法
总挥发性有机物	气相色谱法、光离子化气相色谱法、光离子化总量直接检测法(非仲裁用)
苯并[a]芘	高效液相色谱法
菌落总数	撞击法
^{222}Rn	两步测量法

1. 甲醛的测定

测定甲醛常用的方法有酚试剂分光光度法、乙酰丙酮分光光度法、AHMT 分光光度法、电化学传感器法和气相色谱法。

(1)酚试剂分光光度法　空气中的甲醛与酚试剂反应生成嗪,嗪在酸性溶液中被铁离子氧化形成蓝绿色化合物,用分光光度计在 630nm 处测定。该方法的测定下限是 $0.056\mu g/5mL$,适用于公共场所和室内空气中甲醛含量的测定。

当空气中有二氧化硫共存时会使测定结果偏低,因此可将气样先通过硫酸锰滤纸过滤器,予以排除。

(2)乙酰丙酮分光光度法　甲醛气体经水吸收后,在 pH=6 的乙酸-乙酸铵缓冲溶液中,与乙酰丙酮作用,在沸水浴条件下,迅速生成稳定的黄色化合物,在波长 413nm 处测定。该方法适用于树脂制造、涂料、人造纤维、塑料、橡胶、染料、油漆等行业的排放废气,以及作医药消毒、防腐、熏蒸时产生的甲醛蒸气的测定。当采样体积为 0.5～10L 时,测定范围为 $0.5～800mg/m^3$。

(3)AHMT 分光光度法　空气中甲醛与 4-氨基-3-联氨-5-巯基-1,2,4-三氮杂茂在碱性条件下缩合,然后经高碘酸钾氧化成 6-巯基-5-三氮杂茂 [4,3-b]-S-四氮杂苯紫红色化合物,其色泽深浅与甲醛含量成正比。

该方法的测定范围为 2mL 样品溶液中含 $0.2～3.2\mu g$ 甲醛。若采样流量为 1L/min,采样体积为 20L,则测定浓度范围为 $0.01～0.16mg/m^3$。

(4)气相色谱法　空气中的甲醛在酸性条件下吸附于涂有 2,4-二硝基苯肼 6201 载体上,生成稳定的甲醛腙。用二硫化碳洗脱后,经 OV-色谱柱分离,用氢火焰离子化检测器检测,以保留时间定性,峰高定量。该方法的测定下限为 $0.2\mu g/mL$(进样品洗脱液 $5\mu L$)。

(5)电化学传感器法　由泵抽入的样气通过电化学传感器,受扩散和吸收控制的甲醛气体分子在适当的电极电压下发生氧化反应,产生的扩散电流与空气中甲醛的浓度成正比。

2. 苯、甲苯、二甲苯的测定

测定苯常用的方法是气相色谱法,该方法适用于居住区大气和室内空气中苯、甲苯和二甲苯浓度的测定。

(1)毛细管气相色谱法　空气中苯、甲苯和二甲苯用活性炭管采集,然后经热解吸或用二硫化碳提取出来,再经聚乙二醇 6000 色谱柱分离,用氢火焰离子化检测器检测,以保留时间定性,峰高定量。

(2)光离子化气相色谱法　将空气样品直接注入光离子化气体分析仪,样品由色谱柱分离后进入离子化室,在真空紫外光子的轰击下,将苯、甲苯、二甲苯电离成正负离子(该过程称为离子化)。测量离子电流的大小,就可确定苯、甲苯、二甲苯的含量,根据保留时间对苯、甲苯、二甲苯定性。

3. 二氧化碳的测定

(1)非分散红外线气体分析法　二氧化碳对红外线具有选择性的吸收,在一定范围内,吸收值与二氧化碳浓度呈线性关系。根据吸收值确定样品中二氧化碳的浓度。

（2）气相色谱法　二氧化碳在色谱柱中与空气中的其他成分完全分离后，进入热导检测器的工作臂，使该臂电阻值的变化与参考臂电阻值的变化不相等，惠斯登电桥失去平衡而产生信号输出。在线性范围内，信号大小与进入检测器的二氧化碳浓度成正比，从而进行定性与定量测定。

（3）容量滴定法　用过量的氢氧化钡溶液与空气中的二氧化碳作用生成碳酸钡沉淀，采样后剩余的氢氧化钡用标准乙二酸溶液滴定至酚酞试剂红色刚褪。由容量法滴定结果除以所采集的空气样品体积，即可测得空气中二氧化碳的浓度。

4. 氨的测定

（1）次氯酸钠-水杨酸分光光度法　氨被稀硫酸吸收液吸收后，生成硫酸铵。在亚硝基铁氰化钠存在下，铵离子、水杨酸和次氯酸钠反应生成蓝色化合物，用分光光度计在697nm 波长处进行测定。

（2）离子选择性电极法　氨气敏电极为复合电极，以 pH 玻璃电极为指示电极，银-氯化银电极为参比电极。此电极对置于盛有 0.1mol/L 氯化铵内充液的塑料套管中，管底用一张微孔疏水薄膜与试液隔开，并使透气膜与 pH 玻璃电极间有一层很薄的液膜。当测定由 0.05mol/L 硫酸吸收液所吸收的大气中的氨时，借加入强碱，使铵盐转化为氨，由扩散作用通过透气膜（水和其他离子均不能通过透气膜），使氯化铵电解液膜层内的反应 $NH_4^+ \rightleftharpoons NH_3 + H^+$ 向左移动，引起氢离子浓度改变，由 pH 玻璃电极测得其变化。在恒定的离子强度下，测得的电极电位与氨浓度的对数呈线性关系。由此，可从测得的电位值确定样品中氨的含量。

（3）纳氏试剂分光光度法　氨吸收在稀硫酸溶液中，与纳氏试剂作用生成黄棕色化合物，根据颜色深浅，用分光光度法测定。

（4）光离子化气相色谱法　将空气样品直接注入光离子化气相色谱仪，样品由色谱柱分离后进入离子化室，在真空紫外光子的轰击下，将氨电离成正负离子。测量离子电流的大小，就可确定氨的含量，根据保留时间对氨定性。

（5）靛酚蓝分光光度法　空气中的氨吸收在稀硫酸中，在亚硝基铁氰化钠及次氯酸钠存在下，与水杨酸生成蓝绿色靛酚蓝染料，用分光光度法测定。

5. 氡的测量（两步测量法）

使用采样泵或自由扩散方法将待测空气中的氡抽入或扩散进入测量室，通过直接测量所收集氡产生的子体产物或经静电吸附浓集后的子体产物的 α 放射性，推算出待测空气中氡的浓度（详见第九章）。

第八节　大气酸沉降监测

酸沉降（acid deposition）是指大气中酸性污染物的自然沉降，分为干沉降和湿沉降。湿沉降指发生降水事件时，高空雨滴吸收大气中的酸性污染物降到地面的沉降过程，包括雨、雪、雹、雾等。干沉降指不发生降水时，大气中的酸性污染物受重力、颗粒物吸附等作用从大气沉降到地面的过程。

一、湿沉降监测

1. 采样点的布设

采样点数目应根据研究的目的和需要确定，一般常规监测，50 万以上人口的城市应设 3 个点，50 万以下人口的城市设 2 个采样点。

点位选择和设立分为城区、郊区和清洁对照（远郊）三种。如果只设两个点，则设置城区和郊区点，此时宜以省为单位考虑清洁对照点。

监测点位的选择应有代表性，要考虑到点位附近土地使用情况基本不变。还应考虑点位周围地形特征、土地使用特征及气象状况（如年降水量和主导风向）。具体要求如下。

（1）测点不应设在受局地气象条件影响大的地方，如山顶、山谷、海岸线等。受地热影响的火山地区和温泉地区、石子路、易受风蚀影响的耕地、受到与畜牧业和农业活动影响的牧场和草原等都不适于选作监测点。

（2）监测点不应受到局地污染源的影响。郊区点还应注意不要受大量人类活动的影响，不受工业、排灌系统、水电站、炼油厂、商业、机场及自然资源开发的影响。一般要求距大气污染源 20km 以上；距主干道公路（500 辆/d）500m 以上；距局部污染源 1km 以上。

2. 湿沉降采样器

湿沉降采样器宜选用自动采样器，如不能用自动采样器，可用手动采样器替代。

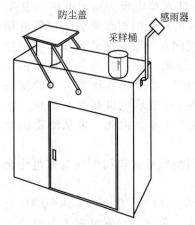

图 4-44　湿沉降自动采样器

湿沉降自动采样器的基本组成是接雨（雪）器、防尘盖、雨传感器、样品容器等（如图 4-44 所示）。防尘盖用于盖住接雨（雪）器，在降雨（雪）开始 1min 内打开，在降雨（雪）结束后 5min 内关闭。传感器最低能感应到的降雨（雪）强度为 0.05mm/h 或不小于 0.5mm 直径的雨滴。传感器还具有加热装置，以防止雾、露水启动采样器，并融化雪和蒸发残留的湿沉降物。接雨（雪）器和样品容器应由惰性材料制成，如聚乙烯、有聚四氟乙烯涂层的金属等。接雨（雪）器的口径应不小于 20cm。对于雨量偏小的地区，宜使用接雨（雪）器口径较大的采样器。

手动采样器一般由一只接雨（雪）的聚乙烯塑料漏斗、一个放漏斗的架子、一只样品容器（聚乙烯瓶）组成，漏斗的口径和样品容器的体积大小与自动采样器的要求相同；也可采用无色聚乙烯塑料桶采样，采样桶上口直径及体积大小与自动采样器的要求相同。

在采集降雨（雪）的同时还需要进行降雨（雪）量的观测，以便计算出应采样品的量。雨（雪）量计安装在采样器旁的固定架子上，与采样器的距离不小于 2m，器口保持水平，距地面高 70cm。冬季积雪较深地区，应配有一个较高的备用架子，当雪深超过 30cm 时，应把仪器移至备用架子上进行观测。

3. 采样要求

接雨（雪）器和样品容器在第一次使用前需用（1+10）盐酸或（1+10）硝酸溶液浸泡 24h，用自来水洗至中性，再用去离子水冲洗多次，然后用少量去离子水模拟降雨。用离子色谱法检查模拟降雨样品中的 Cl^- 含量，若和去离子水相同，即为合格；或测其电导率，小于 0.15mS/m 视为合格。

下雨时，每 24h 采样一次。若一天中有几次降雨（雪）过程，可合并为一个样品测定；若遇连续几天降雨（雪），则将上午 9：00 至次日上午 9：00 的降雨（雪）视为一个样品。

为保持样品的化学稳定性，应尽量减少运输时间，并保证样品在运输期间处于低温（3～5℃）状态，或用防腐剂保存样品。

4. 监测项目与分析方法

湿沉降监测的项目有电导率（EC）、pH、SO_4^{2-}、NO_3^-、F^-、Cl^-、NH_4^+、Ca^{2+}、Mg^{2+}、Na^+、K^+、降雨（雪）量等。各级测点对 EC、pH 两个项目，应做到逢雨（雪）必测，同时记录当次降雨（雪）的量；对其他监测项目，在当月有降雨（雪）的情况下，国家酸雨监测网监测点应对每次降雨（雪）进行全部离子项目的测定，尚不具备条件的监测网站每月应至少选一个或几个降水量较大的样品进行全部项目的测定。测定方法见表 4-11。

表 4-11　湿沉降监测的测定项目和分析方法

监测项目	分析方法
EC	电极法
pH	电极法
SO_4^{2-}	离子色谱法、硫酸钡比浊法、铬酸钡-二苯碳酰二肼光度法
NO_3^-	离子色谱法、紫外光度法、镉柱还原光度法
Cl^-	离子色谱法、硫氰酸汞高铁光度法
F^-	离子色谱法、新氟试剂光度法
K^+、Na^+	原子吸收分光光度法
Ca^{2+}、Mg^{2+}	原子吸收分光光度法、离子色谱法
NH_4^+	纳氏试剂光度法、次氯酸钠-水杨酸光度法、离子色谱法

选测项目有 HCO_3^-、Br^-、$HCOO^-$、CH_3COO^-、PO_4^{3-}、NO_2^-、SO_3^{2-} 等。

二、干沉降监测

干沉降监测的内容有 SO_2、O_3、NO、NO_2、PM_{10}、$PM_{2.5}$、气态 HNO_3、NH_3、HCl、气溶胶等。SO_2、O_3、NO、NO_2、PM_{10}、$PM_{2.5}$ 等均为自动站监测，而气态 HNO_3、NH_3、HCl、气溶胶等用多层滤膜法对样品进行采集，然后分析测定。多层滤膜法同时也可以监测空气中的 SO_2 等。

干沉降监测点位和监测点个数参照湿沉降监测要求确定。

多层滤膜法是将事先处理过的滤膜安装在采样头上，用一抽气泵抽吸空气，使空气通过滤膜，然后分析测定滤膜中各种物质含量的一种方法。多层滤膜法的采样头是由四个装有滤膜的滤膜夹组成的，如图 4-45 所示。F_0 为聚四氟乙烯膜，孔径为 $0.8\mu m$，用于采集空气中的气溶胶；F_1 为聚酰胺膜，孔径为 $0.45\mu m$，用于采集空气中的气态 HNO_3 及部分 SO_2、气态 HCl、NH_3；F_2 为碱性溶液处理后的纤维膜，用于采集剩余的 SO_2 和气态 HCl；F_3 为酸性溶液处理后的纤维膜，用于采集剩余的 NH_3。

多层滤膜采样法装置如图 4-46 所示。气管由惰性材料制造，对空气中的污染物不产生吸附或物质交换作用，最好用尼龙管。流量计用于调整采样时的气体流速，气体累计流量计用于测定采样体积。

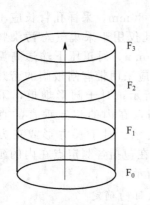

图 4-45　多层滤膜法示意图

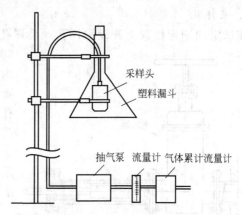

图 4-46　多层滤膜采样法装置示意图

采样器放置点的选择与湿沉降监测的要求相同，采样口离支撑面的高度为 3m。采样流量通常为 1L/min，采样时间为一周；如果采样点污染物的浓度太低，也可以将采样流量定为 2L/min。也可将采样时间定为一天，但流量需加大到 15L/min 左右。

分析前将滤膜放入 50mL 的聚丙烯试管中，加入提取液 20mL；F_0、F_1、F_3 滤膜所加提取液为去离子水；F_2 滤膜所加提取液为 0.05% H_2O_2 溶液。将试管放在振摇架上振摇 20min，或放入超声清洗槽中超声清洗 20min。将样品提取液用孔径为 0.45μm 的滤膜过滤，滤液密封后于 3~5℃保存，以备分析。

多层滤膜法分析项目及分析方法见表 4-12。

表 4-12　多层滤膜法分析项目和分析方法

膜层	测定组分	分析方法
F_0	F^-、Cl^-、NO_3^-、SO_4^{2-}、Na^+、NH_4^+、K^+、Mg^{2+}、Ca^{2+}	
F_1	F^-、Cl^-、NO_3^-、SO_4^{2-}、NH_4^+	同湿沉降分析
F_2	Cl^-、SO_4^{2-}	
F_3	NH_4^+	

第九节　固定污染源监测

固定污染源指燃煤、燃油、燃气的锅炉和工业炉窑以及石油化工、冶金、建材等生产过程中产生的废气通过排气筒向空气中排放的污染源。

大气污染源监测的目的是检查污染源排放的烟尘及有害物质是否符合排放标准的规定及烟尘、烟气治理的效果，为大气质量管理与评价提供依据。监测的主要内容是排放废气中有害物质的浓度（mg/m³）、有害物质的排放量（kg/h）和废气排放量（m³/h）等。

一、采样点的布设

1. 采样位置的选择

采样位置应选在气流分布均匀稳定的平直管道上，避开弯头、变径管、三通管及阀门等易产生涡流的阻力构件。一般是按照废气流向，将采样断面设在阻力构件下游方向大于 6 倍管道直径处或上游方向大于 3 倍管道直径处。即使客观条件不能满足要求，采样断面与阻力构件的距离也不应小于管道直径的 1.5 倍，并适当增加测点数目。采样断面气流流速最好在 5m/s 以下。对于气态污染物，由于混合比较均匀，其采样位置可不受上述规定的限制，但应避开涡流区。

2. 采样孔

在选定的测定位置上开设采样孔，采样孔内径应不小于 80mm，采样孔管长应不大于 50mm。若采样孔仅用于采集气态污染物，其内径应不小于 40mm。对正压下输送高温或有毒气体的烟道，应采用带有闸板阀的密封采样孔，如图 4-47 所示；对于圆形烟道，采样孔应设在包括各测点在内的相互垂直的直径线上，如图 4-48 所示；对于长方形或正方形烟道，采样孔应设在包括各测定点在内的延长线上，如图 4-49 所示。

3. 采样点数目的确定

因烟道内同一断面上各点的气流流速和烟尘浓度分布通常是不均匀的，所以，必须按一

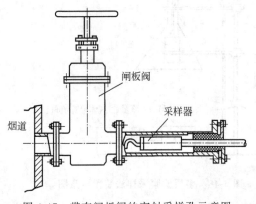

图 4-47　带有闸板阀的密封采样孔示意图

闸板阀
采样器
烟道

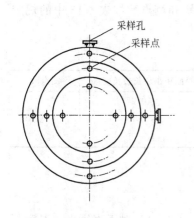

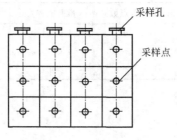

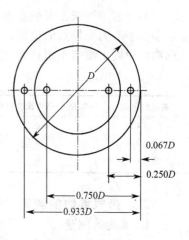

图 4-48　圆形断面的测定点　　　　图 4-49　长方形断面的测定点　　　　图 4-50　测点距烟
道内壁的距离

定原则进行多点采样。采样点的数目和位置主要根据烟道断面的形状、尺寸大小和流速分布情况确定。

对于圆形烟道来说，将烟道断面分成一定数量的同心等面积圆环，沿两个采样孔中心线设采样点，如图 4-48 所示。若采样断面上气流流速均匀，可设一个采样孔，采样点数目减半。当烟道直径小于 0.3m 且流速均匀时，可在烟道中心设一个采样点。不同直径的圆形烟道的等面积环数、测量直径数及测点数见表 4-13。测点距烟道内壁的距离见图 4-50，按表 4-14 确定。当测点距烟道内壁的距离小于 25mm 时，取 25mm。

表 4-13　圆形烟道的分环及测点数

烟道直径/m	等面积环数	测量直径数	测点数
<0.3			1
0.3~0.6	1~2	1~2	2~8
0.6~1.0	2~3	1~2	4~12
1.0~2.0	3~4	1~2	6~16
2.0~4.0	4~5	1~2	8~20
>4.0	5	1~2	10~20

表 4-14　测点距烟道内壁的距离（以烟道直径 D 计算）

测点号	环数				
	1	2	3	4	5
1	0.146	0.067	0.044	0.033	0.026
2	0.854	0.250	0.146	0.105	0.082
3		0.750	0.296	0.194	0.146
4		0.933	0.704	0.323	0.226
5			0.854	0.677	0.342
6			0.956	0.806	0.658
7				0.895	0.774
8				0.967	0.854
9					0.918
10					0.974

对于方形（长方形或正方形）烟道来说，将烟道断面分成一定数目的等面积矩形小块，各小块中心为采样点的位置，如图 4-49 所示。方形烟道的分块和测点数按表 4-15 中的规定选取，原则上测点不超过 20 个。

表 4-15　方形烟道的分块和测点数

烟道断面积/m²	等面积小块长边长度/m	测点数	烟道断面积/m²	等面积小块长边长度/m	测点数
<0.1	<0.32	1	1.0~4.0	<0.67	6~9
0.1~0.5	<0.35	1~4	4.0~9.0	<0.75	9~16
0.5~1.0	<0.50	4~6	>9.0	≤1.0	≤20

二、排气参数的测定

1. 温度的测量

对于直径大、温度高的烟道，可采用热电偶（示值误差≤±3℃）。对于直径小、温度不高的烟道，可采用水银玻璃温度计（最小分度值≤2℃）。

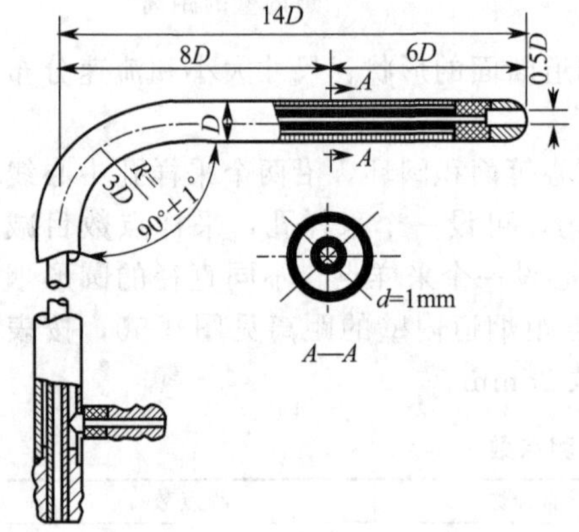

测定时将温度测量元件插入烟道测点处，封闭测孔，待温度稳定后读数。使用玻璃温度计时，不能抽出烟道外读数。

2. 压力的测量

测定排气压力的仪器有标准型皮托管（见图 4-51）、S 形皮托管（见图 4-52）、斜管微压计和 U 形压力计等。

（1）气流动压的测量　测量气流动压的装置如图 4-53 所示。将微压计的液面调整到零点，在皮托管上标出各测点应插入采样孔的位置。使用 S 形皮托管时，应使开口平面垂直于测量断面插入；使用标准型

图 4-51　标准型皮托管

皮托管时，在插入烟道前切断皮托管与微压计的通路，以免微压计中的酒精被吸入到连接管中。在各测点上，使皮托管的全压测孔正对着气流方向，其偏差不得超过 10°，测出各点的动压，分别记录在表中。测定次数为 2~3 次，取平均值。测定完毕后，检查微压计的液面是否回到原点。

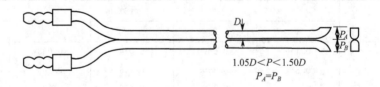

图 4-52　S 形皮托管

（2）气流静压的测量　测量气流静压的装置如图 4-54 所示。使用 S 形皮托管测量时只用其中的一路测量管，将其出口端与 U 形压力计的一端相连，将皮托管插入烟道靠近中心处的一测点，使测量端开口平面平行于气流方向，所测得的压力即为静压。使用标准型皮托管时，将静压管出口端与 U 形压力计相连，将皮托管插入烟道靠近中心处的一测点，使其全压测孔正对气流方向，以免微压计中的酒精被吸入到连接管中，所测得的压力即为静压。

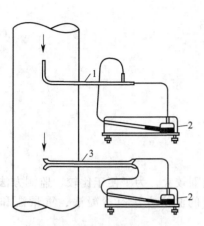 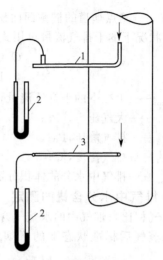

图 4-53　气流动压测量示意图　　　　　图 4-54　气流静压测量示意图

1—标准型皮托管；2—斜管微压计；3—S形皮托管　　1—标准型皮托管；2—U形压力计；3—S形皮托管

3. 流速和流量的计算

（1）排气流速的计算　在测出烟气的温度、压力等参数后，按式（4-20）计算各测点的烟气流速（v_s）。

$$v_s = K_p \sqrt{\frac{2p_d}{\rho}} = 128.9 K_p \sqrt{\frac{(273+t_s)p_d}{M(p_a+p_s)}} \tag{4-20}$$

当干排气的成分与空气近似，排气露点温度在 35~55℃ 之间，排气的绝对压力在 97~103kPa 之间时，v_s 可用式（4-21）计算：

$$v_s = 0.076 K_p \sqrt{(273+t_s)p_d} \tag{4-21}$$

在接近常温常压条件下（$t=20℃$，$p_a+p_s=101.3kPa$），通风管道的空气流速可用式（4-22）计算：

$$v_a = 1.29 K_p \sqrt{p_d} \tag{4-22}$$

式中　v_s——烟气流速，m/s；

K_p——皮托管校正系数；

p_d——排气动压，Pa；

p_s——排气静压，Pa；

v_a——常温常压条件下通风管道的空气流速，m/s；

p_a——大气压力，Pa；

ρ——湿排气的密度，kg/m^3；

M——湿排气的摩尔质量，g/mol；

t_s——排气温度，℃。

若断面上各测点烟气流速分别为 v_1、v_2、$\cdots$、v_n，则烟道断面上各采样点的烟气平均流速为：

$$\bar{v_s} = \frac{1}{n}(v_1+v_2+\cdots+v_n) \tag{4-23}$$

（2）排气流量的计算　工况下的湿排气流量可用式（4-24）计算。

$$Q_s = 3600 \bar{v_s} S \tag{4-24}$$

式中　Q_s——工况下的湿排气流量，m^3/h；

S——测点烟道的横截面面积，m^2。

标准状况下的干排气流量可用式（4-25）计算：

$$Q_m = \frac{Q_s(p_a+p_s)}{101325} \times \frac{273}{273+t_s}(1-X_w) \tag{4-25}$$

式中　Q_m——工况下的干排气流量，m^3/h；

　　　p_a——大气压力，Pa；

　　　p_s——排气静压，Pa；

　　　t_s——排气温度，℃；

　　　X_w——排气中水分的体积分数，%。

三、排气中水分含量的测定

与大气相比，烟气中的水蒸气含量较高，变化范围较大，为了便于比较，监测方法规定以除去水蒸气后标准状态下的干烟气表示。含湿量的测定方法有冷凝法、重量法和干湿球法。

1. 冷凝法

抽取一定体积的烟气，通过冷凝器，根据冷凝出的水量及从冷凝器排出烟气中的饱和水蒸气量计算烟气的含湿量。

测定水分含量的采样系统由普通型烟尘采样管、冷凝器、干燥器、温度计、真空压力表、转子流量计和抽气泵等组成，如图4-55所示。

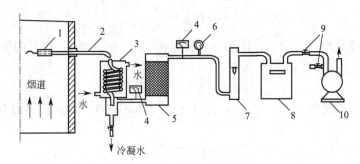

图 4-55　冷凝法测定排气中的水分含量装置图
1—滤筒；2—采样管；3—冷凝器；4—温度计；5—干燥器；6—真空压力表；
7—转子流量计；8—累计流量计；9—调节阀；10—抽气泵

排气中的水分含量按式（4-26）计算：

$$X_w = \frac{461.8(273+t_r)G_w + p_v V_a}{461.8(273+t_r)G_w + (p_a+p_r)V_a} \times 100\% \tag{4-26}$$

式中　X_w——排气中水蒸气的体积分数，%；

　　　G_w——冷凝器中的冷凝水量，g；

　　　V_a——测量状态下抽取的排气体积，L；

　　　p_v——冷凝器出口烟气的饱和水蒸气压，Pa；

　　　p_a——大气压力，Pa；

　　　p_r——流量计前的气体压力，Pa；

　　　t_r——流量计前的排气温度，℃。

2. 重量法

从烟道中抽取一定体积的烟气，使之通过装有吸收剂的吸收管，则烟气中的水蒸气被吸收剂吸收，吸收管增加的质量即为所采烟气中的水蒸气质量。该方法的测定装置如图4-56所示。

3. 干湿球法

干湿球法测定排气中的水分含量装置如图 4-57 所示。使气体在一定流速下流经干湿球温度计，根据干湿球温度计读数及有关压力，计算排气中的水分含量。测定时要检查湿球温度计湿球表面的纱布是否包好，然后将水注入盛水容器中；当排气温度较低或水分含量较高时，采样管应保温或加热数分钟后，再开动抽气泵，以 15L/min 流量抽气；当干球和湿球温度计读数稳定后，记录干球和湿球温度计读数。

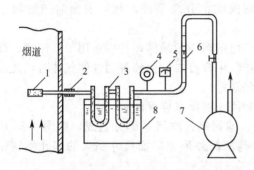 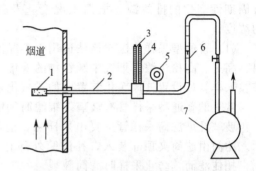

图 4-56　重量法测定排气中的水分含量装置图　　　图 4-57　干湿球法测定排气中的水分含量装置图
1—滤筒；2—加热器；3—吸收管；　　　　　　　　1—滤筒；2—保温采样管；3—干球温度计；
4—真空压力表；5—温度计；　　　　　　　　　　4—湿球温度计；5—真空压力表；
6—转子流量计；7—抽气泵；8—冷却水槽　　　　　6—转子流量计；7—抽气泵

排气中的水分含量按式(4-27) 计算：

$$X_{sw}=\frac{p_{bv}-0.00067(t_c-t_b)(p_a+p_b)}{p_a+p_s}\times100\%$$ (4-27)

式中　X_{sw}——排气中水分的体积分数，%；

p_{bv}——温度为 t_b 时的饱和水蒸气压力（据 t_b 值，从空气饱和水蒸气压力表中查得），Pa；

t_b——湿球温度，℃；

t_c——干球温度，℃；

p_b——通过湿球温度计表面的气体压力，Pa；

p_a——大气压力，Pa；

p_s——测点处的排气静压，Pa。

四、排气中颗粒物的测定

1. 采样前的准备工作

用铅笔将滤筒编号，在 105～110℃ 烘烤 1h，取出放入干燥器中，冷却至室温，用感量为 0.1mg 的天平称量，连续两次称量质量之差不超过 0.4mg。若滤筒在 400℃ 以上高温排气中使用，应预先在 400℃ 高温箱中烘烤 1h，然后放入干燥器中冷却至室温，称量至恒重。放入专用的容器中保存。

2. 样品采集

将烟尘采样管通过采样孔插入烟道中，使采样嘴置于测点上，正对气流，按颗粒物等速采样原理，抽取一定量的含尘气体。根据采样管滤筒上所捕集到的颗粒物量和同时抽取的气体量，计算出排气中颗粒物的浓度。

由于颗粒物具有一定的质量，在烟道中因本身运动的惯性作用，不能完全随气流而改变方向。另外，颗粒物在烟道中的分布也不均匀。因此，为了从烟道中取得有代表性的烟尘样品，需遵守等速采样和多点采样原则。所谓等速采样就是使气体进入采样嘴的速度与采样点的烟气速度相等（相对误差小于10%）。

颗粒物等速采样方法有四种类型：普通型采样管法（预测流速法）、皮托管平行测速采样法、动压平衡型等速采样管法和静压平衡型等速采样管法。

同一种类型有移动采样、定点采样和间断采样三种采样方法。移动采样是用一个滤筒在已确定的采样点上移动采样，各点采样时间相等，然后求出采样断面的平均浓度。定点采样是在每个测点上采集一个样，然后求出采样断面的平均浓度。间断采样是针对有周期性变化的排放源，根据工况变化及其延续时间，分段采样，然后求出时间加权平均浓度。

（1）普通型采样管法　该法适用于工况比较稳定的污染源采样，特别适用于低流速、高温、高湿、高粉尘浓度烟气中颗粒物的采集。当排气中含有二氧化硫等腐蚀性气体时，还应该在采样管口设置气体净化装置（如过氧化氢洗涤瓶等）。

常见的普通型采样管有玻璃纤维滤筒采样管和刚玉滤筒采样管两种。

玻璃纤维滤筒采样管主要由采样嘴、前弯管、滤筒夹、滤筒等部分组成，如图4-58所示。滤筒由滤筒夹顶部装入，在滤筒外部有一个与滤筒外形相同而尺寸稍大的多孔不锈钢托，托住滤筒，防止采样时滤筒破裂。

刚玉滤筒采样管主要由采样嘴、前弯管、滤筒夹、刚玉滤筒、耐高温弹簧、石棉垫圈等部分组成，如图4-59所示。刚玉滤筒由滤筒夹后部装入，滤筒进口与滤筒夹前体、滤筒夹与采样管接口处用石棉垫圈密封。

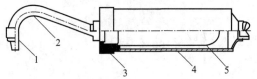 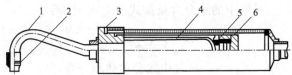

图4-58　玻璃纤维滤筒采样管　　　　　　　　图4-59　刚玉滤筒采样管
1—采样嘴；2—前弯管；3—滤筒夹；　　　　　　1—前弯管；2—采样嘴；3—滤筒夹；
4—不锈钢托；5—滤筒　　　　　　　　　　　　4—刚玉滤筒；5—耐高温弹簧；6—石棉垫圈

采样前预先测出各采样点处的排气温度、压力、水分含量和气流速度等参数，结合所选用的采样嘴直径，计算出等速采样条件下各采样点所需的采样流量，然后按该流量在各测点进行采样。

等速采样的流量按式（4-28）计算：

$$Q'_r = 0.00047 d^2 v_s \left(\frac{p_a + p_s}{273 + t_s}\right) \left[\frac{M_{sd}(273 + t_r)}{p_a + p_r}\right]^{1/2} (1 - X_{sw}) \qquad (4\text{-}28)$$

式中　Q'_r——等速采样流量，L/min；

d——采样嘴直径，mm；

v_s——测点的气体流速，m/s；

p_a——大气压力，Pa；

p_s——测点处排气静压，Pa；

p_r——转子流量计前的气体压力，Pa；

t_s——测点处的排气温度，℃。

t_r——转子流量计前的排气温度，℃。

M_{sd}——干排气气体的摩尔质量，kg/kmol；

X_{sw}——排气中水蒸气的体积分数，%。

（2）皮托管平行测速采样法 皮托管平行测速采样法是将普通型采样管、S形皮托管和热电偶温度计固定在一起，采样时将三个测头一起放入烟道中的同一测点，根据预先测得的排气静压、水分含量和当时测得的动压、温度等参数，计算出等速采样流量。调节流量计至所需的采样流量进行采样。

在实际工作中，常采用皮托管平行测速自动烟尘采样仪进行采样，如图4-60所示。仪器的微处理测控系统根据各种传感器检测到的静压、动压、温度及含湿量等参数，计算烟气流速，选定采样嘴直径。采样过程中仪器自动计算烟气流速和等速跟踪采样流量，控制电路调整抽气泵的抽气能力，使实际流量与计算的采样流量相等，从而保证了烟尘自动等速采样。

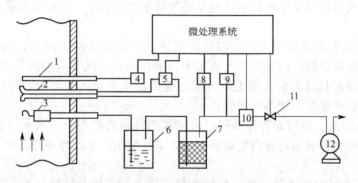

图4-60 皮托管平行测速采样法装置图

1—热电偶或热电阻温度计；2—皮托管；3—采样管；4,9—温度传感器；5—微压传感器；
6,7—除硫干燥器；8—压力传感器；10—流量传感器；11—流量调节装置；12—抽气泵

（3）动压平衡型等速采样管法 动压平衡型等速采样装置如图4-61所示。利用装置在采样管中的孔板在采样抽气时产生的压差与采样管平行放置的皮托管所测出的气体动压相等来实现等速采样。该方法的特点是当工况发生变化时，它通过双联斜管微压计的指示，可及时调整采样流量，以保证等速采样。

（4）静压平衡型等速采样管法 静压平衡型等速采样装置如图4-62所示。利用在采样管入口配置的专门采样嘴，在嘴的内外壁上分别开有测量静压的条缝，调节采样流量使采样嘴内、外条缝处静压相等，达到等速采样条件。该方法用于测量低含尘浓度的排放源。

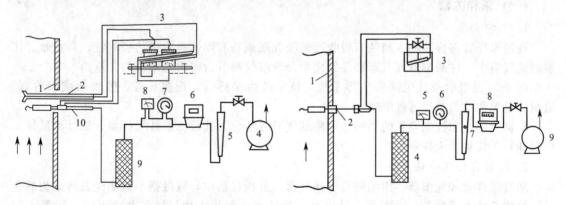

图4-61 动压平衡型等速采样装置图
1—烟道；2—皮托管；3—双联斜管微压计；
4—抽气泵；5—转子流量计；
6—累计流量计；7—真空压力表；
8—温度计；9—干燥器；10—采样管

图4-62 静压平衡型等速采样装置图
1—烟道；2—采样管；3—动力指示器；
4—干燥器；5—温度计；
6—真空压力表；7—转子流量计；
8—累计流量计；9—抽气泵

关于排气中颗粒物的采样，需注意以下事项。

① 颗粒物的采样必须按照等速采样的原则进行，尽可能使用微电脑自动跟踪采样仪，以保证等速采样的精度，减少采样误差。

② 采样位置应尽可能选择气流平稳的管段，采样断面最大流速与最小流速之比不宜大于 3 倍，以防仪器的响应跟不上流速的变化，影响等速采样的精度。

③ 在湿式除尘或脱硫装置出口采样时，采样孔位置应避开烟气含水（雾）滴的管段。

④ 采样嘴应先背向气流方向插入管道，采样时采样嘴必须对准气流方向，偏差不得超过 10°。采样结束，应先将采样嘴背向气流，迅速抽出管道，防止管道负压将尘粒倒吸。

⑤ 锅炉颗粒物采样，需多点采样，原则上每点采样时间不少于 3min，各点采样时间应相等，每台锅炉测定时所采集样品累计的总采气量不少于 1m³。每次至少采集 3 个样品，取其平均值。

⑥ 滤筒在安放和取出采样管时，需使用镊子，不得直接用手接触，避免损坏和沾污，若不慎有脱落的滤筒碎屑，需收齐放入滤筒中；采样结束，从管道抽出采样管时不得倒置，取出滤筒后，轻轻敲打前弯管并用毛刷将附在管内的尘粒刷入滤筒中，将滤筒上口内折封好，放入专用容器中保存，切不可倒置。

⑦ 在采集硫酸雾、铬酸雾等样品时，由于雾滴极易沾附在采样嘴和弯管内壁，且很难脱离，采样前应把采样嘴和弯管内壁清洗干净，采样后用少量乙醇冲洗，合并在样品中，尽量减少样品损失。

⑧ 采集多环芳烃和二噁英类时，采样管材质应为硼硅酸盐玻璃、石英玻璃或钛金属合金，宜使用石英滤筒（膜），采样后滤筒（膜）不可烘烤。

⑨ 用手动采样仪采样过程中，要经常检查和调整流量，普通型采样管法采样前后应重复测定废气流速，当采样前后流速变化大于 20% 时，样品作废，重新采样。

⑩ 当采集高浓度颗粒物时，发现测压孔或采样嘴被尘粒堵塞时，应及时清除。

3. 样品分析

将采样后的滤筒放入 105℃ 烘箱中烘烤 1h，取出放入干燥器中，冷却至室温，用感量为 0.1mg 的天平称量。采样前后滤筒质量之差，即为采取的颗粒物的质量。根据采样体积计算排气中颗粒物的浓度。

五、排气中气态污染物的测定

（一）采样方法

1. 化学法采样

通过采样管将样品抽入到装有吸收液的吸收瓶或装有固体吸附剂的吸附管、真空瓶、注射器或气袋中，样品溶液或气态样品经化学分析或仪器分析得出污染物的含量。

图 4-63 是吸收瓶或吸附管采样系统。该系统由采样管、连接导管、吸收瓶或吸附管、流量计量箱和抽气泵等部件组成。

根据流量计和控制装置的类型，可将烟气采样器分为孔板流量计采样器、累计流量计采样器和转子流量计采样器。

2. 仪器直接测试法采样

通过采样管和除湿器，用抽气泵将样气送入分析仪器中，直接指示被测气态污染物的含量。采样系统由采样管、除湿器、抽气泵、测试仪器和校正用气瓶等部分组成，如图 4-64 所示。

关于采样方法，应注意以下事项。

① 废气采样时，应对废气中被测成分的存在状态及特性、可能造成误差的各种因素

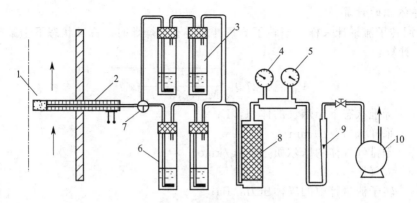

图 4-63　吸收瓶采样系统
1—烟道；2—加热采样管；3—旁路吸收管；4—温度计；5—真空压力表；
6—吸收瓶；7—三通阀；8—干燥器；9—流量计；10—抽气泵

（吸附、冷凝、挥发等）进行综合考虑，来确定适宜的采样方法（包括采样管和滤料材质的选择、采样体积、采样管和导管加热保温措施等）。

② 采集废气样品时，采样管进气口应靠近管道中心位置，连接采样管与吸收瓶的导管应尽可能短，必要时要用保温材料保温。

③ 使用吸收瓶或吸附管系统采样时，吸收装置应尽可能靠近采样管出口，采样前使排气通过旁路 5min，将吸收瓶前管路内的空气彻底置换；采样

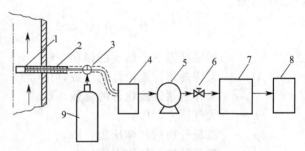

图 4-64　仪器测试法采样系统
1—滤料；2—加热采样管；3—三通阀；4—除湿器；
5—抽气泵；6—调节阀；7—分析仪；
8—记录仪；9—标准气瓶

期间保持流量恒定，波动不大于 10%；采样结束，应先切断采样管至吸收瓶之间的气路，以防管道负压造成吸收液倒吸。

④ 用碘量法测定烟气中的二氧化硫时，采样必须使用加热采样管（加热温度为 120℃），吸收瓶用冰浴或冷水浴控制吸收液温度，以提高吸收效率。

⑤ 对湿法脱硫装置进行脱硫效率的测定，应在正常运行条件下进行，同时测定洗涤液的 pH。在报出脱硫效率测定结果时，应注明洗涤液的 pH。

⑥ 用便携式仪器直接监测烟气中的污染物时，为了防止采样气体中的水分在连接管和仪器中冷凝干扰测定，输气管路应加热保温，配置烟气预处理装置，对采集的烟气进行过滤、除湿和气液分离。除湿装置应使除湿后气体中被测污染物的损失不大于 5%。

⑦ 用便携式烟气分析仪对烟气中的二氧化硫、氮氧化物等测试时，应选择抗负压能力大于烟道负压的仪器，否则会使仪器采样流量减小，测试浓度值将偏低，甚至测不出来。

⑧ 用定电位电解法烟气分析仪对烟气中的二氧化硫、氮氧化物等测试时，应在仪器显示浓度值变化趋于稳定后读数，读数完毕将采样探头取出，置于环境空气中，清洗传感器至仪器读数在 $20mg/m^3$ 以下时，再将采样探头插入烟道进行第二次测试。在测试完全结束后，应将仪器置于干净的环境空气中，继续抽气吹扫传感器，直至仪器示值符合说明书要求后再关机。

⑨ 用定电位电解法烟气分析仪进行烟气监测，仪器应一次开机直至测试完全结束，中途不能关机重新启动以免仪器零点变化，影响测试准确性。

3. 采样体积的计算

（1）使用转子流量计采样　当转子流量计前装有干燥器时，标准状态下干排气采样体积按式（4-29）计算：

$$V_{nd} = 0.27 Q_r' \sqrt{\frac{p_a + p_r}{M_{sd}(273 + t_r)} \times t} \tag{4-29}$$

式中　V_{nd}——标准状态下干烟气的体积，L；

Q_r'——采样流量，L/min；

M_{sd}——干排气气体的摩尔质量，kg/kmol；

p_a——大气压力，Pa；

p_r——转子流量计前的气体压力，Pa；

t_r——转子流量计前的气体温度，℃；

t——采样时间，min。

（2）使用干式累计流量计采样　流量计前装有干燥器，标准状态下干排气采气体积按式（4-30）计算。

$$V_{nd} = K(V_2 - V_1) \times \frac{273}{273 + t_d} \times \frac{p_a + p_d}{101300} \tag{4-30}$$

式中　V_{nd}——标准状态下干烟气的体积，L；

V_1——采样前累计流量计的读数，L；

V_2——采样后累计流量计的读数，L；

p_a——大气压力，Pa；

p_d——流量计前的气体压力，Pa；

t_d——流量计前的气体温度，℃；

K——流量计的修正系数。

（3）使用注射器采样　使用注射器采样时，标准状态下干采气体积按式（4-31）计算。

$$V_{nd} = V_f \times \frac{273}{273 + t_f} \times \frac{p_a + p_{fv}}{101300} \tag{4-31}$$

式中　V_{nd}——标准状态下干烟气的体积，L；

V_f——注射器的采样体积，L；

p_a——大气压力，Pa；

p_{fv}——在 t_f 温度下水的饱和蒸气压，Pa；

t_f——室温，℃。

（4）使用真空瓶采样　使用真空瓶采样时，标准状态下干采气体积按式（4-32）计算。

$$V_{nd} = (V_b - V_1) \times \frac{273}{101300} \times \left(\frac{p_f - p_{fv}}{273 + t_f} - \frac{p_i - p_{iv}}{273 + t_i} \right) \tag{4-32}$$

式中　V_{nd}——标准状态下干烟气的体积，L；

V_1——吸收液的体积，L；

V_b——真空瓶的体积，L；

p_f——采样后放置至室温，真空瓶内的压力，Pa；

p_i——采样前真空瓶内的压力，Pa；

t_f——测 p_f 时的室温，℃；

t_i——测 p_i 时的室温，℃；

p_{fv}——在 t_f 温度下水的饱和蒸气压，Pa；

p_{iv}——在 t_i 温度下水的饱和蒸气压，Pa。

（二）气态污染物的分析方法

1. 排气中主要组分的测定

烟气中的主要组分为氮气、氧气、二氧化碳和水蒸气等，可采用奥氏气体分析仪法和仪器分析法测定。

（1）奥式气体分析仪法　奥式气体分析仪法的测定原理是用适当的吸收液吸收烟气中的待测组分，通过测定前后气体体积的变化计算待测组分的含量。例如，用氢氧化钾溶液吸收二氧化碳；用焦性没食子酸溶液吸收氧气；用氯化亚铜氨溶液吸收一氧化碳等；还有的带有燃烧法测氢气装置。依次吸收二氧化碳、氧气和一氧化碳后，剩余气体主要是氮气。

（2）氧气的测定方法　排气中氧气的测定可以采用电化学法、热磁式氧分仪法和氧化锆氧分仪法。

① 电化学法　被测气体中的氧气，通过传感器半透膜充分扩散进入铅镍合金-空气电池内。经电化学反应产生电能，其电流大小遵循法拉第定律与参加反应的氧原子的量成正比，放电形成的电流经过负载形成电压，测量负载上的电压大小得到氧含量数值。

② 热磁式氧分仪法　由于氧受磁场吸引的顺磁性比其他气体强许多，当顺磁性气体在不均匀磁场中，且具有温度梯度时，就会形成气体对流，这种现象称为热磁对流（磁风）。磁风的强弱取决于混合气体中含氧量的多少。通过把混合气体中氧含量的变化转换成热磁对流的变化，再转换成电阻的变化，测量电阻的变化，就可得到氧的百分含量。

③ 氧化锆氧分仪法　利用氧化锆材料添加一定量的稳定剂以后，通过高温烧制，在一定温度下成为氧离子固体电解质。在该材料两侧焙烧上铂电极，一侧通气样，另一侧通空气，当两侧氧分压不同时，两电极间产生浓差电动势，构成氧浓差电池。由氧浓差电池的温度和参比气体氧分压，便可通过测量电动势，换算出被测气体的氧含量。

2. 排气中气态污染物的测定

固定污染源排气中常见污染物的分析方法见表 4-16。

表 4-16　固定污染源排气中常见污染物的分析方法

污染物	分析方法
镍	丁二酮肟-正丁醇萃取分光光度法、石墨炉原子吸收分光光度法、火焰原子吸收分光光度法
镉	对-偶氮苯重氮氨基偶氮苯磺酸光度法、石墨炉原子吸收分光光度法、火焰原子吸收分光光度法
锡	石墨炉原子吸收分光光度法
铬酸雾	二苯基碳酰二肼分光光度法
二氧化硫	碘量法、定电位电解法
氮氧化物	紫外分光光度法、盐酸萘乙二胺分光光度法
光气	苯胺紫外分光光度法
氯气	甲基橙分光光度法
氰化氢	异烟酸-吡唑啉酮分光光度法
氯化氢	硫氰酸汞分光光度法
一氧化碳	非色散红外吸收法
甲醇	气相色谱法
氯乙烯	气相色谱法
乙醛	气相色谱法
非甲烷总烃	气相色谱法
丙烯醛	气相色谱法
酚类化合物	4-氨基安替比林分光光度法
氯苯类	气相色谱法
丙烯腈	气相色谱法
苯并[a]芘	高效液相色谱法

（1）二氧化硫的测定

① 碘量法　烟气中的二氧化硫被氨基磺酸铵混合溶液吸收，用碘标准溶液滴定。根据

消耗标准溶液的量计算二氧化硫的浓度。反应式如下：

$$SO_2 + H_2O \longrightarrow H_2SO_3$$
$$H_2SO_3 + H_2O + I_2 \longrightarrow H_2SO_4 + 2HI$$

该法的测定范围为 $100\sim6000\,mg/m^3$。

② 定电位电解法　烟气中的二氧化硫通过传感器渗透膜进入电解槽，在恒电位工作电极上发生以下氧化反应：

$$SO_2 + 2H_2O \longrightarrow SO_4^{2-} + 4H^+ + 2e$$

由此产生极限扩散电流 i，在一定范围内，其电流大小与二氧化硫浓度成正比。在规定工作条件下，电子转移数、法拉第常数、扩散面积、扩散系数和扩散层厚度均为常数，因此二氧化硫的浓度可由极限电流 i 来测定。该法的测定范围为 $15\sim1.4\times10^5\,mg/m^3$。

（2）氮氧化物的测定

① 紫外分光光度法　样品气体被收集在一个盛有稀硫酸-过氧化氢吸收液的瓶中，氮氧化物被氧化为 NO_3^-，在210nm处测定吸光度。

② 盐酸萘乙二胺分光光度法　在采样时，气体中的一氧化氮等低价氧化物首先被三氧化铬氧化成二氧化氮，二氧化氮被吸收液吸收后生成亚硝酸和硝酸，其中亚硝酸与对氨基苯磺酸发生重氮化反应，再与盐酸萘乙二胺偶合生成玫瑰红色化合物，用分光光度法测定。

（3）一氧化碳的测定（非色散红外吸收法）　一氧化碳对 $4.67\mu m$、$4.72\mu m$ 波长处的红外辐射具有选择性吸收，在一定波长范围内，吸收值与一氧化碳的浓度呈线性关系，从而确定一氧化碳的浓度。

（4）氯化氢的测定（硝酸银容量法）　氯化氢被氢氧化钠溶液吸收后，在中性条件下，以铬酸钾为指示剂，用硝酸银标准溶液滴定，终点时过量的银离子与铬酸钾指示剂反应生成砖红色铬酸银沉淀，反应式如下：

$$Cl^- + Ag^+ \longrightarrow AgCl\downarrow$$
$$2Ag^+ + CrO_4^{2-} \longrightarrow Ag_2CrO_4\downarrow \quad（砖红色）$$

该方法适用于固定污染源废气中氯化氢的测定。当采样体积为15L（标准状态）时，方法检出限为 $2\,mg/m^3$，测定下限为 $8.0\,mg/m^3$。

若废气中含有硫化氢和二氧化硫时，对测定产生干扰。硫化氢浓度低于 $1000\,mg/m^3$，二氧化硫浓度不高于 $10000\,mg/m^3$ 时，可通过加入1mL过氧化氢（30%）消除干扰。

若废气中硫酸雾浓度大于 $15000\,mg/m^3$ 时，在滴定过程中产生白色硫酸银沉淀，影响滴定终点判断，可在采样时通过滤膜过滤去除。

废气中有氯气存在时，可与氢氧化钠反应生成等量的氯离子和次氯酸根，干扰测定。用碘量法测定次氯酸根，从总氯化物中减去其含量，从而获得氯化氢的含量。

（5）氰化氢的测定（异烟酸-吡唑啉酮分光光度法）　用氢氧化钠溶液吸收氰化氢，在中性条件下，与氯胺T作用生成氯化氰（CNCl），氯化氰与异烟酸作用，经水解生成戊烯二醛，再与吡唑啉酮进行缩聚反应，生成蓝色化合物，用分光光度法测定。

该方法适用于固定污染源有组织排放和无组织排放的氰化氢的测定。对于有组织排放来说，当采样体积为5L时，方法的检出限为 $0.09\,mg/m^3$。对于无组织排放来说，当采样体积为30L时，方法的检出限为 $2\times10^{-3}\,mg/m^3$。对有组织排放样品采集时，串联两支内装20mL氢氧化钠吸收液（0.1mol/L）体积为125mL的多孔玻璃吸收瓶，将采样管头部塞适量无碱玻璃棉，伸入排气筒，以0.5L/min流量采样10~30min。对无组织排放样品采集时，用装有5mL氢氧化钠吸收液（0.05mol/L）的多孔玻璃吸收管，以0.5L/min流量采样30~60min。

如果样品采集后不能当天测定，应将试样密封后置于2~5℃下保存，最长不超过48h。在采样、运输和贮存过程中应避免日光照射。若试样中存在氧化剂（如氯气）将干扰测定。

若氧化剂的量较少，可向样品溶液中加入适量亚硫酸钠溶液消除干扰。若试样中存在硫化氢将干扰测定。若硫化氢的量较少，可用预蒸馏的方法消除干扰。

（6）铬酸雾的测定（二苯基碳酰二肼分光光度法） 固定污染源有组织排放的铬酸雾用玻璃纤维滤筒吸附后，用水溶解；对于无组织排放的铬酸雾用水吸收。在酸性条件下，铬酸中的六价铬与二苯基碳酰二肼作用，生成玫瑰红色的化合物，在540nm波长处用分光光度法测定。反应式如下：

$$O=C\begin{array}{c}NH-NH-C_6H_5\\ \\ NH-NH-C_6H_5\end{array}\ (DPC)\quad +Cr^{6+}\longrightarrow\quad O=C\begin{array}{c}NH-NH-C_6H_5\\ \\ N=N-C_6H_5\end{array}\quad +Cr^{3+}\longrightarrow 玫瑰红色配合物$$

（7）氯气的测定（甲基橙分光光度法） 使含有溴化钾、甲基橙的酸性溶液与氯气反应，氯气将溴离子氧化成溴，溴能在酸性溶液中将甲基橙溶液的红色减退，用分光光度法测定其褪色的程度来确定氯气的含量。

（8）光气的测定（苯胺紫外分光光度法） 含光气（$COCl_2$）的气体先经装有硫代硫酸钠和无水碳酸钠的双连玻璃球，以除去氯、二氧化氮、氨等干扰气体，而后被苯胺溶液吸收，生成1,3-二苯基脲，在酸性条件下萃取，在波长257nm处测定吸光度。反应式如下：

$$4\ \langle\!\!\!\bigcirc\!\!\!\rangle-NH_2+COCl_2\longrightarrow\ \langle\!\!\!\bigcirc\!\!\!\rangle-\underset{H}{N}-\underset{O}{C}-\underset{H}{N}-\langle\!\!\!\bigcirc\!\!\!\rangle+2\ \langle\!\!\!\bigcirc\!\!\!\rangle-NH_2\cdot HCl$$

（9）酚类化合物的测定（4-氨基安替比林分光光度法） 用氢氧化钠吸收液采集样品，在pH为10.0±0.2且有铁氰化钾存在的条件下，酚类化合物与4-氨基安替比林反应，生成红色的安替比林染料，用分光光度法测定。

六、烟气排放连续监测

烟气排放连续监测（continuous emission monitoring）是指对固定污染源排放的污染物进行连续、实时跟踪监测。对于每个固定污染源的测定时间不得少于锅炉、炉窑总运行时间的75%，每小时的测定时间不得低于45min。

固定污染源烟气排放连续监测系统（continuous emission monitoring systems，CEMS）主要由颗粒物测量子系统、气态污染物测量子系统、烟气排放参数测量子系统、数据采集处理与传输子系统等组成，如图4-65所示。通过采样或非采样方式，测定烟气中颗粒物和气态污染物的浓度，同时测量烟气的温度、压力、流速或流量、湿度、氧气或二氧化碳含量；计算烟气中污染物浓度和排放量；显示和打印各种参数，并通过数据图文传输系统传输至固定污染源监控系统。

1. 气态污染物测量子系统

气态污染物测量子系统分为完全抽取法、稀释抽取法和直接分析法三种。

（1）完全抽取法 采样器将烟气从烟道中抽取出来，经过预处理后，送至分析仪进行检测。抽取过程分为冷抽取和热抽取，两种抽取方法均需对样气进行加热，以保持烟气不结露，然后经过滤器滤除烟尘。热抽取法不除去样气中的水分，直接把高温烟气送至分析仪的光学腔内进行分析。冷抽取法通过快速冷却除去样气中的水分，再把常温的烟气送入分析仪检测。目前，市售仪器多数为冷抽取法，主要部件如图4-66所示。该方法进行在线标定时，把标准气通入加热管的前端，标准气与烟气一样经过加热、除水、过滤，再到分析仪，这种标定方法可以检验出过滤、除水引起的故障或误差，同时也能检验管路的泄漏情况。

（2）稀释抽取法 用洁净的零气按一定的稀释比稀释除尘后的烟气，以降低气态污染物的浓度，将稀释后的烟气引入分析单元，分析气态污染物的浓度。稀释抽取法分为内稀释和外稀释两种方法。外稀释法是把烟气抽出烟道外再稀释，然后将稀释后的烟气送至分析仪。内稀释法的

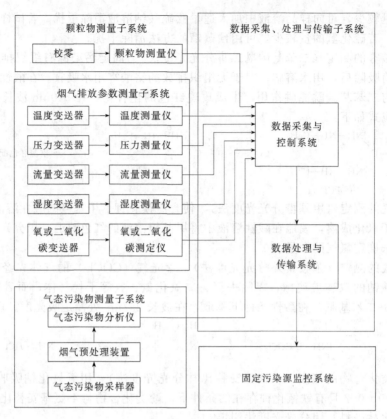

图 4-65 固定污染源烟气排放连续监测系统示意图

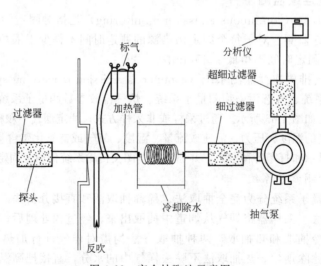

图 4-66 完全抽取法示意图

稀释过程是在稀释探头内完成的，稀释探头结构如图 4-67 所示。烟气先被采样探头前端的聚四氟乙烯过滤器过滤，进入探头后被后置的石英毛细过滤器过滤，然后通过临界小孔，随即被净化空气按一定比例稀释，通过真空压力表后被输送到相应的分析仪器进行分析。稀释比 R 按式(4-33)计算：

$$R = \frac{Q_1 + Q_2}{Q_2} \tag{4-33}$$

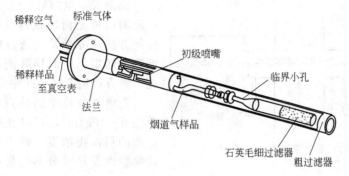

图 4-67　内稀释法稀释探头结构示意图

式中　Q_1——稀释气的流量，mL/min；

　　　　Q_2——样气的流量，mL/min。

一般来说，稀释比 R 为 100。由于分析所需的烟气量非常小，混合后气体的含湿量、含尘量都大大降低，因此不需对管路加热，可以直接进入分析仪进行分析。在线标定时，把零气或标准气体通入稀释探头的前端，经稀释气稀释后进入分析仪，从而实现全程标定。

（3）直接分析法　将一束红外光或紫外光直接射入烟道，利用待测组分的特征吸收光谱，通过测量各自对应的光强衰减程度，根据朗伯-比尔定律分析出污染物的浓度。目前市场上比较成熟的是一种利用封闭式折反光技术单端安装模式的烟气直接测量装置，如图 4-68 所示。该装置是将发射器和接收器密封在一起，并与安装在烟道内的气体样品室联为一体，用烧结材料做成样品室的外壳，可将调零或校准用气充入外壳内，样品气体被吹扫出样品室，从而实现动态调零和校准。同时，在探头上配置一个加热器，以保证进入样品室烟气的干燥。该装置可同时测量水分、二氧化硫、一氧化氮、二氧化氮、一氧化碳等。

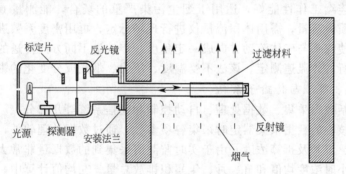

图 4-68　直接分析法示意图

2. 颗粒物测量子系统

（1）光电透射测尘仪　光通过烟气时，光强因烟尘的吸收和散射作用而减弱，光学不透明度（浊度）与烟气中颗粒物的浓度符合朗伯-比尔定律。在实际工作中，采用等速采样重量法测出烟尘的质量浓度，与同时测得的光学不透明度建立线性函数关系。

光电透射测尘仪分为单光程和双光程两种。单光程测尘仪的光源发射端与检测器位于烟道的两侧，光源发射的光通过烟气直接到达检测器，由于校准较为麻烦，目前很少采用。双光程测尘仪的光源发射端与检测器在烟道的同一侧，光源发射的光通过烟气后被安装在烟道对面的反射镜反射，再次穿过烟道后被检测器检测，如图 4-69 所示。采用光电透射技术的颗粒物测量子系统大部分装配有气体净化系统或风机，以保持光学窗口的清洁。

光电透射测尘仪的光源依据实际情况可选择红光、远红外或激光。

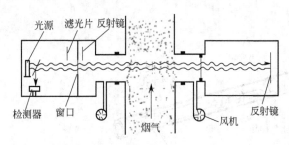

图 4-69　光电透射法示意图

在湿式除尘器后，由于烟气含湿量大，小液滴有可能出现在烟气中，如果不采取任何方法滤除液滴，透过的光束无法区分液滴和烟尘，从而导致测试结果偏高。因此，该方法适合在干式除尘器后安装。

光电透射技术的特点是量程宽，监测范围 $0\sim10g/m^3$，可以连续监测整个烟道截面的颗粒物浓度。缺点是：受烟气中颗粒物特性及尺寸分布的影响，只能监测较大的烟尘颗粒，测定精度较差；因振动、温度等因素易使光路准直发生偏移；光学器件易受烟气污染，需要定期擦拭。

（2）光学散射技术（light scattering techniques）　光束射向烟气时，部分光被烟气中的颗粒物散射，通过测量散射光强来测定烟尘浓度。按照测定散射光和入射光角度的不同，分为前向散射式、后向散射式和侧向散射式。常采用的光源有红外光或激光。由于烟尘对光的散射不仅取决于颗粒物的浓度，还与颗粒物的形状、粒径分布等因素有关，因此测量结果受烟尘颗粒大小、形状和颜色的影响较大。

3. 烟气排放参数测量子系统

烟气排放参数测量子系统主要包括烟气的温度、压力、流速或流量、水分含量、氧气或二氧化碳含量的测量。

烟气流速的测量方法有皮托管法、热平衡法和超声波法。

皮托管法是烟气流速连续测量的常用方法，该法与手工常规方法一致，但易堵塞，需要不断吹扫。

热平衡法的连续工作性能好，适用于烟尘污染严重的场合，能测量 0.1m/s 的极低流速，但测得的是质量流量，需用体积流量仪进行现场标定，再用密度系数进行修正。

超声波法是使探头与气体流动方向成一定角度，声波沿不同方向传送的时间差与气体流速有关，从而进行气体流速测定。该法不受温度、压力、烟气成分变化的影响。

4. 数据采集、处理与传输子系统

该子系统包括数据采集、数据处理、自动控制和通信系统等几部分。

以计算机为核心的数据采集器定时采集各项参数，通过数据处理软件，生成各种污染物浓度对应的干基、湿基及折算浓度。由于实时监测所采集到的数据量非常大，计算机根据程序指令自动生成小时浓度均值和日、月、年累积排放总量。在均值计算中，按设定方法剔除异常值，最后可根据需要制成各类报表或图形。

自动控制部分主要是通过计算机自动控制监测仪器的定时开和关、校零、校标，按一定时段处理数据，定时传输数据等。在计算机运行程序中根据需要可编入各种指令，据此就能根据给定的各种定值与随时取得的各种信号值比较后的情况进行故障报警、延时、过压与欠压保护等自动控制。

子系统中的信息通过调制解调器可以传输到固定污染源监控系统，在监控系统中对信息进行汇总和存储，同时还可以监控各子系统的运行情况。

5. 固定污染源烟气 CEMS 日常运行质量保证

在实际工作中，为了保证固定污染源烟气 CEMS 的正常运行，必须定期对各子系统进行定期校准、定期维护和定期校验。

（1）定期校准　对于具有自动校准功能的测量子系统，每24h至少自动校准一次仪器零点和跨度；对于无自动校准功能的测量子系统，要定期用校准装置校准仪器的零点和跨度。校准时要求零气和标准气体与样品气体通过的路径（如采样探头、过滤器、洗涤器、调节器）一致。

（2）定期维护　定期维护内容包括：及时清洁光学镜面；定期清洗隔离烟气与光学探头的玻璃视窗；定期检查仪器光路的准直情况；定期检查空气压缩机或鼓风机、软管、过滤器等部件；定期检查气态污染物测量子系统的过滤器、采样探头、管路的结灰和冷凝水情况，以及气体冷却部件、转换器、泵膜老化状态；定期检查流速探头的积灰和腐蚀情况、反吹泵和管路的工作状态。

（3）定期校验　由于固定污染源烟气 CEMS 投入使用后，燃料、除尘效率的变化、水分的影响、安装点的振动等都会造成光路的偏移和干扰，因此必须定期用参比方法和 CEMS 同时段数据进行比对校验。若校验结果不符合要求，则对相关系数进行校验使其符合相关要求。

七、监测结果表示及计算

1. 污染物排放浓度

污染物排放浓度以标准状况下干排气量的质量体积浓度（mg/m^3 或 $\mu g/m^3$）表示。污染物排放浓度按式(4-34)计算。

$$\rho' = \frac{m}{V_{nd}} \times 10^6 \qquad (4-34)$$

式中　ρ'——污染物排放浓度，mg/m^3；

V_{nd}——采集干排气在标准状况下的体积，L；

m——污染物的质量，g。

若监测仪器测定结果以体积比浓度 ppm（或 ppb）[1] 表示时，应将此浓度换算成质量体积浓度。

$$\rho' = \frac{M}{22.4} X \qquad (4-35)$$

式中　ρ'——污染物的质量体积比浓度，mg/m^3；

M——污染物的摩尔质量，g/mol；

22.4——污染物的摩尔体积，22.4L/mol；

X——污染物的体积比浓度，ppm(或 ppb)。

若采集的样品是多个时，应计算污染物的平均排放浓度。

2. 污染物折算浓度

在计算燃料燃烧设备污染物的排放浓度时，应依照所执行的标准要求，将实测的污染物浓度折算为标准规定的过量空气系数下的排放浓度，按式(4-36)计算。

$$\bar{\rho} = \bar{\rho'} \times \frac{\alpha'}{\alpha} \qquad (4-36)$$

式中　$\bar{\rho'}$——污染物的实测排放浓度，mg/m^3；

$\bar{\rho}$——折算成过量空气系数为 α 时的污染物排放浓度，mg/m^3；

α——有关排放标准中规定的过量空气系数；

α'——实测过量空气系数，$\alpha' = 21/(21 - X_{O_2})$，$X_{O_2}$ 为排气中氧的体积分数。

3. 废气排放量和污染物排放速度

废气排放量以单位时间排放的标准状态下干废气的体积表示，其单位为 m^3/h。

---

[1]　一些进口仪器的测定结果是用体积比浓度 ppm（或 ppb）表示的。

工况下的湿废气排放量按式(4-37)计算。

$$Q_s = 3600 F V_s \tag{4-37}$$

式中　Q_s——测量工况下湿排气的排放量，m^3/h；

　　　F——管道测定断面的面积，m^2；

　　　V_s——管道测定断面湿排气的平均流速，m/s。

标准状态下干废气排放量按式(4-38)计算。

$$Q_{sn} = Q_s \times \frac{p_a + p_s}{101.3} \times \frac{273}{273 + t_s} \times (1 - X_{sw}) \tag{4-38}$$

式中　Q_{sn}——标准状态下的干排气量，m^3/h；

　　　p_a——大气压力，Pa；

　　　p_s——排气静压，Pa；

　　　t_s——排气温度，$℃$；

　　　X_{sw}——排气中水分的体积分数，%。

污染物排放速率以单位时间（小时）污染物的排放量表示，其单位为kg/h。污染物排放速率按式(4-39)计算。

$$G = \bar{\rho} Q_{sn} \times 10^{-6} \tag{4-39}$$

式中　G——污染物排放速度，kg/h；

　　　$\bar{\rho}$——污染物实测的排放浓度，mg/m^3；

　　　Q_{sn}——标准状态下的干排气量，m^3/h。

第十节　移动污染源监测

移动污染源包括机动车（汽车、摩托车、农用车等）、机动船舶及非道路移动机械等排放源。这些排放源排放的污染物主要有一氧化碳（CO）、氮氧化物（NO_x）、碳氢化合物（HC）、颗粒物（PM）等。汽车排气中污染物的含量与车的类型、使用的燃料及空转、匀速、加速、减速等行驶状态有关。

一、概述

1. 机动车的分类

根据《机动车辆及挂车分类》（GB/T 15089—2001）中关于机动车的分类为：L类是指两轮或三轮机动车辆；M类是指至少有四个车轮的载客车辆；N类是指至少有四个车轮的载货车辆；O类是指挂车和半挂车；G类为越野车。根据气缸排量和最高设计车速，将L类机动车分为L_1、L_2、L_3、L_4、L_5类。根据座位的多少和最大设计总质量，又将M类机动车分为M_1、M_2和M_3类，将N类机动车分为N_1、N_2和N_3类，详见表4-17。

表 4-17　M 类和 N 类机动车分类

分 类		座位数/个	最大设计总质量/kg	分 类		座位数/个	最大设计总质量/kg
M	M_1	≤9(包括驾驶员座位)	—	N	N_1	—	≤3500
	M_2	>9(包括驾驶员座位)	≤5000		N_2	—	3500～12000
	M_3	>9(包括驾驶员座位)	>5000		N_3	—	>12000

将最大设计总质量不超过3500kg的M_1类、M_2类和N_1类汽车称为轻型汽车，而将最大设计总质量超过3500kg的M类和N类汽车称为重型汽车。将包括驾驶员座位在内，座位数不超过6个，且最大总质量不超过2500kg的M_1类汽车称为第一类车，将除M_1类外

其余类别的轻型汽车称为第二类车。

2. 发动机使用的燃料

发动机正常使用的燃料种类包括汽油、液化石油气（LPG）、天然气（NG）、柴油。根据汽车燃用燃料的不同，可以分为单一液体燃料车、单一气体燃料车和两用燃料车。单一液体燃料车是指只能燃用汽油或柴油的汽车；单一气体燃料车是指只能燃用某一种气体燃料（LPG 或 NG）的汽车，或能燃用某种气体燃料（LPG 或 NG）和汽油，但汽油仅用于紧急情况或发动机启动用，且汽油箱容积不超过 15L 的汽车；两用燃料车是指既能燃用汽油又能燃用一种气体燃料，但两种燃料不能同时燃用的汽车。

3. 机动车排放标准

目前，世界上主要有四种关于机动车排放的法规体系，即中国、美国、欧洲和日本的排放法规体系。这些汽车排放法规已成为汽车设计与制造的准则、汽车强制性认证的主要依据和汽车产品国际贸易的保障。

欧洲国家从 1993 年开始推行了日趋严格的排放标准。从 1996 年起，欧共体（现在欧盟的前身）和大部分汽车工业发达国家（日本除外），都相继采用了联合国欧洲经济委员会（ECE）的排放标准。1993 年，欧洲开始实施汽车排放欧洲 1 号标准（简称欧Ⅰ）；1996 年，开始实施欧Ⅱ标准，该标准对使用无铅汽油和柴油汽车的排放限值更加严格，它既规定电喷汽油机和使用气体燃料以及双燃料汽车排放的测定方法，又对生产一致性采用了新的检测方法；2000 年起开始实施欧Ⅲ标准，2005 年起开始实施欧Ⅳ标准，2009 年开始实施欧Ⅴ标准，2014 年开始实施欧Ⅵ标准。

20 世纪 80 年代末，我国的轻型汽车、重型柴油车和摩托车的排放控制采用了欧洲排放标准体系，曾先后发布了多项机动车的排放国家标准。目前，我国实施的有关机动车的排放标准及执行时间见表 4-18。

表 4-18 我国机动车排放标准及执行时间

标准名称	第Ⅰ阶段	第Ⅱ阶段	第Ⅲ阶段	第Ⅳ阶段	第Ⅴ阶段	第Ⅵ阶段
轻型汽车	2001 年 4 月 16 日	2001 年	2007 年 7 月 1 日	2010 年 7 月 1 日	2018 年 1 月 1 日	2020 年 7 月 1 日
车用压燃式、气体燃料点燃式发动机与汽车			2007 年 1 月 1 日	2010 年 1 月 1 日	2012 年 1 月 1 日	
三轮车和低速货车用柴油机	2006 年 1 月 1 日	2007 年 1 月 1 日				
非道路移动机械用柴油机	2007 年 10 月 1 日	2009 年 10 月 1 日	2014 年 10 月 1 日			
摩托车和轻便摩托车		2005 年 7 月 1 日	2008 年 7 月 1 日	2018 年 7 月 1 日		
重型车用汽油发动机与汽车			2009 年 7 月 1 日	2012 年 7 月 1 日		

二、我国轻型汽车污染物排放限值及测量方法

1. 型式核准试验项目

型式核准试验项目分为Ⅰ型试验、Ⅲ型试验、Ⅳ型试验、Ⅴ型试验、Ⅵ型试验和双怠速试验。

Ⅰ型试验是指常温下冷起动后排气污染物排放试验。汽车放置在带有负荷和惯量模拟的底盘测功机上（如图 4-70 所示），按标准（GB 18352.6—2016）附录 C 规定的测试循环、排气取样和分析方法、颗粒物取样和称量方法进行试验。

Ⅱ型试验是指实际行驶污染物排放试验。根据标准（GB 18352.6—2016）附录 D 要求

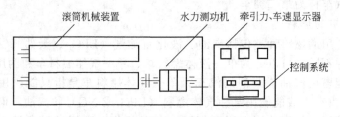

图 4-70 底盘测功机示意图

进行的实际行驶污染物排放试验（RDE），市区行程和总行程污染物一氧化碳（CO）排放试验结果不得超过Ⅰ型试验排放限值，而氮氧化物（NO$_x$）和粒子数量（PN）排放试验结果不得超过Ⅰ型试验排放限值的 2.1 倍。

Ⅲ型试验是指曲轴箱污染物排放试验。试验在已经进行了Ⅰ型或双怠速试验、装点燃式发动机的汽车上进行，分别在怠速和车速为（50±2)km/h 的试验条件下进行。

Ⅳ型试验是指蒸发污染物排放试验，用于确定由于昼间温度波动、停车期间热浸和城内运转所产生的碳氢化合物。试验包括：由一个运转循环 1 部和一个运转循环 2 部组成的试验准备，测定热浸损失（机动车行驶一段时间后，静置时从燃油系统排放的碳氢化合物）和昼间换气损失（由于温度变化从燃油系统排放的碳氢化合物）。将热浸损失和昼间换气损失阶段测得的碳氢化合物的排放质量相加，作为试验的总结果。

Ⅴ型试验是指污染控制装置耐久性试验，由生产企业按标准（GB 18352.6—2016）中要求的方法确定劣化系数，以用于确定汽车的排气污染物和蒸发污染物是否满足相应的限值要求。

Ⅵ型试验是指低温下冷起动后排气中一氧化碳（CO）、总碳氢化合物（THC）和氮氧化物（NO$_x$）排放试验。汽车放置在带有负荷和惯量模拟的底盘测功机上，按标准（GB 18352.6—2016）附录 C 规定的测试循环、排气取样和分析方法、颗粒物取样和称量方法进行试验。试验由Ⅰ型试验的低速段和中速段两部分构成，试验中间不得中止，并在发动机启动时开始取样。试验期间排气被稀释，并按比例收集样气，分析稀释排气的 CO、THC 和 NO$_x$，计算得到各种污染物的排放量。

不同类型汽车在型式检验时要求进行的试验项目见表 4-19。

表 4-19 型式检验试验项目

型式检验试验类型	装点燃式发动机的轻型汽车			装压燃式发动机的轻型汽车
	汽油车	两用燃料车	单一气体燃料车	
Ⅰ型（气态污染物）	√	√	√	√
Ⅰ型（颗粒污染物）	√	只试验汽油	×	√
Ⅰ型（粒子数量）	√	只试验汽油	×	√
Ⅱ型	√	只试验汽油	√	√
Ⅲ型	√	只试验汽油	√	√
Ⅳ型	√	只试验汽油	×	×
Ⅴ型	√	只试验气体燃料	√	√
Ⅵ型	√	只试验汽油	√	√
Ⅶ型	√	只试验汽油	×	×
车载诊断(OBD)系统	√	√	√	√

2. 污染物及其测定方法

（1）污染物的分类 按照污染的来源将汽车排放污染物分为排气污染物、蒸发污染物和曲轴箱污染物。

排气污染物是指排气管排放的气态污染物和颗粒物。

蒸发污染物是指汽车排气管排放之外，从汽车的燃料（汽油）系统损失的碳氢化合物蒸气，包括燃油箱呼吸损失和热浸损失。

曲轴箱污染物是指从发动机曲轴箱通气孔或润滑系的开口处排放到大气中的物质。

（2）排气取样系统　为了使排气取样系统能抽取被测汽车排气污染物的真实排放量，常采用定容取样系统（CVS系统）。CVS系统要求将汽车的排气在控制的条件下用环境空气连续稀释，因此又称为变稀释度采样装置。试验时应测定排气与稀释空气的混合气的总容积，并按容积比例连续收集样气进行分析。常用的CVS系统分为带容积泵的变稀释度采样装置（PDP-CVS）和临界流量文氏管变稀释度采样装置（CFV-CVS）。

PDP（positive displacement pump）-CVS是应用定向位移泵来保持流量恒定的一种装置，利用计量泵的每转容量和转数来确定总容积。该系统的优点是稀释比可变，与发动机的排量匹配也可以调节到非常合理，但结构复杂，价格昂贵，噪声大。

CFV（critical flow venturi tube）-CVS主要由临界流量文氏管、排放气体稀释混合箱、样气贮存袋、鼓风机及测量控制系统组成，如图4-71所示。该系统的特点是结构简单、价格低廉、维修方便，但一经设定改变流量比较困难。

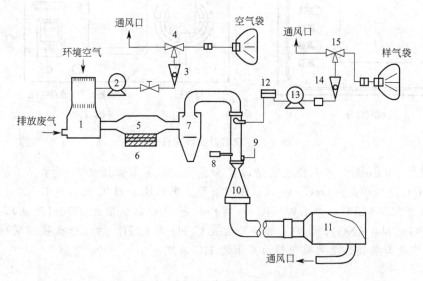

图4-71　CFV-CVS系统示意图

1—稀释混合箱；2,13—气泵；3,14—流量计；4,15—电磁阀；5—热交换器；6—温度控制系统；
7—旋风分离器；8—温度传感器；9—压力传感器；10—临界流量文氏管；11—鼓风机；12—过滤器

（3）分析方法

① 一氧化碳和二氧化碳　采用非分光红外线吸收（NDIR）型分析仪。

② 碳氢化合物　对于点燃式发动机，采用氢火焰离子化（FID）型检测器分析仪；对于压燃式发动机，采用加热式氢火焰离子化（HFID）型检测器分析仪。

③ 氮氧化物　采用化学发光（CLD）型或非扩散紫外线谐振吸收（NDUVR）型分析仪，两者均需带有 NO_x-NO 转换器。

④ 甲烷　采用气相色谱仪和氢火焰离子化（FID）型检测器。

⑤ 一氧化氮　采用化学发光（CLD）或非分散紫外共振吸收（NDUV）型分析仪。

⑥ 二氧化氮　采用化学发光（CLD）或非分散紫外共振吸收（NDUV）型分析仪。

⑦ 氧化亚氮　采用气相色谱仪和电子捕获检测器（ECD）或红外吸收光谱型分析仪。

⑧ 颗粒物　用重量法测定装在样气流中的两个串联安装的滤纸收集的颗粒物。

便携式汽车排气分析仪

便携式汽车排气分析仪采用非分光红外线吸收（NDIR）法测定 CO、CO_2 和 HC 的浓度，采用电化学传感器测定 O_2 和 NO 的浓度。

仪器除主机外，还配置取样枪和取样管。主机通过连接线可与转速仪连接，还可以通过 RS232 接口与计算机连接。仪器前面板和后背板如图 4-72 所示。

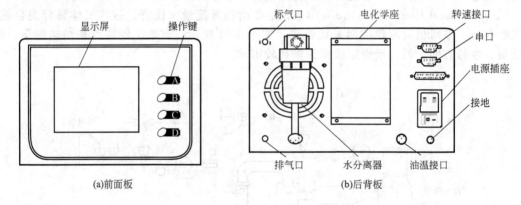

图 4-72　仪器前面板和后背板

仪器预热 10min 后，进入待机状态，屏幕显示待机界面如图 4-73 所示。系统设置包括燃料成分 H/C、燃料成分 O/C、C_3/C_6 转换系数。燃料成分 H/C 默认值 1.726（汽油），还可以设置为 2.525（LPG）和 4.0（NG）；燃料成分 O/C 默认值 0.0176（汽油），还可以设置为 0（LPG）和 0（NG）；C_3/C_6 转换系数是 C_3H_8 与 C_6H_{14} 的红外吸收相同时的浓度之比，C_3H_8 浓度与转换系数的乘积即为显示的 HC 浓度。

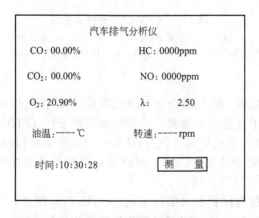

图 4-73　仪器待机界面

汽车排气遥感监测系统

汽车排气遥感监测系统由非分光红外发射和接收装置、紫外发射和接收装置、速度和加速度测量单元、牌照识别单元、数据处理单元等组成，如图4-74所示。光源发射的红外光和紫外光，穿过马路后被光学反光镜反射到检测器中。当在道路上行驶的汽车通过光束时，排放的尾气对光线有吸收作用，透射光的强度变化可指示汽车排气中污染物的浓度。红外可调谐二极管激光光谱测量排气中CO、CO_2的浓度，紫外差分吸收光谱法测量排气中NO_2、HC、烟尘的浓度。

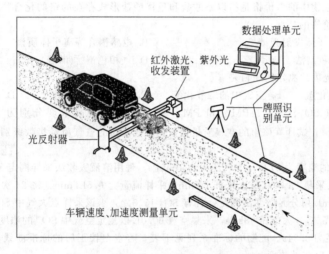

图4-74 汽车排气遥感监测系统示意图

在对汽车尾气进行遥感监测的同时，速度和加速度也被测量，以确定汽车的运行特征，从而减少由于汽车非正常运行造成监测的失误和偏差。车牌和汽车尾部的图像同时被拍摄下来，可以查询到被测车辆的车主和型号、制造厂家及生产年份。与汽车排放有关的各种数据也被电脑记录下来，这些信息可用于鉴别被测汽车尾气排放的真实情况。

习　题

1. 填空题

(1) 环境空气质量监测点位的布设应遵循_____、_____、整体性、前瞻性和稳定性的原则。

(2) 环境空气质量例行监测常用的布点方法有_____、_____、_____和_____。

(3) AQI大于50时，IAQI最大的污染物即为_____。浓度超过国家环境空气质量二级标准的污染物（IAQI大于100）即为_____。

(4) 甲醛吸收-盐酸副玫瑰苯胺分光光度法测定环境空气中的SO_2时，主要的干扰物质是氮氧化物、臭氧及某些重金属元素。样品放置一段时间_____自动分解；在样品溶液显色前加入氨磺酸钠溶液可消除_____的干扰；加入EDTA可以消除或减少_____的干扰。

(5) Saltzman实验系数f为_____，当空气中NO_2浓度高于$0.720mg/m^3$时，f值取_____。

(6) 将空气动力学当量直径$\leq 100\mu m$的颗粒物称为_____；将空气动力学当量直径$\leq 10\mu m$的颗粒物称为_____；将空气动力学当量直径$\leq 2.5\mu m$的颗粒物称为_____。其中可入肺颗粒物是指_____。

(7) 环境空气质量自动监测中，PM_{10}的测定方法有_____和_____。

(8) 对于新装修过的室内环境应测定_____、苯、甲苯、二甲苯、总挥发性有机物（TVOC）等；

对于人群比较密集的室内环境应测＿＿＿＿＿、新风量和＿＿＿＿＿；对于使用净化设备及复印机的室内环境应测＿＿＿＿＿；对于采用花岗岩、彩釉地砖等材料新装修的室内环境应监测＿＿＿＿＿。

（9）测定烟气压力的皮托管有＿＿＿＿＿＿＿＿＿和＿＿＿＿＿＿＿。

2. 选择题

（1）某监测点 SO_2 最大 24h 平均浓度超二级标准 20％，则 SO_2 最大 24h 平均浓度为（　　）。

A. $10\mu g/m^3$ 　　　　 B. $18\mu g/m^3$ 　　　　 C. $45\mu g/m^3$ 　　　　 D. $60\mu g/m^3$

（2）下列采样方法中，（　　）不属于富集采样法。

A. 真空瓶采样 　　 B. 滤膜阻留采样 　　 C. 溶液吸收法采样 　　 D. 低温冷凝法采样

（3）下列采样方法中，（　　）属于无动力采样。

A. 滤膜阻留采样 　　 B. 真空瓶采样 　　 C. 集尘缸采样 　　 D. 注射器采样

（4）环境空气质量自动监测，采用紫外光度法测定的项目是（　　）。

A. NO_2 　　　　 B. SO_2 　　　　 C. O_3 　　　　 D. CO

（5）环境空气颗粒物中的六价铬是指以铬酸盐和重铬酸盐形式存在的铬的化合物，一般不能用来测定环境空气颗粒物中六价铬的是（　　）。

A. 电感耦合等离子体发射光谱 　　　　 B. 电感耦合等离子体质谱

C. 柱后衍生离子色谱法 　　　　 D. 气相色谱-质谱法

（6）酚试剂分光光度法测定的项目是（　　）。

A. 空气中的二氧化硫 　　 B. 空气中的二氧化氮 　　 C. 空气中的硫化氢 　　 D. 空气中的甲醛

3. 某市所有测点 SO_2、NO_2、PM_{10} 和 $PM_{2.5}$ 的 24h 平均最高浓度分别为 $80\mu g/m^3$、$80\mu g/m^3$、$150\mu g/m^3$ 和 $100\mu g/m^3$，试计算该市的空气质量指数，报告该市的空气质量指数级别、空气质量指数类别和首要污染物。

4. 已知某采样点的温度为 27℃，大气压力为 100kPa。现用溶液吸收法采样测定 SO_2 的 24h 平均浓度，每隔 1h 采样一次，共采集 24 次，每次采样 50min，采样流量为 0.5L/min。将 24 次采样的吸收液定容至 250.00mL，取 10.00mL 用分光光度法测定，含有 SO_2 15.0μg，求该采样点大气中 SO_2 的 24h 平均浓度。

5. 采样现场气温 32℃，大气压 98kPa，采集空气 60.0L 以测定空气中 SO_2 的浓度。已知空白液吸光度为 0.060，样品吸光度为 0.349。配制的标准系列见下表，若空白校正后的标准曲线方程为 $y = 0.047x - 0.005$，试计算大气中 SO_2 的浓度。

编　号	0	1	2	3	4	5	6
SO_2 含量/μg	0	0.50	1.00	2.00	5.00	8.00	10.00

6. 用盐酸萘乙二胺分光光度法测定某采样点大气中的 NO_x，用装有 10mL 吸收液的筛板式吸收管吸收经过三氧化铬氧化管的空气。若采样点温度为 23℃，大气压力为 101.3kPa，采样流量为 0.50L/min，采样时间为 1h，采样后测定溶液的吸光度，根据标准曲线的线性回归方程计算出全部吸收液中含 2.0$\mu g NO_2$。试计算空气中 NO_x 的 1h 平均浓度。

7. 采用盐酸萘乙二胺分光光度法测定空气中 NO_x 的含量，配制标准系列及测定吸光度见下表。

NO_2 含量/μg	0	1.00	2.00	3.00	4.00	5.00
A	0.004	0.085	0.171	0.253	0.338	0.418

用装有 10mL 吸收液的吸收瓶采样（如图所示），吸收液全部用来测定。已知采样流量为 0.500L/min，采样时间为 1h，测定得知 1 号瓶溶液的吸光度为 0.256，2 号瓶溶液的吸光度为 0.122，采样点温度为 14℃，大气压力为 100kPa，NO 氧化为 NO_2 的转化系数为 0.68。试计算空气中 NO、NO_2 和 NO_x 的 1h 平均浓度。

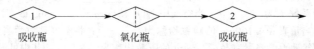

8. 设某烟道断面面积为 $1.5m^2$，测得烟气平均流速为 16.6m/s，烟气温度为 127℃，烟气静压为 1333Pa，大气压力为 100.658kPa，烟气中水蒸气的体积分数为 20％，求标准状况下烟气的流量。

第五章 土壤监测

第一节 概　述

土壤（soil）是指连续覆被于地球陆地表面具有肥力的疏松物质，是随着气候、生物、母质、地形和时间因素变化而变化的历史自然体。土壤是人类生存的基础和活动的场所。人类的生活活动与生产活动造成了土壤的污染，污染的结果又影响到人类的生活和健康。由于土壤的功能、组成、结构、特征以及土壤在环境生态系统中的特殊地位和作用，使得土壤污染不同于大气污染，也不同于水体污染，而且比它们要复杂得多。因此，防止土壤污染、及时进行土壤污染监测是环境监测中的重要内容。

一、土壤组成

土壤是由地球表面的岩石在自然条件下经过长时期的风化作用形成的。土壤是由固、液、气三相物质构成的复杂体系。土壤固相包括土壤矿物质和土壤有机质，土壤矿物质占土壤固体总质量的 90% 以上，土壤有机质占土壤固体总质量的 1%～10%，一般在可耕性土壤中约占 5%，且绝大部分在土壤表层。土壤液相是指土壤中的水分及其水溶物。土壤中有无数孔隙充满空气，即土壤气相，典型土壤约有 35% 的体积是充满空气的孔隙，因此土壤具有疏松的结构。

1. 土壤矿物质

土壤矿物质是岩石经过物理风化和化学风化形成的。按其成因类型可分为两类：一类是原生矿物，它们是各种岩石（主要是岩浆石）受到程度不同的物理风化而未经化学风化的碎屑物，其原来的化学组成和结晶构造都没有改变，主要有石英、长石类、云母类、辉石、角闪石、橄榄石、赤铁矿、磁铁矿、磷灰石、黄铁矿等；另一类是次生矿物，它们大多数是由原生矿物经化学风化后形成的新矿物，其化学组成和晶体结构都有所改变，主要有方解石、白云石、石膏、岩盐（$NaCl$）、芒硝、水氯镁石（$MgCl_2 \cdot 6H_2O$）、针铁矿（$Fe_2O_3 \cdot H_2O$）、伊利石、蒙脱石、高岭石等。在土壤形成过程中，原生矿物以不同的数量与次生矿物混合为土壤矿物质，有"土壤的骨骼"之称。

2. 土壤有机质

土壤有机质是土壤中含碳有机化合物的总称，一般占固相总质量的 10% 以下，是土壤形成的主要标志。土壤有机质对土壤性质有很大的影响，有"土壤的肌肉"之称。

土壤有机质主要来源于动植物和微生物残体。可以分为两大类：一类是组成有机体的各种有机化合物，称为非腐殖质物质，如蛋白质、糖类、树脂、有机酸等；另一类是称为腐殖质的特殊有机化合物，它不属于有机化学中现有的任何一类，包括腐殖酸、富里酸和腐黑物等。

3. 土壤水分

土壤水分是土壤的重要组成部分，有"土壤的血液"之称，它主要来自大气降水和灌溉。在地下水位接近地面 2～3cm 的情况下，地下水也是上层土壤水分的重要来源。此外，空气中的水蒸气冷凝也可以成为土壤水分。

　　水进入土壤以后，由于土壤颗粒表面的吸附能力和微细孔隙的毛细管力，可将一部分水保持住。但不同土壤保持水分的能力不同。砂土由于土质疏松、孔隙大，水分容易渗漏流失；黏土土质细密、孔隙小，水分不易渗漏流失。气候条件对土壤水分含量影响也很大。

　　土壤水分并非纯水，实际上是土壤中各种成分和污染物溶解形成的溶液，即土壤溶液。因此土壤水分既是植物养分的主要来源，也是进入土壤的各种污染物向其他环境圈层（如水圈、生物圈等）迁移的媒介。

　　4. 土壤中的空气

　　土壤空气的组成与大气基本相同，主要成分是氮气、氧气和二氧化碳。土壤空气存在于相互隔离的土壤孔隙中，是一个不连续的体系。土壤空气中的二氧化碳和水蒸气的含量比大气中高得多，但氧气的含量低于大气。另外，土壤空气中还含有少量还原性气体，如甲烷、硫化氢、氢气、氨等。如果是被污染的土壤，其空气中还可能存在污染物。

　　从土壤的化学组成上看，土壤中含有的常量元素有碳、氢、硅、氮、硫、磷、钾、铝、铁、钙、镁等；含有的微量元素有硼、氯、铜、锰、钼、钠、锌等。

二、土壤污染

　　土壤污染（soil pollution）是指人类活动或自然过程所产生的污染物质通过各种途径进入土壤，其数量超过了土壤的容纳和净化能力，而使土壤的性质、组成及性状等发生变化，并导致土壤的自然功能失调，土壤质量恶化的现象。土壤污染的明显标志是土壤生产能力的降低，即农产品的产量和质量的下降。

　　1. 土壤污染源

　　土壤污染源可分为天然污染源和人为污染源两大类。天然污染源是由于自然矿床中某些元素和化合物的富集超出了一般土壤含量时造成的地区性土壤污染。某些气象因素造成的土壤淹没、冲刷流失、风蚀，地震造成的"冒沙、冒黑水"，火山爆发的岩浆和降落的火山灰等，都可不同程度地污染土壤。这类污染源是由一些自然现象引起的，因此称为自然污染源。人们所研究的土壤污染主要是由人类活动所造成的污染。

　　土壤污染物的来源极为广泛，主要来自工业废水、城市污水、固体废物、农药和化肥、牲畜排泄物以及大气沉降物等。

　　(1) 城市污水和固体废物　在城市污水中，常含有多种污染物。当长期使用这种污水灌溉农田时，便会使污染物在土壤中积累而引起污染。据调查，我国利用污水灌溉的面积占全国总灌溉面积的 10% 左右。另外，利用工业废渣和城市污泥作为肥料施用于农田时，常常会使土壤受到重金属、无机盐、有机物和病原体的污染。工业废物和城市垃圾的堆放场，往往也是土壤的污染源。

　　(2) 农药和化肥　现代农业生产大量使用的农药、化肥和除草剂也会造成土壤污染。如有机氯杀虫剂 DDT、有机磷杀虫剂久效磷和甲胺磷等在土壤中长期残留，并在生物体内富集。目前，我国不同程度遭受农药污染的土壤面积已达 1.4 亿亩（15 亩＝1 公顷）。

　　(3) 牲畜排泄物和生物残体　禽畜饲养场的积肥和屠宰场的废物中含有寄生虫、病原体和病毒，当利用这些废物作肥料时，如果不进行物理和生化处理便会引起土壤或水体污染，并可通过农作物危害人体健康。

　　(4) 大气沉降物　大气中的二氧化硫、氮氧化物和颗粒物可通过沉降或降水而进入农田，引起土壤酸化和土壤盐基饱和度降低。另外，大气层核试验的散落物还可造成土壤的放射性污染。

　　2. 土壤污染物

　　凡是进入土壤并影响到土壤的理化性质和组成，导致土壤的自然功能失调和土壤质量恶化的物质，统称为土壤污染物。土壤污染物的种类繁多，按污染物的性质一般可分为有机污染物、金属污染物、放射性物质和病原微生物四类。

（1）有机污染物　土壤有机污染物主要是化学农药。以前和现在使用的化学农药有50多种，其中主要包括有机磷农药、有机氯农药、氨基甲酸酯类、苯氧羧酸类、苯酰胺类等。此外，石油、多环芳烃、多氯联苯等，也是土壤中常见的有机污染物。

（2）金属污染物　使用含有金属污染物的污水进行灌溉是重金属进入土壤的一个重要途径。金属污染物进入土壤的另一条途径是大气沉降。常见的金属污染物有汞、镉、铜、锌、铬、铅、镍、钴、锡等。由于金属不能被微生物分解，因此土壤一旦被金属污染，其自然净化过程和人工治理都是非常困难的，因而对人类有较大的潜在危害。

（3）放射性物质　放射性物质主要来源于大气层核试验的沉降物，以及核电站等核能利用所排放的各种废气、污水和废渣。放射性物质主要有锶、铯、铀等同位素。含有放射性元素的物质不可避免地随自然沉降、雨水冲刷和废物的堆放而污染土壤。土壤一旦被放射性物质污染就难以自行消除，需要很长时间才能自然衰变为稳定元素。放射性元素也可通过食物链进入人体。

（4）病原微生物　土壤中的病原微生物主要包括病原菌和病毒，如肠细菌、寄生虫、霍乱病菌、破伤风杆菌、结核杆菌等。它们主要来源于人畜的粪便及用于灌溉的污水（未经处理的生活污水，特别是医院污水）。人类若直接接触含有病原微生物的土壤，可能会给健康带来影响。

此外，某些非金属无机物如砷化合物、氰化物、氟化物、硫化物等进入土壤后也能影响土壤的正常功能，降低农产品的产量和质量。

三、土壤监测的类别及目的

按照监测目的，可以将土壤监测分为土壤质量现状监测、土壤污染事故监测、污染物土地处理的动态监测及土壤背景值调查。

1. 土壤质量现状监测

对土壤质量现状进行监测，判断土壤是否被污染及污染状况，并预测发展变化趋势。

2. 土壤污染事故监测

由于废气、废水、废渣、污泥对土壤造成了污染，或者使土壤结构与性质发生了显著的变化，或者对作物造成了伤害，需要调查分析主要污染物，确定污染的来源、范围和程度，为行政主管部门采取对策提供科学依据。

3. 污染物土地处理的动态监测

在进行污水或污泥土地利用、固体废物的土地处理过程中，把许多无机和有机污染物质带入土壤。其中有的污染物质残留在土壤中，并不断地积累，它们的含量是否达到了危害的临界值，需要进行定点长期动态监测，以保护土壤生态环境。

4. 土壤背景值调查

土壤背景值（soil background value）又称土壤本底值，它代表一定环境单元中一个统计量的特征值。在环境科学中，土壤背景值是指在未受或少受人类活动影响下，尚未受或少受污染和破坏的土壤中元素的含量。土壤中有害元素自然背景值是环境保护和土地开发利用的基础资料，是环境质量评价的重要依据。由于人类活动的长期积累和现代工农业的高速发展，使自然环境的化学成分和含量水平发生了明显的变化，绝对未受污染的土壤环境几乎是不存在的，因此土壤环境背景值实际上是一个相对的量。

土壤背景值调查就是通过分析测定土壤中某些元素的含量，确定这些元素的背景值水平和变化，了解元素的丰缺状况，为保护土壤生态环境、合理施用微量元素及地方病因的探讨与防治提供依据。

四、我国土壤监测技术路线与监测项目

1. 土壤监测技术路线

以农田土壤监测为主，以污水灌溉的农田和有机食品基地为监测重点，开展农田土壤例行监测工作。对全国大型的有害固体废物堆放场周围土壤、污水土地处理区域和对环境产生潜在污染的工厂遗弃地开展污染调查，并对典型区域开展跟踪监视性监测，逐步完善我国土壤环境监测技术和网络体系。

2. 土壤监测项目

土壤监测项目分为必测项目和选测项目。必测项目是指《土壤环境质量标准》（GB 15618）中要求控制的污染物，主要有镉、汞、砷、铅、铬、铜、锌、镍、六六六和滴滴涕，以及 pH 和阳离子交换量等。选测项目一般是指《土壤环境质量标准》（GB 15618）中未要求控制的污染物，但根据当地环境污染状况，确认在土壤中积累较多、对环境危害较大、影响范围广、毒性较强的污染物，或者发生污染事故对土壤环境造成不良影响的物质。除此之外，还包括影响作物产量的项目（全盐量、硼、氟、氮、磷、钾等），污水灌溉项目（氰化物、六价铬、挥发酚、烷基汞、苯并［a］芘、有机质、硫化物、石油类等）以及农药残留项目（艾氏剂、狄氏剂等）。

另外，土地利用的类型不同，对土壤环境质量控制的项目也有所不同，因此监测项目也就不同。对于食用农产品产地和温室蔬菜产地来说，其土壤监测的基本项目包括总镉、总汞、总砷、总铅、总铬、六六六和滴滴涕，选测项目有总铜、总锌、总镍、稀土总量（氧化稀土）和全盐量。对于展览会用地来说，其土壤监测项目可以分为无机污染物（镉、汞、砷、铅、铬、铜、锌、镍、锑、铍、铊、银、总氰化物等），挥发性有机物（二氯甲烷、三氯甲烷、四氯化碳、苯、甲苯、二甲苯等），半挥发性有机物（苯类、酚类、萘、蒽、菲、苯并［a］芘等），农药（六六六、滴滴涕、艾氏剂等）及多氯联苯等。

第二节　土壤样品的采集

一、采样准备

1. 收集资料和现场调查

污染物进入土壤后，流动、迁移、混合都比较困难，因而土壤中的污染物分布很不均匀。土壤采集地点、层次、方法、数量和时间等要依据监测的目的确定。采样前要对监测地区进行调查研究，调查评价区域的自然条件（包括地质、地貌、植被、水文、气候等）、土壤性状（包括土壤类型、剖面特征、分布及物理化学特征等）、农业生产情况（包括土地利用、农作物生长情况与产量、耕作制度、水利、肥料和农药的施用等）以及污染历史与现状（通过水、气、农药、肥料等途径及矿床的影响）。

采样前还要进行现场调查，将调查得到的信息进行整理和利用。

2. 采样工具和器材

采样工具有铁锹、铁铲、圆状取土钻、螺旋取土钻、竹片以及适合特殊采样要求的工具等。

采样器材有 GPS、罗盘、照相机、卷尺、铝盒、样品袋、样品箱等。

另外，还要准备安全防护用品，如工作服、工作鞋、安全帽、药品箱等。

3. 采样点布设原则

为使采集到的样品具有代表性，必须遵照"随机"布点原则，分为简单随机、分块随机

和系统随机。

（1）简单随机　将监测单元分成网格，每个网格编上号码，决定采样点样品数后，随机抽取规定样品数的样品，其样本号码对应的网格号，即为采样点。

（2）分块随机　根据收集的资料，如果监测区域内的土壤有几种明显的类型，则可将区域分成几块，每块内污染物较均匀，块间的差异较明显。将每块作为一个监测单元，在每个监测单元内再随机布点。

（3）系统随机　将监测区域按网格划分成面积相等的几部分，每个网格内布设一个采样点，这种布点称为系统随机布点。如果区域内土壤污染物含量变化较大，系统随机布点比简单随机布点所采样品的代表性要好。

二、区域环境背景土壤采样

1. 采样单元划分

全国土壤环境背景值监测一般以土类为主；省、自治区、直辖市级的土壤环境背景值监测以土类和成土母质母岩类型为主；省级以下或条件许可或特别工作需要的土壤环境背景值监测可划分到亚类或土属。

2. 野外选点

采样点宜选在被采土壤类型特征明显、剖面发育完整、层次较清楚、无侵入体的地方；地形相对平坦、稳定、植被良好的地点；不施或少施化肥、农药的地块；离铁路、公路至少300m 以上的地方。

对于坡脚、洼地等具有从属景观特征的地点不设采样点；对于城镇、住宅、道路、沟渠、粪坑、坟墓附近等处因人为干扰大，失去土壤的代表性，不宜设采样点；不在水土流失严重或表土被破坏处设采样点；不在多种土类、多种母质母岩交错分布、面积较小的边缘地区布设采样点。

3. 采样

一般监测采集表层土，采样深度为 0～20cm。对于特殊要求的监测（如土壤背景、环境评价、污染事故等），必要时可选择部分采样点采集剖面样品（profile sample）。剖面的规格一般为长 1.5m、宽 0.8m、深 1.2m。挖掘土壤剖面要使观察面向阳，表土和底土分两侧放置，如图 5-1 所示。

一般每个剖面采集 A（表层、淋溶层）、B（亚层、沉积层）、C（风化母岩层、母质层）三层土样，如图 5-2 所示。地下水位较高时，剖面挖至地下水出露时为止；山地丘陵土层较薄时，剖面挖至风化层。对 B 层发育不完整（不发育）的山地土壤，只采 A、C 两层；对干旱地区剖面发育不完善的土壤，

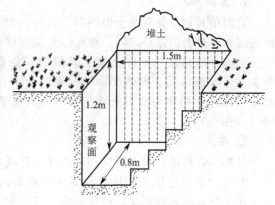

图 5-1　土壤剖面挖掘示意图

在表层 5～20cm、心土层 50cm、底土层 100cm 左右采样。

对于水稻土来说，应按照 A（耕作层）、P（犁底层）、W（潴育层）、G（潜育层）、C（母质层）分层采样，如图 5-3 所示。对 P 层太薄的剖面，只采 A、C 两层（或 A、G 层或 A、W 层）。

对 A 层特别深厚，B 层不甚发育，1m 内见不到母质的土类剖面，按 A 层 5～20cm、A/B 层 60～90cm、B 层 100～200cm 采集土壤。草甸土和潮土一般在 A 层 5～20cm、C_1 层

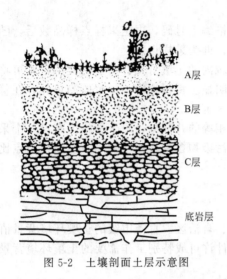
图 5-2　土壤剖面土层示意图

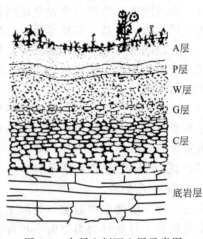
图 5-3　水稻土剖面土层示意图

（或 B 层）50cm、C_2 层 100～120cm 处采样。

采样次序自下而上，先采剖面的底层样品，再采中层样品，最后采上层样品。测量重金属的样品尽量用竹片或竹刀去除与金属采样器接触的部分土壤，再取样。

剖面每层样品采集 1kg 左右，装入样品袋。样品袋一般由棉布缝制而成，如潮湿样品可内衬塑料袋（供无机化合物测定）或将样品置于玻璃瓶内（供有机化合物测定）。采样的同时，由专人填写样品标签、采样记录。标签一式两份，一份放入袋中，另一份系在袋口。标签上标注采样时间、地点、样品编号、监测项目、采样深度和经纬度。采样结束，需逐项检查采样记录、样袋标签和土壤样品，如有缺项和错误，及时补齐更正。将底土和表土按原层回填到采样坑中，并在采样示意图上标出采样地点，避免下次在相同处采集剖面样。

三、农田土壤采样

1. 监测单元

监测单元划分要参考土壤类型、农作物种类、耕作制度、商品生产基地、保护区类型、行政区划等要素的差异，同一单元的差别应尽可能地缩小。

土壤环境监测单元按土壤主要接纳污染物途径可分为大气污染型土壤监测单元、灌溉水污染监测单元、固体废物堆污染型土壤监测单元、农用固体废物污染型土壤监测单元、农用化学物质污染型土壤监测单元、综合污染型土壤监测单元（污染物主要来自两种以上途径）。

2. 布点

根据调查目的、调查精度和调查区域环境状况等因素确定监测单元。

大气污染型土壤监测单元和固体废物堆污染型土壤监测单元以污染源为中心放射状布点，在主导风向和地表水的径流方向适当增加采样点（离污染源的距离远于其他点）；灌溉水污染监测单元、农用固体废物污染型土壤监测单元和农用化学物质污染型土壤监测单元采用均匀布点；灌溉水污染监测单元采用按水流方向带状布点，采样点自纳污口起由密渐疏；综合污染型土壤监测单元布点采用综合放射状、均匀、带状布点法。

农田土壤采样分为剖面样（profile sample）和混合样（mixture sample）。在需要了解污染物在土壤中的垂直分布时，要采集土壤剖面样。混合样的采集布点有对角线布点法、梅花形布点法、棋盘式布点法和蛇形布点法。

（1）对角线布点法　该法适用于面积小、地势平坦的污水灌溉或受污染的水灌溉的田块。

布点方法是由田块进水口引对角线，将此对角线 5 等分，以等分点为采样点，如图 5-4 所示。

（2）梅花形布点法 该法适用于面积较小、地势平坦、土壤较均匀的田块，中心点设在两对角线相交处，一般设 5～10 个采样点，如图 5-5 所示。

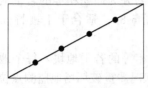

图 5-4　对角线布点法

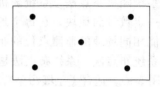

图 5-5　梅花形布点法

（3）棋盘式布点法 该法适用于中等面积、地势平坦、地形完整开阔，但土壤较不均匀的田块，一般采样点在 10 个以上。此法也适用于受固体废物、污泥污染的土壤，因固体废物分布不均匀，采样点需设 20 个以上。如图 5-6 所示。

（4）蛇形布点法 该法适用于面积较大、地势不太平坦、土壤不够均匀的田块。设采样点 15 个左右，多用于农业污染型土壤，如图 5-7 所示。

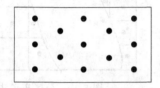

图 5-6　棋盘式布点法

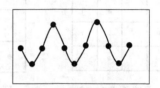

图 5-7　蛇形布点法

为全面客观评价土壤污染情况，在布点的同时要做到与土壤生长作物监测同步进行布点、采样、监测，以利于对比和分析。

3. 采样时间

采样时间应根据监测目的和污染特点而定。为了解土壤污染状况，可随时采集土样测定。如要测定土壤的物理、化学性质，可不考虑季节的变化；如果调查土壤对植物生长的影响，应在植物的不同生长期和收获期分别采集，在采集土壤样品的同时还要采集植物样品；如果调查气型污染，至少应每年取样一次；如果调查水型污染，可在灌溉前和灌溉后分别取样测定；如果观察农药污染，可在用药前及植物生长的不同阶段或者作物收获期与植物样品同时采样测定。

4. 采样方法

一般农田土壤采集耕作层土样，种植一般农作物采样深度 0～20cm，种植果林类农作物采样深度 0～60cm。为了保证样品的代表性，降低监测费用，采取采集混合样的方案。每个土壤单元设 3～7 个采样区，单个采样区可以是自然分割的一个田块，也可以由多个田块所构成，其范围以 200m×200m 左右为宜。每个采样区的样品为农田土壤混合样。

（1）采样筒取样 采样筒取样适合表层土样的采集。将长 10cm、直径 8cm 金属或塑料采样器的采样筒直接压入土层内，取出后清除采样筒口多余的土壤，采样筒内的土壤即为所取样品。

（2）土钻取样 土钻取样是用土钻钻至所需深度后，将其提出，用挖土勺挖出土样。

（3）挖坑取样 挖坑取样适用于采集分层的土样。先用铁铲挖一个坑，平整一面坑壁，并用干净的取样小刀或小铲刮去坑壁表面 1～5cm 的土，然后在所需层次内采样 0.5～1kg，装入容器内，贴上标签，做好记录。

四、场地土壤采样

场地是指某一地块范围内的土壤、地下水、地表水以及地块内所有构筑物、设施和生物的综合。

1. 布点

污染场地土壤监测常用的点位布设方法有系统随机布点法、系统布点法和分区布点法。

（1）系统随机布点法　系统随机布点法是将监测区域划分为面积相等的若干地块，从中随机抽取一定数量的地块，在每个地块内布设一个点（图5-8）。适合于土壤特征相近、土地使用功能相同场地的监测点位的布设。

（2）系统布点法　系统布点法是将监测区域分成面积相等的若干地块，每个地块内布设一个点（图5-9）。适合于土壤污染特征不明确或场地原始状况严重破坏场地监测点位的布设。

（3）分区布点法　分区布点法是将场地分成不同的小区，再根据小区的面积或污染特征确定布点的方法（图5-10）。适合于土地使用功能不同、土壤污染特征有明显差异场地监测点位的布设。

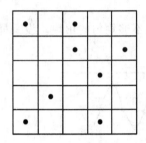 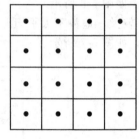 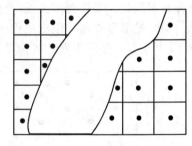

图5-8　系统随机布点法　　图5-9　系统布点法　　图5-10　分区布点法

2. 采样方法

（1）表层土壤样品的采集　表层土壤样品的采集一般采用挖掘方式进行，一般采用锹、铲、竹片等简单工具进行采样。采样的基本要求是尽量减少土壤扰动，保证土壤样品在采集过程中不被二次污染。

（2）深层土壤样品的采集　深层土壤样品的采集可用钻孔、槽探的方式进行。钻孔取样可采用人工或机械钻孔，手工钻孔工具常用的有螺纹钻、管钻等；机械钻孔工具包括实心螺旋钻、中空螺旋钻和套管钻等。槽探取样是用人工或机械挖掘采样槽，然后用采样铲或采样刀进行采样。

（3）原位治理修复工程措施处理土壤样品的采集

对原位治理修复工程措施效果的监测采样，应根据工程设计提出的要求进行。对于挥发性有机物污染、易分解有机物污染、恶臭污染土壤的采样，应采用无扰动式的采样方法和工具。钻孔取样可采用快速击入法、快速压入法及回转法，主要工具包括土壤原状取土器和回转取土器。槽探可采用人工刻切块状土取样。采样后立即将样品装入密封的容器中。

五、污染事故监测土壤采样

接到通知后立即组织采样。根据污染物及其对土壤的影响确定监测项目，尤其是污染事故的特征污染物是监测的重点。据污染物的颜色、印渍和气味，结合考虑地势、风向等因素初步判断污染事故对土壤的污染范围。

若是固体污染物抛洒污染型，待打扫后采集表层5cm土样，采样点数不少于3个。

若是液体倾翻污染型，污染物向低洼处流动的同时向深度方向渗透并向两侧横向方向扩散，每个点分层采样。事故发生点样品点较密，采样深度较深，离事故发生点相对远处样品点较疏，采样深度较浅，采样点不少于5个。

若是爆炸污染型，以放射性同心圆方式布点，采样点不少于5个，爆炸中心采分层样，周围采表层土样（0～20cm）。

事故土壤监测要设定 2～3 个背景对照点，各点取 1kg 土样装入样品袋，有腐蚀性或要测定挥发性化合物时，改用广口瓶装样。含易分解有机物的待测定样品，采集后应低温保存，直至运送、移交到分析室。

第三节　土壤样品的制备、保存和预处理

一、土壤样品的制备

1. 土样的风干

除了测定游离挥发酚、硫化物等不稳定组分需要新鲜土样外，多数项目的样品需经风干后才能进行测定，风干后的样品容易混合均匀，分析结果的重复性、准确性都比较好。从野外采集的土壤样品运到实验室后，为避免受微生物的作用引起发霉变质，应立即将全部样品倒在洗刷干净、干燥的塑料薄膜上或瓷盘内进行自然风干。当达到半干状态时用有机玻璃棒把土块压碎，剔除碎石和动植物残体等杂物后铺成薄层，在室温下经常翻动，充分风干。风干过程中要防止阳光直射和尘埃落入。

2. 磨碎与过筛

风干后的土样，用有机玻璃棒或木棒碾碎后，过 2mm 孔径尼龙筛，除去筛上的砂砾和植物残体。筛下样品反复按四分法缩分，留下足量供分析的样品，再用玛瑙研钵磨细，全部通过 100 目（0.149mm）尼龙筛，过筛后的样品充分搅拌均匀，然后放入预先清洗、烘干并冷却后的磨口玻璃瓶中。制备样品时，必须避免样品受污染。

二、土壤样品的保存

将风干土样样品或标准土样样品贮存于洁净玻璃瓶或聚乙烯容器内。在常温、阴凉、干燥处密封保存，最多可以保存 30 个月。

三、土壤样品的预处理

土壤样品的组成是很复杂的，其存在形态往往不符合分析测定的要求，因此在样品分析之前，根据分析项目的不同，首先要对样品进行适当的预处理，以使被测组分适于测定方法要求的形态和浓度要求，并消除共存组分的干扰。常用的预处理方法有湿法消化、干法灰化、溶剂提取和碱熔法。

分析土壤样品中的痕量无机物时，通常将其所含的大量有机物加以破坏，溶解悬浮性固体，将各种价态的测定元素氧化成高一价态或转变成易于分离的无机化合物，然后进行测定。这样可以排除有机物的干扰，提高检测精度。破坏有机物的方法有湿法消化和干法灰化两种。

1. 湿法消化

湿法消化又称湿法氧化。它是将土壤样品与两种以上的酸共同加热浓缩至一定体积，使有机物分解成二氧化碳和水除去。为了加快氧化速率，可加入过氧化氢、高锰酸钾、过硫酸钾和五氧化二钒等氧化剂和催化剂。

常用混合酸消解体系有：盐酸-氢氟酸-硝酸-高氯酸、硝酸-氢氟酸-高氯酸、硝酸-硫酸-高氯酸、硝酸-硫酸-磷酸等。

2. 干法灰化

干法灰化又称燃烧法或高温分解法。根据待测组分的性质，选用铂、石英、银、镍或瓷坩埚盛放样品，将其置于高温电炉中加热，控制温度为 450～550℃，灼烧到残渣呈灰白色，使有机物完全分解，取出坩埚，冷却，用适量 2% 硝酸或盐酸溶解样品灰分，过滤，滤液定容备用。对于易挥发的元素，如汞、砷等，为避免高温灰化损失，可用氧瓶燃烧法进行灰化。

3. 溶剂提取

分析土壤样品中的有机氯、有机磷农药和其他有机污染物时，由于这些污染物的含量是微量的，因此必须对样品中的待测成分进行浓缩、富集和分离。常用的方法有溶剂提取法、振荡浸取法、索氏提取法和柱色谱法。

（1）振荡浸取法　将一定量经制备的土壤样品置于容器中，加入适当的溶剂，放置在振荡器上振荡一定时间，过滤，用溶剂淋洗样品，或再提取一次，合并提取液。此法用于土壤中酚类、油类等的提取。

（2）索氏提取法　索氏提取器是由德国化学家和营养生理学家弗兰兹里特冯索氏（Franz Ritter von Soxhlet）于1879年发明的，起初被用于提取牛奶中的脂肪和对牛奶进行消毒，后来在世界各地被广泛用于提取有机物，如图5-11所示。

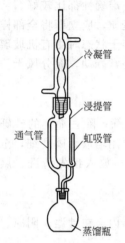

现在，在环境监测中主要用于提取土壤或生物样品中的苯并 [a] 芘、有机氯农药、有机磷农药和油类等物质。将经过制备的土壤样品放入滤纸筒中或用滤纸包紧，置于回流提取器内。蒸馏瓶中盛装适当有机溶剂，仪器组装好后，在水浴上加热。此时，溶剂蒸气经支管进入冷凝管内，凝结的溶剂滴入回流提取器，对样品进行浸泡提取，当溶剂液面达到虹吸管顶部时，含提取液的溶剂回流入蒸馏瓶中，如此反复进行直到提取结束。一般来说，极性小的有机氯农药采用极性小的溶剂（如己烷、石油醚）；极性强的有机磷农药和含氧除草剂采用极性强的溶剂（如二氯甲烷、三氯甲烷）。

冷凝管

浸提管

通气管　虹吸管

蒸馏瓶

图 5-11　索氏提取器示意图

（3）柱色谱法　当被分析样品的提取液通过装有吸附剂的吸附柱时，被分析的组分吸附在固体吸附剂的活性表面上，然后用合适的溶剂洗脱下来，达到浓缩、分离、净化的目的。常用的吸附剂有活性炭、硅胶、硅藻土等。

4. 碱熔法

碱熔法常用氢氧化钠和碳酸钠作为碱熔剂与土壤试样在高温下熔融，然后加水溶解，一般用于土壤中氟化物的测定。因该法添加了大量可溶性的碱熔剂，故易引进污染物质；另外有些重金属如铬、镉等在高温熔融时易损失。

阅读
材料

弗兰兹里特冯索氏

弗兰兹里特冯索氏（Franz Ritter von Soxhlet）于1848年1月12日出生在欧洲的布尔诺（Brno）（现属捷克）。他的父亲是一名比利时移民。

1872年，Franz Ritter von Soxhlet 在德国莱比锡完成了他的化学博士学业，成为农业和动物化学研究所的一名助理。1873年，他被任命为位于维也纳的农业化学研究站的助理。1879年，他成为慕尼黑一所农业高级技术学校的教授，从事动物生理学和奶制品方面的教学和研究。1894年，他获得了哈雷（Halle）大学医学博士学位。

他是一位评估师，也是一位设计精巧的发明人，更是一位多产的科学家。因此，他被认为是一个非常聪明的科学家。

他在医学杂志上发表了许多论文。1879年他发表了一篇重要论文，在论文中描述了从牛奶中提取脂肪的新技术，所用到的提取器后来在世界各地被广泛用于提取生物材料中的血脂，这种仪器被称为索氏提取器。正是这个装置促进了血脂的化学研究。

1881 年至 1912 年的 30 多年时间内，他在牛奶化学领域获得了一系列研究成果，发表了一系列研究论文。他采用一个简单的设备可以直接测量牛奶中脂肪的含量，首次报道了牛奶中存在糖，并在牛奶中糖和牛奶酸度的分析方面做出了重要贡献。1886 年，他从事为婴儿配方奶粉消毒的工作，设计了一套简单家庭用设备，可以方便地给喂养婴儿的牛奶瓶进行消毒，但他并未考虑将这一发明在德国推广使用。他曾研究了人乳和牛奶的化学差异，是第一位分馏出牛奶中酪蛋白、白蛋白、球蛋白和乳蛋白的科学家。他调查了牛奶中的钙盐含量和佝偻病发生频率之间的关系。他的最后一部著作是关于人乳和牛奶中的铁含量和婴儿贫血之间的联系。

Franz Ritter von Soxhlet
（1848—1926 年）

1926 年 5 月 5 日，这位著名的化学家和营养生理学家在慕尼黑去世，终年 78 岁。

第四节　土壤污染物的测定

一、金属元素

对于食用农产品产地和温室蔬菜产地来说，需要测定的金属污染物主要有镉、汞、砷、铅、铬、铜、锌、镍、稀土总量（氧化稀土）及全盐量；对于展览会用地来说，需要测定的金属污染物主要有镉、汞、铅、铬、铜、锌、镍、锑、铍、铊和银等。

土壤中金属元素的测定方法主要有原子吸收分光光度法、原子荧光法、波长色散 X 射线荧光光谱法、电感耦合等离子体发射光谱法和电感耦合等离子体质谱法等。这里介绍火焰原子吸收分光光度法测定铜和锌、石墨炉原子吸收分光光度法测定铅和镉以及电感耦合等离子体质谱法测定王水提取液中钒、铬、锰、钴、镍、铜、锌、镉、钼、铅、锑和砷 12 种金属元素。

1. 铜和锌

铜和锌是生物体必需的微量元素，可在土壤中蓄积，当含量超过最高允许浓度时，将会危害作物。土壤中铜、锌的测定常采用火焰原子吸收分光光度法。

用盐酸-硝酸-氢氟酸-高氯酸消解通过 100 目孔径筛的土样，使待测元素全部进入试液，加入硝酸镧溶液消除共存组分的干扰，定容。将制备好的试液吸入原子吸收分光光度计的原子化器，在空气-乙炔（氧化性）火焰中原子化，产生的铜、锌基态原子蒸气分别选择性地吸收由铜空心阴极灯和锌空心阴极灯发射的特征波长光，根据其吸光度用标准曲线定量。

2. 铅和镉

铅和镉是动植物非必需的有毒有害元素，可在土壤中蓄积，并通过食物链进入人体。测定方法多用石墨炉原子吸收分光光度法。

采用盐酸-硝酸-氢氟酸-高氯酸全水解方法，在聚四氟乙烯坩埚中消解通过 100 目孔径筛的风干土样，使土样中的待测元素全部进入溶液，加入基体改进剂后定容。取适量试液注入原子吸收分光光度计的石墨炉内，按照预先设定的干燥、灰化、原子化等升温程序，使铅、镉化合物离解为基态原子蒸气，对空心阴极灯发射的特征光进行选择性吸收。根据铅、镉对各自特征光的吸光度，由标准曲线定量。

3. 钒、铬、锰、钴、镍、铜、锌、镉、钼、铅、锑、砷

HJ 803—2016 规定了测定土壤王水提取液中钒、铬、锰、钴、镍、铜、锌、镉、钼、铅、锑和砷共 12 种金属元素的电感偶合等离子体质谱法。

将按要求采集的土壤样品除去枝棒、叶片、石子等异物，风干、磨细后过 100 目筛。称取待测样品 0.1g 置于用王水蒸煮过的 100mL 锥形瓶中，加入 6mL 王水，放上玻璃漏斗于电热板上加热，微沸 2h。消解结束后冷却至室温，用慢速定量滤纸过滤，将提取液收集于 50mL 容量瓶中，并定容至刻度。

试样由载气带入雾化系统雾化后，目标元素以气溶胶形式进入等离子体的轴向通道，在高温和惰性气体中被充分蒸发、离解、原子化和电离，转化成带电荷的正离子经离子采集系统进入质谱仪，根据离子的质荷比进行分离，在一定浓度范围内，离子的质荷比所对应的响应值与其浓度成正比。以各元素的质量浓度为横坐标，对应的响应值和内标响应值的比值为纵坐标建立标准曲线，根据标准曲线计算出待测样品中元素的含量。

二、非金属化合物

1. 氰化物和总氰化物

土壤中的氰化物是指在 pH＝4 的介质中，在硝酸锌存在下，通过加热蒸馏能形成氰化氢的氰化物，包括全部简单氰化物和锌氰配合物，不包括铁氰配合物、亚铁氰配合物、铜氰配合物、镍氰配合物和钴氰配合物。

土壤中的总氰化物是指在 pH＜2 的磷酸介质中，在二价锡和二价铜存在下，通过加热蒸馏能形成氰化氢的氰化物，包括全部简单氰化物和绝大部分金属氰配合物。

测定氰化物的方法有异烟酸-吡唑啉酮分光光度法和异烟酸-巴比妥酸分光光度法。

（1）异烟酸-吡唑啉酮分光光度法　在中性条件下，试样中的氰化物与加入的氯胺 T 反应生成氯化氰（CNCl），再与异烟酸反应，经水解后生成戊烯二醛，最后与吡唑啉酮反应生成蓝色染料，在 638nm 波长处测定吸光度。

（2）异烟酸-巴比妥酸分光光度法　在弱酸性条件下，试样中的氰化物与加入的氯胺 T 反应生成氯化氰（CNCl），再与异烟酸反应，经水解后生成戊烯二醛，最后与巴比妥酸反应生成蓝色化合物，在 600nm 波长处测定吸光度。

2. 磷、硫、氯、溴等非金属元素

HJ 780—2015 规定了测定土壤中的磷、硫、氯和溴等无机元素的波长色散 X 射线荧光光谱法。

土壤样品研磨后过 200 目筛，在 105℃ 下烘干。将 5g 样品在压片机上以一定压力压制成不小于 7mm 厚度的薄片，在 X 射线荧光光谱仪上，试样中的原子受到适当的高能辐射激发后，放射出该原子所具有的特征 X 射线，其强度大小与试样中该元素的质量分数成正比。通过测量特征 X 射线的强度来定量分析试样中各元素的质量分数。

三、有机物

1. 六六六和滴滴涕

六六六和滴滴涕属于高毒性的有机氯农药，在土壤中残留时间长。土壤被六六六和滴滴涕污染后，对土壤生物会产生直接毒害，并通过生物富集和食物链进入人体，危害人体健康。

六六六和滴滴涕的测定方法广泛使用气相色谱法，检测浓度范围为 0.05～4.87μg/kg。

（1）方法原理　用丙酮-石油醚提取土壤样品中的六六六和滴滴涕，经硫酸净化处理后，用带电子捕获检测器的气相色谱仪测定。根据色谱峰的相对保留值进行两种物质异构体的定

性分析，根据峰高（或峰面积）进行各组分的定量分析。

（2）提取　准确称取 20g 制备好的土壤样品置于小烧杯中，加蒸馏水 2mL、硅藻土 4g，充分混匀，无损地移入滤纸筒内，上部盖一片滤纸，将滤纸筒装入索氏提取器中，用石油醚-丙酮（1∶1）提取，则六六六和滴滴涕进入石油醚层，分离后用浓硫酸和无水硫酸钠净化。

（3）定性和定量分析　用色谱纯 α-六六六、β-六六六、γ-六六六、δ-六六六、p,p'-DDT、p,p'-DDE、p,p'-DDD、o,p'-DDT 与异辛烷、石油醚配制标准工作液，用微量注射器将标准溶液和样品试液注入气相色谱仪测定。根据各组分的保留时间和峰高（或峰面积）分别进行定性和定量分析。

六六六、滴滴涕标准色谱图如图 5-12 所示（固定液：1.5% OV-17 ＋ 1.95% QF-1。载体：80～10 目 Chromosorb WAW-DMCS）。

2. 多环芳烃

土壤中的多环芳烃主要包括：萘、苊烯、苊、芴、菲、蒽、荧蒽、芘、苯并 [a] 蒽、䓛、苯并 [b] 荧蒽、苯并 [k] 荧蒽、苯并 [a] 芘、茚苯并 [1,2,3-cd] 芘、二苯并 [a,h] 蒽、苯并 [g,h,i] 芘。这些多环芳烃的测定可以采用气相色谱-质谱法或高效液相色谱法。

（1）气相色谱-质谱法　将按要求采集的土壤样品置于搪瓷或玻璃托盘中，除去枝叶、石子等异物，充分混匀。

采用索氏提取器进行提取时，称取 20g 新鲜样品进行脱水，加入适量无水硫酸钠，混匀，研

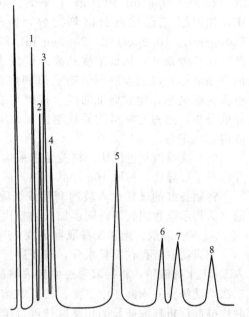

图 5-12　六六六、滴滴涕标准色谱图
1—α-六六六；2—γ-六六六；3—β-六六六；
4—δ-六六六；5—p,p'-DDE；6—o,p'-DDT；
7—p,p'-DDD；8—p,p'-DDT

磨成细粒状。为指示全程回收率，在制备好的样品中加入 80.0μL 浓度为 500μg/mL 的替代物溶液（二氟联苯和对三联苯-d_{14} 或氘代多环芳烃），将全部样品转入纸质套管中，在圆底溶剂瓶中加入 100mL 丙酮-正己烷混合溶剂，提取 16～18h。

采用加压流体提取时，用小烧杯称取 20g 新鲜样品进行脱水，加入适量粒状硅藻土，混匀，研磨成细粒状。在制备好的样品中加入 80.0μL 浓度为 500μg/mL 的替代物溶液（二氟联苯和对三联苯-d_{14} 或氘代多环芳烃），轻微摇动小烧杯使其混入试样。将试样通过专用漏斗转移至萃取池中，拧紧两端盖子，将其竖直平稳放入加压流体萃取装置的样品盘中，在设定的条件下自动完成萃取。通常情况下，以丙酮-正己烷混合溶剂为萃取剂，在载气压力为 0.8MPa、加热温度 100℃、萃取池压力 8.3～13.8MPa 的条件下，预加热平衡 5min，静态萃取 5min，溶剂洗涤体积为萃取池体积的 60%。

如果提取液存在明显水分，需要进行脱水处理。在玻璃漏斗上垫一层玻璃纤维滤膜，加入 5g 无水硫酸钠，将提取液过滤到浓缩器皿中，并用少量丙酮-正己烷混合溶剂洗涤提取器三次，洗涤液并入漏斗中过滤。用氮吹浓缩法或旋转蒸发浓缩法将滤液浓缩至 1mL，用硅胶层析柱、硅酸镁净化小柱或凝胶渗透色谱柱进行净化。

气相色谱参考条件：采用柱长 30m、内径 0.25mm、膜厚 0.25μm、固定相为 5% 苯基-甲基聚硅氧烷或其他等效的石英毛细管色谱柱；进样口温度 280℃，柱温在 80℃保持 2min，以 20℃/min 升至 180℃，保持 5min，再以 10℃/min 升至 290℃，保持 5min；进样量 1.0μL，流速为 1.0mL/min。

质谱参考条件：电子轰击电离源（EI），离子源温度230℃，离子化能量70eV，接口温度280℃，四级杆温度150℃，质量扫描范围45～450amu，扫描模式为全扫描Scan或选择离子模式（SIM），溶剂延迟时间5min。

分别移取适量的200～500μg/mL多环芳烃标准溶液（市售）、500μg/mL替代物标准液、200～400μg/mL内标液（萘-d_8、苊-d_{10}、菲-d_{10}、䓛-d_{12}和苝-d_{12}）于5mL容量瓶中，用丙酮-正己烷混合溶剂定容，使多环芳烃和替代物的浓度均分别为2.0μg/mL、5.0μg/mL、10.0μg/mL、20.0μg/mL和40.0μg/mL，内标物的浓度为20.0μg/mL。按照仪器参考条件，从低浓度到高浓度依次进样。以目标化合物浓度和内标化合物浓度比值为横坐标，以相应的离子响应值和内标物离子响应值的比值与内标化合物质量浓度的乘积为纵坐标，建立标准曲线。按照与绘制标准曲线相同的仪器条件进行样品和空白试样的分析，通过与标准物质质谱图、保留时间、碎片离子质荷比及其丰度比较进行定性，以内标法定量。

（2）高效液相色谱法 将按要求采集的土壤样品置于搪瓷或玻璃托盘中，除去枝棒、叶片、石子等异物，称取10g样品，加入适量无水硫酸钠，研磨混匀。

将制备好的试样放入玻璃套管或纸质套管内，加入50.0μL浓度为40μg/L十氟联苯溶液（为指示全程回收率而同步加入的替代物），将套管放入索氏提取器中，加入100mL丙酮-正己烷混合溶剂，用索氏提取器提取16～18h。

如果提取液存在明显水分，需要进行脱水处理。在玻璃漏斗上垫一层玻璃纤维滤膜，加入5g无水硫酸钠，将提取液过滤到浓缩器皿中，并用少量丙酮-正己烷混合溶剂洗涤提取器三次，洗涤液并入漏斗中过滤。用氮吹浓缩法或旋转蒸发浓缩法将滤液浓缩至1mL，必要时用硅胶层析柱或硅胶固相萃取柱进行净化。

选用配备紫外检测器或荧光检测器，具有梯度洗脱功能的高效液相色谱仪。采用填料为十八烷基硅烷键合硅胶（ODS）、粒径5μm、柱长250mm、内径4.6mm的反相色谱柱或其他性能相近的色谱柱。流动相为乙腈、水，流速为1.0mL/min，柱温为35℃，进样量10μL。

用市售有证标准溶液配制多环芳烃标准系列溶液，从低浓度到高浓度依次进样，以标准系列溶液中目标组分浓度为横坐标，以相应的峰面积或峰高为纵坐标建立校准曲线。按照与绘制标准曲线相同的仪器条件进行样品和空白试样的测定，以保留时间定性，以目标化合物的峰面积或峰高定量。

3. 多氯联苯

按联苯上被氯取代的个数将多氯联苯（PCBs）分为三氯联苯（PCB3）、四氯联苯（PCB4）、五氯联苯（PCB5）、六氯联苯（PCB6）、七氯联苯（PCB7）、八氯联苯（PCB8）、九氯联苯（PCB9）、十氯联苯（PCB10）等。多氯联苯属于致癌物质，容易累积在脂肪组织，造成脑部、皮肤及内脏的疾病，并影响神经、生殖及免疫系统。

HJ 743—2015规定了测定土壤中18种多氯联苯（2,4,4′-三氯联苯、2,2′,5,5′-四氯联苯、3,3′,4,4′-四氯联苯、3,4,4′,5-四氯联苯、2,2′,4,5,5′-五氯联苯、2,3,3′,4,4′-五氯联苯、2′,3,4,4′,5-五氯联苯、2,3,4,4′,5-五氯联苯、2,3′,4,4′,5-五氯联苯、3,3′,4,4′,5-五氯联苯、2,2′,4,4′,5,5′-六氯联苯、2,2′,3,4,4′,5′-六氯联苯、2,3′,4,4′,5,5′-六氯联苯、2,3,3′,4,4′,5-六氯联苯、2,3,3′,4,4′,5′-六氯联苯、3,3′,4,4′,5,5′-六氯联苯、2,2′,3,4,4′,5,5′-七氯联苯、2,3,3′,4,4′,5,5′-七氯联苯）的气相色谱-质谱法。

将按要求采集的土壤样品置于搪瓷或玻璃托盘中，除去枝叶、石子等异物，称取10g样品，加入适量无水硫酸钠进行脱水，研磨混匀。若采用加压流体萃取，则用适量粒状硅藻土脱水。

将制备好的试样以用正己烷-丙酮混合溶剂为萃取剂，可用索氏提取，也用加压流体提取、微波萃取或超声萃取。

如萃取液未能与固体完全分离，可采用离心方式分离。如果提取液存在明显水分，可采用加入适量无水硫酸钠进行脱水。然后用氮吹浓缩法、旋转蒸发浓缩法或 K-D 浓缩将滤液浓缩至所需体积。若提取液颜色较深，可首先采用浓硫酸净化，以去除大部分有机化合物包括部分有机氯农药；若样品提取液中存在杀虫剂及多氯碳氢化合物干扰时，可采用氟罗里硅土柱或硅胶柱净化；若存在明显色素干扰时，可用石墨碳柱净化；若样品中有大量硫元素干扰时，可采用铜粉去除。

气相色谱参考条件：采用柱长 30m、内径 0.25mm、膜厚 0.25μm、固定相为 5% 苯基-甲基聚硅氧烷或其他等效的石英毛细管色谱柱；进样口温度 270℃，柱箱温度 40℃，以 20℃/min 升至 280℃，保持 5min；进样量 1.0μL，流速为 1.0mL/min。

质谱参考条件：电子轰击电离源（EI），离子源温度 230℃，离子化能量 70eV，接口温度 280℃，四级杆温度 150℃，扫描模式为选择离子模式（SIM），溶剂延迟时间 5min。

用市售的多氯联苯有证标准溶液配制标准系列，同步加入 2,2′,4,4′,5,5′-六溴联苯或四氯间二甲苯替代物标准溶液。使多氯联苯目标化合物及替代物标准系列的浓度分别为 10.0μg/mL、20.0μg/mL、50.0μg/mL、100μg/mL、200μg/mL、500μg/mL。分别加入 2,2′,4,4′,5,5′-六溴联苯或邻硝基溴苯内标溶液，使其浓度为 200μg/mL。

习　题

1. 填空题

(1) 在未受或少受人类活动影响下，尚未受或少受污染和破坏的土壤中元素的含量称为_____。

(2) 采集农田土壤混合样的布点方法有_____、_____和_____。

(3) 随机布点原则分为_____、_____和_____。

(4) 采集剖面样品时，剖面的规格一般为_____、_____、_____。

(5) 采集剖面样品时，采样次序是先采_____，再采_____，最后采_____。

(6) 制备土样样品时，最终要求全部通过_____目尼龙筛。

2. 选择题

(1) 适用于面积较大，地势不太平坦，土壤不够均匀田块的农田土采样布点方法是（　　）。

A. 对角线布点法　　B. 梅花形布点法　　C. 棋盘式布点法　　D. 蛇形布点法

(2) 适合于土壤特征相近、土地使用功能相同场地的监测点位布设方法是（　　）。

A. 系统随机布点法　　B. 系统布点法　　C. 棋盘式布点法　　D. 分区布点法

(3) 测定土壤中的六六六和滴滴涕时，对土壤样品进行预处理应采用（　　）。

A. 湿法消化法　　B. 干法灰化法　　C. 索式提取法　　D. 碱熔法

(4) 能用来测定土壤中多环芳烃的方法有（　　）。

A. 气相色谱法和高效液相色谱法　　B. 气相色谱-质谱法和高效液相色谱法

C. 气相色谱和电感偶合等离子体-质谱法　　D. 电感偶合等离子体-质谱法

(5) 气相色谱-质谱法和高效液相色谱法测定土壤中多环芳烃过程中，在制备好的样品中加入二氟联苯替代物溶液的作用是（　　）。

A. 指示全程回收率　　B. 内标物　　C. 提取剂　　D. 溶剂

3. 分析比较土壤各种酸式消化法的特点，有哪些注意事项？消化过程中各种酸起何种作用？

4. 为测定土壤试样中铜的含量，于三份 5mL 的土壤试液中分别加入 0.5mL、1mL、1.5mL 5μg/mL 的硝酸铜标准溶液，均用水稀释至 10mL，在原子吸收分光光度计上测得吸光度依次为 33.0、55.3、78.0。计算此土壤试液中铜的含量（单位 mg/L）。

第六章　固体废物监测

第一节　概　　述

一、固体废物的种类

固体废物（solid waste）是指在生产、生活和其他活动中产生的失去原有利用价值或者虽未失去利用价值但被抛弃的固态、半固态和置于容器中的物质。

按照固体废物的来源可分为城市垃圾、工业固体废物和农业废物等。按固体废物的污染特性可分为危险废物与一般废物。

城市垃圾是指居民生活、商业活动、建设、办公等过程中产生的固体废物，一般分为生活垃圾、医疗垃圾、建设垃圾、商业固体废物等。工业固体废物是指在工业、交通等生产过程中产生的固体废物。工业固体废物主要包括冶金工业固体废物、能源工业固体废物、石油化学工业固体废物、矿业固体废物、轻工业固体废物等。农业固体废物是指来自农业生产、畜禽饲养、农副产品加工以及农村居民生活所产生的废物，如农作物秸秆、人畜禽排泄物等。

危险废物（hazardous waste）是指在国家危险废物名录中，或根据国务院环境保护主管部门规定的危险废物鉴别标准认定的具有危险性的废物。2016 年我国公布的《国家危险废物名录》中包括 47 个大类、479 种常见危害组分或废物名称。

二、固体废物监测技术路线和内容

1. 固体废物监测的技术路线

采用现代毒性鉴别试验与分析测试技术，以危险废物和城市生活垃圾填埋场、焚烧厂等重点处理处置设施的在线自动监测为主导，以重点污染源排放的固体废物的人工采样-实验室常规监测分析为基础，逐步建立并形成我国完整的固体废物毒性试验与监测分析的技术体系，使我国环境监测系统具备全面执行固体废物相关法规和标准的监测技术支撑能力。

2. 固体废物的监测内容

（1）危险废物的特性鉴别　危险废物特性鉴别的必测项目包括反应性、易燃性、腐蚀性、浸出毒性、急性毒性等。选测项目为爆炸性、生物蓄积性、刺激性、感染性、遗传变异性和水生生物毒性等。

（2）毒性物质的含量分析　必测项目包括砷、铍、铋、镉、钴、六价铬、总铬、铜、汞、锰、镍、铅、锑、硒、锡、铊、钒、锌、氯化物、氰化物、氟化物、硝酸盐、硫化物、硫酸盐等无机物，以及油分、卤代挥发性有机物、非卤代挥发性有机物、芳香族挥发性有机物、半挥发性有机物、1,2-二溴乙烷和 1,2-二溴-3-氯丙烷、丙烯醛和丙烯腈、酚类、邻苯二甲酸酯类、亚硝胺类、有机氯农药及 PCBs、硝基芳烃类和环酮类、多环芳烃类、卤代醚、有机磷农药类、有机磷化合物、氯代除草剂、二噁英类等有机物。

（3）固体废物处理处置过程中的污染控制分析　分为与焚烧设施、堆肥设施和填埋设施有关的分析。与焚烧设施有关的分析项目主要有粒度分级、热值的测定；与堆肥设施有关的分析项目主要有淀粉、生物降解度的测定；与填埋设施有关的分析项目主要是渗沥液分析。

第二节　固体废物样品的采集、制备与预处理

一、样品采集

1. 份样数的确定

（1）固体废物为历史堆存状态时，应以堆存的固体废物总量为依据，按表 6-1 确定需要采集的最小份样数。

（2）固体废物为连续产生时，应以确定的工艺环节一个月内的固体废物产生量为依据，按照表 6-1 确定需要采集的最少份样数。如果生产周期小于一个月，则以一个生产周期内的固体废物产生量为依据。

（3）固体废物为间歇产生时，应以确定的工艺环节一个月内的固体废物产生总量为依据，按照表 6-1 确定需要采集的最小份样数。若一共要采集的份样数为 N，一个月内固体废物的产生次数为 p，则每次产生的固体废物应采集的份样数为 N/p。

如果固体废物产生的时间间隔大于一个月，则以每次产生的固体废物总量为依据，按照表 6-1 确定需要采集的份样数。

表 6-1　固体废物份样数的确定

固体废物量/t	份样数/个	固体废物量/t	最少份样数/个
≤5	5	90～150	32
5～25	8	150～500	50
25～50	13	500～1000	80
50～90	20	>1000	100

2. 份样量的确定

不同颗粒直径的固体废物每份样所要采取的最小份样量按表 6-2 确定。

3. 采样方法

（1）连续生产固体废物　在设备稳定运行时的 8h（或一个生产班次）内等时间间隔用合适的采样器采取样品，每采取一次作为一个份样。

样品采集应分次在一个月（或一个生产周期）内等时间间隔完成；每次采样在设备稳定运行的 8h（或一个生产班次）内等时间间隔完成。

表 6-2　固体废物最小份样量的确定

固体废物最大颗粒/cm	最小份样量/kg
≤0.50	0.5
0.50～1.0	1
>1.0	2

（2）带卸料口的贮槽、贮罐装固体废物　根据固体废物的性状分别使用长铲式采样器、套筒式采样器或者探针进行采样。若只能在卸料口采样，应预先清洁卸料口，并适当排出废物后再采取样品。采样时，用布袋（桶）接住料口，按所需份样量等时间间隔放出废物。每接取一次废物作为一个份样。

（3）散装堆积固体废物　对于堆积高度小于或者等于 0.5m 的散装堆积固态、半固态废物，将废物堆平铺成厚度为 10～15cm 的矩形，划分为 $5N$ 个（N 为份样数）面积相等的网格，按顺序编号；用随机数表法抽取 N 个网格作为采样单元，在网格中心位置处用采样铲或锹垂直采取全层厚度的废物。每个网格采取的废物作为一个份样。

对于堆积高度小于或者等于 0.5m 的数个散装堆积固体废物，选择堆积时间最近的废物堆，按照散装堆积固体废物的采样方法进行采取。

对于堆积高度大于 0.5m 的散装堆积固态、半固态废物，应分层采取样品；采样层数应不小于 2 层，按照固态、半固态废物堆积高度等间隔布置；每层采取的份样数应相等。分层采样可以用采样钻或机械钻探的方式进行。

（4）袋装、桶装固体废　将各容器按顺序编号，用随机数表法抽取（N＋1）/3个袋（桶）作为采样单元。根据固体废物的性状分别使用长铲式采样器、套筒式采样器或者探针进行采样。打开容器口，将各容器分为上部（1/6深度处）、中部（1/2深度处）、下部（5/6深度处）三层分别采取样品，每层采取相等份样数。

若只有一个容器时，将容器按上述方法分为三层，每层采取2个样品。

二、样品的制备和保存

1. 样品的制备

在样品制备过程中，应防止样品发生化学变化和被污染。若制样过程中，可能对样品的性质产生显著影响，则应尽量保持原来状态。湿样品应在室温下自然干燥，使其达到适于破碎、筛分、缩分的程度。

用机械或人工方法把全部样品逐级破碎，通过5mm筛孔。破碎过程中，不可随意丢弃难于破碎的大颗粒。

将过筛后的样品用四分法缩分至不少于1kg，装瓶备用。

2. 样品的保存

制备好的样品密封于容器中保存（容器应不吸附样品、不与样品反应），贴上标签。标签上应注明编号、废物名称、采样地点、批量、采样人、制样人、时间等。某些特殊样品，可采用冷藏或充惰性气体等方法保存。

三、毒性的浸出

1. 浸提剂

常用的浸提剂有水、硫酸-硝酸溶液、醋酸-醋酸钠缓冲溶液和醋酸溶液。

（1）水　用于测定氰化物和挥发性有机物的浸出毒性。

（2）硫酸-硝酸溶液（pH为3.20±0.05）　将少许质量比为2∶1的浓硫酸和浓硝酸混合液加到1L水中，使pH为3.20±0.05。该浸提剂用于测定样品中重金属、非挥发性和半挥发性有机物的浸出毒性。

（3）醋酸-醋酸钠缓冲溶液（pH为4.93±0.05）　加5.7mL冰醋酸至500mL水中，加64.3mL 1mol/L氢氧化钠溶液，稀释至1L。适合于对水浸出液pH＜5.0的固体废物中无机物（氰化物除外）、挥发性有机物的浸提。

（4）醋酸溶液（pH为2.64±0.05）　将17.25mL冰醋酸用水稀释至1L。适合于对水浸出液pH＞5.0的固体废物中无机物（氰化物除外）、非挥发性有机物的浸提。

2. 非挥发性物质（无机物和有机物）的浸出方法

（1）以硫酸-硝酸溶液（pH为3.20±0.05）为浸提剂　若样品中含有初始液相时，应采用加压过滤装置或真空过滤装置通过0.45μm滤膜进行过滤。若样品干固体百分率小于或等于9％，所得到的初始液即为浸出液，可直接进行分析；若样品干固体百分率大于9％，采用翻转法或水平振荡法对滤渣进行浸出，将初始液相与全部浸出液混合后进行分析。

① 翻转法　称取干基试样100～200g，置于2L具旋盖和内盖的聚乙烯或玻璃材质的广口瓶中，根据样品的含水率，按液固比为10∶1（L/kg）计算出所需浸提剂的体积，加入硫酸-硝酸溶液浸提剂，盖紧瓶塞后固定在翻转式搅拌机上，调节转速为（30±2）r/min，在室温下翻转浸提（18±2）h，取下浸提容器，静置，用0.45μm滤膜过滤，收集全部滤液。

② 水平振荡法　称取干基试样100.0g，置于2L具旋盖和内盖的聚乙烯或玻璃材质的广口瓶中，根据样品的含水率，按液固比为10∶1（L/kg）计算出所需浸提剂的体积，加入浸提剂，盖紧瓶盖后垂直固定在水平振荡装置上，调节振荡频率为（110±10）次/min、振

幅为 40mm，在室温下振荡 8h，取下提取瓶，静置，用 0.45μm 滤膜过滤，收集全部滤液。

【注意】在振荡过程中若有气体产生时，应定时在通风橱中打开提取瓶，释放过度的压力。

（2）以醋酸溶液（pH 为 2.64±0.05）为浸提剂　称取干基试样 100～200g，置于 2L 具旋盖和内盖的聚乙烯或玻璃材质的广口瓶中，若样品中含有初始液相时，应采用加压过滤装置或真空过滤装置通过 0.45μm 滤膜进行过滤。若样品干固体百分率小于 5%，所得到的初始液即为浸出液，可直接进行分析；若样品干固体百分率大于或等于 5%，根据样品的含水率，按液固比为 20∶1（L/kg）计算出所需浸提剂的体积，加入醋酸溶液，盖紧瓶塞后固定在翻转式搅拌机或水平振荡装置上，采用翻转法或水平振荡法对滤渣进行浸出，将初始液相与全部浸出液混合后进行分析。

3. 挥发性有机物的浸出方法

（1）以水为浸提剂　将样品冷却至 4℃，称取干基样品 40～50g，快速转入零顶空提取器（ZHE）中。安装好零顶空提取器，缓慢加压以排除顶空。

若样品中含有初始液相时，将浸出液采集装置与零顶空提取器连接，缓慢升压至不再有滤液流出，收集初始液相。若样品干固体百分率小于或等于 9%，所得到的初始液即为浸出液，可直接进行分析；若样品干固体百分率大于 9%，应根据样品的含水率，按液固比为 10∶1（L/kg）计算出所需浸提剂的体积，加入水浸提剂，安装好零顶空提取器，缓慢加压以排除顶空。将零顶空提取器固定在翻转式振荡器上对滤渣进行浸出，将初始液相与全部浸出液混合后进行分析。

（2）以醋酸-醋酸钠缓冲溶液（pH 为 4.93±0.05）为浸提剂　将样品冷却至 4℃，称取干基样品 20～25g，快速转入零顶空提取器（ZHE）中。安装好零顶空提取器，缓慢加压以排除顶空。

若样品中含有初始液相时，将浸出液采集装置与零顶空提取器连接，缓慢升压至不再有滤液流出，收集初始液相。若样品干固体百分率小于 5%，所得到的初始液即为浸出液，可直接进行分析；若样品干固体百分率大于或等于 5%，应根据样品的含水率，按液固比为 20∶1（L/kg）计算出所需浸提剂的体积，加入醋酸-醋酸钠缓冲溶液浸提剂，安装好零顶空提取器，缓慢加压以排除顶空。将零顶空提取器固定在翻转式振荡器上对滤渣进行浸出，将初始液相与全部浸出液混合后进行分析。

四、固体废物的消解

1. 电热板消解法

称取适量过筛后的样品于 50mL 聚四氟乙烯坩埚中，用少量水润湿后加入 10mL 盐酸，于通风橱内的电热板上低温（95℃）加热，使样品初步分解。待蒸发至体积约为 3mL 时取下稍冷，加入 5mL 硝酸、5mL 氢氟酸、3mL 高氯酸，加盖后在电热板上中温（120℃）加热 1h。打开盖后，在（140±5）℃下继续加热至冒白烟，加盖使黑色有机碳化物全部分解消失，并使消解物呈黏稠状。取下坩埚稍冷，加入 2mL（1+1）硝酸溶液，温热使残渣溶解。冷却后转移至 250mL 容量瓶中，定容至标线，摇匀。

2. 微波消解法

称取适量过筛后的样品于微波消解罐中，用少量水润湿后加入 6mL 硝酸、2mL 氢氟酸。设定微波消解仪的工作程序（消解温度 100℃升温 5min 保持 2min→消解温度 150℃升温 5min 保持 3min→消解温度 180℃升温 5min 保持 25min），启动仪器进行消解。待冷却后，用少量水将微波消解罐中消解物转移至 50mL 聚四氟乙烯坩埚中，加入 2mL 高氯酸，于电热板上在 150℃下加热至冒白烟并使消解物呈黏稠状，取下坩埚稍冷，加入 2mL（1+1）硝酸溶液，温热使残渣溶解。冷却后转移至 250mL 容量瓶中，定容至标线，摇匀。

五、有机物的提取

1. 微波萃取法

称取适量待测样品，置于微波萃取罐中，加入适量正己烷-丙酮混合溶剂（1+1），使用量不超过萃取罐体积的三分之一。将装有样品的萃取罐放入密封罐中，将密封罐放入微波萃取仪中，按表 6-3 设定萃取温度和萃取时间，启动仪器进行萃取，萃取完成后，冷却至室温。

在玻璃漏斗上垫上一层玻璃棉或玻璃纤维滤膜，加 5g 无水硫酸钠，将萃取液过滤至浓缩管中，用少量正己烷-丙酮混合溶剂洗涤，合并萃取液。

表 6-3　微波萃取参考条件

分析项目	预加热时间/min	萃取时间/min	萃取温度/℃
有机氯农药	5	10	90
有机磷农药	5	10	110
多环芳烃	5	10	110
多氯联苯	5	10	90
酞酸酯类	5	10	110
其他有机物	5	15	100

2. 加压流体萃取法

将经过处理的固体废物样品加入密闭容器中，选择合适的有机溶剂，在加压、加热条件下，处于液态的有机溶剂和样品充分接触，将固体废物中的有机物提取到有机溶剂中。

（1）溶剂的选择　根据待提取组分选择单一溶剂或混合溶剂（见表 6-4）。

表 6-4　溶剂选择

分析项目	溶　剂
有机氯农药	丙酮-二氯甲烷,丙酮-正己烷
有机磷农药	二氯甲烷,丙酮-二氯甲烷
多环芳烃	丙酮-正己烷
多氯联苯	正己烷,丙酮-二氯甲烷,丙酮-正己烷
氯代除草剂	丙酮-二氯甲烷-磷酸
其他半挥发性有机物	丙酮-二氯甲烷,丙酮-正己烷

（2）萃取条件的选择　载气压力为 0.8MPa，加热温度 100℃，萃取池压力约 8.3～13.8MPa，预加热平衡时间 5min，静态萃取时间 5min，氮气吹扫时间 60s。

（3）加压流体萃取装置　加热温度范围为 100～180℃，压力约为 13.8MPa，配备 40mL、60mL 等规格的具螺纹瓶盖的玻璃接收瓶，专用玻璃纤维滤膜和金属材质漏斗。

第三节　危险废物鉴别

当无法确定固体废物是否存在危险特性或毒性物质时，需要对其进行鉴别。

一、反应性鉴别

1. 遇水反应性试验

固体废物与水发生反应放出热量，使体系的温度升高，用半导体点温计来测量固-液界面的温度变化，以确定温升值。

测定时，将点温计的探头输出端接在点温计接线柱上，开关置于"校"字样，调整点温计满刻度，使指针与满刻度线重合。将温升实验容器插入绝热泡沫块 12cm 深处，然后将一定量的固体废物（1g、2g、5g、10g）置于温升实验容器内，加入20mL蒸馏水，再将点温计探头插入固-液界面处，用橡皮塞盖紧，观察温升。将点温计开关转到"测"处，读取电表指针最大值，即为所测反应温度，此值减去室温即为温升测定值。

测定方法包括撞击感度测定、摩擦感度测定、差热分析测定、爆炸点测定、火焰感度测定五种方法。

2. 遇酸生成氢氰酸和硫化氢试验

在通风橱中按图6-1所示安装好实验装置。在刻度洗气瓶中加入50mL 0.25mol/L的氢氧化钠溶液，用水稀释至液面高度。通入氮气，并控制流量为60mL/min。向容积为500mL的圆底烧瓶中加入10g待测固体废物。保持氮气流量，加入足量硫酸，同时开始搅拌，30min后关闭氮气，卸下洗气瓶，分别测定洗气瓶中氰化物和硫化物的含量。

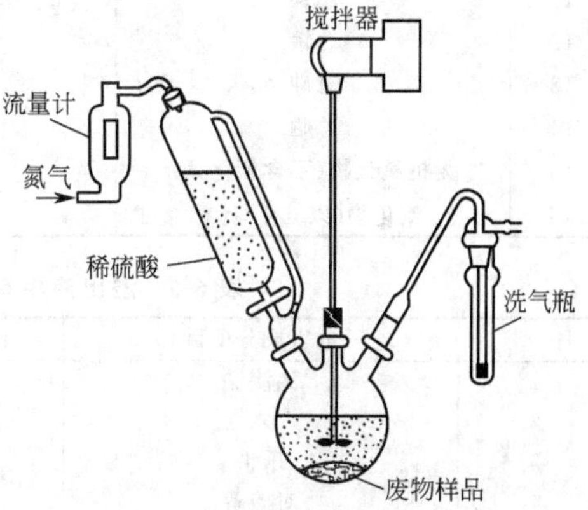

图6-1　氰化物和硫化物释放和吸收实验装置

二、易燃性鉴别

鉴别易燃性即测定闪点。闪点（flash point）是指在规定条件下，易燃性物质受热后所产生的蒸气与周围空气形成的混合气体，在遇到明火时发生瞬间着火（闪火现象）时的最低温度。闪点的测定有开口杯法（open cup method）和闭口杯法（closed cup method）两种。

对于含有固体物质的液态废物来说，若闪点温度低于60℃（闭口杯），则属于易燃性固体废物。

对于固体废物来说，在标准温度和压力（25℃，101.3kPa）下因摩擦或自发性燃烧而着火，或者经点燃后能剧烈持续燃烧的固体废物，属于易燃性固体废物。

三、腐蚀性鉴别

腐蚀性指通过接触能损伤生物细胞组织或腐蚀物体而引起危害。腐蚀性的鉴别方法一种是测定pH，另一种是测定在55.7℃以下对标准钢样的腐蚀深度。当固体废物浸出液的pH≤2或pH≥12.5时，则有腐蚀性；当在55.7℃以下对标准钢样的腐蚀深度大于0.64cm/年时，则有腐蚀性。实际应用中一般使用pH判断腐蚀性。

四、浸出毒性鉴别

若固体废物浸出液中任何一种危害成分含量超过规定的浓度限值，则判定该固体废物为具有浸出毒性特征的危险废物。固体废物浸出液中无机物浓度限值和分析方法见表6-5，有机农药类浓度限值和分析方法见表6-6，非挥发性有机物浓度限值和分析方法见表6-7，挥发性有机物浓度限值和分析方法见表6-8。

表6-5　浸出液中无机物浓度限值和分析方法

序　号	危害成分项目	浸出液中的浓度限值/(mg/L)	分　析　方　法
1	铜	100	ICP-AES、ICP-MS、AAS
2	锌	100	ICP-AES、ICP-MS、AAS
3	镉	1	ICP-AES、ICP-MS、AAS
4	铅	5	ICP-AES、ICP-MS、AAS
5	总铬	15	ICP-AES、ICP-MS、AAS
6	铬（六价）	5	二苯碳酰二肼分光光度法
7	烷基汞	不得检出	GC

序　号	危害成分项目	浸出液中的浓度限值/(mg/L)	分析方法
8	总汞	0.1	ICP-MS
9	总铍	0.02	ICP-AES、ICP-MS、AAS
10	总钡	100	ICP-AES、ICP-MS、AAS
11	总镍	5	ICP-AES、ICP-MS、AAS
12	总银	5	ICP-AES、ICP-MS、AAS
13	总砷	5	AAS、AFS
14	总硒	1	ICP-MS、AAS、AFS
15	无机氟化物(不含氟化钙)	100	IC
16	氰化物(以 CN⁻ 计)	5	IC

表 6-6　浸出液中有机农药类浓度限值和分析方法

序　号	危害成分项目	浸出液中的浓度限值/(mg/L)	分析方法
1	滴滴涕	0.1	GC
2	六六六	0.5	GC
3	乐果	8	GC
4	对硫磷	0.3	GC
5	甲基对硫磷	0.2	GC
6	马拉硫磷	5	GC
7	氯丹	2	GC
8	六氯苯	5	GC
9	毒杀芬	3	GC
10	灭蚊灵	0.05	GC

表 6-7　浸出液中非挥发性有机物浓度限值和分析方法

序　号	危害成分项目	浸出液中的浓度限值/(mg/L)	分析方法
1	硝基苯	20	HPLC
2	二硝基苯	20	GC-MS
3	对硝基氯苯	5	HPLC
4	2,4-二硝基苯	5	HPLC
5	五氯酚	50	HPLC
6	苯酚	3	GC-MS
7	2,4-二氯苯酚	6	GC-MS
8	2,4,6-三氯苯酚	6	GC-MS
9	苯并[a]芘	0.0003	GC-MS
10	邻苯二甲酸二丁酯	2	GC-MS
11	邻苯二甲酸二辛酯	3	HPLC
12	多氯联苯	0.002	GC

表 6-8　浸出液中挥发性有机物浓度限值和分析方法

序　号	危害成分项目	浸出液中的浓度限值/(mg/L)	分析方法
1	苯	1	GC-MS、GC、平衡顶空法
2	甲苯	1	GC-MS、GC、平衡顶空法
3	乙苯	4	GC
4	二甲苯	4	GC-MS、GC
5	氯苯	2	GC-MS、GC
6	1,2-二氯苯	4	GC-MS、GC
7	1,4-二氯苯	4	GC-MS、GC
8	丙烯腈	20	GC-MS

序 号	危害成分项目	浸出液中的浓度限值/(mg/L)	分析方法
9	三氯甲烷	3	平衡顶空法
10	四氯化碳	0.3	平衡顶空法
11	三氯乙烯	3	平衡顶空法
12	四氯乙烯	1	平衡顶空法

五、急性毒性鉴别

急性毒性试验是指一次或几次投给试验动物较大剂量的化合物，观察在短期内（一般24h到两周以内）的中毒反应。

由于急性毒性试验的变化因子少、时间短、经济、容易试验，因此被广泛采用。

污染物的毒性和剂量关系可用下列指标区分：半数致死量（浓度），用 LD_{50} 表示；最小致死量（浓度），用 MLD 表示；绝对致死量（浓度），用 LD_{100} 表示；最大耐受量（浓度），用 MTD 表示。

半数致死量是评价毒物毒性的主要指标之一。根据染毒方式的不同，可将半数致死量分为经口毒性半数致死量 LD_{50}、皮肤接触毒性半数致死量 LD_{50} 和吸入毒性半数致死浓度 LC_{50}。

经口染毒法又分为灌胃法和饲喂法两种。这里简单介绍灌胃经口染毒法半数致死量试验。

急性毒性的初筛试验可以简便地鉴别并表达其综合急性毒性，方法如下：

以体重18～24g的小白鼠（或200～300g大白鼠）作为实验动物；若是外购鼠，必须在本单位饲养条件下饲养7～10d，仍活泼健康者方可使用。实验前8～12h和观察期间禁食。

称取制备好的样品100g，置于500mL具磨口玻璃塞的锥形瓶中，加入100mL蒸馏水，振摇3min，在室温下静止浸泡24h，用中速定量滤纸过滤，滤液用于灌胃。

灌胃采用1mL（或5mL）注射器，注射针采用9（或12）号，去针头，磨光，弯成新月形。对10只小白鼠（或大白鼠）进行一次性灌胃，每只小白鼠不超过0.40mL/20g，每只大白鼠不超过1.0mL/100g。

灌胃时用左手捉住小白鼠，尽量使之呈垂直体位，右手持已吸取浸出液的注射器，对准小白鼠口腔正中，推动注射器使浸出液徐徐流入小白鼠的胃内。对灌胃后的小白鼠（或大白鼠）进行中毒症状观察，记录48h内动物死亡数，确定固体废物的综合急性毒性。

六、危险固体废物检测结果判断

在对固体废物进行检测后，若检测结果超过相应标准限值的份样数大于或等于表6-9中规定的下限，即可以判断该固体废物具有该种危险特性。

表6-9 检测结果的判断方案

份样数	超标份样数下限	份样数	超标份样数下限
5	1	32	8
8	3	50	11
13	4	80	15
20	6	100	22

若采取的固体废物份样数与表6-9中的份样数不符，可按照与表6-9中份样数最接近的要求进行判断。

若固体份样数为 N（$N > 100$），则超标份样数的下限值用 $22N/100$ 来计算。

电感耦合等离子体发射光谱法测定固体废物中 22 种金属元素

HJ 781—2016 规定了电感耦合等离子体发射光谱法测定固体废物中钠、钾、铍、镁、钙、锶、钡、铝、铊、铅、锑、钛、钒、铬、锰、铁、钴、镍、铜、银、锌、镉 22 种金属元素。

（1）方法原理 固体废物或固体废物浸出液经过消解后，进入等离子体发射光谱仪的雾化器中被雾化，由氩载气带入等离子体火炬中，目标元素在等离子体火炬中被气化、电离、激发并辐射出特征谱线。特征光谱的强度与试样中待测元素的含量在一定范围内成正比。

（2）仪器及参考条件 电感耦合等离子体发射光谱仪（高频功率 1.0～1.6kW，反射功率小于 5W，载气流量 1.0～1.5L/min，蠕动泵转速 100～120rpm，流速 0.2～2.5mL/min）；微波消解仪（具有程序升温功能，功率 600～1500W）。

（3）标准曲线的绘制 分别移取一定体积的多元素标准混合溶液，用稀硝酸溶液（1+99）按下表配制标准系列。

标准系列	1	2	3	4	5	6
铍、铊、银、镉/(mg/L)	0.00	0.20	0.40	0.60	0.80	1.00
锶、铅、锑、钛、钒、铬、钴、镍、铜、锌/(mg/L)	0.00	1.00	2.00	3.00	4.00	5.00
钠、钾、镁、钙、钡、铝、铁、锰/(mg/L)	0.00	5.00	10.0	15.0	20.0	25.0

将标准溶液由低浓度到高浓度依次导入电感耦合等离子体发射光谱仪，按照仪器参考条件测量发射强度，以目标元素系列质量浓度为横坐标，以发射强度为纵坐标，建立目标元素的标准曲线。

（4）样品测定 用（1+99）稀硝酸溶液冲洗系统直至空白强度值降至最低，采用相同的仪器条件，待分析信号稳定后，将待测溶液导入电感耦合等离子体发射光谱仪，同时进行空白试验，根据发射强度和校准曲线方程分别计算样品中各金属元素的含量。

第四节　生活垃圾特性和渗沥水分析

生活垃圾是指城镇居民在日常生活中抛弃的固体废物，分为废品类、厨房类及灰土类。生活垃圾的处理方法一般有焚烧、卫生填埋和堆肥，对不同特性的生活垃圾采用的处理方法也有所不同。热值高的垃圾可以采用焚烧的方法处理，有机物含量高且易于降解的生活垃圾可以采用堆肥法处理，而含泥土多的生活垃圾只能采用卫生填埋的方法进行处理。因此，对生活垃圾的特性进行分析可以为垃圾处理部门提供科学依据。

一、生活垃圾特性分析

1. 粒度分级的测定

垃圾粒度的分级常采用筛分法来确定。按筛目从小到大排列，依次连续摇动 15min，依次转到下一号筛子，然后根据每号筛子里颗粒物的质量计算各种粒度颗粒物所占总样品的百分比。如果需要在试样干燥后再称量，则需在 70℃ 的温度下烘干 24h，冷却后再称量。

2. 淀粉的测定

垃圾在堆肥处理过程中，需借助淀粉含量分析来鉴定堆肥的腐熟程度。测定方法是基于在堆肥过程中形成了淀粉-碘配合物，这种配合物颜色的变化取决于堆肥的降解度。当堆肥降解尚未结束时呈蓝色，降解结束时则呈黄色。堆肥颜色的变化过程为：深蓝→浅蓝→灰→绿→黄。

测定时，将1g堆肥置于100mL烧杯中，滴入几滴酒精使其湿润，再加20mL 36％的高氯酸。用纹网滤纸（90号纸）过滤，然后加入20mL碘反应剂（将2g碘化钾溶解到500mL水中，再加入0.08g碘、36％的高氯酸、酒精）到滤液中并搅动。将几滴滤液滴到白色板上，观察其颜色变化。

3. 生物降解度的测定

垃圾中含有大量天然和人工合成的有机物质，有的容易被生物降解，有的难以降解。通过试验已经寻找出一种可以在室温下对垃圾生物降解作出适当估计的COD试验法。

称取0.5g已烘干磨碎的试样于500mL锥形瓶中，准确量取20mL重铬酸钾溶液 $\left[c\left(\frac{1}{6}K_2Cr_2O_7\right)=2mol/L\right]$ 加入样品瓶中，加入20mL浓硫酸并充分混匀，在室温下将混合物放置12h且不断摇动。加入大约15mL蒸馏水，再依次加入10mL磷酸、0.2g氟化钠和30滴二苯胺指示剂，用硫酸亚铁铵标准溶液滴定至纯绿色为终点，滴定过程中颜色的变化是：棕绿色→绿蓝色→蓝色→绿色。用同样的方法进行空白试验。

4. 热值的测定

焚烧是有机类工业有害废物、生活垃圾、部分医疗废物处理的重要方法。热值是废物焚烧处理的重要指标，分为高热指标和低热指标。废物中的可燃物燃烧时产生的水一般以蒸汽形式挥发，因此，相当一部分能量不能被利用。垃圾的高热值测出后应扣除水蒸发和燃烧时加热物质所需要的热量，由高热值换算成实际工作中意义更大的低热值。

热值的测定常采用量热计法。

二、渗沥水分析

渗沥水是指从生活垃圾中渗出来的水溶液，它提取或溶出了垃圾组成中的污染物质。渗沥水的分析项目包括色度、总固体、总溶解性固体与总悬浮性固体、硫酸盐、氨态氮、凯氏氮、氯化物、总磷、pH、BOD、钾、钠、细菌总数、总大肠菌数等。测定方法可参照水质相关项目的分析方法。

习　题

1. 填空题

（1）一般按固体废物是否具有 ＿＿＿＿＿＿、＿＿＿＿＿＿、＿＿＿＿＿＿、＿＿＿＿＿＿和＿＿＿＿＿＿来进行判定，凡具有其中一种或一种以上有害特性者即可称为危险固体废物。

（2）危险废物的易燃性鉴别可以通过测定＿＿＿＿＿＿进行鉴别。腐蚀性的鉴别方法一是＿＿＿＿＿＿，二是＿＿＿＿＿＿。

（3）浸出毒性鉴别的浸出试验所用的浸提剂有＿＿＿＿＿＿、＿＿＿＿＿＿、＿＿＿＿＿＿和＿＿＿＿＿＿。

（4）污染物的毒性和剂量关系中，LD_{50} 表示＿＿＿＿＿＿＿＿，MLD表示＿＿＿＿＿＿＿＿，LD_{100} 表示＿＿＿＿＿＿＿＿，MTD表示＿＿＿＿＿＿＿＿。

（5）若份样数为28，则超标份样数至少应为＿＿＿＿＿＿＿＿时，即可以判断该固体废物具有该种危险特性；若份样数为150，则超标份样数至少应为＿＿＿＿＿＿＿＿时，可判断该固体废物具有该种危险特性。

（6）垃圾特性分析中，堆肥颜色的变化过程为＿＿＿＿＿＿＿＿。

2. 选择题

（1）对危险废物进行浸出毒性鉴别时，浸出挥发性有机物应选用的浸提剂是（　　）。

A. 醋酸-醋酸钠缓冲溶液　　　B. 硫酸-硝酸溶液　　　C. 醋酸溶液　　　D. 硫酸

（2）对危险废物进行浸出毒性鉴别时，浸出氰化物应选用的浸提剂是（　　　　）。

A. 醋酸-醋酸钠缓冲溶液　　B. 硫酸-硝酸溶液　　C. 醋酸溶液　　D. 水

（3）对固体废物进行消解时，宜采用（　　）。

A. 瓷坩埚　　B. 铁坩埚　　C. 镍坩埚　　D. 聚四氟乙烯坩埚

（4）测定固体废物中的多氯联苯，对样品进行处理时宜采用（　　）。

A. 电热板消解法　　B. 微波消解法　　C. 微波萃取法　　D. 熔融法

（5）采用加压流体萃取法提取固体废物中的多环芳烃时，宜选用的溶剂为（　　　）。

A. 正己烷　　B. 丙酮-二氯甲烷　　C. 丙酮-正己烷　　D. 丙酮-二氯甲烷-磷酸

（6）当固体废物漫出液的 pH（　　）时，表明该固体废物具有腐蚀性。

A. ≤2　　B. ≥12.5　　C. ≤2 或≥12.5　　D. 2≤pH≤12.5

第七章 环境污染生物监测

生物与其生存环境是相互作用、相互影响、相互制约、不可分割的统一体。生物需要不断直接或间接从环境中吸取营养，进行新陈代谢，维持自身生命。当空气、水体、土壤等环境受到污染后，污染物通过表面吸附、生物吸收和生物浓缩等途径进入生物体内，从而影响了生物的正常形态、构造、生长和发育，严重时导致其死亡。生物与环境的相互依存及环境对生物的影响是环境污染生物监测的生物学基础。

按照监测的方式方法可以将生物监测分为两种：一种是利用生物个体、种群或群落对环境污染或变化所产生的反应进行分析以阐明环境污染状况的监测方法，包括动物监测、植物监测和微生物监测；另一种是通过测定生物体内污染物的种类和含量分布来确定环境污染状况的监测方法。根据监测生物所处环境介质的不同，可将生物监测分为水体污染的生物监测、大气污染的生物监测和土壤污染的生物监测等。根据监测生物的生物学层次不同，可分为形态结构监测、生理生化监测、遗传毒理监测、分子标记方法监测等。本章主要介绍水污染生物监测、空气污染生物监测以及生物污染监测。

环境污染生物监测属于环境监测的重要组成部分，在环境标准制定、突发事件监测、环境污染早期预警、环境风险评价等方面广泛应用。生物监测方法是物理和化学监测方法的重要补充。

第一节 水污染生物监测

在一定条件下，水生生物群落和水环境之间互相联系、互相制约，保持着自然的、暂时的相对平衡关系。水环境中的污染物质必然作用于生物个体、种群和群落，影响生态系统中固有生物种群的数量、物种组成及其多样性、稳定性、生产力以及生理状况，使得一些水生生物逐渐消亡，而另一些水生生物则能继续生存下去，个体和种群的数量逐渐增加。水污染生物监测就是利用水生生物个体、种群和群落等变化来表征水环境质量变化进行水质监测的一种方法，常见的有生物群落法、细菌学检验法和生物测试法。

一、生物群落法

未受污染的环境水体中生活着多种多样的水生生物，这是长期自然发展的结果，也是生态系统保持相对平衡的标志。当水体受到污染后，水生生物的群落结构和个体数量就会发生变化，使自然生态平衡系统被破坏，导致敏感生物消亡，抗性生物旺盛生长，群落结构单一，这是生物群落监测法的理论依据。

1.污水生物系统法

污水生物系统是德国学者于20世纪初提出的，其原理基于将受有机物污染的河流按照污染程度和自净过程，自上游向下游划分为四个相互连续的河段，即多污带段、α-中污带段、β-中污带段和寡污带段，每个带都有自己的物理、化学和生物学特征。后来经过一些学者的研究和补充，得到了污水生物系统的生物学和化学特征，分别见表7-1和表7-2。

表 7-1　污水生物系统的生物学特征

项目	多污带	α-中污带	β-中污带	寡污带
栖息生物的生态学特征	动物均为摄食细菌者,且耐受 pH 强烈变化,耐低溶解氧的厌氧生物,对硫化氢、氨等毒物有强烈抗性	摄食细菌动物占优势,肉食性动物增加,对溶解氧和 pH 变化表现出高度适应性,对氨有一定耐性,对硫化氢耐性较弱	对溶解氧和 pH 变化耐性较差,且不能长时间耐腐败性毒物	对溶解氧和 pH 变化耐性很弱,特别是对腐败性毒物如硫化氢等耐性很差
植物	未出现硅藻、绿藻、接合藻及高等植物	出现蓝藻、硅藻、绿藻、接合藻等	出现多种类蓝藻、硅藻、绿藻、接合藻等	水中藻类少,但着生藻类较多
动物	以微型动物为主,原生动物处于优势	微型动物占大多数	多种多样	多种多样
原生动物	有变形虫、纤毛虫,但无太阳虫、双鞭毛虫、吸管虫出现	无双鞭毛虫出现,但逐渐出现太阳虫、吸管虫等	太阳虫、吸管虫中耐污性差的种类出现,双鞭毛虫也出现	鞭毛虫、纤毛虫中有少量出现
后生动物	仅有少数轮虫、蠕形动物、昆虫幼虫出现;水螅、淡水海绵、苔藓动物、小型甲壳类、鱼类不能生存	无淡水海绵、苔藓动物,有贝类、甲壳类、昆虫出现,鲤鱼、鲫鱼、鲶鱼可以栖息	淡水海绵、苔藓动物,水螅、贝类、小型甲壳类、两栖类动物、鱼类均有出现	昆虫幼虫种类很多,其他各种动物逐渐出现

表 7-2　污水生物系统的化学特征

项目	多污带	α-中污带	β-中污带	寡污带
化学过程	还原和分解作用明显开始	水和底泥里出现氧化作用	氧化作用强烈	氧化达到矿化阶段
溶解氧	没有或极微量	少量	较多	很多
生化需氧量	很高	高	较低	低
硫化氢	具有强烈的硫化氢臭味	有硫化氢臭味	无	无
水中有机物	蛋白质、多肽等大分子物质大量存在	高分子物质分解产生氨基酸、氨等	大部分有机物已完成无机化过程	有机物完全分解
底泥	常有黑色硫化铁存在而呈黑色	硫化铁被氧化,底泥不呈黑色	有氧化铁存在	大部分氧化
水中细菌	大于 100 万个/mL	小于 10 万个/mL	小于 10 万个/mL	大于 100 个/mL

2. PFU 微型生物群落法

生物群落法是利用水生生物群落结构的变化来监测水质的一种方法。

微型生物群落是指水生态系统中在显微镜下才能看到的微小生物,包括细菌、真菌、藻类、原生动物和小型后生动物等。它们彼此间有复杂的相互作用,在一定的环境中构成特定的群落,其群落结构特征与高等生物群落相似。当水环境受到污染后,群落的平衡被破坏,种数减少,多样性指数下降,其结构、功能和参数发生变化。

PFU 法是以聚氨酯泡沫塑料块(PFU)作为人工基质沉入水体中,经一定时间后,水体中大部分微型生物种类均可群集到 PFU 内,达到种数平衡,通过观察和测定该群落结构与功能的各种参数来评价水质状况。还可以用毒性试验方法预报废水或有害物质对受纳水体中微型生物群落的毒害强度,为制定安全浓度和最高允许浓度提出群落级水平的基准。

监测江、河、湖、塘等水体中微型生物群落时,将用细绳沿腰捆紧并有重物垂吊的 PFU 块悬挂于水中采样,根据水环境条件确定采样时间,一般在静水中采样约需四周,在流水中采样约需两周;采样结束后,带回实验室,把 PFU 的水全部挤于烧杯内,用显微镜进行微型生物种类观察和活体计数。

二、细菌学检验法

细菌能在各种不同的自然环境中生长，地表水、地下水甚至雨水和雪水中都含有多种细菌。当水体受到生活污水或某些工业废水污染时，细菌就会大量增加。因此，水的细菌学检验，特别是肠道细菌的检验，在卫生学上具有十分重要的意义。

在实际工作中，经常以检验细菌总数，特别是检验作为粪便污染的指示细菌，如总大肠菌群（total coliform）、粪大肠菌群（fecal coliforms）、粪链球菌（fecal streptococcus）、肠道病毒（enteroviruses）等，来间接判断水的卫生学质量。

1. 水样的采集

采集细菌学检验用水样，必须严格按照无菌操作要求进行；防止在运输过程中被污染，并迅速进行检验。一般从采样到检验不超过 2h，在 10℃ 以下冷藏保存不得超过 6h。

采集江、河、湖、库等水样，可将采样瓶沉入水面下 10~15cm 处，瓶口朝水流上游方向，使水样灌入瓶内。需要采集一定深度的水样时，应用采水器采集。采集自来水水样，先将水龙头开到最大，放水 3min，再用酒精灯（或棉花沾酒精）火焰灼烧水龙头灭菌，然后放水 1min，再采集水样。

2. 细菌总数的测定

细菌总数是指 1mL 水样在营养琼脂培养基中，在 37℃ 经 24h 培养后所生长的细菌菌落（CFU）的总数。它是判断饮用水、水源水、地表水等污染程度的标志。测定程序如下：

（1）对所用器皿、培养基等按照方法要求进行灭菌。

（2）以无菌操作方法用 1mL 灭菌吸管吸取混合均匀的水样（或稀释水样）注入灭菌平皿中，倾注约 15mL 已融化并冷却到 45℃ 左右的营养琼脂培养基，并旋摇平皿使其混合均匀。待琼脂培养基冷却凝固后，翻转平皿，置于 37℃ 恒温箱内培养 24h，然后进行菌落计数。

（3）用肉眼或借助放大镜观察，对平皿中的菌落进行计数，求出 1mL 水样中的平均菌落数。若菌落数在 100 以内，按实有数字报告；若大于 100，则采用两位有效数字，用 10 的指数来表示，如菌落总数为 37855 个/mL，应报告 3.8×10^4 个/mL。

3. 粪大肠菌群的测定

在 35℃ 温度下，48h 之内能使乳糖发酵产酸、产气、需氧及兼性厌氧的革兰阴性的无芽孢杆菌，称为总大肠菌群。

在 44.5℃ 温度下能生长并使乳糖发酵产酸、产气的大肠菌群称为粪大肠菌群。粪大肠菌群是总大肠菌群的一部分，主要来自粪便。

在实际工作中多测定粪大肠菌群，因为在某些水质条件下，大肠菌群能自行繁殖，因此用提高培养温度的方法，造成不利于来自自然环境的大肠菌群生长的条件，使培养出来的菌主要为来自粪便中的大肠菌群，从而更准确地反映水质受粪便污染的情况。测定方法有多管发酵法和滤膜法。

（1）多管发酵法

① 初发酵试验　水样接种于盛有乳糖蛋白胨培养液的发酵管内，在（37.0±0.5）℃下培养（24±2）h。产酸和产气的发酵管表明试验阳性。产酸不产气的不能完全说明是阴性结果。在量少的情况下，也可能延迟到 48h 后才产气，此时应视为可疑结果。

② 复发酵试验　轻微振荡初发酵试验阳性结果的发酵管，用 3mm 接种环或灭菌棒将培养物转接到 EC 培养液中。在（44.5±0.5）℃下培养（24±2）h。接种后所有发酵管必须在 30min 内放进水浴中。培养后立即观察，产气的发酵管则证实为粪大肠菌群阳性。

EC 培养液：胰胨 20g、乳糖 5g、胆盐三号 1.5g、磷酸氢二钾 4g、磷酸二氢钾 1.5g、氯化钠 5g、蒸馏水 1000mL。

③ 结果计算　根据不同接种量的发酵管所出现阳性结果的数目，通过查表可得每升水

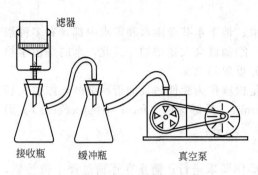

滤器

接收瓶　　缓冲瓶　　　　真空泵

图 7-1　抽滤装置示意图

样中所含有的粪大肠菌群数。

多管发酵法适用于各种水样（包括底泥），但操作较繁琐、费时。

（2）滤膜法　将水样注入已灭菌的放有孔径为 $0.45\mu m$ 滤膜的滤器中，按如图 7-1 所示的抽滤装置抽滤，细菌即被截留在滤膜上，然后将滤膜贴在 M-FC 培养基上，在 $44.5℃$ 温度下培养，计数滤膜上生长的此特性的菌落数，计算出每升水样中所含有的粪大肠菌群数。

M-FC 培养基：胰胨 10g、蛋白胨 5g、酵母浸膏 3g、氯化钠 5g、乳糖 12.5g、胆盐三号 1.5g、1％苯胺蓝水溶液 10mL、1％玫瑰色酸溶液（溶于 0.2mol/L 氢氧化钠溶液）10mL、蒸馏水 1000mL。

滤膜法操作简便、快速，适用于一般地表水、地下水及废水中粪大肠菌群的测定。在进行加氯消毒后的水样时，在滤膜法之前，应先做试验，证明所得的数据与多管发酵法试验数据具有可比性。

三、生物测试法

利用生物受到污染物质危害或毒害后所产生的反应或生理机能的变化，来评价水体污染状况，确定毒物安全浓度的方法称为生物测试法。该方法有静水式生物测试和流水式生物测试两种。前者是把受试生物放在不流动的试验溶液中，测定污染物的浓度与生物中毒反应之间的关系，从而确定污染物的毒性；后者是把受试生物放于连续或间歇流动的试验溶液中，测定污染物浓度与生物反应之间的关系。测试时间有短期（不超过 96h）的急性试验和长期（如数月或数年）的慢性试验。在一个试验装置内，测试生物可以是一种，也可以是多种。测试工作可在实验室内进行，也可在野外污染水体中进行。

1. 水生生物毒性试验

进行水生生物毒性试验可用鱼类和藻类等，其中鱼类毒性试验应用较广泛。鱼类对水环境的变化反应十分灵敏，当水体中的污染物达到一定浓度或强度时，就会引起系列中毒反应，例如行为异常、生理功能紊乱、组织细胞病变，直至死亡。鱼类毒性试验的主要目的是寻找某种毒物或工业废水对鱼类的半数致死浓度与安全浓度，为制定水质标准和废水排放标准提供科学依据；测试水体的污染程度和检查废水处理效果等。有时鱼类毒性试验也用于一些特殊目的的，如比较不同化学物质毒性的高低，测试不同种类鱼对毒物的相对敏感性，测试环境因素对废水毒性的影响等。

2. 发光细菌法

发光细菌是一类非致病的革兰阴性兼性厌氧微生物，它们在适当条件下能发射出肉眼可见的蓝绿色光。当发光细菌与水样毒性组分接触时，可影响或干扰细菌的新陈代谢，使细菌的发光强度下降或熄灭。在一定毒物浓度范围内，有毒物质浓度与发光强度呈线性关系，因而可使用生物发光光度计测定水样的相对发光强度来监测有毒物质的浓度。

第二节　空气污染生物监测

空气污染生物监测是指利用对空气污染物敏感的植物或动物，在污染物达到人和动物受害浓度之前就能表现出明显的受害症状，直接反映污染物的危害程度和空气污染的程度。

由于动物的管理比较困难，目前尚未形成一套完整的监测方法。而植物分布范围广，容易管理，已经广泛应用于监测实践中。因此，本书只介绍利用植物监测的相关内容。

一、指示植物监测及受害症状

指示植物指受到污染物的作用后，能较敏感和快速地产生明显反应的植物，如一些木本植物、草本植物、地衣和苔藓等。

空气污染物一般通过叶面气孔进入植物体内，侵袭细胞组织，使植物组织受到破坏，呈现受害症状。这些症状随污染物的种类、浓度、暴露时间以及植物的品种不同而存在一定的差异。一般会出现叶面失去光泽，出现黄色、褐色或灰白色等不同颜色的斑点，叶片脱落，甚至全株枯死等现象。

1. 二氧化硫指示植物及受害症状

对二氧化硫敏感的指示植物有紫花苜蓿、芥菜、堇菜、大麦、荞麦、棉花、南瓜、白杨、白桦树、加拿大短叶松、挪威云杉、地衣和苔藓等。

受害症状：受害初期表现为失去原来的光泽，出现暗绿色水渍状斑点；受害时间较长时，绿斑点变为灰绿色，逐渐失水而干枯，有明显坏死斑出现。阔叶植物急性中毒症状是叶脉间有不规则的坏死斑，受害严重时出现条块斑。单子叶植物受害时在平行叶脉之间出现斑点状或条块状坏死区。针叶植物受害后，先从针叶尖端开始出现红棕色或褐色，而后慢慢发展。

2. 臭氧指示植物及受害症状

对臭氧敏感的指示植物有牵牛花、菜豆、洋葱、菠菜、马铃薯、葡萄、黄瓜、烟草及松树等。

受害症状：受害初期，叶面上出现分布较均匀细密、棕色或褐色的斑点；受害时间较长时，逐渐变为黄褐色或灰白色，斑点连成一片，形成块斑。针叶植物受害后，先是叶尖变红，然后变为褐色，再变为灰色，针叶面上出现杂色斑。

3. 过氧乙酰硝酸酯（PAN)指示植物及受害症状

对过氧乙酰硝酸酯敏感的指示植物有长叶莴苣、瑞士甜菜及一年生早熟禾等。

受害症状：早初期症状是叶背面出现水渍状斑点或亮斑；受害时间较长时，逐渐变为褐色或银灰色。

4. 氮氧化物指示植物及受害症状

对氮氧化物敏感的指示植物有烟草、番茄、向日葵、菠菜、秋海棠等。

受害症状：氮氧化物往往与二氧化硫和臭氧一起显示受害症状。先在叶片上出现密集的深绿色水浸蚀斑痕，随后逐渐变为淡黄色或青铜色。损伤部位主要出现在较大的叶脉之间，但也会沿叶缘发展。

5. 氟化物指示植物及受害症状

对氟化物敏感的指示植物有郁金香、葡萄、金线草、桃树、杏树、雪松、云杉、慈竹等。

受害症状：先在植物的特定部位呈现伤斑，然后颜色变深形成棕色块斑；随着受害程度的加重，斑块向叶片中部发展，叶片大部分枯黄，只有叶主脉下部及叶柄附近保持绿色。

二、监测方法

1. 栽培指示植物监测法

将指示植物在没有污染的环境中盆栽或地栽培植，待生长到适宜大小时移至监测点，观察它们的受害症状和程度。例如，用唐菖蒲监测空气中的氟化物，先在非污染区将其球茎栽培在直径 20cm、高 10cm 的花盆中，待长出 3～4 片叶后，移至污染区，放在污染源的主导风向下风侧不同距离（如 5m、50m、300m、500m、1150m、1350m）处，定期观察受害情况。数日后，如发现部分监测点的唐菖蒲叶片尖端和边缘产生淡棕黄色片状伤斑，且伤斑部位与正常组织之间有一明显界线，说明这些地方已受到严重污染。根据预先试验获得的氟化物浓度与伤害程度的关系，就可以估计出空气中氟化物的浓度。

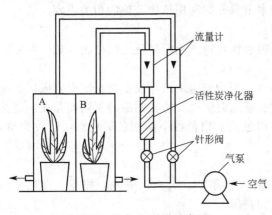

图 7-2 植物监测器示意图

为了准确计算出空气的体积和污染物的浓度，可以采用植物监测器测定空气污染状况。监测器由 A、B 两室组成，A 室为测量室，B 室为对照室，将同样大小的指示植物分别放入两室，用气泵将污染空气以相同流量分别通入 A、B 室，并在通往 B 室的管路中串接一个活性炭净化器，以获得净化空气，如图 7-2 所示。经过一定时间后，即可以通过 A 室内指示植物出现的受害症状和预先确定的与污染物浓度的相关关系估算空气中污染物的浓度。

2. 植物群落监测法

植物群落监测法是利用监测区域植物群落受到污染后，用各种植物的反应来评价空气污染状况的方法。首先通过调查和试验，确定群落中不同种植物对污染物的抗性等级，将其分为敏感、抗性中等和抗性强三类。如果敏感植物叶部出现受害症状，表明空气已受到轻度污染；如果抗性中等的植物出现部分受害症状，表明空气已受到中度污染；当抗性中等植物出现明显受害症状，有些抗性强的植物也出现部分受害症状时，则表明已造成严重污染。同时，根据植物呈现受害症状特征、程度和受害面积比例等判断主要污染物和污染程度。

地衣和苔藓等低等植物分布广泛，其中某些种群对二氧化硫、氟化氢等污染物反应敏感。通过调查树干上的地衣和苔藓的种类、数量分布的变化和生长发育状况，就可以估计空气污染程度。一般来说，重污染区内仅有少数壳状地衣分布，随着污染程度的减轻，便出现枝状地衣，在轻污染区，叶状地衣数量最多。

第三节　生物污染监测

一、污染物在生物体内的分布

进入生物体内的污染物，在生物体内各部分的分布是不均匀的，为了能够正确地采集样品，选择适宜的监测方法，使检测结果具有代表性和可比性，就必须了解污染物在生物体内的分布情况。

1. 污染物在动物体内的分布

污染物被动物吸收后大部分与血浆蛋白结合，随血液循环到各组织器官。污染物的分布有明显的规律。一是先向血流量相对多的组织器官分布，然后向血流量相对少的组织器官转移。如肝脏、肺、肾等血流丰富的器官，污染物分布就较多。二是污染物在体内的分布有明显的选择性，多数呈不均匀分布。如动物铅中毒后 2h，肝脏内的铅含量约为 50%，而一个月后，体内剩余铅的 90% 分布在与它亲和力强的骨骼中。污染物在动物体内的大致分布规律见表 7-3。

表 7-3　污染物在动物体内的大致分布规律

污　染　物	污　染　物　的　性　质	主　要　分　布　部　位
钾、钠、锂、氟、氯、溴等	能溶于体液	均匀分布于体内各组织
镧、锑、钍等三价或四价阳离子	水解后形成胶体	肝或其他网状内皮系统
铅、钙、钡、镭等二价阳离子	与骨骼亲和性较强	骨骼
六六六、滴滴涕、甲苯等	脂溶性物质	脂肪
碘、甲基汞、铀等	对某种器官有特殊亲和性	甲状腺（碘）、脑（甲基汞）

2. 污染物在植物体内的分布

污染物在植物体内的分布与污染的途径、污染物的性质、植物的种类等因素有关。

当植物通过叶片从大气中吸收污染物后，由于这些污染物直接与叶片接触，并通过叶面气孔吸收，因此在叶子中分布最多。如在二氧化硫污染的环境中生长的植物，叶子中硫含量高于本底值数倍至数十倍。

当植物从土壤和水中吸收污染物后，污染物在体内各部位分布的一般规律是：根＞茎＞叶＞穗＞壳＞种子。某科研单位利用放射性同位素^{115}Cd 对水稻进行实验，结果表明水稻根系部分的含镉量占整个植株含镉量的 84.8%。

研究表明，作物的种类不同，污染物残留量的分布也有不符合上述规律的。如在被镉污染的土壤中种植的萝卜和土豆，其块根部分的含镉量低于顶叶部分。

残留分布情况也与污染物的性质有关。表 7-4 列举了不同农药在水果中的残留分布情况。从表 7-4 中可知，渗透性小的农药，95% 以上残留在果皮部分，向果肉内渗透量很少；而渗透性大的农药如西维因等，向果肉的渗透量可达 78%。

表 7-4　水果中残留农药的分布

农　药	果　实	残　留　量 /%	
		果　皮	果　肉
p,p'-DDT	苹果	97	3
西维因	苹果	22	78
敌菌丹	苹果	97	3
倍硫磷	桃子	70	30
异狄氏剂	柿子	96	4
杀螟松	葡萄	98	2
乐果	橘子	85	15

二、污染物在生物体内的转移、积累与排泄

1. 污染物在生物体内的转移

（1）污染物在动物体内的转移　污染物在动物体内的转移过程是一个极其复杂的过程。但是污染物无论通过哪种途径进入生物机体，都必须通过各种类型的细胞膜才能进入到细胞，并选择性地对某些器官产生毒性作用。

（2）污染物在植物体内的转移　大气、土壤、水中的污染物只有进入植物体内才能对植物造成损害，植物一般是通过根系和叶片将污染物吸入体内的。

大气中的气体污染物或颗粒污染物可以通过叶面的气孔进入植物体内，经细胞间隙到达导管后转运到其他部位，使植物组织遭受破坏，呈现受害症状。危害主要表现在叶，叶的受害程度很容易用眼睛观察到。例如气态氟化物通过植物的气孔进入叶片，溶解在细胞组织的水分里，一部分被叶肉细胞吸收，而大部分则沿纤维管束组织运输，在叶尖和叶缘中积累，使叶尖和叶缘组织坏死。

土壤和灌溉水中的污染物主要是通过植物根系吸收进入植物体内的，再经过细胞传递到达导管，随蒸腾流在植物体内转移、分布，最终使植物受到污染和危害。植物生长所需的物质元素也是通过这种方式转运的。

2. 污染物在生物体内的积累

生物体内某种污染物的浓度水平取决于摄取和消除两个相反过程的速度，当摄取量大于消除量时，就会发生生物积累。

生物积累使污染物在生物体内的浓度超过环境中的浓度。如水生生态系统中的藻类和凤眼莲等对污染物的积累，使污水得到净化，同时也使自身体内的污染物高于水体。由于生物对污染物具有积累的能力，因此进入环境中的毒物，即使是微量也会使生物尤其是处于食物链高营养级的生物受到危害，并直接威胁人类的健康。例如1956年4月发生在日本熊本县的"水俣病"就是由于生物的积累作用，最终使人受到毒害。

3. 污染物的排泄

排泄是污染物及其代谢产物向机体外的转运过程，是一种解毒方式。排泄器官有肾、肝、胆、肠、肺、外分泌腺等，主要途径是经肾脏随尿排出，以及经肝、胆通过肠道随粪便排出。污染物还可随各种分泌液如汗液、乳汁和唾液排出，挥发性物质还可经呼吸道排出。

三、植物样品的采集和制备

1. 样品的采集原则

（1）代表性　指采集的样品应能代表一定范围的污染情况。这就要求对污染源的分布、污染的类型、植物的特征、灌溉情况等进行综合考虑，选择合适的采样区，采用适宜的方法布点，采集有代表性的植株。为使采集的样品具有代表性，不要在住宅、路旁、沟渠、粪堆附近设采样点。

（2）典型性　指所采集植株部位要能充分反映通过监测所要了解的情况。如要了解六六六、滴滴涕在植物根、茎、叶、果实中的分布情况，就必须根据要求采集植株的不同部位，不可将各部分随意混合。

（3）适时性　指根据监测的目的和具体要求，在植物不同生长发育阶段、施药或施肥前后，适时采样监测，以掌握不同时期植物的污染状况。

2. 采样点布设

根据现场调查与收集的资料，先选择好采样区，然后进行采样点位的布设。常用梅花形布点法或平行交叉布点法确定有代表性的植株，如图7-3和图7-4所示。

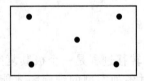

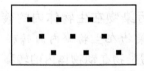

图 7-3　梅花形布点法　　　　　　图 7-4　平行交叉布点法

当农作物监测与土壤监测同时进行时，农作物样品应与土壤样品同步采集，农作物采样点就是农田土壤采样点。

3. 采样方法

植物样品一般应采集混合样，除特殊研究项目外，不能以单株作为监测样品。对于小型果实作物，在每个小区的采样点上采集10～20个以上的植株混合组成一个代表样；对于大型果实作物，采集5～10个以上的植株混合组成一个代表样。采集样品时应注意以下问题。

（1）采样时须注意样品的代表性。水果类样品的采集要注意树龄、株型、生长势、坐果数量以及果实着生部位和方位。

（2）采样时间应选择在无风晴天时，雨后不宜采样。采样应避开病虫害和其他特殊的植株。如采集根部样品，在清除根上的泥土时，不要损伤根毛。

（3）同时采集植株根、茎、叶和果实时，应现场分类包装，避免混乱。

（4）新鲜样品采集后，应立即装入聚乙烯塑料袋，扎紧袋口，以防水分蒸发。

（5）对水生植物应采集全株。从污染严重的河、塘中捞取的样品，需用清水洗净，挑去水草、小螺等杂物。

（6）采集好的样品应贴好标签，注明编号、采样地点、植物种类、分析项目，并填写采样登记表（见表7-5）。

表 7-5　植物样品采样登记表

采样日期	采样地点	样品名称	编号	采样部位	物候期	土壤类别	灌溉情况			分析部位	分析项目	采样人
							成分	浓度	次数			

4. 采样量和保存

采样量一般为待测试样量的3～5倍。一般来说，谷物、油料、干果类采集500g，水果、蔬菜采集1kg，水生植物采集500g，烟草和茶叶等可酌情采集。

样品带回实验室后，若测定新鲜样品，应立即处理和分析。当天不能分析完的样品，暂时放于冰箱中保存。若测定干样品，则将鲜样放在干燥通风处晾干或在鼓风干燥箱中烘干、备用。

5. 样品的制备

（1）鲜样的制备　新鲜样品用干净纱布轻轻擦去样品上的泥沙等附着物后，直接用组织捣碎机捣碎，混合均匀成待测试样。含纤维较多的样品，如根、茎秆、叶子等不能用捣碎机捣碎，可用不锈钢剪刀剪成小碎片，混合均匀成待测样品。

（2）干样的制备　粮食样品用干纱布擦净样品上的泥尘等附着物后直接磨碎；带皮粮食应用清水冲洗、晾干，去皮后磨碎；根、茎、叶、果、蔬菜等样品，应切剪成0.5～1cm大小的块状、条状，在晾干室内摊放于晾样盘中风干。为加快干燥，也可将切碎的样品在85～90℃烘箱中鼓风烘干1h，再在60～70℃通风干燥24～48h成为风干样品。将上述两种风干样品用玛瑙研钵或玛瑙碎样机、石磨、不锈钢磨研磨，使样品全部通过40～60目尼龙塑料筛，混合均匀成待测样品。

6. 植物样品测定结果的表示

植物样品中污染物质的分析结果常以干重为基础表示［mg/（kg干重）］，以便于各样品中某一成分含量高低的比较。为此，还需要测定样品的含水量，对分析结果进行换算。含水量常用重量法测定，即称取一定量新鲜样品或风干样品，在100～105℃烘干至恒重，由失重计算含水量。对含水量高的蔬菜、水果等，最好以鲜重表示计算结果。

四、动物样品的采集和制备

动物的尿液、血液、唾液、胃液、乳液、粪便、毛发、指甲、骨骼和组织等均可作为检验样品。

1. 尿液

由于肾脏是进入体内的污染物及代谢产物的主要排出途径，因此尿检在动物污染监测和临床上应用都比较广泛。采集尿液的采样器一般由玻璃、聚乙烯、陶瓷等材料制成。采样器使用前应用稀硝酸浸泡，再用自来水、蒸馏水洗净、烘干。由于尿液中的排泄物早晨浓度较高，因此定性检测尿液成分时，应采集晨尿。也可收集 8h 或 24h 的尿液，测定结果为收集时间内尿液中污染物的平均含量。

2. 血液

血液主要用来检验铅和汞等重金属、氟化物、酚等。

采集血液样品时，除急性中毒外，一般应禁食 6h 以上或在早餐前空腹采血。通常是采集静脉血或末梢血。实验室常将血液分为全血、血清及血浆三部分。当血液从身体抽出后，静置于管内让血液凝固，此时上清液部分称为血清；若在血液收集瓶中加入适当的抗凝剂以防止血液凝集，称为全血；全血经离心沉淀血细胞后，上清液部分称为血浆。

3. 毛发和指甲

蓄积在毛发和指甲中的污染物质残留时间较长，即使已与污染物脱离接触或停止摄入污染物，血液和尿液中污染物含量已下降，在毛发或指甲中仍容易检出。头发中的汞、砷等含量较高，样品容易采集和保存，故在医学和环境分析中应用较广泛。

人发样品一般采集 2~5g，男性采集枕部发，女性原则上采集短发。采样前两个月禁止染发和使用有待测化学品的护发制品。采样后，用中性洗涤剂洗涤，去离子水冲洗，最后用乙醚或丙酮洗净，室温下充分晾干后保存和备用。

剪取指甲，用热碱水洗去污垢，再用清水冲洗至净，干燥备用。

4. 组织和脏器

采用动物的组织和脏器作为检验样品，对调查研究环境污染物在体内的分布和积累、毒性和环境毒理学等方面的研究都有重要意义。

肝、肾、心、肺等组织本身均匀性不佳，最好能取整个组织，否则应确定统一的采样部位。如采集肝脏样品时，应剥去被膜，取右叶的前上方表面下几公分纤维组织丰富的部位作样品；采集肾脏样品时，剥去被膜，分别取皮质和髓质部分作样品，避免在皮质和髓质结合处采样。

5. 水生生物

水生生物如鱼、虾、贝类等是人们常吃的食物，其体内含有的污染物可通过食物链进入人体。

从对人体的直接影响考虑，一般只取水生生物的可食部分进行检测。对于鱼类，先按种类和大小分类，取其代表性的尾数（大鱼 3~5 条，小鱼 10~30 条），洗净后沥去水分，去除鱼鳞、鳍、内脏、皮、骨等，分别取每条鱼的厚肉制成混合样，切碎后混匀，或用组织捣碎机捣碎成糊状，立即分析或贮存于样品瓶中，置于冰箱内保存备用。

五、生物样品的预处理

采集、制备好的生物样品中，常含有大量的有机物，而所测的有害物质一般都在痕量和超痕量范围，因此测定前必须对样品进行预处理，包括对样品的分解、对待测组分进行富集和分离、对干扰组分进行掩蔽等。

1. 消解

消解法又称湿法氧化或消化法，它是将生物样品与一种或两种以上的强酸一起加热，将有机物分解成二氧化碳和水。为加快氧化速率，常常要加入过氧化氢、高锰酸钾、五氧化二钒等氧化剂。常用的消解体系有硝酸-高氯酸、硝酸-硫酸、硫酸-高锰酸钾、硝酸-硫酸-五氧化二钒等。

2. 灰化

灰化法又称燃烧法或高温分解法。灰化法分解生物样品不使用或少使用化学试剂，并可处理大量的样品，有利于提高测定微量元素的准确度。灰化温度一般为 450～550℃，因此不宜用来处理挥发性待测组分样品。对于易挥发的元素，如汞、砷等，应用氧瓶燃烧法。

氧瓶燃烧法是一种简易低温灰化方法，如图 7-5 所示。将样品包在无灰滤纸中，滤纸包钩挂在绕结于磨口瓶塞的铂丝上，瓶内加入适当吸收液（如测氟用 0.1mol/L 氢氧化钠溶液；测汞用硫酸-高锰酸钾溶液等），并预先充入氧气。将滤纸点燃后，迅速插入瓶内，盖严瓶塞，使样品燃烧灰化，待燃烧尽，摇动瓶内溶液，使燃烧产物溶解于吸收液中。

铂丝
滤纸包
吸收液

图 7-5 氧瓶燃烧
灰化装置

3. 提取

测定生物样品中的农药、甲基汞、酚等有机污染物时，需用溶剂将待测组分从样品中提取出来，提取效果的好坏直接影响测定结果的准确度。常用的提取方法有振荡浸取、组织捣碎提取、直接球磨提取、索氏提取器提取等。

(1) 振荡浸取 蔬菜、水果、粮食等食品样品都可使用这种方法提取。将切碎的生物样品置于容器中，加入适当溶剂，放在振荡器上振荡浸取 10～30min，滤出溶剂后，再用溶剂洗涤样品滤渣或再浸取一次，合并浸取液，供分离或浓缩用。

(2) 组织捣碎提取 取定量切碎的生物样品，放入组织捣碎杯中，加入适当的提取剂，快速捣碎，过滤，滤渣再重复提取一次，合并滤液备用。该方法提取效果较好，特别是从动植物组织中提取有机污染物质比较方便。

(3) 直接球磨提取 用己烷作提取剂，直接在球磨机中粉碎和提取小麦、大麦、燕麦等粮食样品中的有机氯及有机磷农药，是一种快速的提取方法。

(4) 索氏提取器提取 索氏提取器又称脂肪提取器，常用于提取生物、土壤样品中的农药、石油、苯并 [a] 芘等有机污染物质。

4. 分离

在提取样品中被测组分的同时，也把其他干扰组分同时提取出来，如用石油醚提取有机磷农药时，会将脂肪、色素等一同提取出来。因此在测定之前，还必须进行杂质的分离，也就是净化。常用的分离方法有萃取法、色谱法、低温冷冻法、磺化法和皂化法等。

(1) 萃取法 利用物质在互不相溶的两种溶剂中的分配系数不同，达到分离净化的目的。如农药与脂肪、蜡质、色素等一起被提取后，加入一种极性溶剂（如乙腈）振摇，由于农药的极性大，在乙腈中的分配系数大，可被乙腈萃取，与脂肪等杂质分离，从而达到净化的目的。

(2) 色谱法 色谱法分为柱色谱法、薄层色谱法、纸色谱法，其中柱色谱法在处理生物样品中应用较多。如在测定粮食中的苯并 [a] 芘时，先用环己烷提取，然后将提取液倒入氧化铝-硅镁型吸附剂色谱柱中，提取物被吸附剂吸附，再用苯进行洗脱，这样就可将苯并 [a] 芘从杂质中分离出来。

(3) 低温冷冻法 利用不同物质在同一溶剂中的溶解度随温度不同而不同的原理进行分离。如在 -70℃ 的低温下，用干冰-丙酮作制冷剂，可使生物组织中的脂肪和蜡质在丙酮中的溶解度大大降低，以沉淀形式析出，农药则残留在丙酮中，从而达到分离的目的。

(4) 磺化法和皂化法 磺化法是利用脂肪、蜡质等与浓硫酸发生磺化反应的特性，生成极性很强的磺酸基化合物，随硫酸层分离，再经脱水便得到纯化的提取液。该方法常用于有机氯农药的分离，不适用于易被酸分解或与之起反应的有机磷、氨基甲酸酯类农药。

　　皂化法是利用油脂等能与强碱发生皂化反应，生成脂肪酸盐而将其分离的方法。例如用石油醚提取粮食中的石油烃，同时也将油脂提取出来，如果在提取液中加入氢氧化钾-乙醇溶液，油脂就会反应生成脂肪酸钾盐进入水相，而石油烃仍留在石油醚中，实现了石油烃和油脂的分离。

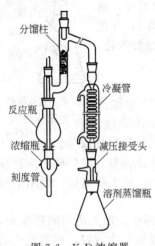

图 7-6　K-D 浓缩器

（图中标注：分馏柱、反应瓶、浓缩瓶、刻度管、冷凝管、减压接受头、溶剂蒸馏瓶）

5. 浓缩

　　生物样品的提取液经过分离净化后，其中被测组分的浓度往往太低，达不到分析需要，必须对样品进行浓缩才能进行测定。常用的浓缩方法有常压蒸馏或减压蒸馏法、蒸发法、K-D浓缩器浓缩法。

　　K-D（Kuderna-Danish）浓缩器法是浓缩有机污染物的常用方法，如图 7-6 所示。早期的 K-D 浓缩器在常压下工作，后来加上了毛细管，可进行减压浓缩，提高了浓缩速度。生物样品中的农药、苯并 [a] 芘等毒性大、有致癌性的有机污染物含量都很低，其提取液经分离净化后，可用该方法浓缩。为防止待测物损失或分解，加热 K-D 浓缩器的水浴温度一般控制在 50℃以下，最高不超过 80℃。千万不要将提取液蒸干，若需进一步浓缩，需用微温蒸发，如用改进的微型 Snyder 柱再浓缩可将提取液浓缩至 0.1～0.2mL。

六、生物样品中污染物的测定

1. 作物中苯并 [a] 芘的测定

　　（1）荧光分光光度法　样品先用有机溶剂提取，或经皂化后提取，再将提取液经液-液分配或色谱柱净化，然后在乙酰化滤纸上分离苯并 [a] 芘。苯并 [a] 芘在紫外光照射下呈蓝紫色荧光斑点，将分离后有苯并 [a] 芘的滤纸部分剪下，用溶剂浸出后，用荧光分光光度计测定荧光强度，与标准比较定量。

　　样品经提取、净化后，先在乙酰化滤纸上分离，然后在 365nm 或 254nm 紫外灯下观察，找到标准苯并 [a] 芘及样品的蓝紫色斑点，剪下此斑点分别放入小比色管中，用苯浸取。

　　将样品及标准斑点的苯浸出液移入荧光分光度计的石英皿中，以 356nm 为激发光波长，以 356～460nm 波长进行荧光扫描，所得荧光光谱与标准苯并 [a] 芘的荧光光谱比较定性。

　　在样品分析的同时做试剂空白，分别读取样品、标准及试剂空白于波长 401nm、406nm和 411nm 处的荧光强度，计算苯并 [a] 芘的相对荧光强度，对照标准苯并 [a] 芘的相对荧光强度计算出样品中苯并 [a] 芘的含量。

　　该法适用于蔬菜、粮食、油脂、鱼、肉、饮料、糕点类等食品中苯并 [a] 芘的测定。

　　（2）目测法　按荧光分光光度法对样品进行提取、净化、浓缩，然后吸取不同体积的样品浓缩液和苯并 [a] 芘标准使用液，点于同一条乙酰化滤纸上，在展开槽中展开，取出晾干，于暗室紫外灯下目测比较样品中苯并 [a] 芘的含量。

　　吸取 5μL、10μL、15μL、20μL 浓缩液和苯并 [a] 芘标准使用液（0.1μg/mL），点于同一乙酰化滤纸上，在展开槽中展开，取出晾干，于暗室紫外灯下目测比较，找出相当于标准斑点荧光强度的样品浓缩液体积。

　　该法适用于食品中苯并 [a] 芘的测定。

2. 食品中氟的测定

　　食品中氟的测定有三种方法，分别为扩散-氟试剂分光光度法、灰化蒸馏-氟试剂分光光度法和氟离子选择性电极法。

(1) 灰化蒸馏-氟试剂分光光度法　样品经硝酸镁固定氟,经高温灰化后,在酸性条件下蒸馏分离,蒸出的氟被氢氧化钠溶液吸收,氟与氟试剂、硝酸镧作用,生成蓝色三元配合物,在 620nm 处测定吸光度。

分别吸取标准系列蒸馏液和样品蒸馏液各 10.00mL 于 25mL 带塞比色管中,分别加入茜素氨羧配合剂溶液、缓冲液、丙酮、硝酸镧溶液,再加水稀释至刻度,混匀,放置 20min,在 620nm 处测定吸光度。根据测定结果绘制标准曲线,并计算样品中氟化物的含量。

该法适用于粮食、蔬菜、水果、豆类及其制品、肉、鱼、蛋等食品中氟的测定。

(2) 氟离子选择性电极法　氟离子选择性电极的氟化镧单晶膜对氟离子产生选择性的对数响应,氟电极和饱和甘汞电极在被测试液中,电位差可随溶液中氟离子活度的变化而改变,电位变化规律符合能斯特方程。

测定时,称取适量粉碎并通过 40 目筛的样品,置于 50mL 容量瓶中,加盐酸密闭浸泡提取 1h。提取后加柠檬酸溶液,用水稀释至刻度,混匀备用。用氟离子选择性电极测定。

能与氟离子形成配合物的 Fe^{3+}、Al^{3+} 等干扰测定,其他常见离子无影响。用柠檬酸溶液作总离子强度缓冲剂,控制测量溶液的 pH 为 5～6,可以消除干扰离子的影响。

该法适用于蔬菜、水果、粮食中氟的测定。

阅读材料

蕾切尔·卡逊和《寂静的春天》

蕾切尔·卡逊(Rachel Carson)1907 年 5 月 27 日出生于美国宾夕法尼亚州匹兹堡市泉溪镇一条乡间小河畔的农舍里。1929 年,她从宾夕法尼亚女子学院毕业,进入马塞诸塞州的伍德霍尔海洋生物实验室学习。1932 年在霍普金斯大学获动物学硕士学位。毕业后曾先后在霍普金斯大学和马里兰大学任教,并继续在伍德霍尔海洋生物实验室攻读博士学位,但由于 1932 年她父亲去世,她的经济条件不允许她继续攻读博士学位,只得在渔业管理局找到一份兼职工作,并为《巴尔的摩太阳报》撰写科学史方面的文章。1936 年她通过了严格的考试筛选,作为水生生物学家,成为渔业管理局第二位受聘的女性,开始了在美国渔业与野生动物管理委员会(FWS)长达 15 年的职业生涯,后被晋升为出版物主编。

蕾切尔·卡逊在美国渔业与野生动物管理委员会工作期间写了很多关于环境保护方面的文章,编辑了许多科学文献。在她闲暇的时间内,她将在这个政府机构所进行的研究成果改写成抒情散文,第一篇作品《海洋下面》(Undersea)于 1937 发表在《大西洋月刊》上。随后她撰写了《在海风的吹拂下》(Under the Sea-Wind,1941 年)。在被多家著名出版社拒绝后,《我们周围的海洋》(The Sea Around Us)终于在 1952 年获得出版,并先后被翻译成 32 种文字在世界各地出版发行,同年她获得美国国家科学技术图书奖和伯洛兹自然科学图书奖,蕾切尔·卡逊也因此获得了两个荣誉博士学位。1955 年她又出版了《海之边缘》(The Edge of the Sea)一书,此书与国家图书奖擦肩而过。这些作品构成了关于海洋的传记并使卡逊成为著名的科普作家。1952 年,卡逊从政府机构辞职,开始了她的专业写作生涯。

在她的专业写作生涯中,她创作了一些向读者描绘这个生机勃勃的世界中所蕴涵的美丽和有待于人类发现奇迹的作品,包括《帮助孩子想象》(Help Your Child to Wonder,1956

Rachel Carson
（1907—1964 年）

年）以及《变换无穷的海岸》（Our Ever-Changing Shore，1957 年）。在卡逊的所有作品中都充满了激情的人文思想，她认为人类仅仅是自然的一个组成部分，但是，自然的美正在被人类的丑恶所取代，自然的世界正在变成人造的世界。

1958 年 1 月，蕾切尔·卡逊接到原《波士顿邮报》的作家奥尔加·欧文斯·哈金斯女士从马萨诸塞州邮寄的一封信。奥尔加在信中写到，1957 年夏，州政府租用的一架飞机为消灭蚊子喷洒 DDT，飞过她和她丈夫在达克斯伯里的两英亩私人禽鸟保护区上空。第二天，她的许多鸟儿都死了。哈金斯女士希望蕾切尔·卡逊能利用她的威望影响政府官员去调查杀虫剂的使用问题。蕾切尔·卡逊以为最有效的方法还是在杂志上提醒公众，但杂志社不感兴趣，于是她决定要写一本书。

作为当时已经是一位有世界影响的科学家，蕾切尔·卡逊得到了一些著名的生物学家、化学家、病理学家和昆虫学家的帮助，她掌握了许多由于杀虫剂、除草剂的过量使用，造成野生生物大量死亡的证据，以文学的、更生动的方式写出来《寂静的春天》一书。她在书中对农业科学家的科学实践活动和政府的政策提出挑战，并号召人们迅速改变对自然世界的看法和观点。她写这本书用了 4 年时间，期间她患上了乳腺癌。1962 年，她的传世之作《寂静的春天》（Silent Spring）正式出版后，许多大公司施压要求禁止这本书的发行，虽然没有成功，但让她承受了来自化学工业界和政府部门的巨大压力和攻击，她被说成是"杞人忧天者"和"自然平衡论者"。然而没有想到的是这本书在当年就销售了 50 万册，成为美国和全世界最畅销的书，就是这本书让美国公众第一次意识到 DDT 可能造成的危害。

1963 年，杀虫剂开始引起全社会的广泛关注。在身患重病、面对攻击甚至是人身攻击的巨大压力下，她一直坚持自己的观点，大声疾呼人类要爱护自己生存环境。她不屈不挠的斗争引起了美国公众和社会的认同，并引起了美国总统尼克松的关注。经过总统顾问委员会的调查，1963 年，美国政府认同了书中的观点，并邀请她参加美国总统的听证会并作证。在会议上，卡逊要求政府制定保护人类健康和环境的新政策。蕾切尔·卡逊与病魔进行了长时间的抗争，于 1964 年 4 月 14 日去世。

习　题

填空题

（1）水污染生物监测就是利用水生生物个体、种群和群落等变化来表征水环境质量变化进行水质监测的一种方法，常见的有_____、_____和_____。

（2）空气污染生物监测法常见的有_____和_____。

（3）利用植物群落监测法监测空气污染状况，若叶状地衣数量多，表明_____，若只有少量壳状地衣，表明_____。

（4）生物受污染的途径主要有_____、_____和_____。

（5）当植物从土壤和水中吸收污染物后，污染物在体内各部位分布的一般规律是_____。

（6）植物样品采集原则是_____和_____。

（7）测定生物中的苯并[a]芘应采用的提取方法是_____，对提取样品进行浓缩可以采用的方法是_____。

第八章 噪声监测

第一节 概述

一、噪声的分类

从生理学上讲，凡是使人烦恼、讨厌、刺激的声音，即人们不需要的声音就称其为噪声（noise）。从物理学上看，无规律、不协调的声音，即频率和强度都不相同的声波无规律的杂乱组合就称其为噪声。

噪声的种类很多，因其产生的条件不同而异。地球上的噪声主要来源于自然界的噪声和人为活动产生的噪声。

产生噪声的声源称为噪声源。若按噪声产生的机理来划分，可将人为活动产生的噪声分为空气动力性噪声、机械性噪声和电磁性噪声三大类。

如果把噪声按其随时间的变化来划分，可分成稳态噪声和非稳态噪声两大类。稳态噪声的强度不随时间而变化，如电机、风机、织布机等产生的噪声。非稳态噪声的强度随时间而变化，可分为瞬时的、周期性起伏的、脉冲的和无规则的噪声。

与人们生活密切相关的是城市噪声，它的来源大致可分为工业生产噪声、交通运输噪声、建筑施工噪声和社会生活噪声。

噪声不仅影响睡眠，干扰语言交谈和通信联络，影响人体的心理，而且能损伤听力，影响人体的健康。

二、噪声的物理量

1. 频率、波长和声速

声源振动一次所经历的时间间隔称为周期，用 T 表示，单位是秒（s）。声源在每秒内振动的次数称为频率，用 f 表示，单位是赫兹（Hz）。人耳可听声音的频率范围为 $20 \sim 20000 Hz$，故噪声监测的是这个范围内的声波。

沿声波传播方向，振动一个周期所传播的距离，或在波形上相位相同的相邻两个质点间的距离称为波长，用 λ 表示，单位是米（m）。

声源每秒在介质中传播的距离称为声速，用 c 表示，单位是米每秒（m/s）。

频率 f、波长 λ 和声速 c 是噪声的三个重要的物理量，它们之间的关系为：

$$\lambda = \frac{c}{f} \tag{8-1}$$

2. 声压、声强和声功率

（1）声压 噪声场中单位面积上由声波引起的压强增量称为声压，它相当于在大气压强上叠加一个声波扰动引起的压强变化，用 p 表示，单位为帕（Pa）。

声压的大小反映了噪声的强弱，因此通常都用声压来衡量噪声的强弱。噪声场中某一瞬时的声压值称为瞬时声压。瞬时声压随时间变化，而人耳感觉到的是瞬时声压在某一时间的平均结果，叫有效声压。一般仪器测得的往往就是有效声压量，在没有注明的情况下，一般指有效声压。

正常人耳刚能听到的最微弱的声音的声压是 $2\times10^{-5}\mathrm{Pa}$，称为人耳听阈声压；使人耳产生疼痛感觉的声压是 20Pa，称为人耳痛阈声压。

（2）声强 在单位时间内，通过垂直于声波传播方向的单位面积上的声能，叫做声强。用 I 表示，单位为瓦特每平方米（$\mathrm{W/m^2}$）。

在自由声场（离声源很远且没有任何反射的声场）中，声压与声强的关系为：

$$I=\frac{p^2}{\rho_0 c_0} \tag{8-2}$$

式中 p——有效声压，Pa；

ρ_0——空气的密度，$\mathrm{kg/m^3}$；

c_0——空气中的声速，m/s。

（3）声功率 噪声源在单位时间内向外辐射的总声能叫声功率，通常用 W 表示，单位是瓦（W）。

声压、声强和声功率三个物理量中，声强和声功率是不容易直接测定的，因此在噪声监测中一般都是测定声压，然后计算出声强和声功率。

3. 分贝、声压级、声强级和声功率级

（1）分贝 指两个相同的物理量之比值取以 10 为底的对数并乘以 10。数学表达式为：

$$N=10\lg\frac{A_1}{A_0} \tag{8-3}$$

（2）声功率级

$$L_W=10\lg\frac{W}{W_0} \tag{8-4}$$

式中 L_W——声功率级，dB；

W——声功率，W；

W_0——基准声功率，$10^{-12}\mathrm{W}$。

（3）声强级

$$L_I=10\lg\frac{I}{I_0} \tag{8-5}$$

式中 L_I——声强级，dB；

I——声强，$\mathrm{W/m^2}$；

I_0——基准声强，$I_0=10^{-12}\mathrm{W/m^2}$。

（4）声压级

$$L_p=10\lg\frac{p^2}{p_0^2}=20\lg\frac{p}{p_0} \tag{8-6}$$

式中 L_p——声压级，dB；

p——声压，Pa；

p_0——基准声压，$p_0=2\times10^{-5}\mathrm{Pa}$。

显然，采用分贝标度的声压级后，将动态范围 $2\times10^{-5}\sim2\times10\mathrm{Pa}$ 声压转变为动态范围为 $0\sim120\mathrm{dB}$ 的声压级，使用方便，也符合人的听觉的实际情况，一般人耳对声音强弱的分辨能力约为 0.5dB。

三、噪声的叠加

设两个声源的声压分别为 p_1 和 p_2，声压级分别为 L_{p_1} 和 L_{p_2}，叠加后的总声压为 p，则叠加后的总声压级 L_p 用式(8-7)计算。

$$L_p = 10\lg\frac{p^2}{p_0^2} = 10\lg\frac{p_1^2 + p_2^2}{p_0^2} = 10\lg(10^{0.1L_{p_1}} + 10^{0.1L_{p_2}}) \tag{8-7}$$

对于 n 个声源，声压级分别为 L_{p_1}、L_{p_2}、L_{p_3}，$\cdots L_{p_n}$，则叠加后的总声压级 L_p 用式(8-8)计算。

$$L_p = 10\lg(10^{0.1L_{p_1}} + 10^{0.1L_{p_2}} + 10^{0.1L_{p_3}} + \cdots + 10^{0.1L_{p_n}}) \tag{8-8}$$

若 n 个声源的声压级相同，均为 L_{p_1}，则叠加后的总声压级 L_p 用式(8-9)计算。

$$L_p = 10\lg(n10^{0.1L_{p_1}}) = L_{p_1} + 10\lg n \tag{8-9}$$

【例8-1】　如有10个相同的噪声源，每个噪声源的声压级均为100dB，计算总声压级。

解： $L_p = L_{p_1} + 10\lg n = 100 + 10\lg 10 = 110\text{(dB)}$

两个声源声压级的差值（$L_{p_1} - L_{p_2}$）及叠加后总声压级与较大声源声压级的差值（$L_p - L_{p_1}$）见表8-1。由表8-1可知，若两个声源的声压级相同时，叠加后的总声压级增加3dB，随着两个声源声压级差值的逐渐增加，叠加后总声压级的增加值逐渐减小，当两个声源的声压级相差14dB时，叠加后的总噪声级增加0.1dB。因此，若两声源声压级相差15dB以上，其中较小的噪声级对总噪声级的影响可以忽略。

表8-1　两声源声压级差值与总声压级与较大生源声压级的差值

$L_{p_1} - L_{p_2}$	0	1	2	3	4	5	6	7	8	9	10	11	12	13	14	15
$L_p - L_{p_1}$	3	2.5	2.1	1.8	1.5	1.2	1	0.8	0.6	0.5	0.4	0.3	0.3	0.2	0.1	0.1

在某些实际工作中，常遇到从总的被测噪声级中减去背景或环境噪声级的情况，以确定由单独噪声源产生的噪声级。如某加工车间内的一台机床，在它开动时，辐射的噪声级是不能单独测量的，但机床未开动前的背景或环境噪声是可以测量的，机床开动后机床噪声与背景或环境噪声的总噪声级也是可以测量的，于是可以计算出机床本身的噪声级。

【例8-2】　某车间一台机器开动时，测得声压级为104dB，当机器停止工作后，测得背景噪声为100dB，该机器噪声的实际大小是多少？

解： 叠加后的总声压级 $L_p = 104\text{dB}$，$L_{p_2} = 100\text{dB}$，求 L_{p_1}

$$L_p = 10\lg(10^{0.1L_{p_1}} + 10^{0.1L_{p_2}})$$

$$104 = 10\lg(10^{0.1L_{p_1}} + 10^{0.1 \times 00})$$

于是：

$L_{p_1} = 101.8\text{dB}$，即该机器噪声级的实际大小为101.8dB。

第二节　噪声评价量

噪声评价的目的是为了有效地提出适合于人们对噪声反应的主观评价量。由于噪声变化特性的差异以及人们对噪声主观反应的复杂性，使得对噪声的评价较为复杂。多年来各国学者对噪声的危害和影响程度进行了大量研究，提出了各种评价指标和方法，期望得出与主观性响应相对应的评价量和计算方法，以及所允许的数值和范围。本节主要介绍一些已经被广泛认可和使用比较频繁的评价参数。

一、计权声级

为使设计的仪器模拟人耳听觉对声音频率的响应特性，通过一套电学滤波网络，对某些频率进行衰减，这种特殊的滤波器叫计权网络。通过计权网络测得的声压级即为计权声级，通常有 A、B、C、D 计权声级。

A 计权声级是模拟人耳对 55dB 以下低强度噪声的频率特性；B 计权声级是模拟 55～85dB 的中等强度噪声的频率特性；C 计权声级是模拟高强度噪声的频率特性；D 计权声级是对噪声参量的模拟，专用于飞机噪声的测量。

计权网络是一种特殊滤波器，当含有各种频率的声波通过时，它对不同频率成分的衰减是不同的，由于 A 计权声级表征人耳主观听觉较好，因此就用它来评价噪声对人的干扰，用 L_A 表示。

二、等效连续声级和累计百分声级

1. 等效连续 A 声级

A 声级主要适用于连续稳态噪声的测量和评价，但人们所处的环境中大都是随时间而变化的非稳态噪声，如果用 A 声级来测量和评价就不合适了。人们提出用噪声能量平均值的方法来评价噪声对人的影响，这就是等效连续声级，它反映人实际接受的噪声能量的大小，对应于 A 声级来说就是等效连续 A 声级（equivalent continuous A-weighted sound pressure level）。

国际标准化组织（ISO）对等效连续 A 声级的定义是：在声场中某个位置、某一时间内，对间歇暴露的几个不同 A 声级，以能量平均的方法，用一个 A 声级来表示该时间内噪声的大小，这个声级就是等效连续 A 声级，用 L_{eq} 表示。其数学表达式为：

$$L_{eq} = 10\lg\left[\frac{1}{T}\int_0^T \left(\frac{p_i}{p_0}\right)^2 dt\right] = 10\lg\left[\frac{1}{T}\int_0^T 10^{0.1L_A} dt\right] \tag{8-10}$$

式中　L_{eq}——等效连续 A 声级，dB(A)；

T——规定的测量时段，s；

L_A——噪声瞬时 A 压级，dB(A)。

从等效连续 A 声级的定义中不难看出，对于连续的稳态噪声，等效连续 A 声级等于所测得的 A 计权声级。

2. 累计百分声级

累计百分声级（percentile sound level）是指占测量时间段一定比例的累计时间内 A 声级的最小值，是用于评价测量时间段内噪声强度时间统计分布特征的指标，用 L_N 表示。

如果测量的数据符合正态分布，则等效连续 A 声级和累计百分声级有如下关系：

$$L_{eq} \approx L_{50} + \frac{d^2}{60} \quad d = L_{10} - L_{90} \tag{8-11}$$

式中　L_{10}——测量时间内有 10% 的时间 A 声级超过的值，相当于噪声的平均峰值，dB(A)；

L_{50}——测量时间内有 50% 的时间 A 声级超过的值，相当于噪声的平均值，dB(A)；

L_{90}——测量时间内有 90% 的时间 A 声级超过的值，相当于噪声的平均本底值，dB(A)。

三、昼间等效声级、夜间等效声级、昼夜等效声级

昼间等效声级（day-time equivalent sound level）是指在昼间时段内（6：00～22：00）测得的等效连续 A 声级，用 L_d 表示。

$$L_d = 10\lg\left(\frac{1}{16}\sum_{i=1}^{16}10^{0.1L_i}\right) \tag{8-12}$$

式中　L_d——昼间等效声级，dB（A）；

　　　L_i——昼间小时等效声级，dB（A）。

夜间等效声级（night-time equivalent sound level）是指在夜间时段内（22：00～6：00）测得的等效连续 A 声级，用 L_n 表示。

$$L_n = 10\lg\left(\frac{1}{8}\sum_{i=1}^{8}10^{0.1L_i}\right) \tag{8-13}$$

式中　L_n——夜间等效声级，dB（A）；

　　　L_i——夜间小时等效声级，dB（A）。

昼夜等效声级主要预计人们昼夜长期暴露在噪声环境下所受的影响，用 L_{dn} 表示。其数学表达式为：

$$L_{dn} = 10\lg\left[\frac{16\times10^{0.1L_d}+8\times10^{0.1(L_n+10)}}{24}\right] \tag{8-14}$$

式中　L_d——昼间等效声级，dB(A)；

　　　L_n——夜间等效声级，dB(A)。

为了表明夜间噪声对人的烦扰更大，因此计算夜间等效声级这一项时应加上 10dB 的计权。

四、噪声污染级

噪声污染级也是用以评价噪声对人的烦恼程度的一种评价量，它既包含了对噪声能量的评价，同时也包含了噪声涨落的影响。噪声污染级用符号 L_{NP} 表示，其表达式为：

$$L_{NP} = L_{eq}+K\sigma \tag{8-15}$$

式中　σ——规定时间内噪声瞬时声级的标准偏差，$\sigma=\sqrt{\dfrac{1}{n-1}\sum_{i=1}^{n}(L_i-\bar{L})^2}$，dB(A)，如

　　　果测量数据符合正态分布，则 $\sigma=\dfrac{1}{2}(L_{16}-L_{84})$；

　　　L_i——测得的第 i 个声级，dB(A)；

　　　$\bar{L}$——所测声级的算术平均值，dB(A)；

　　　n——测得声级的总个数；

　　　K——常量，对于交通和飞机噪声一般取 2.56。

对于随机分布的噪声，噪声污染级 L_{NP} 与等效连续声级 L_{eq} 和累计百分声级 L_N 有如下关系：

$$L_{NP} = L_{eq}+(L_{10}-L_{90}) \tag{8-16}$$

第三节　噪声监测仪器

常用的噪声监测仪器有声级计、声级频谱仪、噪声统计分析仪。

一、声级计

声级计主要由传声器、放大器、衰减器、计权网络、电表电路及电源等部分组成。

声级计的工作原理（如图 8-1 所示）是声压由传声膜片接受后，将声压信号转换成电信号，由于表头指示范围一般只有 20dB，而声音范围变化可高达 140dB，甚至更高，所以，此信号经前置放大器作阻抗变换后，经输入衰减器衰减后的信号再由输入放大器进行定量放大，放大后的信号由计权网络进行计权。计权网络是模拟人耳对不同频率有不同灵敏度的听觉响应，在计权网络处可外接滤波器进行频谱分析。经计权后的信号由输出衰减器减到额定值，随即送到输出放大器放大，使信号达到相应的功率输出，输出信号经检波后送出有效电压，推动电表显示所测的声压级数值。

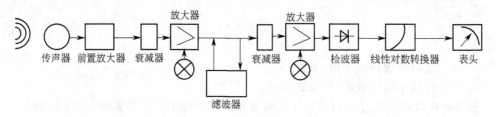

图 8-1 声级计工作原理示意图

声级计按其用途可分为一般声级计、车辆声级计、脉冲声级计、积分声级计和噪声计量计等。按其精度可分为四种类型：0 型声级计（精度为±0.4dB），为标准声级计；Ⅰ 型声级计（精度为±0.7dB），为精密声级计；Ⅱ 型声级计（精度为±1.0dB）和Ⅲ型声级计（精度为±1.5dB），作为一般用途的普通声级计。按其体积大小可分便携式声级计和袖珍式声级计。国际标准化组织（ISO）及国际电工委员会（IEC）规定普通声级计的频率范围是 20～8000Hz，精密声级计的频率范围为 20～12500Hz。

声级计是噪声测量最基本最常用的仪器，适用于环境噪声、室内噪声、机器噪声、建筑噪声等各种噪声测量，常见的有 AWA5633A、PAS5633、TES-1352、PSJ-2 型。

积分声级计是一种直接显示某一测量时间内被测噪声等效连续声级的仪器，主要用于环境噪声和工厂噪声的测量。常见的产品有 AWA5610B、AWA5671、TES-1353、HS5618 型。

二、声级频谱仪

频谱仪是测量噪声频谱的仪器，它的基本组成大致与声级计相似。但是频谱分析仪中，设置了完整的计权网络（滤波器）。借助于滤波器的作用，可以将声频范围内的频率分成不同的频带进行测量。例如作倍频程划分时，若将滤波器置于中心频率 500Hz，通过频谱分析仪的则是 335～710Hz 的噪声，其他频率就不能通过，因此在频谱分析仪上所显示的就是频率为 335～710Hz 噪声的声压级，其他类推。由于频谱分析仪能分别测量噪声中所包含的各种频带的声压级，因此它是进行噪声频谱分析不可缺少的仪器。一般情况下，进行频谱分析时，都采用倍频程划分频带。如果对噪声要进行更详细的频谱分析，就要用窄频带分析仪，例如用 1/3 频程划分频带。在没有专用的频谱分析仪时，也可以把适当的滤波器接在声级计上进行频谱测定。

三、噪声统计分析仪

噪声统计分析仪是用来测量噪声级的统计分布，并直接指示累计百分声级的一种测量仪器。一般来说，噪声统计分析仪均可测量声压级、A 计权声级、累计百分声级 L_N、等效声级 L_{eq}、标准偏差、概率分布和累积分布。与声级计相比，噪声统计分析仪的显著优点是取样和数据处理的自动化，提高了测量的精度。常见的产品有 AWA6218A、AWA6218B 型等。

AWA 6218B 型噪声统计分析仪

图 8-2　AWA 6218B 型噪声统计分析仪

　　AWA 6218B 型噪声统计分析仪是一种袖珍式智能化的噪声测量仪器（见图 8-2），它集积分声级计、噪声统计分析仪等几种功能于一体，具有自动量程转换、点阵式液晶显示、电池供电、操作简单、携带方便等特点。具有统计分析功能、24h 自动监测功能和积分功能三种测量模式，可测量 L_p、L_{eq}、L_5、L_{10}、L_{50}、L_{90}、L_{95}、SD、L_{max}、L_{min}、T_m、N_m，可显示 L_p-N 表、统计分布图、累积分布图，同时可记录启动测量的日期和时刻。测量的结果可长期保存在仪器内，最多可存储 495 组数据，通过内置 RS232C 接口，可连接 TP-UP40S 系列微型打印，也可以与计算机连接。可用于环境噪声的测量，也可用于各种机器、车辆、船舶、电器等工业噪声的测量。

第四节　噪声测量与评价方法

一、环境噪声测量要求

1. 现场调查和资料收集

　　环境噪声来源于工业企业生产、建筑施工、道路交通和社会生活，监测前应调查有关工程的建设规模、生产方式、设备类型及数量，工程所在地区的占地面积、地形和总平面布局图、职工人数、噪声源设备布置图及其声学参数；调查道路、交通运输方式以及机动车流量等；调查地理环境、气象条件、绿化状况以及社会经济结构和人口分布等。

2. 测点选择

　　监测点的选择因不同的噪声监测内容而异。测点一般要覆盖整个评价范围，重点要布置在现有噪声源对敏感区有影响的点上。点声源周围布点密度应高一些。对于线声源，应根据敏感区分布状况和工程特点，确定若干测量断面，每一断面上设置一组测点。为便于绘制等声级线图，一般采用网格测量法和定点测量法。

　　（1）一般户外监测点应距离反射物至少 3.5m，传声器距离地面高度至少 1.2m，必要时可置于高层建筑上，以扩大监测范围。使用监测车进行测量时，传声器应固定在车顶部 1.2m 高度处。手持声级计时，应使人体与传声器相距 0.5m 以上。

　　（2）在噪声敏感建筑物外进行测量时，传声器距墙壁或窗户 1m，距离地面高度 1.2m 以上。

　　（3）在噪声敏感建筑物室内进行测量时，传声器距墙面和其他反射面至少 1m，距窗户约 1.5m，距离地面 1.2~1.5m。

3. 测量频次和时间

　　对于城市区域声环境、城市道路交通例行监测，昼间监测每年进行 1 次，夜间监测每五年进行 1 次；对于城市功能区声环境例行监测，每年每季 1 次，各城市监测日期应相对固定。

　　测量时间根据不同的监测内容要求有所不同，具体见表 8-2。

表 8-2　监测时间

项目名称	监 测 时 间
区域环境噪声	白天上午 8：00～12：00,下午 2：00～6：00;夜间时间一般选在 22：00～5：00
道路交通噪声	白天正常工作时间内
厂界噪声	工业企业的正常生产时间内进行,分昼间和夜间两部分
功能区噪声	24h,每小时测量 20min,或 24h 全时段监测
扰民噪声	白天 6：00～22：00,夜间时间一般选在 22：00～6：00
建筑施工厂界噪声	在各种施工机械正常运行时间内进行,分昼间和夜间两部分
机动车辆噪声	白天时间一般选在上午 8：00～12：00,下午 2：00～6：00;夜间时间一般选在 22：00～5：00

4. 测量气象条件选择

噪声监测的气象条件一般为无雨雪、无雷电天气,风力小于 4 级(风速小于 5m/s)。

5. 测量仪器

测量仪器精度为Ⅱ型及Ⅱ型以上积分平均声级计,或环境噪声自动监测仪器。仪器的示值偏差不能大于±0.5dB,测量时传声器应加防风罩。

6. 数据处理和监测报告

环境噪声监测应根据评价工作需要分别给出各种噪声的评价量:等效连续 A 声级 L_{eq}、累计百分声级 L_N、昼间等效声级 L_d、夜间等效声级 L_n 及昼夜等效声级 L_{dn} 等,并按相应公式进行处理。根据监测的有关数据和调查资料写出监测报告。

二、城市区域环境噪声监测

为了解某一类区域或整个城市的环境噪声总体水平、环境噪声污染的时间与空间分布规律,可用网格测量法进行噪声测量。

1. 布点

将要监测的城市划分为 500m×500m 的网格,网格要完全覆盖住被普查的区域或城市。每一网格中的工厂、道路及非建成区的面积之和不得大于网格面积的 50%,否则视该网格无效。若城市较小,可按 250m×250m 的网格划分,有效网格总数应超过 100 个。

测量点选择在每个网格的中心,若中心点的位置不易测量(如房顶、污沟、禁区等),可移到旁边能够测量的位置。

2. 测量

声级计可手持或安装在三脚架上,选用 A 计权,仪器的时间计权特性为"快"响应,采样时间间隔不大于 1s。在规定时间内每个测点测量 10min,昼间和夜间分别测量,测量的同时要判断测点附近的主要噪声源(如交通噪声、工厂噪声、施工噪声、生活噪声或其他噪声源等),并记录周围的声学环境。

3. 评价方法

(1) 数据平均法　将全部网格中心测点测得的连续等效 A 声级作算术平均运算,所得到的算术平均值就代表某一区域或全市的环境噪声总体水平。

$$\bar{S} = \frac{1}{n}\sum_{i=1}^{n} L_i \tag{8-17}$$

式中　$\bar{S}$——城市区域昼间平均等效声级($\bar{S}_d$)或夜间平均等效声级($\bar{S}_n$),dB(A);

L_i——第 i 个网格测得的等效声级,dB(A);

n——有效网格总数。

城市区域环境噪声总体水平按表 8-3 进行评价。

表 8-3　城市区域环境噪声总体水平等级

等级	一级	二级	三级	四级	五级
昼间平均等效声级 $\overline{S}_d$/dB(A)	≤50.0	50.1～55.0	55.1～60.0	60.1～65.0	＞65.0
夜间平均等效声级 $\overline{S}_n$/dB(A)	≤40.0	40.1～45.0	45.1～50.0	50.1～55.0	＞55.0
评价	好	较好	一般	较差	差

（2）图示法　城市区域环境噪声的测量结果，还可用城市噪声污染图表示。为了便于绘图，将全市各测点的测量结果以 5dB 为一等级，划分为若干等级（如 56～60、61～65、66～70、…分别为一个等级），然后用不同的颜色或阴影线表示每一等级，绘制在城市区域的网格上，用于表示城市区域的噪声污染分布。一般以 L_{eq} 作为环境噪声评价量，来绘制噪声污染图。等级的颜色和阴影线规定见表 8-4。

表 8-4　等级的颜色和阴影线表示方式

噪声带/dB(A)	颜色	阴影线	噪声带/dB(A)	颜色	阴影线
35 以下	浅绿色	小点,低密度	61～65	朱红色	交叉线,低密度
36～40	绿色	中点,中密度	66～70	洋红色	交叉线,中密度
41～45	深绿色	大点,大密度	71～75	紫红色	交叉线,高密度
46～50	黄色	垂直线,低密度	76～80	蓝色	宽条垂直线
51～55	褐色	垂直线,中密度	81～85	深蓝色	全黑
56～60	橙色	垂直线,高密度			

三、城市交通噪声监测

1. 布点

在每两个交通路口之间的交通线上选一个测点，距任一路口的距离大于 50m。测点设在马路旁的人行道上，一般距马路边缘 20cm，这样选点的好处是该点的噪声可以代表两个路口之间的该段马路的交通噪声。

2. 测量

选用 A 计权，将声级计置于慢档，安装调试好仪器，每隔 5s 读取一个瞬时 A 声级，连续读取 200 个数据，同时记录车流量（辆/h）。

3. 评价方法

（1）数据平均法　若要对全市的交通干线的噪声进行比较和评价，必须把全市各干线测点对应的 L_{10}、L_{50}、L_{90}、L_{eq} 的各自平均值、最大值和标准偏差列出。平均值的计算公式为：

$$\overline{L} = \frac{1}{l}\sum_{i=1}^{n} L_i l_i \tag{8-18}$$

式中　$\overline{L}$——城市道路交通昼间平均等效声级（$\overline{L}_d$）或夜间平均等效声级（$\overline{L}_n$），dB（A）；

L_i——第 i 个测点测得的等效声级，dB（A）；

l_i——第 i 个测点代表的路段长度，m；

l——监测的路段总长度，m；

n——监测点的总数。

道路交通噪声平均值的强度等级按表 8-5 进行评价。

表 8-5　道路交通噪声强度等级

等级	一级	二级	三级	四级	五级
昼间平均等效声级(L_d)/dB(A)	≤68.0	68.1～70.0	70.1～72.0	72.1～74.0	＞74.0
夜间平均等效声级(L_n)/dB(A)	≤58.0	58.1～60.0	60.1～62.0	62.1～64.0	＞64.0
评价	好	较好	一般	较差	差

（2）图示法　评价量为 L_{eq} 或 L_{10}，将每个测点的 L_{eq} 或 L_{10} 按 5dB 一等级（划分方法同城市区域环境噪声），以不同颜色或不同阴影线画出每段马路的噪声值，即得到全市交通噪声污染分布图。

在城市区域环境总噪声评价中使用的是算术平均值，而在城市交通总噪声评价中使用的是加权平均值，这是交通噪声监测与区域环境噪声监测的主要区别。

四、城市功能区声环境监测

1. 功能区分类及区划

根据标准（GB/T 15190—2014）的规定，将城市声环境功能区分为 0、1、2、3、4 五种类型：0 类声环境功能区指康复疗养区等特别需要安静的区域；1 类声环境功能区指以居民住宅、医疗卫生、文化教育、科研设计、行政办公为主要功能，需要保持安静的区域；2 类声环境功能区指以商业金融、集市贸易为主要功能，或者居住、商业、工业混杂，需要维护住宅安静的区域；3 类声环境功能区指以工业生产、仓储物流为主要功能，需要防止工业噪声对周围环境产生严重影响的区域；4 类声环境功能区指交通干线两侧一定距离之内，需要防止交通噪声对周围环境产生严重影响的区域。其中 4 类包括 4a 类和 4b 类两种类型：4a 类为高速公路、一级公路、二级公路、城市快速路、城市主干路、城市次干路、城市轨道交通（地面段）、内河航道两侧区域；4b 类为铁路干线两侧区域。

区划宜首先对 0、1、3 类声环境功能区确认划分，余下区域划分为 2 类声环境功能区，在此基础上划分 4 类声环境功能区。具体区划方法见 GB/T 15190—2014 的相关规定。

2. 点位设置

将某一声环境功能区划分成多个等大的正方格，有效网格总数应大于 100 个，在每个网格中心设置一个点位。所设置的测点应能满足监测仪器测试条件；能保持长期稳定；能避开反射面和附近的固定噪声源；应兼顾行政区划分；4 类声环境功能区应选择有噪声敏感建筑物的区域。

通常情况下，特大城市至少设 20 个点位，大城市至少 15 个，中等城市至少 10 个，小城市至少 7 个。

3. 评价方法

将某一功能区昼间连续 16h 和夜间 8h 测定的等效声级分别计算昼间等效声级（L_d）和夜间等效声级（L_n），按照表 8-6 进行评价。

表 8-6　声功能区环境噪声等效声级限值

声功能区类别	0 类	1 类	2 类	3 类	4 类	
					4a 类	4b 类
昼间等效声级（$\bar{L}_d$）/dB(A)	50	55	60	65	70	70
夜间等效声级（$\bar{L}_n$）/dB(A)	40	45	50	55	55	60

五、工业企业噪声监测

1. 布点

测量工业企业外环境噪声，应在工业企业边界线外 1m、高度 1.2m 以上的噪声敏感处进行。围绕厂界布点，布点数目及时间间距视实际情况而定，一般根据初测结果中，声级每涨落 3dB 布一个测点。如边界模糊，以城建部门划定的建筑红线为准。如与居民住宅毗邻，应取该室内中心点的测量数据为准，此时标准值应比室外标准值低 10dB(A)。如边界设有围墙、房屋等建筑物，应避免建筑物的屏障作用对测量的影响。

测量车间内噪声时，若车间内部各点声级分布变化小于 3dB，只需要在车间选择 1～3 个测点；若声级分布差异大于 3dB，则应按声级大小将车间分成若干区域，使每个区域内的声级差异小于 3dB，相邻两个区域的声级差异应大于或等于 3dB，并在每个区选取 1～3 个测点。这些区域必须包括所有工人观察和管理生产过程而经常工作活动的地点和范围。

2. 测量

测量应在工业企业的正常生产时间内进行，分昼间和夜间两部分。传声器应置于工作人员的耳朵附近，测量时工作人员应从岗位上暂时离开，以避免声波在工作人员头部引起的散射声使测量产生误差，必要时适当增加测量次数。计权特性选择 A 声级，动态特性选择慢响应。稳态噪声只测量 A 声级。非稳态噪声则在足够长时间内（能代表 8h 内起伏状况的部分时间）测量，若声级涨落在 3～10dB 范围，每隔 5s 连续读取 100 个数据；若声级涨落在 10dB 以上，则连续读取 200 个数据。

习 题

1. 填空题

(1) 测定某路段的交通噪声得到 200 个符合正态分布的数据，将其由大到小排列，第 10、20、50、90、100、180 个数据分别为 85dB、80dB、70dB、64dB、55dB、50dB，则等效连续 A 声级约为_____。

(2) 在户外进行噪声测量时，传声器至少要离开人体_____ m，应距地面_____ m。

(3)《声环境质量标准》（GB 3096—2008）规定，用于噪声测量的仪器的精密度至少为_____ dB。

(4) 交通噪声测量点，一般应离马路边缘_____。

(5) 在某车间的代表点测定噪声，结果如下表：

时间	9:00～10:00	10:00～12:00	12:00～13:00	13:00～15:00	15:00～17:00
噪声水平/dB	80	85	65	90	85

则 8h 等效声级水平是_____ dB。

2. 三个声音各自在空间某点的声压级为 70dB、75dB、65dB，求该点的总声压级。

3. 某发动机房工人一个工作日暴露于 A 声级 92dB 噪声中 4h，98dB 噪声中 24min，其余时间均在噪声为 75dB 的环境中。试求该工人一个工作日所受噪声的等效连续 A 声级。

4. 为考核某车间内 8h 的等效连续 A 声级，8h 中按等时间间隔测量车间内噪声的 A 计权声级，共测试得到 96 个数据。经统计，A 声级在 85dB 段（包括 83～87dB）的共 12 次，在 90dB 段（包括 88～92dB）的共 12 次，在 95dB 段（包括 93～97dB）的共 48 次，在 100dB 段（包括 98～102dB）的共 24 次。试求该车间的等效连续 A 声级。

5. 甲地区昼间的等效 A 声级为 65dB，夜间为 45dB；乙地区昼间的等效 A 声级为 60dB，夜间为 50dB。问哪一地区的环境噪声对人们的影响更大？

6. 在铁路旁某处测得，货车通过的 3min 内的平均声压级为 75dB，客车通过的 2min 内的平均声压级为 70dB，无车通过时的环境噪声约为 60dB。若该处昼间有 20 列货车和 60 列客车通过，试计算该处昼间的等效连续声级。

7. 测定某学校校园内昼间小时等效声级分别为 50dB、52dB、55dB、58dB、60dB、55dB、53dB、51dB、55dB、56dB、55dB、50dB、54dB、56dB、57dB、50dB。试计算昼间等效声级，并评价该学校校园内昼间的声环境质量。

8. 测定某城市夜间道路交通噪声，共监测 4 条道路，第一条道路设置 5 个点，每个点代表路段的平均长度为 500m，5 个测点的等效声级分别为 58dB、60dB、63dB、61dB、62dB；第二条道路设置 4 个点，每个点代表路段的平均长度为 300m，4 个测点的等效声级分别为 59dB、60dB、61dB、62dB；第三条道路设置 3 个点，每个点代表路段的平均长度为 300m，3 个测点的等效声级分别为 55dB、57dB、60dB；第四条道路设置 2 个点，每个点代表路段的平均长度为 200m，2 个测点的等效声级分别为 50dB、55dB。试计算该城市道路交通夜间平均等效声级，并评价该城市夜间的道路交通声环境质量。

第九章 辐射环境监测

辐射（radiation）分为电离辐射和非电离辐射。电离辐射（ionizing radiation）是指能够通过初级或次级过程引起电离事件的带电粒子或不带电粒子，如 α 粒子、β 粒子、γ 射线等。非电离辐射（non-ionizing radiation）是指那些能量低而不能引起电离事件的光和电磁波。本书所讲的辐射是指电离辐射。

在人类生存的环境中，由于自然或人为原因，存在着电离辐射。随着原子能工业的迅速发展，排放放射性废物量不断增加，核爆炸试验和核事故屡有发生，放射性物质在国防、医疗、科研和民用等领域的应用不断扩大，有可能使环境中的辐射水平高于天然本底值，甚至超过标准规定的剂量限值，危害人体健康，破坏生物的正常生长。因此，对空气、水体、岩石和土壤等环境要素进行辐射性监测，是环境保护工作的重要内容。

第一节 概 述

一、基本概念

1. 核衰变

核衰变（nuclear decay）是指原子核自发释放出某种粒子而从一种结构或一种能量状态转变为另一种核或另一种能量状态的过程，分为 α 衰变、β 衰变和 γ 衰变。

α 衰变是不稳定重核自发放出 α 粒子（即 $_2^4$He 核）的过程。α 粒子的质量大，速度小，使受辐射物质的原子、分子发生电离或激发，但穿透能力小，只能穿过皮肤的角质层。

β 衰变是放射性核素放射 β 粒子（即快速电子）的过程，它是原子核内质子和中子发生互变的结果。β 射线的速度比 α 射线高 10 倍以上，其穿透能力较强，在空气中能穿透几米至几十米才被吸收完，可以灼伤皮肤，与物质作用时可使其原子电离。

γ 衰变是原子核从较高能级跃迁到较低能级或基态时所放射的电磁辐射。这种跃迁不影响原子核的原子序数和原子质量，所以称为同质异能跃迁。γ 射线的穿透能力极强，与物质作用时产生光电效应、康普顿效应、电子对生成效应等。

2. 半衰期

当放射性核素因衰变而减少到原来的一半时所需的时间称为半衰期。衰变常数（λ）与半衰期（$T_{1/2}$）有如下关系：

$$T_{1/2} = \frac{0.693}{\lambda} \tag{9-1}$$

半衰期是放射性核素的基本特性之一，不同核素的半衰期不同，如 $_{84}^{212}$Po 的半衰期只有 3.0×10^{-7} s，而 $_{92}^{238}$U 的半衰期可达 4.5×10^9 年。因为放射性核素每一个核的衰变并非同时发生，而是有先有后，所以对一些半衰期长的核素，一旦发生核污染，要通过衰变使其自行消失，就需要很长的时间。

3. 放射性活度

放射性活度是指单位时间内发生核衰变的数目，可用式（9-2）表示：

$$A = \frac{dN}{dt} = \lambda N \tag{9-2}$$

式中　A——放射性活度，Bq（$1Bq = 1s^{-1}$）；

　　dN——在 d_t 时间内衰变的原子数；

　　dt——时间，s；

　　λ——衰变常数，表示放射性核素在单位时间内的衰变概率，s^{-1}。

4. 照射量

照射量被定义为：

$$X = \frac{dQ}{dm} \tag{9-3}$$

式中　dQ——γ 射线或 X 射线在空气中完全被阻止时，引起质量为 dm 的某一体积元的空气电离所产生的带电粒子的总电量值，C；

　　X——照射量，C/kg。

5. 吸收剂量

吸收剂量是用于表示在电离辐射与物质发生相互作用时单位质量的物质吸收电离辐射能量大小的物理量，定义为：

$$D = \frac{d\bar{E}_D}{dm} \tag{9-4}$$

式中　D——吸收剂量，J/kg；

　　$d\bar{E}_D$——电离辐射给予质量为 dm 的物质的平均能量，J。

二、辐射源

1. 天然辐射源

天然辐射源是指天然存在的电离辐射源，主要来源于宇宙辐射、宇生放射性核素及原生放射性核素。它们产生的辐射称为天然本底辐射，是判断环境是否受到放射性污染的基准。

（1）宇宙辐射　宇宙辐射是一种从宇宙空间射到地面的射线，由初级宇宙射线和次级宇宙射线组成。初级宇宙射线指从宇宙空间射到地球大气层的高能辐射，主要成分为质子（83%～89%）、α 粒子（10%～15%）及原子序数 $\geqslant 3$ 的轻核和高能电子（1%～2%），这种射线能量很高，可达 10^{20} MeV 以上。次级宇宙射线是初级宇宙射线进入大气层后与空气中的原子核相互碰撞，引起核反应并产生一系列其他粒子，通过这些粒子自身转变或进一步与周围物质发生作用，就形成次级宇宙射线。

（2）宇生放射性核素　由宇宙射线与大气层、土壤、水中的核素发生反应产生的放射性核素有 20 余种。天然存在的 ^{14}C 是宇宙射线中的中子与天然存在的 ^{14}N 作用而产生的核反应产物。

（3）原生放射性核素　多数天然放射性核素在地球起源时就存在于地壳之中，经过天长日久的地质年代，母体和子体之间已达到放射性平衡，从而建立了放射性核素的系列。这种系列有三个，即铀系，其母体是 ^{238}U；锕系，其母体是 ^{235}U；钍系，其母体是 ^{232}Th。这些母体具有很长的半衰期，每一系列中都含有放射性气体氡核素，且末端都是稳定的铅核素。

自然界中单独存在的核素约有 20 种，其特点是具有极长的半衰期，其中最长的为 ^{209}Bi（$T_{1/2} > 2 \times 10^{18}$ 年），而最短的是 ^{40}K（$T_{1/2} > 1.26 \times 10^9$ 年）。它们的另一个特点是强度极弱，只有采用极灵敏的检测技术才能发现。

2. 人为辐射源

引起环境辐射污染的主要来源是生产和使用放射性物质的单位所排放的放射性废物，以及核武器爆炸、核事故等产生的放射性物质。

（1）核设施　具有规模生产、加工、利用、操作、贮存和处理放射性物质的设施，如铀加工、富集设施，核燃料制造厂，核反应堆，核动力厂，核燃料贮存设施和核燃料后处理厂等。

（2）射线装置　安装有粒子加速器、X射线机及大型放射源并能产生高强度辐射场的构筑物。

（3）放射性同位素的应用　工农业、医学、科研等部门使用放射性核素日益广泛，其排放废物也是主要的人为污染源之一。例如，医学检查、使用^{60}Co照射治疗癌症，用^{131}I治疗甲状腺功能亢进等；发光钟表工业应用放射性同位素作长期的光激发源；农业生产上利用辐射育种和辐射食品保藏等；科研部门利用放射性同位素进行示踪试验等。

（4）伴生放射性的开采与利用　在稀土金属和其他伴生金属矿开采、提炼过程中，其"三废"排放物中含有铀、钍、氡等放射性核素，将造成所在局部地区的污染。

另外，核试验及航天事故包括大气层核试验、地下核爆炸冒顶事故及核事故等，将会有大量放射性物质泄漏到环境中去，对环境造成严重的污染。

三、辐射的危害

放射性物质可通过呼吸道、消化道、皮肤等进入人体并在人的体内蓄积，引起内辐射。γ射线可以穿透一定距离而造成外辐射伤害。放射性物质对人体的危害主要是辐射损伤。辐射引起的电子激发作用和电离作用使机体分子不稳定和破坏，导致蛋白质分子键断裂和畸变，对新陈代谢有非常重要作用的酶会遭到破坏。因此，辐射不仅可以扰乱和破坏机体细胞、组织的正常代谢活动，而且可以直接破坏细胞和组织的结构，对人体产生躯体损伤效应（如白血病、恶性肿瘤、生育力降低、寿命缩短等）和遗传损伤效应（如先天畸形等）。

四、辐射监测的分类

辐射监测是指为了评估和控制辐射或放射性物质的照射，对放射性污染物的含量或剂量进行的测量，及对测量结果的分析和解释。

（1）按监测对象分类　可分为辐射源监测、个人剂量监测和辐射环境监测。辐射源监测是指对辐射源强度、半衰期、射线种类及能量等项目的测定；个人剂量监测是指对放射性专业工作人员或公众体中放射性物质含量、放射性强度、空间照射量或电离辐射剂量的监测；辐射环境监测包括内环境监测和外环境监测，内环境监测是指对辐射源所在场所内部工作区域所进行的监测，而外环境监测是指对辐射源所在场所的边界以外环境，包括空气、水体、土壤、生物、固体废物等进行的监测。

（2）按主要测定的放射性核素的类别分类　可分为α放射性核素监测和β放射性核素监测。α放射性核素包括^{239}Pu、^{226}Ra、^{224}Ra、^{222}Rn、^{210}Po、^{232}Th、^{234}U和^{235}U；β放射性核素包括^{3}H、^{90}Sr、^{89}Sr、^{134}Cs、^{137}Cs、^{131}I和^{60}Co。这些核素在环境中出现的可能性较大，其毒性也较大。

（3）按监测的方式分类　可分为定期监测和连续监测。定期监测的一般步骤是采样、样品预处理、样品总放射性或放射性核素的测定；连续监测是在现场安装放射性自动监测仪器，实现采样、预处理和测定自动化。

第二节　辐射环境监测方案的制订

一、辐射环境质量监测的目的和原则

1. 辐射环境质量监测的目的

辐射环境质量监测的目的是：积累环境辐射水平数据；总结环境辐射水平变化规律；判

断环境中放射性污染物及来源；报告辐射环境质量状况。

2. 辐射环境质量监测的原则

辐射环境质量监测的内容要根据监测对象的类型、规模、环境特征等因素的不同而变化。在进行辐射环境质量监测方案设计时，应根据辐射防护最优化原则进行优化设计，随着时间的推移和经验的积累，可进行相应的改进。

二、辐射环境质量监测的对象和内容

辐射环境质量监测的对象主要有陆地、空气、水体、底泥、土壤、生物等，具体内容见表 9-1。

表 9-1　辐射环境质量监测的对象和内容

监测对象		监 测 内 容
陆地		γ 辐射剂量
空气	气溶胶	悬浮在空气中微粒态固体或液体中的放射性核素浓度
	沉降物	自然降落在地面上的颗粒物、降水中的放射性核素的含量
	水蒸气	空气中氚化水蒸气中氚的浓度
水体	地表水	江、河、湖、库中的放射性核素浓度
	地下水	地下水中的放射性核素浓度
	饮用水	自来水、井水及其他饮用水中的放射性核素浓度
	海水	近海海域的放射性核素浓度
底泥		江、河、湖、库及近海海域沉积物中的放射性核素浓度
土壤		土壤中放射性核素的含量
生物	陆生生物	谷物、蔬菜、牛（羊）奶、牧草中的放射性核素浓度
	水生生物	淡水和海水的鱼类、藻类及其他水生生物体内的放射性核素浓度

三、辐射环境质量监测的项目和频次

辐射环境质量监测的项目和频次见表 9-2。

表 9-2　辐射环境质量监测的项目和频次

监测对象	监 测 项 目	监 测 频 次
陆地 γ 辐射	γ 辐射空气吸收剂量率	连续监测或每月一次
	γ 辐射累积剂量	每季一次
氚	氚化水蒸气	每季一次
气溶胶	总 α、总 β、γ 能谱分析	每季一次
沉降物	γ 能谱分析	每季一次
降水	^{3}H、^{210}Po、^{210}Pb	每年一次降雨期
水	U、Th、^{226}Ra、总 α、总 β、^{90}Sr、^{137}Cs	每半年一次
土壤和底泥	U、Th、^{226}Ra、^{90}Sr、^{137}Cs	每年一次
生物	^{90}Sr、^{137}Cs	每年一次

四、辐射环境质量监测点的布设原则

（1）陆地 γ 辐射监测点应相对固定，连续监测点可设置在空气采样点处。

（2）空气采样点要选择在周围没有树木、没有建筑物影响的开阔地或建筑物的平台上。

（3）地表水采样点应尽量选择国控点和省控点；饮用水采样点应设在自来水管的末端及使用的井水。

（4）土壤监测点应相对固定，设置在无水土流失的原野或田间。

第三节　辐射检测仪器

辐射检测仪器的种类较多，需根据监测目的、试样形态、射线类型、强度及能量等因素进行选择。辐射检测仪器的基本原理是基于射线与物质间相互作用所产生的各种效应，包括电离、发光、热效应、化学效应及能产生次级粒子的核反应等。最常用的检测器主要有电离型检测器、闪烁检测器和半导体检测器。

一、电离型检测器

电离型检测器是利用射线通过气体介质时，使气体发生电离的原理制成的，主要有电流电离室、正比计数管和盖革计数管（GM管）三种。电流电离室是测量由于电离作用而产生的电离电流，适用于测量强放射性；正比计数管和盖革计数管则是测量出每一入射粒子引起电离作用而产生的脉冲式电压变化，从而对入射粒子逐个计数，适用于测量弱放射性。

二、闪烁检测器

闪烁检测器是利用射线与物质作用发生闪光的仪器。它具有一个受带电粒子作用后其内部原子或分子被激发而发射光子的闪烁体，当射线照在闪烁体上时，便发射出荧光光子。利用光导和反光材料等将大部分光子收集在光电倍增管的光阴极上。光子在光电倍增管的光阴极上打出光电子，经过倍增放大后在阳极上产生电压脉冲，此脉冲再经电子线路放大和处理后被记录下来。

闪烁体的材料可用硫化锌、碘化钠等无机物和萘、蒽等有机物。探测 α 粒子时，通常用硫化锌粉末；探测 γ 射线时，可选用密度大、能量转化率高、可做成体积较大且透明的碘化钠晶体；蒽等有机材料发光持续时间短，可用于高速计数和测量短寿命核素的半衰期；液体闪烁液和塑料闪烁体常用来探测高能粒子。

闪烁检测器以其高灵敏度和高计数率的优点而被用于测量 α、β、γ 辐射强度。由于它对不同能量的射线具有很高的分辨率，因此可用测量能谱的方法鉴别放射性核素。这种仪器还可以用来测量照射量和吸收剂量。

三、半导体检测器

半导体检测器的工作原理与电离型检测器相似，但其检测元件是固态半导体。当放射性粒子射入这种元件后，产生电子-空穴对，电子和空穴受外加电场的作用，分别向两极运动，并被电极所收集，从而产生脉冲电流，再经放大后，由多道分析器或计数器记录。

半导体检测器可用于测量 α、β 和 γ 辐射。与前两类检测器相比，在半导体元件中产生电子-空穴对所需能量要小得多。因此，在同样外加能量下，半导体中生成电子-空穴对数目要比闪烁探测器中生成的光电子数多近 1000 倍。

硅半导体检测器可用于 α 计数和 α 能谱、β 能谱的测定。γ 射线一般采用锗半导体作检测元件，因为它的原子序数较大，对 γ 射线吸收效果更好。在锗半导体单晶中掺入锂制成锂漂移型锗半导体元件，具有更优良的检测性能。因掺入的锂不取代晶格中原有的原子，而是夹杂其间，从而大大增大了锗的电阻率，使其在探测 γ 射线时有较大的灵敏区域。应用锂漂移型半导体元件时，因为锂在室温下容易逃逸，所以要在液氮制冷条件下工作。

第四节　样品的采集和预处理

一、样品的采集

1. 放射性沉降物的采集

沉降物包括干沉降物和湿沉降物，主要来源于大气层核爆炸所产生的放射性尘埃，还有少部分来源于人工放射性微粒。

（1）放射性干沉降物　对于放射性干沉降物，样品可用水盘法、黏纸法、高罐法采集。

水盘法是用不锈钢或聚乙烯塑料制圆形水盘采集沉降物，盘内装有适量稀酸，沉降物过少的地区酌情加数毫克硝酸锶或氯化锶载体。将水盘置于采样点暴露 24h，应始终保持盘底有水。采集的样品经浓缩、灰化等处理后，作总 β 放射性测量。

黏纸法是用涂一层黏性油（松香加蓖麻油等）的滤纸贴在圆形盘底部（涂油面向外），放在采样点暴露 24h，然后再将黏纸灰化，进行总 β 放射性测量。也可以用蘸有三氯甲烷等有机溶剂的滤纸擦拭落有沉降物的刚性固体表面（如道路、门窗、地板等），以采集沉降物。

高罐法是用一不锈钢或聚乙烯圆柱形罐暴露于空气中采集沉降物。因罐壁高，可不放水，用于长时间收集沉降物。

（2）放射性湿沉降物　湿沉降物是指随雨（雪）降落的沉降物。其采集方法除上述方法外，常用一种能同时对雨水中的核素进行浓集的采样器，如图 9-1 所示。这种采样器由一个承接漏斗和一根离子交换柱组成。交换柱上下层分别装有阳离子交换树脂和阴离子交换树脂，待收集核素被离子交换树脂吸附浓集后，再进行洗脱，收集洗脱液进一步作放射性核素分离。也可以将树脂从柱中取出，经烘干、灰化后制成干样品作总 β 放射性测量。

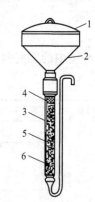

图 9-1　离子交换树脂湿沉降物采集器
1—漏斗盖；2—漏斗；3—离子交换柱；4—滤纸浆；5—阳离子交换树脂；6—阴离子交换树脂

2. 放射性气溶胶的采集

放射性气溶胶包括核爆炸产生的裂变产物，来源于人工放射性物质以及氡的衰变子体等天然放射性物质。这种样品的采集常用滤料阻留采样法，其原理与大气中颗粒物的采集相同。对于被 ^3H 污染的空气，因其在空气中的主要存在形态是氚化水蒸气（HTO），所以除吸附法外，还常用冷阱法收集空气的水蒸气体为试样。

3. 其他类型样品的采集

对于水体、土壤、生物样品的采集、制备和保存方法，与非放射性样品所用的方法类似。

二、样品的预处理

对样品进行预处理的目的是将样品处理成适于测量的状态，将样品中的待测核素转变成适于测量的形态并进行浓集，以及去除干扰核素。

常用的样品预处理方法有衰变法、有机溶剂溶解法、蒸馏法、灰化法、溶剂萃取法、离子交换法、共沉淀法和电化学法等。

1. 衰变法

取样后，将其放置一段时间，让样品中一些短寿命的核素衰变除去，然后再进行放射性测量。

2. 共沉淀法

用一般化学沉淀法分离环境样品中的放射性核素，因核素含量很低，达不到溶度积，无法沉淀而达到分离的目的。加入毫克数量级与待分离放射性核素性质相近的非放射性元素载体，由于二者之间发生同晶共沉淀或吸附共沉淀作用，从而达到分离和富集的目的。例如，用 ^{59}Co 作载体，可以与 ^{60}Co 发生同晶共沉淀。

3. 灰化法

对蒸干的水样或固体样品，可在瓷坩埚内于 500℃马弗炉中灰化，冷却后称量，再转入测量盘中铺成薄层检测其放射性。

4. 电化学法

通过电解将放射性核素沉积在阴极上，或以氢氧化物形式沉积在阳极上，这样分离出的核素纯度高。

如果将放射性核素沉积在惰性金属片电极上，可直接进行放射性测量。

第五节 环境中的辐射监测

环境中的辐射监测项目与分析方法见表 9-3。

表 9-3 环境辐射监测项目与分析方法

监测对象	测定项目	测定方法	检测限或测定范围
水	氚	闪烁谱仪	测定下限：0.5Bq/L
	钾-40	原子吸收分光光度法 火焰光度法 离子选择性电极法	测定范围：0.2～10mg/L 测定范围：0.07～20mg/L 测定范围：0.08～3900mg/L
	锶-90	发烟硝酸沉淀法 二-(2-乙基己酸)磷酸萃取色谱法	测定范围：0.1～10Bq/L 测定范围：0.01～10Bq/L
	碘-131	β 射线测量仪 γ 谱仪	测定范围：3.0×10^3Bq/L 测定下限：4.0×10^{-3}Bq/L
	铯-137	β 射线测量仪	测定范围：0.01～10Bq/L
	钋-210	电化学制样法	
	微量铀	固体荧光法 激光液体荧光法 分光光度法	测定范围：0.05～100μg/L 测定范围：0.02～20μg/L 测定范围：2～100μg/L
	钍	分光光度法	测定范围：0.01～0.5μg/L
	镭-226	闪烁法	测定范围：$2.0\times10^{-3}\sim3.0\times10^3$Bq/L
	镭的 α 放射活性核素	α 探测仪	测定下限：8.0×10^{-3}Bq/L
	钚 α 放射性活度	α 探测仪	测定下限：1.0×10^{-5}Bq/L
空气	环境空气中的氡	两步法	
	微量铀	TBP 萃取荧光法	测定范围：$6.7\times10^{-4}\sim1.3μg/m^3$
土壤	铀	分光光度法	1.5×10^{-2}Bq/kg
	钚 α 放射性活度	离子交换法	
生物	锶-90 放射性活度	离子交换法,β 射线测量仪	测定范围：0.1～10Bq/L
	碘-131	β 射线测量仪 γ 谱仪	植物 0.17Bq/kg,动物 6×10^{-3}Bq/kg 植物 0.01Bq/kg,动物 8×10^{-3}Bq/kg
	牛奶中碘-131	β 射线测量仪 γ 谱仪	测量下限：7×10^{-3}Bq/kg 测量下限：1×10^{-2}Bq/kg
	铯-137 放射性活度	β 射线测量仪	测定范围：0.1～10Bq/L
	铀	固体荧光法 激光液体荧光法	测定范围：5～5000μg/L 测定范围：$2.5\times10^{-2}\sim250$mg/L

一、室内环境空气中氡的测定

1. 测定原理

使用采样泵或自由扩散方法将待测空气中的氡抽入或扩散进入测量室，通过直接测量所收集氡产生的子体产物或经静电吸附浓集后的子体产物的 α 放射性，推算出待测空气中的氡浓度。

2．测定方法

（1）活性炭盒法　活性炭盒法属于被动式采样，能测量出采样期间内的平均氡浓度，暴露 3d，探测下限可达到 $6Bq/m^3$。采样盒用塑料或金属制成，直径为 6～10cm，高为 3～5cm，内装 25～100g 活性炭。盒的敞开面用滤膜封住，固定活性炭且允许氡进入采样器，如图 9-2 所示。

空气扩散进炭床内，其中的氡被活性炭吸附，同时衰变，新生的子体便沉积在活性炭内。用 γ 谱仪测量活性炭盒的氡子体特征 γ 射线峰（或峰群）强度。根据特征峰面积可计算出氡的浓度。

（2）径迹蚀刻法　该法也属于被动式采样，能测量采样期间内氡的累积浓度，暴露 20d，其探测下限可达 $2.1×10^3Bq·h/m^3$。探测器是聚碳酸酯片或 CR-39，置于一定形状的采样盒内组成采样器，如图 9-3 所示。

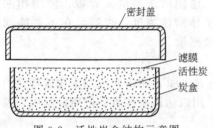

图 9-2　活性炭盒结构示意图

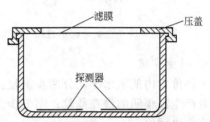

图 9-3　径迹蚀刻法采样器示意图

氡及其子体发射的 α 粒子轰击探测器时，使其产生亚微观型损伤径迹。将此探测器在一定条件下进行化学或电化学蚀刻，扩大损伤径迹，以致能用显微镜或自动计数装置进行计数。单位面积上的径迹数与氡浓度和暴露时间的乘积成正比。用刻度系数可将径迹密度换算成氡的浓度。

（3）双滤膜法　该法属于主动式采样，能测量采样瞬间的氡浓度，探测下限为 3.3Bq/m^3。采样装置如图 9-4 所示。抽气泵开动后含氡样气经过滤膜进入衰变筒，被滤掉子体的纯氡在通过衰变筒的过程中生成新子体，新子体的一部分为出口滤膜所收集。测量出口滤膜上的 α 放射性就可换算出氡浓度。

（4）闪烁瓶测量法　将待测点的空气吸入已抽成真空态的闪烁瓶内（如图 9-5 所示）。闪烁瓶密封避光 3h，待氡及其短寿命子体平衡后测量 ^{222}Rn、^{210}Po 衰变时放射出的 α 粒子。它们入射到闪烁瓶的 ZnS(Ag) 涂层，使 ZnS(Ag) 发光，经光电倍增管收集并转变成电脉冲，通过脉冲放大，被定标计数线路记录。在确定时间内脉冲数与所收集空气中氡的浓度成正比，根据刻度源测得的净计数率-氡浓度刻度曲线，可由所测脉冲计数率得到待测空气中的氡浓度。

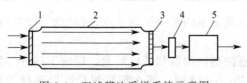

图 9-4　双滤膜法采样系统示意图

1—入口膜；2—衰变筒；3—出口膜；

4—流量计；5—抽气泵

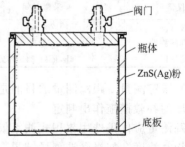

图 9-5　闪烁瓶示意图

刻度装置包括氡室和玻璃刻度系统。氡室（radon chamber）是一种用于刻度氡及其短寿命子体探测器的大型标准装置。主要由氡发生器、温湿度控制仪和氡及其子体监测仪等设备组成。玻璃刻度系统主要由刻度源（^{226}Ra 标准源）、气瓶、闪烁瓶、流量计、压力计和真空泵等组成，如图 9-6 所示。处于真空状态的闪烁瓶与系统连接好，按规定顺序打开各阀门，用无氡气体把扩散瓶内累积的已知浓度的氡气体吹入闪烁瓶内。在确定的测量条件下，避光 3h，进行计数测量。

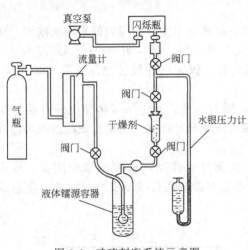

图 9-6　玻璃刻度系统示意图

（5）氡连续测量仪测定法　由泵主动采样，滤膜收集氡及子体，采用半导体探测器测量 α 辐射，二道能谱法测量 α 计数，使用扣除算法计算氡子体潜能浓度，仪器可在不更换滤膜情况下连续测量。

3. 测量步骤

为评价室内的氡水平，分两步测量：第一步为筛选测量，用以快速判定建筑物是否对其居住者产生高辐照的潜在危险；第二步为跟踪测量，用以估计居住者的健康危险度以及对治理措施作出评价。

（1）筛选测量　筛选测量用以快速判定建筑物内是否含有高浓度氡气，以确定是否需要或采取哪类跟踪测量。

① 点位的选择　筛选测量应在氡浓度估计最高和最稳定的房间或区域内进行。选择原则是：测量应当在最靠近房屋底层的经常使用的房间进行，包括家庭住房、起居室、书房、娱乐室、卧室等；不能选择在厨房和洗澡间测量，因为厨房排风扇产生的通风会影响测量结果；测量应避开采暖、通风、空调系统的通风口、火炉以及门窗等能引起空气流通的地方，还应避开阳光直晒和高潮湿地区；测量位置应距离门、窗 1m 以上，距离墙面 0.5m 以上；测量仪应放置在离地面至少 0.5m，但不得高于 1.5m，并且距离其他物体 10cm 以上的位置。

② 筛选测量的采样时间和测量结果　在关闭门窗 12h 后，按表 9-4 中筛选测量的采样时间要求进行测量。如果筛选测量结果小于或等于 400Bq/m³，不需要跟踪测量；如果筛选测量结果在 400Bq/m³ 以上，则应进行跟踪测量，可以是短期测量，也可以是长期测量。

表 9-4　筛选测量的采样时间

仪器	采样时间	仪器	采样时间
活性炭盒	2～7d	双滤膜法测氡仪	至少 6h，最好 24h 或更长
径迹蚀刻探测器	3 个月	闪烁瓶法测氡仪	1min（代表性较差）
氡连续测量仪	至少 6h，最好 24h 或更长		

（2）跟踪测量　跟踪测量的目的是要更准确地测量氡的长期平均浓度，以便就其危害和需要采取的补救措施作出判定。

跟踪测量应优先选用累积式测氡仪，例如径迹蚀刻探测器和活性炭盒，以便于估计房间的年平均氡浓度。如果筛选测量结果在 400～800Bq/m³ 之间，那么跟踪测量可以选择短期测量（24h～90d）或者长期测量（90d 以上）。如果筛选测量结果大于 800Bq/m³，可进行短期跟踪测量。

二、水样的总 α、总 β 放射性活度的测定

水体中常见的辐射 α 粒子的核素有 ^{226}Ra、^{222}Rn 及其衰变产物等。目前公认的水样总 α 放射性安全浓度是 0.1Bq/L，当大于此值时，就应对放射 α 粒子的核素进行鉴定和测量，确定主要的放射性核素，判断水质污染情况。

测定时，取一定体积水样，过滤除去固体物质，滤液加硫酸酸化，蒸发至干，在温度不超过 350℃ 下灰化。将灰化后的样品移入测量盘中并铺成均匀薄层，用闪烁检测器测量。在测量样品之前，先测量空测量盘的本底值和已知活度的标准样品。测定标准样品的目的是确定探测器的计数效率，以计算样品源的相对放射性活度，即比放射性活度。标准源最好是待测核素，并且二者强度相差不大。如果没有相同核素的标准源，可选用放射 α 粒子而能量相近的其他核素，如硝酸铀酰。水样的总 α 比放射性活度（Q）用式(9-5)计算。

$$Q = \frac{n_c - n_b}{n_s V} \qquad (9-5)$$

式中　Q——比放射性活度，Bq(铀)/L；

　　　n_c——用闪烁检测器测量水样得到的计数率，计数/min；

　　　n_b——空测量盘的本底计数率，计数/min；

　　　n_s——根据标准源的活度计数率计算出的检测器的计数率，计数/(Bq·min)；

　　　V——所取水样的体积，L。

水样中的 β 射线来自 ^{40}K、^{90}Sr、^{129}I 等核素的衰变，目前公认的安全水平为 1Bq/L。^{40}K 标准源可用天然钾的化合物（如氯化钾或碳酸钾）制备。用氯化钾制备标准源的方法为：取经研细过筛的分析纯氯化钾试剂于 120～130℃ 烘干 2h，置于干燥器内冷却。准确称取与样品源同样质量的氯化钾标准源，在测量盘中铺成中等厚度层，用计数管测定。

三、土壤中总 α、总 β 放射性活度的测定

在采样点选定的范围内，沿直线每隔一定距离采集一份土壤样品，共采集 4～5 份。采样时用取样器或小刀取 10cm×10cm、深 1cm 的表土，除去土壤中的石块、草类等杂物，在实验室内晾干，移至干净的平板上压碎，铺成 1～2cm 厚方块，用四分法反复缩分，至剩余 200～300g 土样，再在 500℃ 灼烧，冷却后研细、过筛备用。

称取适量制备好的土样放于测量盘中，铺成均匀的样品层，用相应的探测器分别测量 α、β 比放射性活度。α、β 比放射性活度分别用式(9-6)和式(9-7)计算。

$$Q = \frac{(n_c - n_b) \times 10^6}{60 n_s SLF} \qquad (9-6)$$

式中　Q——α 比放射性活度，Bq/kg；

　　　n_c——样品的 α 放射性总计数率，计数/min；

　　　n_b——空测量盘的本底计数率，计数/min；

　　　n_s——检测器的计数率，计数/(Bq·min)；

　　　S——样品的面积，cm^2。

　　　L——单位面积样品的质量，mg/cm^2；

　　　F——自吸校正因子，对较厚的样品一般取 0.5。

$$Q = \frac{n_c}{n_s} \times 1.48 \times 10^4 \qquad (9-7)$$

式中　Q——β 比放射性活度，Bq/kg；

　　　n_c——样品的 β 放射性总计数率，计数/min；

　　　n_s——氯化钾标准源的计数率，计数/(Bq·min)；

1.48×10^4——1kg 氯化钾所含 ^{40}K 的 β 放射性。

四、水和土壤样品中钚的测定

水样中钚的测定采用萃取色层法，土壤样品中钚的测定采用萃取色层法和离子交换法。

1. 萃取色层法

经过预处理的样品制备成 6～8mol/L 的 HNO_3 样品溶液，经过还原、氧化调节钚的价态后，使钚以 Pu$(NO_3)_5^-$ 或 Pu$(NO_3)_6^{2-}$ 阴离子形式存在于溶液中，用三正辛胺-聚三氟氯乙烯色层粉萃取色层吸附钚，用盐酸和硝酸淋洗纯化后，用草酸-硝酸混合溶液解吸，在低酸度条件下进行电沉积制源，最后用低本底 α 谱仪测定钚的活度。

2. 离子交换法

经过预处理的样品制备成 7～8mol/L 的 HNO_3 样品溶液，用强碱性阴离子交换树脂进行分离，用盐酸和硝酸淋洗纯化后，用盐酸-氢氟酸混合溶液解吸，在硝酸-硝酸铵溶液中采用电沉积法制备源，用低本底 α 谱仪测定钚的活度。

五、水中钋-210 的测定

水样采集后用浓盐酸酸化（pH＜2），过滤。在 5.0L 水样中加入 1mL0.1Bq/mL ^{209}Po 标准溶液（示踪剂），并用高锰酸钾溶液（2%）将水样氧化成淡紫红色。加入 5.0mL 三氯化铁溶液，加热至 60℃，滴加氨水至溶液 pH 为 9.2，通过生成的氢氧化铁吸附水中的 ^{210}Po 和 ^{209}Po，沉淀用 1mol/L 盐酸溶解后，加入抗坏血酸和盐酸羟胺溶液还原三价铁。在盐酸体系中使 ^{210}Po 和 ^{209}Po 自沉积到纯银片上，用 α 能谱仪测量，根据 ^{210}Po 和 ^{209}Po 计数，计算出水中 ^{210}Po 活度浓度。

习　　题

1. 判断题（正确的打"√"，错误的打"×"）

(1) 单位质量的某种物质的放射性活度被定义为比活度。（　　　）

(2) 半衰期是指单一的放射性衰变过程中，放射性活度降至其原有值一半时所需的时间。（　　　）

(3) 半衰期是指单一的放射性衰变过程中，放射性强度降至其原有值一半时所需的时间。（　　　）

(4) 天然存在的 ^{14}C 属于宇生放射性核素。（　　　）

(5) 闪烁检测器可以用于测量 α、β、γ 辐射强度。（　　　）

2. 填空题

(1) 辐射环境监测包括内环境监测和外环境监测，内环境监测是指对_____所在场所内部工作区域所进行的监测，而外环境监测是指对_____所在场所的边界以外环境进行的监测。

(2) 最常用的辐射检测器主要有_____、_____和_____。

(3) 为了使 ^{60}Co 沉淀出来，可以加入 ^{59}Co 作载体，使其与 ^{60}Co 生成同晶共沉淀，这种预处理方法称为_____。

(4) 室内环境空气中氡的测定方法有_____、_____、_____、_____和氡连续测量仪测定法。

(5) 测定水和土壤样品中钚时，样品处理后采用_____方法制备源。测定水中 ^{210}Po 时，样品处理后采用_____方法制备源。

第十章　突发环境事件应急监测

突发环境事件应急监测是一种特定目的的监测，要求监测人员在第一时间到达事故现场，用小型便携、快速检测仪器或装置，在尽可能短的时间内判断和测定污染物的种类、污染物的浓度、污染范围、扩散速度及危害程度，为决策部门提供科学依据。应急监测是事故应急处置、善后处理的技术支持，为正确决策赢得宝贵时间，在有效控制污染范围、缩短事故持续时间、减小事故损失等方面起着重要作用。

第一节　概　　述

一、突发环境事件

突发环境事件是指由于污染物排放或自然灾害、生产安全事故等因素，导致污染物或放射性物质进入大气、水体、土壤等环境介质，突然造成或可能造成环境质量下降，危及公众身体健康和财产安全，或造成生态环境破坏，或造成重大社会影响，需要采取紧急措施予以应对的事件，主要包括大气污染、水体污染、土壤污染等突发性环境污染事件和辐射污染事件。

1. 突发环境事件的类别和级别

（1）突发环境事件的类别　按照事件的起因分类，将突发环境事件的形成分为两种情况：一种是不可抗力造成的，包括在"自然灾害"类中；另一种是人为原因造成的，涵盖在"事故灾难"中。目前，我国突发环境事件诱发原因主要集中在安全生产事故、交通事故、违法排污及自然灾害四个方面。

根据突发环境事件发生后的污染介质不同，将我国突发环境事件分为突发水环境污染事件、突发大气污染事件、突发土壤环境事件等。

根据污染物类型不同，可将我国突发环境事件分为有机污染事件、无机污染事件、重金属污染事件及其他污染事件等。

（2）突发环境事件的级别　《国家突发环境事件应急预案》规定了突发环境事件分级标准。按照突发事件严重性和紧急程度，将突发环境事件分为Ⅰ级、Ⅱ级、Ⅲ级和Ⅳ级四个级别。

Ⅰ级是指特别重大突发环境事件，Ⅱ级是指重大突发环境事件，Ⅲ级是指较大突发环境事件，Ⅳ级为一般突发环境事件。

2. 突发环境事件的特征及危害

（1）突发环境事件的特征　突发环境事件发生后，在瞬时或短时间内排放有毒、有害污染物质，致使地表水、地下水、大气和土壤环境受到严重的污染和破坏，其发生的时间、规模、态势和影响深度，往往出乎人们的意料之外，表现出突然性、多样性、危害的严重性和处理处置的艰巨性等特征。

突然性是突发环境事件最显著的特点，突发环境事件发生后，没有固定的排放方式和排放途径，具有很强的偶然性和意外性，一般不可预测。例如易燃易爆的有毒化学品在生产过程中的泄漏、运输过程中由于交通事故所造成的危险化品的泄漏、危险化学品在存储过程中的泄漏、剧毒危险物质在生产和使用过程中的非常态泄漏等。

突发环境事件具有种类上的多样性，仅从起因上就可以分为安全生产事故引发的环境事件、交通事故引发的环境事件、企业排污引发的环境事件以及自然因素引发的环境事件等。

突发性事件往往在极短时间内泄漏大量有毒物或发生严重爆炸，短期内难以控制，破坏性大，损失严重。

突发环境污染事件的处理难度高，各种信息需要及时进行收集并分析，同时要求在信息不充分的情况下，应急指挥人员快速决策，在实际应急处置中，需要多方面的配合，难度较大。

（2）突发环境事件的危害　突发环境事件发生后，往往会造成大量人员伤亡和重大的经济损失，还会造成社会恐慌、局部地区生态严重破坏等。由于突发性污染事故概率很小、发生突然、污染物扩散迅速，使环境监测、处理处置非常困难，故成为环境监测研究中的重点。

二、应急监测的特点和原则

1. 应急监测的特点

应急监测是判断污染事件影响程度的依据，它不同于日常的监测，其特点表现为：
①时间短，污染过程不可重复，事前无计划；
②耗费人力、物力；
③污染物和排放方式不同，监测项目、频率也不同。

2. 应急监测的原则

①事前有预防，有预案；
②事后就近监测、跟踪监测，监测站与监测中心互相配合，固定监测与移动监测互为补充；
③做好人员培训、仪器设备装备和技术的储备。

三、应急监测的任务和要求

1. 应急监测的任务

采用快捷、有效的应急监测布控技术，迅速、准确地查明污染的来源、种类、成分、范围以及污染发展的趋势，及时、准确地为决策部门采取应急处理措施提供正确的信息和依据。

2. 应急监测的要求

监测站相关人员接到突发性污染事故通知后，记录事件的地点和情况，立即通知监测站领导。监测站安排车量，集中监测人员，并准备监测仪器。监测人员携带必要的简易快速检测器材及安全防护装备尽快赶赴现场。根据现场的具体情况立即进行布点采样，利用便携式监测仪器鉴定污染物的种类，并给出定量或半定量的监测结果。对于现场无法鉴定或测定的项目应立即将样品送到实验室进行分析。根据监测结果，确定污染程度和可能污染的范围，及时上报有关部门。

四、应急监测项目的确定

突发环境事件由于其发生的突然性、形式的多样性、成分复杂性决定了应急监测项目往往一时难以确定，此时应通过多种途径尽快确定主要污染物和监测项目。

1. 已知污染物的突发环境事件监测项目的确定

根据已知污染物确定主要监测项目。同时应考虑该污染物在环境中可能产生的反应，衍生成其他有毒有害物质。

对于固定源引发的突发环境事件，通过对引发突发环境事件固定源单位的有关人员（如管理、技术人员和使用人员等）的调查询问，以及对引发突发环境事件的位置、所用设备、原辅材料、生产的产品等的调查，同时采集有代表性的污染源样品，确认主要污染物和监测项目。

对于流动源引发的突发环境事件，通过对有关人员（如货主、驾驶员、押运员等）的询问以及运送危险化学品或危险废物的外包装、准运证、押运证、上岗证、驾驶证、车号（或船号）等信息，调查运输危险化学品的名称、数量、来源、生产或使用单位，同时采集有代表性的污染源样品，鉴定和确认主要污染物和监测项目。

2．未知污染物的突发环境事件监测项目的确定

通过污染事故现场的一些特征，如气味、挥发性、遇水反应特性、颜色及对周围环境、作物的影响等，初步确定主要污染物和监测项目。如发生人员或动物中毒事故，可根据中毒反应的特殊症状，初步确定主要污染物和监测项目。通过事故现场周围可能产生污染的排放源的生产、环保、安全记录，初步确定主要污染物和监测项目。利用空气自动监测站、水质自动监测站和污染源在线监测系统等现有的仪器设备的监测，确定主要污染物和监测项目。通过现场采样分析，包括采集有代表性的污染源样品，利用试纸、快速检测管和便携式监测仪器等现场快速分析手段，确定主要污染物和监测项目。通过采集样品，包括采集有代表性的污染源样品，送实验室分析后，确定主要污染物和监测项目。

阅读材料

突发环境事件应急响应系统

突发性环境污染事故应急响应系统包括应急响应程序、应急组织系统、应急通信系统、应急防护和救援、应急预案和应急状态终止六个部分。

1. 应急响应程序

一旦事故发生，必须尽快进行有效处理，最大限度地减小或消除事故造成的损失。为了使事故的应急处理做到有条不紊，需要建立突发性环境污染事故应急程序。应急响应程序见图10-1。

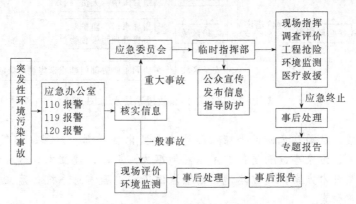

图 10-1　应急响应程序示意图

2. 应急组织系统

应急组织系统以县以上行政区域作为应急响应程序的框架，依据我国部门间行政职能的

划分，可设立应急委员会和应急办公室等相应的应急组织。应急委员会由当地政府和环保、公安、消防、卫生、水利、气象等部门的负责人组成（见图10-2），主要职责是审定突发性环境污染事故防范和应急计划，并协调落实部门关系，在处理重大突发性环境污染事故时统一协调应急行动。应急办公室是应急组织中的常设机构，为便于日常工作，可由环保部门各科室和监测站的负责人组成，主要职责是制订和落实应急计划，建立技术储备，接收突发性污染事故的报警；处置一般污染事故，重大污染事故在报告应急委员会的同时作先遣处理；在应急响应时提供各种专业支持。

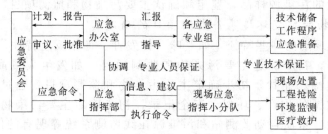

图10-2　应急组织系统示意图

3. 应急通信系统

应急通信系统包括事故报警、应急指挥和应急信息发布。报警系统平时应设立专用电话，并充分利用社会现有的救援报警系统110、119、120，做到24小时畅通。指挥系统应由对外界相对保密的办公室电话、手机和对讲机组成，以避免应急期间受外界干扰。信息发布系统可由广播、电视及通信车辆组成，在场外应急响应中需要应急区域内群众配合时，向群众公告污染事故的状况和正在采取的应急措施。

4. 应急防护和救援

根据污染预测模式将污染物可能波及的范围划分为救援区域、防护区域和安全区域，设置相应的监控点位，及时监测，实时调整，见图10-3。

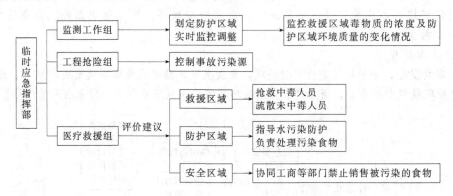

图10-3　应急防护和救援系统示意图

5. 应急预案

建立企业档案，主要指危险品仓储（各地的大型化学试剂、油库、储气罐）、重点工业污染事故排放隐患、污染事故高发的饮用水源地事故隐患等；建立本地区环境优先污染物名单；建立应急监测技术方案；建立本地区的重点污染源地理信息系统；建立突发性污染事故的场内、场外应急预案。

6. 应急状态终止

突发性环境污染事故处理包括应急处置和善后处理两个过程。当经过应急处置后事故控制区域环境质量正处于恢复之中时，应急委员会可以宣布应急状态终止，进入善后处理阶段。

应急状态终止必须符合下列三个条件：①根据应急指挥部的建议，确信污染事故已经得到控制，事故装置已处于安全状态；②有关部门已采取并继续采取保护公众免受污染的有效措施；③已责成或通过了有关部门制订和实施环境恢复计划。

善后处理过程包括：①组织实施环境恢复计划；②继续监测和评价环境污染状况，直至基本恢复；③必要时对人群和动植物的长期影响作跟踪监测；④评估污染损失，协调处理污染赔偿和其他事项。

第二节　应急监测布点和采样

一、应急监测布点

1. 布点原则

采样点的布设应以突发环境事件发生地及其附近区域为主，同时必须注重人群和生活环境，重点关注突发环境事件对饮用水水源地、人群活动区域的空气、农田土壤等区域的影响，合理设置采样点，尽可能以最少的采样点获取足够的有代表性的所需信息，同时必须考虑采样的可行性和方便性。

2. 布点方法

根据污染现场的具体情况和污染区域的特性进行布点。

① 对固定污染源和流动污染源的监测，应根据泄露污染物的不同部位或不同容器布设采样点。

② 对江、河地表水的监测，应在事故发生地及其下游布点，同时在事故发生地上游一定距离布设对照断面（点）。若水的流速很小或基本静止，可根据污染物的特性在不同水层布设采样点。若在事故影响区域内有饮用水取水口或农田灌溉取水口，必须在取水口处设置采样点。

③ 对湖、库地表水的监测，采样点布设应以事故发生地为中心，按水流方向在一定间隔的扇形或圆形布点，并根据污染物的特性在不同水层采样，同时根据水流流向，在其上游适当距离布设对照断面（点）；必要时，在湖（库）出水口和饮用水取水口处设置采样断面（点）。

④ 根据污染物在水中溶解度、密度等特性，对易沉积于水底的污染物，必要时布设底质采样断面（点）。

⑤ 对地下水的监测，应以事故地点为中心，根据本地区地下水流向采用网格法或辐射法布设监测井采样点，同时视地下水主要补给来源，在垂直于地下水流的上方向，设置对照监测井采样点。在以地下水为饮用水源的取水处必须设置采样点。

⑥ 对大气的监测应以事故地点为中心，在下风向按一定间隔的扇形或圆形布点，并根据污染物的特性在不同高度采样，同时在事故点的上风向适当位置布设对照点。在可能受污染影响的居民住宅区或人群活动区等敏感点必须设置采样点，采样过程中应注意风向变化，及时调整采样点位置。

⑦ 对土壤的监测应以事故地点为中心，按一定间隔的圆形布点采样，并根据污染物的特性在不同深度采样，同时采集对照样品，必要时在事故地附近采集作物样品。

二、应急监测采样

1. 采样前的准备

应根据突发环境事件应急监测预案初步制订有关采样计划，确定监测项目和采样方法，采样人员按要求准备采样器材、安全防护设备以及简易快速检测器材等。

2. 采样方法

① 应急监测通常采集瞬时样品,根据分析项目及分析方法确定采样量。

② 突发事件发生后,应首先采集污染源样品,注意采样的代表性。

③ 具体采样方法及采样量可参照相应的水、大气和土壤监测技术要求。

④ 采水样时,根据污染物特性(密度、挥发性、溶解度等),确定是否进行分层采样;根据污染物特性(有机物、无机物等),选用不同材质的容器存放样品;不可搅动水底沉积物,如有需要,同时采集事故发生地的底质样品。

⑤ 采气样时不可超过所用吸附管或吸收液的吸收限度。

⑥ 采集样品后,应将样品容器盖紧、密封,贴好样品标签。

⑦ 采样结束后,应核对采样计划、采样记录与样品,如有错误或漏采,应重新采样。

3. 跟踪监测采样

污染物质进入周围环境后,随着稀释、扩散和降解等作用,其浓度会逐渐降低。为了掌握事故发生后的污染程度、范围及变化趋势,常需要进行连续的跟踪监测,直至环境恢复正常或达标。

在污染事故责任不清的情况下,可采用逆向跟踪监测和确定特征污染物的方法,追查确定污染来源或事故责任者。

4. 现场采样记录

现场采样记录是突发环境事件应急监测的第一手资料,必须如实记录并在现场完成,记录内容至少应包括如下信息。

① 事故发生的时间和地点,污染事故单位名称、联系方式。

② 现场示意图,如有必要对采样断面(点)及周围情况进行现场录像和拍照,特别注明采样断面(点)所在位置的标志性特征物名称。

③ 监测实施方案,包括监测项目、采样断面(点)、监测频次、采样时间等。

④ 事故发生现场描述及事故发生的原因。

⑤ 必要的水文气象参数(如水温、水流流向、流量、气温、气压、风向、风速等)。

⑥ 可能存在的污染物名称、流失量及影响范围(程度);如有可能,简要说明污染物的有害特性。

⑦ 尽可能收集与突发环境事件相关的其他信息,如盛放有毒有害污染物的容器、标签等信息尤其是外文标签等信息,以便核对。

⑧ 采样人员及校核人员的签名。

第三节　现场应急监测

一、现场应急监测方法

现场应急监测方法应能快速鉴定、鉴别污染物,并能给出定性、半定量或定量的检测结果,可以分为简易检测法和便携式分析仪器测定法。常见的简易检测法有试纸法和检测管法。

1. 简易检测法

(1)试纸法　使用对污染物有选择性反应的分析试剂制成的专用分析试纸,对污染物进行测试,通过试纸颜色的变化可对污染物进行定性分析。将变色后的试纸与标准色阶比较可以得到定量化的测试结果。商品试纸本身已配有色阶,有的还会配备标准比色板。几种常见气态污染物的比色试纸见表10-1。

表 10-1　几种常见气态污染物的比色试纸

气态污染物	试纸比色试剂	颜色变化
一氧化碳	氯化钯	白色→黑色
二氧化硫	亚硝基五氰合铁酸钠＋硫酸锌	浅玫瑰色→砖红色
二氧化氮	联邻甲苯胺	白色→黄色
硫化氢	乙酸铅	白色→黑色
氟化氢	对二甲氨基偶氮苯胂酸	棕色→红色
氯化氢	甲基橙	黄色→红色
臭氧	邻甲联苯胺	白色→蓝色
光气	硝基苯甲基吡啶	白色→砖红色

（2）气体检测管法　检测管法的原理是利用被测气体通过检测管时管内填充物的颜色变化来测定污染物含量。检测管是一种现场快速检测工具，使用简便、快速、价格低廉，分为气体检测管和水质监测管。

气体检测管是一种内部充填显色剂的小玻璃管，一般选用内径为 $2\sim6\,mm$、长度为 $120\sim180\,mm$ 的无碱细玻璃管，如图 10-4 所示。指示剂为吸附有化学试剂的多孔固体细颗粒，每种化学试剂通常只对一种化合物或一组化合物有特效。当被测空气通过检测管时，空气中含有待测气体与管内的显色剂迅速发生化学反应，并显示出颜色。管壁上标有刻度，根据变色环部位所示的刻度位置就可以定量或半定量地读出污染物的浓度。如用于苯应急监测的苯蒸气快速检测管，测定时用注射器采集气样，再用胶管将注射器与检测管连接，按规定速度将气样注入检测管中，即可得出可靠数据。几种常见气态污染物的速测管见表 10-2。

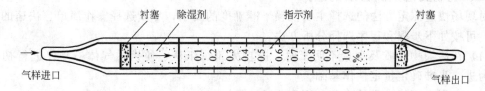

10-4　直读式气体速测管示意图

表 10-2　几种常见气态污染物的速测管

气态污染物	灵敏度/(mg/m³)	试　剂	颜色变化
一氧化碳	20	硫酸钯、钼酸铵、硫酸、硅胶	黄→绿→蓝
一氧化碳	25	发烟硫酸、五氧化二碘、硅胶	白→绿
二氧化碳	400	百里酚酞、氢氧化钠、氯化铝	蓝→白
二氧化硫	10	亚硝基铁氰化钠、氯化锌、六亚甲基四胺、陶瓷	棕黄→红
二氧化氮	10	联邻甲苯胺	白→绿
硫化氢	10	乙酸铅、氯化钡、陶瓷	白→褐
氯气	2	荧光素、溴化钾、碳酸钾、氢氧化钾、硅胶	黄→红
氨	10	百里酚蓝、乙醇、硫酸、硅胶	红→黄
苯	10	发烟硫酸、多聚甲醛、硅胶	白→紫褐
汞	0.1	碘化亚铜、硅胶	灰黄→淡橙

水质检测管形式与气体检测管类似，根据监测方法的区别，将水质检测管法分为直接检测试管法和色柱检测法。

直接检测试管法是将显色试剂封入塑料试管里，测定时，将检测管刺一小孔吸入待测水样，变化的颜色与标准色阶比色，对比确定污染物种类和浓度。

色柱检测法是将一定量水样通过检测管内，水样中的待测离子与管内填装显色试剂反应，产生一定颜色的色柱，色柱长度与被测离子浓度成正比，由浓度标尺可直接读出结果。

2. 便携式分析仪器测定法

按照测定的原理可将便携式分析仪器分为光学分析仪器、电化学分析仪器、色谱与质谱分析仪器等。

① 便携式光学分析仪器是利用光谱分析技术对多种环境污染物进行分析的仪器，目前常用的有便携式分光光度计、便携式红外光谱仪（如一氧化碳红外线检测仪）、便携式 X 射线荧光光谱仪、便携式荧光光度计、便携式浊度分析仪等光学分析仪器。

② 便携式电化学分析仪器是利用电化学性能进行分析测试的一类分析仪器，如离子计、电导率分析仪、pH 计、溶解氧测定仪、氯气定电位电解式检测仪、一氧化碳库仑检测仪、硫化氢气敏电极检测仪等。

③ 现场使用的色谱与质谱分析仪器有便携式和车载式，可以在现场对复杂污染物进行定性、定量分析。便携式色谱-质谱联用仪可用于化学品的泄漏检测、有害废物的检测，现场可以给出大气、水体、土壤中未知的挥发物或半挥发物的检测结果。

按照测定的对象可将便携式分析仪器分为水质检测仪（如多参数水质分析仪和便携式离子色谱仪）、气体检测仪（如砷化氢定电位电解式检测仪和硫化氢库仑检测仪）和土壤检测仪。根据被测物质的类别可将便携式分析仪器分为无机物检测仪（如一氧化碳定电位电解式检测仪）、有机物检测仪（如便携式气相色谱仪）和放射性物质检测仪（α、β测量仪）等。

二、现场应急监测方法的选择

对现场快速测定方法的选择主要依赖于准确度的要求，尽量选择操作简单、快速的分析方法。可按如下步骤和程序选择分析方法。

（1）在污染物性质及含量不明了时，应首先用试纸法、便携式气体检测仪进行初步筛查，为进一步准确定量定性作基础。

（2）不同类型污染事件应急监测方法的选择

① 对于大气污染事件，优先考虑选用气体检测管法、便携式气相色谱法、便携式红外光谱法和便携式气相色谱-质谱法等，还可以从企业在线自动监测系统和环境自动监测站的连续监测数据得到相关信息。

② 对于水或土壤污染事件，优先考虑选用检测试纸法、水质检测管法、化学比色法、便携式分光光度计法、便携式综合水质检测仪器法、便携式电化学检测仪器法、便携式气相色谱法、便携式红外光谱法和便携式气相色谱-质谱法等，还可以从企业在线自动监测系统和环境自动监测站的连续监测数据得到相关信息。

③ 对于无机污染物，优先考虑选用试纸法、检测管法、便携式检测仪法、化学比色法、便携式分光光度计法、便携式综合检测仪器法、便携式离子选择电极法以及便携式离子色谱法等

④ 对于有机污染物，优先考虑选用检测管法、便携式气相色谱法、便携式红外光谱法和便携式气相色谱-质谱法。

（3）由于事件现场复杂，无法快速判断污染事件的类型或者由于便携式监测仪器的监测能力有限，无法现场进行污染物的分析，一时难以鉴别污染物特性时，应尽快采集样品，迅速送到实验室进行分析。必要时，可采用生物监测法对样品毒性进行综合测试。

常见污染物应急监测分析方法见表 10-3。

表 10-3 常见污染物应急监测分析方法

监测项目	监测方法
氯气	试纸法,检测管法,便携式分光光度法,便携式电化学传感器法
氯化氢	试纸法,检测管法,便携式分光光度法,便携式电化学传感器法
氨	试纸法,检测管法,便携式光学式检测器法
硫化氢	试纸法,检测管法,便携式电化学传感器法
二氧化硫	试纸法,检测管法,便携光学式检测器法,便携式电化学传感器法
氟化物	试纸法,检测管法,化学测试组件法(茜素磺酸锆指示液)
光气	试纸法(二甲苯胺指示剂),检测管法,便携式分光光度法
氰化物	试纸法,检测管法,便携式分光光度计法,便携式电化学传感器法
沥青烟	检测管法,便携式挥发性有机物检测仪法,气相色谱法
酸雾	试纸法(pH试纸),检测管法,便携式酸度计法
磷化氢	试纸法(pH试纸),检测管法,气相色谱法,便携式电化学传感器法
砷化氢	试纸法(氯化汞指示剂),检测管法,便携式电化学传感器法
总烃	检测管法,目视比色法,便携式挥发性有机物检测仪法
铅雾	检测管法,便携式离子计法,便携式比色计法
一氧化碳	试纸法,检测管法,便携式电化学传感器法,便携非分散红外吸收检测器法
氮氧化物	试纸法,检测管法,便携式电化学传感器法,便携式光学检测器法
二硫化碳	现场吹脱捕集-检测管法,化学测试组件法(醋酸铜指示剂),气相色谱法
甲醛	试纸法,检测管法,化学测试组件法,便携式检测仪法
醇类	检测管法,气相色谱法,气相色谱-质谱法,便携式红外分光光度计法
苯系物(芳烃)	检测管法,便携式挥发性有机物检测仪法,气相色谱法,气相色谱-质谱法
酚类物质及衍生物	检测管法,化学测试组件法,便携式比色计法,便携式分光光度计法,气相色谱法,气相色谱-质谱法
醛酮类	检测管法,气相色谱法,气相色谱-质谱法
氯苯类、硝基苯类	检测管法,气相色谱法,气相色谱-质谱法
苯胺类	检测管法,气相色谱法,气相色谱-质谱法
石油类	检测管法,气相色谱法,便携式红外分光光度计法
烯炔烃类	检测管法,便携式挥发性有机物检测仪法,气相色谱法
有机磷农药	残留农药测试组件法,气相色谱法,气相色谱-质谱法
铅、铬、钡、镉、锌、锰、锡	试纸法,检测管法,化学测试组件法,便携式分光光度计法,X射线荧光光谱仪法
汞	检测管法,便携式分光光度计法
铍	化学测试组件法,便携式分光光度计法,X射线荧光光谱仪法
砷	试纸法,砷检测管法,便携式分光光度计法,X射线荧光光谱仪法
氰化物、氟化物、碘化物、氯化物、硝酸盐、磷酸盐	试纸法,检测管法,化学测试组件法,便携式比色计法,便携式分光光度计法,便携式离子计法,便携式离子色谱法
总氮	检测管法,便携式比色计法,便携式分光光度计法
总磷	检测管法,化学测试组件法,便携式分光光度计法
硫氰酸盐	便携式比色计法,便携式分光光度计法
α、β放射性	液体闪烁谱仪,α、β测量仪,α、β表面污染测量仪
γ放射性	γ辐射应急检测仪,便携式巡测γ谱仪

三、现场应急监测平台

现场应急监测平台是适应环境应急监测发展需求而迅速发展起来的一种监测手段,它把各种便携仪器设备通过技术集成创新后安装在可移动的交通工具上,并集成采样、分析、数据传输等多种功能于一体。在突发环境事件时,可以迅速进入事件现场,从事样品采集,快速监测分析等,同时结合平台系统确定污染范围及污染物扩散趋势,准确地为决策部门提供技术支持。

1. 空气监测车

空气污染监测车是装备有环境空气采样系统、环境空气质量自动监测仪器、空气污染应急监测仪、气象参数测定仪器、数据处理装置及其他辅助设备的汽车。它是一种流动监测站，也是地面空气污染自动监测系统的补充，可以随时开到发生污染事故的现场采样测定，以便及时掌握污染情况，采取有效措施。

监测车内的采样管从车顶伸出，下部装有轴流式风机，将气样抽进采样管供给各监测仪器，如图 10-5 所示。可吸入颗粒物监测仪的气样由另一单独采样管供给。装备的监测仪器见表 10-4。

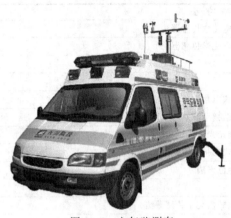

图 10-5 空气监测车

表 10-4 环境空气监测车仪器设备配备一览表

仪器设备类别或名称		用 途
环境空气自动监测仪	$PM_{2.5}$、PM_{10} 自动监测仪（β 射线吸收法） SO_2 自动监测仪（紫外荧光法） NO_2 自动监测仪（化学发光法） CO 自动监测仪（非分散红外吸收法） O_3 自动监测仪（紫外光度法）	用于环境空气质量监测
小型气象仪	风向、风速、气压、温度、湿度测量仪	测量风向、风速、气压、温度、湿度等参数
应急监测专用色谱仪	便携式气相色谱仪 GC-MS/MS 分析仪	测定总烃、甲烷等
应急监测仪	应急监测箱	快速检测一氧化碳、氢气、氯气、甲烷、乙烯、苯、甲苯等
	便携式红外线气体分析仪	检测 NH_3、HCl、HF 等多种气体
	甲醛气体分析仪	甲醛的现场检测
数据收集处理和传输装置	专用微机和显示、记录、打印设备、GPS 和 GIS、无线传输设备	进行程序控制、收集数据、信号处理、数据处理和显示、记录、远程数据传输等。
辅助设备	防化用品、应急包、应急灯、数码相机、标准气源、载气源、冰箱、稳压电源、空调器和配电系统等	保护操作人员免受有毒有害物质伤害，保证监测工作的顺利进行

2. 水质监测船

水质污染监测船是一种水上流动的水质分析实验室（图 10-6），它用船作运载工具，装上必要的监测仪器、相关设备和实验材料，可以灵活地开到需要监测的水域进行监测工作，以弥补固定监测站的不足；可以方便地追踪寻找污染源，进行污染物扩散、迁移规律的研究；可以在大水域范围内进行物理、化学、生物、底质和水文等参数的综合观测，取得多方面的数据。

在水质污染监测船上，一般装备有水体、底质、浮游生物等采样系统或工具，固定监测站和水质分析实验室中必备的分析仪器、化学试剂、玻璃仪器及材料，水文、气象参

图 10-6 水质监测船

数测量仪器及其他辅助设备和设施，如标准电源、烘箱、冰箱、实验台、通风及生活设施等，还备有浸入式多参数水质监测仪，可以垂直放入水体不同深度同时测量 pH 值、水温、溶解氧、电导率、氧化还原电位和浊度等参数。

四、现场监测记录

现场监测记录是报告应急监测结果的依据之一，应按格式规范记录，保证信息完整，可充分利用常规例行监测表格进行规范记录，主要包括环境条件、分析项目、分析方法、分析日期、样品类型、仪器名称、仪器型号、仪器编号、测定结果、监测断面（点位）示意图、分析人员、校核人员、审核人员签名等，根据需要并在可能的情况下，同时记录风向、风速、水流流向、流速等气象水文信息。

环境监测实验

实验一 水质一般指标的现场测定

一、实验目的

1. 掌握水温、透明度、浊度、溶解氧、pH、电导率等几种常见一般指标的测定原理和方法。
2. 掌握水质测定仪的操作方法。
3. 学习现场测定水质指标的方法和技术。

二、实验仪器

主要仪器：水温计、塞氏盘、浊度计、溶解氧仪、pH 计、电导率仪等。也可以使用水质多参数测定仪。

三、实验内容和要求

到学校附近的河流、湖泊或水库，按布点要求设置好测定点位，用相关仪器测定几种常见的水质指标。测定时要注意安全，有条件的话可以在船上进行。

实验二 水中总氮的测定
（碱性过硫酸钾消解紫外分光光度法）

一、实验目的

1. 掌握碱性过硫酸钾消解紫外分光光度法测定水中总氮的原理和方法。
2. 巩固分光光度计的基本操作。

二、实验原理

水中总氮是指样品中溶解态氮与悬浮物中氮的总和，包括亚硝酸盐氮、硝酸盐氮、无机铵盐氮、溶解态氨及大部分有机含氮化合物中氮。在加热条件下（120～124℃），碱性过硫酸钾溶液使样品中含氮化合物的氮转变为硝酸盐，采用紫外分光光度法在波长为 220nm 和 275nm 处，分别测定吸光度 A_{220} 和 A_{275}，则校正吸光度 $A = A_{220} - 2A_{275}$，总氮含量（以 N 计）与校正吸光度 A 成正比。

三、仪器与试剂

1. 主要仪器

（1）高压蒸汽灭菌器，最低工作压力不低于 1.1～1.4kg/cm^2，最高工作温度不低于 120～124℃。

（2）紫外分光光度计（1cm 石英比色皿）。

2. 主要试剂

（1）硫酸（$\rho = 1.84$g/mL）。

（2）盐酸溶液（1+9）。

（3）硫酸溶液（1+35）。

（4）氢氧化钠溶液（20g/L）。

（5）碱性过硫酸钾液　　称取 40.0g 过硫酸钾（分析纯，含氮量小于 0.0005％）溶于 600mL 水中（可在 50℃ 水浴上加热）。称取 15.0g 氢氧化钠（分析纯，含氮量小于 0.0005％）溶于 300mL 水中。待溶液冷却至室温后，将两种溶液混合，并稀释至 1000mL，存放于聚乙烯瓶中，可保存一周。

（6）硝酸钾标准贮备液（含氮量为 100mg/L）　　称取 0.7218g 硝酸钾（基准试剂）溶于适量水，转移至 1000mL 容量瓶中，用无氨水稀释至标线，混匀。加入 1~2mL 三氯甲烷作为保护剂，在 0~10℃ 暗处保存，可稳定 6 个月。

（7）硝酸钾标准使用液（含氮量为 10.0mg/L）　　量取 10.00mL 硝酸钾标准贮备液至 100mL 容量瓶中，用水稀释至标线，混匀，临用现配。

四、测定步骤

1. 水样采集与保存

将采集好的水样贮存在聚乙烯瓶或硬质玻璃瓶中，用浓硫酸调节至 pH1~2，常温下可保存 7d。

2. 标准曲线的绘制

量取 0.00mL、0.20mL、0.50mL、1.00mL、3.00mL 和 7.00mL 硝酸钾标准使用液于 25mL 具塞磨口比色管中，加水稀释至 10.00mL 标线，再加入 5.00mL 碱性过硫酸钾溶液，塞紧管塞，用纱布和线绳扎紧管塞，以防弹出。将比色管置于高压蒸汽灭菌器中，加热至顶压阀吹气，关阀，继续加热至 120℃ 开始计时，保持温度为 120~124℃ 30min。自然冷却，开阀放气，移去外盖，取出比色管冷却至室温，按住管塞将比色管中的液体颠倒混匀 2~3 次。

在每个比色管中分别加入 1.0mL 盐酸溶液（1＋9），用水稀释至 25mL 标线，盖塞混匀。用 1cm 石英比色皿在紫外分光光度计上，以水为参比，分别测定 220nm 和 275nm 波长处的吸光度。数据记录如下：

硝酸钾标准使用液/mL	0.00	0.20	0.50	1.00	3.00	7.00
含氮量/μg	0.00	2.00	5.00	10.0	30.0	70.0
220nm 吸光度						
275nm 吸光度						

空白溶液校正吸光度 $A_b = A_{b220} - 2A_{b275}$，其他标准系列的校正吸光度 $A_s = A_{s220} - 2A_{s275}$，则标准溶液校正吸光度与空白溶液校正吸光度的差值 $A_r = A_s - A_b$。以总氮含量为横坐标，以对应的 A_r 值为纵坐标，绘制标准曲线。

3. 水样测定

量取 10.00mL 水样于 25mL 具塞磨口比色管中，按标准曲线绘制步骤进行测定。同时，用 10.00mL 水代替试样，进行空白试验。通过标准曲线计算出水样中总氮含量。

实验三　工业废水中铬的测定
（二苯碳酰二肼分光光度法）

一、实验目的

1. 掌握二苯碳酰二肼分光光度法测定水中六价铬和总铬的原理和方法。

2. 学习用 Microsoft Office Excel 求线性回归方程的方法。

二、实验原理

在酸性溶液中，六价铬离子与二苯碳酰二肼反应，生成紫红色化合物，其最大吸收波长为 540nm，吸光度与浓度的关系符合朗伯-比尔定律。如果测定总铬，需先用高锰酸钾将水样中的三价铬氧化为六价，再进行测定。

三、仪器与试剂

1. 仪器

分光光度计。

2. 试剂

（1）丙酮。

（2）（1+1）硫酸。

（3）（1+1）磷酸。

（4）2g/L 氢氧化钠溶液。

（5）氢氧化锌共沉淀剂　称取硫酸锌（$ZnSO_4 \cdot 7H_2O$）8g，溶于 100mL 水中；称取氢氧化钠 2.4g，溶于 120mL 水中。将两溶液混合。

（6）40g/L 高锰酸钾溶液。

（7）铬标准贮备液　称取于 120℃ 干燥 2h 的重铬酸钾（优级纯）0.2829g，用水溶解，移入 1000mL 容量瓶中，用水稀释至标线，摇匀。

（8）铬标准使用液　吸取 5.00mL 铬标准贮备液于 500mL 容量瓶中，用水稀释至标线，摇匀。每毫升标准使用液含 1.000μg 六价铬。使用当天配制。

（9）200g/L 尿素溶液。

（10）20g/L 亚硝酸钠溶液。

（11）二苯碳酰二肼溶液　称取二苯碳酰二肼（简称 DPC，$C_{13}H_{14}N_4O$）0.2g，溶于 50mL 丙酮中，加水稀释至 100mL，摇匀，贮于棕色瓶内，置于冰箱中保存。颜色变深后不能再用。

（12）硝酸。

（13）硫酸（$\rho = 1.84g/mL$）。

（14）三氯甲烷。

（15）（1+1）氨水。

（16）50g/L 铜铁试剂　称取 5g 铜铁试剂 $[C_6H_5N(NO)ONH_4]$，溶于冰水中并稀释至 100mL。临用时现配。

四、六价铬的测定

1. 水样的预处理

（1）对不含悬浮物、低色度的清洁地面水，可直接进行测定。

（2）如果水样有色但不深，可进行色度校正。即另取一份试样，加入除显色剂以外的各种试剂，以 2mL 丙酮代替显色剂，用此溶液作为测定试样溶液吸光度的参比溶液。

（3）对浑浊、色度较深的水样，应加入氢氧化锌共沉淀剂，并进行过滤处理。

（4）水样中存在次氯酸盐等氧化性物质时，干扰测定，可加入尿素和亚硝酸钠消除。

（5）水样中存在低价铁、亚硫酸盐、硫化物等还原性物质时，可将 Cr（Ⅵ）还原为 Cr（Ⅲ）。此时，调节水样 pH 至 8，加入显色剂溶液，放置 5min 后再酸化显色，并以同样的方法绘制标准曲线。

2. 标准曲线的绘制

取 9 支 50mL 比色管，依次加入 0、0.20mL、0.50mL、1.00mL、2.00mL、4.00mL、6.00mL、8.00mL 和 10.00mL 铬标准使用液，用水稀释至标线，加入 0.5mL（1+1）硫酸和 0.5mL（1+1）磷酸，摇匀。加入 2mL 显色剂溶液，摇匀。5～10min 后，于 540nm 波长处，用 1cm 或 3cm 比色皿，以水为参比，测定吸光度并作空白校正。以吸光度为纵坐标，相应六价铬含量为横坐标用 Microsoft Office Excel 绘制标准曲线，并求线性回归方程。

3. 水样的测定

取适量（含铬少于 $50\mu g$）无色透明或经预处理的水样于 50mL 比色管中，用水稀释至标线，测定方法同标准溶液。进行空白校正后根据所测吸光度从标准曲线上查得 Cr（Ⅵ）含量。

4. 计算

水样中六价铬的含量（mg/L）按下式计算。

$$\rho(Cr) = \frac{m}{V}$$

式中　　m——从标准曲线上查得的 Cr（Ⅵ）量，μg；

　　　　V——水样的体积，mL。

五、总铬的测定

1. 水样的预处理

一般清洁地面水可直接用高锰酸钾氧化后测定。

对含大量有机物的水样，需进行消解处理。取 50mL 或适量（含铬少于 $50\mu g$）水样，置于 150mL 烧杯中，加入 5mL 硝酸和 3mL 硫酸，加热蒸发至冒白烟。如溶液仍有色，再加入 5mL 硝酸，重复上述操作，至溶液清澈，冷却。用水稀释至 10mL，用（1＋1）氨水中和至 pH 为 1~2，移入 50mL 容量瓶中，用水稀释至标线，摇匀，备用。

如果水样中钼、钒、铁、铜等含量较大，先用铜铁试剂-三氯甲烷萃取除去，然后再进行消解处理。

2. 高锰酸钾氧化三价铬

取 50.0mL 或适量（铬含量少于 $50\mu g$）清洁水样或经预处理的水样（如不到 50.0mL，用水补充至 50.0mL）于 150mL 锥形瓶中，用（1＋1）氨水和硫酸溶液调至中性，加入几粒玻璃珠，加入（1＋1）硫酸和（1＋1）磷酸各 0.5mL，摇匀。加入 40g/L 高锰酸钾溶液 2 滴，如紫色消退，则继续添加高锰酸钾溶液至保持紫红色。加热煮沸至溶液剩约 20mL。冷却后，加入 1mL 200g/L 的尿素溶液，摇匀。用滴管加 20g/L 亚硝酸钠溶液，每加一滴充分摇匀，至紫色刚好消失。稍停片刻，待溶液内气泡逸尽，转移至 50mL 比色管中，稀释至标线，供测定。

其余步骤同六价铬的测定。

六、注意事项

（1）用于测定铬的玻璃器皿不能用重铬酸钾洗液洗涤。

（2）Cr（Ⅵ）与显色剂的显色反应一般控制酸度在 $0.05 \sim 0.3 mol/L \frac{1}{2} H_2SO_4$ 范围，以 0.2mol/L 时显色最好。显色前，水样应调至中性。显色温度和放置时间对显色有影响，在 15℃时，5~15min 颜色即可稳定。

（3）如测定清洁地面水样，显色剂可按以下方法配制：溶解 0.2g 二苯碳酰二肼于 100mL 95％乙醇中，边搅拌边加入 400mL（1＋9）硫酸。该溶液在冰箱中可存放一个月。用此显色剂，在显色时直接加入 2.5mL 即可，不必再加酸。但加入显色剂后，要立即摇匀，以免 Cr（Ⅵ）可能被乙酸还原。

实验四　水中总磷的测定
（钼锑抗分光光度法）

一、实验目的

1. 掌握钼锑抗分光光度法测定水中总磷的原理和方法。

2. 掌握水样消解的基本操作。

二、实验原理

在中性条件下，用过硫酸钾（或硝酸-高氯酸）使试样消解，将所含磷全部氧化为正磷酸盐。在酸性介质中，正磷酸盐与钼酸铵反应，在酒石酸锑钾存在下生成磷钼杂多酸后，立即被抗坏血酸还原，生成蓝色的配合物，在 660nm 波长处，用分光光度计测其吸光度。

三、仪器与试剂

1. 仪器

(1) 高压蒸汽消毒器。

(2) 50mL 磨口具塞刻度管。

(3) 分光光度计。

2. 试剂

(1) (1+1) 硫酸　将浓硫酸缓慢加入等体积水中。

(2) 5% 过硫酸钾溶液　将 5g 过硫酸钾溶解于水，并稀释至 100mL。

(3) 100g/L 抗坏血酸溶液　溶解 10g 抗坏血酸于水中，并稀释至 100mL。此溶液贮存于棕色试剂瓶中，冷藏可稳定数周。

(4) 钼酸盐溶液　溶解 13g 钼酸铵 $[(NH_4)_6Mo_7O_{24} \cdot 4H_2O]$ 于 100mL 水中，溶解 0.35g 酒石酸锑钾 $[KSbC_4H_4O_7 \cdot \frac{1}{2}H_2O]$ 于 100mL 水中。在不断搅拌下把钼酸铵溶液慢慢加到 300mL (1+1) 硫酸溶液中，加酒石酸锑钾溶液并且混合均匀。此溶液贮存于棕色试剂瓶中，冷藏可保存两个月。

(5) 浊度-色度补偿液　混合两体积 (1+1) 硫酸溶液和一体积抗坏血酸溶液。使用当天配制。

(6) 磷标准贮备溶液　称取 0.2197g 于 110℃ 干燥 2h 的磷酸二氢钾，用水溶解后转移至 1000mL 容量瓶中，加入 (1+1) 硫酸溶液 5mL，用水稀释至标线并摇匀。此标准溶液每毫升含 $50.0\mu g$ 磷。在玻璃瓶中可贮存至少六个月。

(7) 磷标准使用溶液　将 10.00mL 磷标准贮备溶液转移至 250mL 容量瓶中，用水稀释至标线并混匀。此标准溶液每毫升含 $2.00\mu g$ 磷。使用当天配制。

(8) 10g/L 酚酞溶液　称取 0.5g 酚酞溶于 50mL 95% 乙醇中。

四、实验步骤

1. 水样的消解

移取 25mL 试样于锥形瓶中，加数粒玻璃珠，加 4mL 过硫酸钾，将具塞刻度管的盖塞紧后，用一小块布和线将玻璃塞扎紧，放在大烧杯中置于高压蒸汽消毒器中加热，待压力达 1.1kgf/cm² (1kgf/cm²＝98.0665kPa)，相应温度为 120℃ 时，保持 30min 后停止加热。待压力表读数降至零后，取出放冷，然后用水稀释至标线。

如果不具备压力消解条件，也可在常压下进行，操作步骤如下：

分取适量混匀水样（含磷不超过 $30\mu g$）于 150mL 锥形瓶中，加水至 50mL，加数粒玻璃珠，加 (3+7) 硫酸溶液 1mL、5mL 5% 过硫酸钾溶液，置电热板或可调电炉上加热煮沸，调节温度使保持微沸 30～40min，至最后体积为 10mL 为止。放冷，加 1 滴酚酞指示剂，滴加氢氧化钠溶液至刚呈微红色，再滴加 1mol/L 硫酸溶液使红色褪去，充分摇匀。如溶液不澄清，则用滤纸过滤于 50mL 比色管中，用水洗锥形瓶及滤纸，一并移入比色管中，加水至标线。

2. 标准曲线的绘制

取 7 个 50mL 容量瓶，分别加入 0.0、0.50mL、1.00mL、3.00mL、5.00mL、

10.0mL、15.0mL 磷酸盐标准溶液（2.00μg/mL），加水至 25mL。分别加入 1mL 抗坏血酸溶液（100g/L），混匀，30s 后加 2mL 钼酸铵-酒石酸锑钾溶液，混匀。在室温下放置 15min 后，在 660nm 波长下，以水作参比，测定吸光度。以吸光度 A 为纵坐标，以 PO_4^{3-} 的浓度为横坐标，绘制标准曲线，或用最小二乘法求线性回归方程。

3. 样品的测定

向消解液中加入 1mL 抗坏血酸溶液（100g/L），混匀，30s 后加 2mL 钼酸铵-酒石酸锑钾溶液，混匀。在室温下放置 15min 后，在 660nm 波长下，以水作参比，测定吸光度。通过标准曲线求出磷的含量。

五、注意事项

(1) 如试样浑浊或有颜色时，需配制一个空白试样（消解后用水稀释至标线），然后向试样中加入 3mL 浊度-色度补偿液，但不加抗坏血酸溶液和钼酸盐溶液。然后从试样的吸光度中扣除空白试样的吸光度。

(2) 显色时若室温低于 13℃，可在 20～30℃ 水浴上显色 15min。

(3) 操作所用玻璃器皿，可用（1+5）盐酸溶液浸泡 2h，或用不含磷酸盐的洗涤剂刷洗。

(4) 比色皿用后应以稀硝酸或铬酸洗液浸泡片刻，以除去吸附的磷钼蓝配合物。

实验五　污水中化学需氧量（COD）的测定
（重铬酸钾法）

一、实验目的

1. 巩固回流操作的基本要点。

2. 掌握重铬酸钾法测定污水中 COD 的原理和方法。

二、实验原理

在水样中加入已知量的重铬酸钾溶液，并在强酸介质下以银盐作催化剂，经沸腾回流后，以试亚铁灵为指示剂，用硫酸亚铁铵滴定水样中未被还原的重铬酸钾，由消耗的硫酸亚铁铵的量换算成消耗氧的质量浓度。

三、仪器与试剂

1. 仪器

(1) 酸式滴定管（25mL 或 50mL）、锥形瓶、移液管、容量瓶、烧杯等。

(2) 全玻璃回流装置（或 JH-12 型 COD 加热器）。

2. 试剂

(1) 硫酸银-硫酸溶液　向 1L 硫酸中加入 10g 硫酸银，放置 1～2d 使之溶解，并混匀，使用前小心摇动。

(2) 重铬酸钾标准溶液　$c\left(\dfrac{1}{6}K_2Cr_2O_7\right)=0.250mol/L$。将 12.258g 在 105℃ 干燥 2h 后的重铬酸钾溶于水中，稀释至 1000mL。

(3) 硫酸亚铁铵标准滴定溶液　$c[(NH_4)_2Fe(SO_4)_2 \cdot 6H_2O]\approx0.10mol/L$。溶解 39g 硫酸亚铁铵于水中，加入 20mL 浓硫酸，待溶液冷却后稀释至 1000mL。

硫酸亚铁铵标准滴定溶液的标定：取 10.00mL 重铬酸钾标准溶液置于锥形瓶中，用水稀释至约 100mL，加入 10mL 浓硫酸混匀，冷却，加 3 滴（约 0.15mL）试亚铁灵指示剂，用硫酸亚铁铵滴定，溶液的颜色由黄色经蓝绿色变为红褐色，即为终点。

(4) 邻苯二甲酸氢钾标准溶液　$c(KC_8H_5O_4)=2.0824mmol/L$。称取 105℃时干燥 2h

的邻苯二甲酸氢钾 0.4251g 溶于水，并稀释至 1000mL，混匀。该标准溶液的理论 COD 值为 500mg/L。

(5) 1，10-邻菲啰啉指示液　溶解 0.7g 七水合硫酸亚铁（$FeSO_4 \cdot 7H_2O$）于 50mL 水中，加入 1.5g 1，10-邻菲啰啉，搅拌至溶解，加水稀释至 100mL。

四、实验步骤

1. 采样和保存

采取不少于 100mL 具有代表性的水样。水样要采集于玻璃瓶中并尽快分析，如不能立即分析，则应加入硫酸至 pH<2，置于 4℃ 下保存。但保存时间不得超过 5d。

2. 回流

清洗所要使用的仪器，安装好回流装置。

移取 10.00mL 水样置于加热管中，准确加入 15.00mL 重铬酸钾标准溶液及数粒沸石。加入 30mL H_2SO_4-Ag_2SO_4 溶液，轻轻摇动加热管使溶液混匀，回流 2h。

3. 水样的滴定

待冷却后用 20～30mL 水自冷凝管上端冲洗冷凝管，取下加热管，将溶液转移至 400mL 烧杯中，再用水稀释至 150mL 左右。加入 3 滴 1，10-邻菲啰啉指示液，用硫酸亚铁铵标准滴定液滴定至溶液由黄色经蓝绿色变为红褐色为终点。记下硫酸亚铁铵标准滴定溶液的消耗体积 V_1。

按相同步骤以 25.0mL 水代替水样进行空白试验，记录空白滴定时消耗硫酸亚铁铵标准滴定溶液的消耗体积 V_0。

化学需氧量 CDO（mg/L）按下式计算。

$$\text{COD}(O_2, \text{mg/L}) = \frac{1}{4} \times \frac{c(V_0 - V_1)M(O_2) \times 10^3}{V}$$

式中　c——硫酸亚铁铵标准溶液的浓度，mol/L；

V_0——空白试验消耗硫酸亚铁铵标准溶液的体积，mL；

V_1——水样测定消耗硫酸亚铁铵标准溶液的体积，mL；

V——水样的体积，mL。

五、实验记录和数据处理

1. 硫酸亚铁铵标准溶液的标定

记录项目	1	2	3	4
倾出前($m_{称量瓶} + m_{重铬酸钾}$)/g				
倾出后($m_{称量瓶} + m_{重铬酸钾}$)/g				
$K_2Cr_2O_7$ 的质量/g				
滴定管初读数/mL				
滴定管终读数/mL				
消耗硫酸亚铁铵标准溶液的体积/mL				
硫酸亚铁铵标准溶液的浓度/(mol/L)				
平均浓度/(mol/L)				
相对平均偏差/%				

2. 水样 COD 的测定

记录项目	1	2	3
水样体积/mL			
回流加入 $K_2Cr_2O_7$ 标准溶液的体积/mL			
空白消耗硫酸亚铁铵标准溶液的体积/mL			

记录项目	1	2	3
滴定管初读数/mL			
滴定管终读数/mL			
水样消耗硫酸亚铁铵标准溶液的体积/mL			
COD/(mg/L)			
COD 平均值/(mg/L)			
相对平均偏差/%			

六、注意事项

（1）对于化学需氧量小于 50mg/L 的水样，应改用 $c\left(\dfrac{1}{6}K_2Cr_2O_7\right)=0.0250mol/L$ 重铬酸钾标准溶液，滴定时用 0.01mol/L 硫酸亚铁铵标准溶液。

（2）水样加热回流后，溶液中重铬酸钾剩余量应为加入量的 1/5～4/5 为宜。若回流时，溶液变成绿色，说明重铬酸钾用量不足，应补加适量的重铬酸钾溶液。

（3）要检查试剂的质量和操作技术时，可用 COD 为 500mg/L 的邻苯二甲酸氢钾标准溶液代替水样进行。

（4）COD 的测定结果应保留三位有效数字。

实验六　污水中生化需氧量（BOD_5）的测定

一、实验目的

1. 掌握水样的采集和处理方法。

2. 掌握 BOD_5 的测定原理和操作。

二、实验原理

取两份生活污水，一份测定当时的溶解氧（DO_1），另一份在（20±1）℃下培养 5d 再测定溶解氧（DO_2），两者之差即为 BOD_5。即 $BOD_5=DO_1-DO_2$。

溶解氧的测定原理是：在水样中加入硫酸锰和碱性碘化钾，二价锰先生成白色的 $Mn(OH)_2$ 沉淀，但很快被水中的溶解氧氧化为三价或四价的锰，从而将溶解氧固定。在酸性条件下，高价的锰可以将 I^- 氧化为 I_2，然后用硫代硫酸钠标准溶液滴定生成的 I_2，即可求出水中溶解氧的含量。

三、仪器与试剂

1. 仪器

（1）恒温培养箱。

（2）溶解氧瓶（200～300mL）　带有磨口玻璃塞，并具有供水封闭的钟形口。

2. 试剂

（1）硫酸锰溶液　称取 480g 硫酸锰（$MnSO_4 \cdot H_2O$）溶于水，用水稀释至 1000mL。此溶液加至酸化过的碘化钾溶液中，遇淀粉不得产生蓝色。

（2）碱性碘化钾溶液　称取 500g 氢氧化钠溶解于 300～400mL 水中，另称取 150g 碘化钾溶于 200mL 水中，待氢氧化钠溶液冷却后，将两溶液合并，混匀，用水稀释至 1000mL。如有沉淀，放置过夜后，倾出上层清液，贮于棕色瓶中，用橡皮塞塞紧，避光保存。此溶液酸化后，遇淀粉应不呈蓝色。

（3）硫代硫酸钠溶液　称取 2.5g 硫代硫酸钠（$Na_2S_2O_3 \cdot 5H_2O$）溶于煮沸并放冷的水中，加 0.2g 碳酸钠，用水稀释至 1000mL，贮于棕色瓶中。使用前用重铬酸钾标准溶液标定。

(4) 浓硫酸（$\rho=1.84\text{g/mL}$）。

(5) 0.5％淀粉溶液　称取 0.5g 可溶性淀粉，用少量水调成糊状，再用刚煮沸的水稀释至 100mL。冷却后，加入 0.1g 水杨酸和 0.4g 氯化锌防腐。

四、实验步骤

1. 样品的采集

准备好 6 个溶解氧瓶，用虹吸法把水样转移到溶解氧瓶内，并使水样从瓶口溢出数秒钟。其中 3 瓶固定氧，并测定其溶解氧，另 3 瓶放在恒温培养箱中培养 5d 后再测定溶解氧。

2. 溶解氧的固定

用吸液管插入溶解氧瓶的液面下，加入 1mL 硫酸锰溶液、2mL 碱性碘化钾溶液，盖好瓶塞，颠倒混合数次，静置。

3. 溶解氧的测定

打开瓶塞，立即用吸管插入液面下加入 2.0mL 浓硫酸。盖好瓶塞，颠倒混合摇匀，至沉淀物全部溶解，放于暗处静置 5min。

吸取 100.00mL 上述溶液于 250mL 锥形瓶中，用硫代硫酸钠标准溶液滴定至溶液呈淡黄色，加 1mL 淀粉溶液，继续滴定至蓝色刚好褪去，并记录硫代硫酸钠溶液的用量。

溶解氧的含量（以 O_2 计，mg/L）按下式计算。

$$\rho(溶解氧)=\frac{1}{4}\times\frac{cVM(O_2)}{V_0}\times10^3$$

式中　c——硫代硫酸钠标准溶液的浓度，mol/L；

　　　V——滴定消耗硫代硫酸钠标准溶液的体积，mL；

　　　V_0——滴定时所取水样的体积，mL。

五、注意事项

(1) 水样的 pH 若超过 6.5～7.5 范围，可用盐酸或氢氧化钠稀溶液调节至 7，但用量不要超过水样体积的 0.5％。

(2) 若从水温较低的水域中采集水样，可能会含有过饱和的溶解氧，此时应将水迅速升温至 20℃左右，充分振摇，以赶出过饱和的溶解氧。

若从水温较高的水域或污水排放口取得水样，则应迅速使水样冷却至 20℃左右，并充分振摇，使与空气中的氧分压接近平衡。

实验七　工业废水中总有机碳（TOC）的测定

一、实验目的

1. 掌握工业废水中总有机碳的测定原理和方法。
2. 学习并掌握总有机碳测定仪的基本操作。

二、实验原理

1. 差减法测定总有机碳

将试样连同净化空气（干燥并除去二氧化碳）分别导入高温燃烧管（900℃）和低温反应管（160℃）中，经高温燃烧管的水样受高温催化氧化，使有机化合物和无机碳酸盐均转化成为二氧化碳，经低温反应管的水样受酸化而使无机碳酸盐分解成二氧化碳。将所生成的二氧化碳依次引入非色散红外线检测器。在一定浓度范围内二氧化碳对红外线吸收的强度与二氧化碳的浓度成正比，因此可对水样总碳（TC）和无机碳（IC）进行定量测定。总碳与无机碳的差值，即为总有机碳（TOC）。

2. 直接法测定总有机碳

将水样酸化后曝气，将无机碳酸盐分解生成二氧化碳驱除，再注入高温燃烧管中，可直接测定总有机碳。

三、仪器与试剂

1. 仪器

（1）非色散红外吸收 TOC 分析仪　工作条件：环境温度 5～35℃；总碳燃烧管温度选定 900℃；无机碳反应管温度控制在（160±5）℃；载气流量为 180mL/min。

（2）微量注射器（50.00μL）。

（3）具塞比色管（10mL）。

2. 试剂

（1）无二氧化碳的蒸馏水　将重蒸馏水在烧杯中煮沸蒸发（蒸发量 10%），稍冷，装入插有碱石灰管的下口瓶中备用。

（2）邻苯二甲酸氢钾　优级纯。

（3）无水碳酸钠　优级纯。

（4）碳酸氢钠　优级纯，存放于干燥器中。

（5）400mg/L 有机碳标准贮备溶液　称取预先在 110～120℃干燥 2h 的邻苯二甲酸氢钾 0.8500g，溶解水中，移入 1000mL 容量瓶内，用水稀释至标线，混匀。在 4℃低温冷藏条件下可保存 48d。

（6）80mg/L 有机碳标准溶液　准确吸取 10.00mL 有机碳标准贮备溶液，置于 50mL 容量瓶内，用水稀释至标线，混匀。此溶液用时现配。

（7）400mg/L 无机碳标准贮备溶液　称取 1.400g 碳酸氢钠和 1.770g 无水碳酸钠，溶解于水中，转入 1000mL 容量瓶内，用水稀释至标线，混匀。

（8）80mg/L 无机碳标准溶液　准确吸取 10.00mL 无机碳标准贮备溶液，置于 50mL 容量瓶中，用水稀释至标线，混匀。此溶液用时现配。

四、实验步骤

1. 采样和保存

水样采集后，必须贮存于棕色玻璃瓶中。

常温下水样可保存 24h，如不能及时分析，水样可加硫酸调至 pH≤2，于 4℃冷藏，可保存 7d。

2. 仪器的调试

按说明书调试 TOC 分析仪，选择好灵敏度、测量范围档、总碳燃烧管温度及载气流量，仪器通电预热 2h，至基线趋于稳定。

3. 干扰的排除

水样中常见共存离子的含量超过干扰允许值时，会影响红外线的吸收。必须用无二氧化碳的蒸馏水稀释水样，至共存离子含量低于其干扰允许浓度后，再进行分析。

4. 进样

（1）差减测定法　经酸化的水样，在测定前应以氢氧化钠溶液中和至中性，用 50.00μL 微量注射器分别准确吸取混匀的水样 20.0μL，依次注入总碳燃烧管和无机碳反应管，测定峰高。

（2）直接测定法　将已酸化的约 25mL 水样移入 50mL 烧杯中，在磁力搅拌器上剧烈搅拌几分钟或向烧杯中通入无二氧化碳的氮气，以除去无机碳。吸取 20.0μL 经除去无机碳的水样注入总碳燃烧管，测量记录仪上出现的吸收峰峰高。

用 20.0μL 水代替试样进行空白试验。

5. 校准曲线的绘制

在一组七个 10mL 具塞比色管中，分别加入 0.00、0.50mL、1.50mL、3.00mL、4.50mL、6.00mL 及 7.50mL 有机碳标准溶液、无机碳标准溶液，用蒸馏水稀释至标线，混匀。配制成 0.0、4.0mg/L、12.0mg/L、24.0mg/L、36.0mg/L、48.0mg/L 及 60.0mg/L 的有机碳和无机碳标准系列溶液。然后测定标准系列溶液吸收峰峰高，减去空白试验吸收峰峰高，得校正吸收峰峰高。绘制校准曲线或求出线性回归方程。

6. 计算

（1）差减测定法 从校准曲线上查得或由校准曲线回归方程算得总碳 ［TC(mg/L)］和无机碳 ［IC(mg/L)］值，总碳与无机碳之差值，即为样品总有机碳 ［TOC(mg/L)］的浓度。

$$TOC(C, mg/L) = TC - IC$$

（2）直接测定法 从校准曲线上查得或由校准曲线回归方程算得总碳 ［TC(mg/L)］值，即为样品中总有机碳 ［TOC(mg/L)］的浓度。

实验八　环境空气中颗粒物（TSP 或 PM$_{10}$）的测定

一、实验目的

1. 掌握环境空气中颗粒物的测定原理及测定方法。
2. 掌握颗粒物采样器的基本操作。

二、实验原理

TSP 的测定原理：通过具有一定切割特性的采样器以恒速抽取定量体积的空气，使之通过已恒重的滤膜，空气中粒径小于 100μm 的悬浮微粒被截留在滤膜上。根据采样前后滤膜质量之差及采样体积，即可计算总悬浮颗粒物的浓度。

PM$_{10}$ 的测定原理：使一定体积的空气通过带有 PM$_{10}$ 切割器的采样器，粒径小于 10μm 的可吸入颗粒物随气流经分离器的出口被截留在已恒重的滤膜上，根据采样前后滤膜的质量之差及采样体积，即可计算出可吸入颗粒物的浓度。

三、主要仪器

（1）采样器 带 TSP 或 PM$_{10}$ 切割器。

（2）X 光看片器 用于检查滤料有无缺损或异物。

（3）打号机 用于在滤料上打印编号。

（4）干燥器 其中能平展放置 200mm×250mm 滤料的玻璃干燥器，底层放变色硅胶，滤料在采样前和采样后均放在其中，平衡后再称量。

（5）竹制或骨制的镊子 用于夹取滤料。

（6）滤料 本法所用滤料有两种，规格均为 200mm×250mm。其一为 49 型超细玻璃纤维滤纸（简称滤纸），对直径为 0.3μm 的悬浮粒子的阻留率大于 99.99%；其二为孔径 0.4～0.65μm 和 0.8μm 的有机微孔滤膜（简称滤膜）。

（7）烘箱。

（8）分析天平。

四、实验步骤

1. 滤料的准备

（1）采样用的每张滤纸或滤膜均须用 X 光看片器对着光仔细检查。不可使用有针孔或有任何缺陷的滤料采样。然后，将滤料打印编号，号码打印在滤料两个对角上。

（2）清洁的玻璃纤维滤纸或滤膜在称重前应放在天平室的干燥器中平衡 24h。滤纸或滤膜平衡和称量时，天平室温度在 20～25℃之间，温差变化小于±3℃；相对湿度小于 50%，相对湿度的变化小于 5%。

（3）称量前，要用 2～5g 标准砝码检验分析天平的准确度，砝码的标准值与称量值的差不应大于±0.5mg。

（4）在规定的平衡条件下称量滤纸或滤膜，准确到 0.1mg。称量要快，每张滤料从平衡的干燥器中取出，30s 内称完，记下滤料的质量和编号，将称过的滤料每张平展地放在洁净的托板上，置于样品滤料保存盒内备用。在采样前不能弯曲和对折滤纸和滤膜。

2. 采样

（1）打开采样器外壳的顶盖，取出滤料夹。将滤料平放在支持网上，若用玻璃纤维滤纸，应将滤纸的"绒毛"面向上并放正，使滤料夹放上后，密封垫正好压在滤料四周的边沿上，起密封作用。

（2）将采样器固定好，将切割器与采样器连接好，开启电源开关，按要求调节好流量，并记录流量、气温和大气压。采样过程中，要随时注意参数的变化，并随时记录。

（3）采样后，取下滤料夹，用镊子轻轻夹住滤料的边，但不能夹角，将滤料取下。以长边中线对折滤料，使采样面向内。如果采集的样品在滤料上的位置不居中，即滤料四周的白边不一致时，只能以采到样品的痕迹为准。若样品折得不合适，沉积物的痕迹可能扩展到另侧的白边上，这样，若要将样品分成几等份分析时，会使测定值减少。

（4）将采过样的滤料放在与它编号相同的滤料盒内，并应注意检查滤料在采样过程中有无漏气迹象，漏气常因面板密封垫用旧或安装不当所致；另外还应检查橡胶密封垫表面，是否因滤料夹面板的四个元宝螺丝拧得过紧，使滤料上的纤维物黏附在表面上，以及滤料是否出现物理性损坏。检查时若发现样品有漏气现象或物理性损坏，则将此样品报废。

（5）采样完毕，填好记录表，并与相应的采过样的滤料一起放入滤料盒内，送交实验室。

3. 测定

采样后的滤料放在天平室内的干燥器中，按采样前空白滤料控制的条件平衡 24h，对于很潮湿的滤料应延长平衡时间至 48h。称量要快，30s 内称完。将称量结果记在 TSP 或 PM_{10} 浓度分析记录表中。

环境空气中颗粒物（TSP 或 PM_{10}）的浓度（mg/m³）按下式计算。

$$TSP \text{ 或 } PM_{10} = \frac{m_1 - m_0}{V_s} \times 10^3$$

式中　m_1——采样后滤料的质量，g；

　　　m_0——采样前滤料的质量，g；

　　　V_s——换算成标准状态（0℃，101.325KPa）下的采样体积，m³。

4. 数据记录

按照下表记录实验数据。

TSP 或 PM₁₀ 分析记录表

采样地点＿＿＿＿＿　采样编号＿＿＿＿＿　　　　＿＿＿年＿＿＿月＿＿＿日

采样时刻		时间	气温	气压	流量	体积	标况体积
开始	结束	/min	/°C	/kPa	/(L/min)	/L	/L

滤膜编号	累积标况体积	滤膜称量结果/g			TSP 或 PM₁₀
	/m³	采样前	采样后	差值	/(mg/m³)

实验九　环境空气中二氧化硫的测定
（甲醛吸收-副玫瑰苯胺分光光度法）

一、实验目的

1. 学习并掌握气态污染物的采集方法。

2. 掌握甲醛吸收-副玫瑰苯胺分光光度法测定空气中二氧化硫的原理和方法。

二、实验原理

二氧化硫被甲醛缓冲溶液吸收后，生成稳定的羟甲基磺酸加成化合物。在样品溶液中加入氢氧化钠使加成化合物分解，释放出的二氧化硫与副玫瑰苯胺、甲醛作用，生成紫红色化合物，用分光光度计在 577nm 处进行测定。

三、仪器与试剂

1. 仪器

（1）分光光度计。

（2）大气采样器　流量为 0～1L/min。

（3）气压计。

（4）25mL 比色管。

（5）多孔玻璃吸收管。

2. 试剂

（1）氢氧化钠溶液　$c(\text{NaOH}) = 1.5\text{mol/L}$。

（2）环己二胺四乙酸二钠溶液　$c(\text{CDTA}) = 0.05\text{mol/L}$。称取 1.82g 反式 1,2-环己二胺四乙酸（CDTA），加入氢氧化钠溶液 6.5mL，用水稀释至 100mL。

（3）甲醛贮备液　吸取 36%～38% 的甲醛溶液 5.5mL 和环己二胺四乙酸二钠溶液 20.00mL，称取 2.04g 邻苯二甲酸氢钾，溶于少量水中。将三种溶液合并，再用水稀释至 100mL，贮于冰箱（可保存 1 年）。

（4）甲醛缓冲吸收液　用水将甲醛贮备液稀释 100 倍，临用时现配。

（5）氨磺酸钠溶液（0.60g/100mL）　称取 0.60g 氨磺酸（$\text{H}_2\text{NSO}_3\text{H}$）置于 100mL 容量瓶中，加入 4.0mL 氢氧化钠溶液，用水稀释至标线，摇匀。此溶液密封保存可用 10d。

（6）碘贮备液　$c\left(\dfrac{1}{2}\text{I}_2\right) = 0.1\text{mol/L}$。称取 12.7g 碘于烧杯中，加入 40g 碘化钾和 25mL 水，搅拌至完全溶解，用水稀释至 1000mL，贮存于棕色细口瓶中。

（7）碘溶液　$c\left(\dfrac{1}{2}\text{I}_2\right) = 0.01\text{mol/L}$。量取碘贮备液 25mL，用水稀释至 250mL，贮于棕色细口瓶中。

（8）淀粉溶液（0.5g/100mL）　称取 0.5g 可溶性淀粉，用少量水调成糊状，慢慢倒入 100mL 沸水中，继续煮沸至溶液澄清，冷却后贮于试剂瓶中。临用时现配。

（9）碘酸钾标准溶液　$c\left(\dfrac{1}{6}KIO_3\right)=0.1000mol/L$。称取 3.5667g 经 110℃ 干燥 2h 的碘酸钾（优级纯），溶于水，移入 1000mL 容量瓶中，用水稀释至标线，摇匀。

（10）（1+9）盐酸溶液。

（11）硫代硫酸钠贮备液　$c(Na_2S_2O_3)=0.10mol/L$。称取 25.0g 硫代硫酸钠（$Na_2S_2O_3 \cdot 5H_2O$），溶于 1000mL 新煮沸但已冷却的水中，加入 0.2g 无水碳酸钠，贮于棕色细口瓶中，放置一周后备用。如溶液呈现浑浊，必须过滤。

（12）硫代硫酸钠标准溶液　$c(Na_2S_2O_3)=0.01mol/L$。取 25mL 硫代硫酸钠贮备液置于 250mL 容量瓶中，用新煮沸但已冷却的水稀释至标线，摇匀。

标定方法：吸取三份 10.00mL 碘酸钾标准溶液，分别置于 250mL 碘量瓶中，加 70mL 新煮沸但已冷却的水，加 1g 碘化钾，振摇至完全溶解后，加 10mL 盐酸溶液，立即盖好瓶塞，摇匀。于暗处放置 5min 后，用硫代硫酸钠标准溶液滴定溶液至浅黄色，加 2mL 淀粉溶液，继续滴定溶液至蓝色刚好褪去为终点。

（13）乙二胺四乙酸二钠盐（EDTA）溶液（0.05g/100mL）　称取 0.25g 乙二胺四乙酸二钠盐溶于 500mL 新煮沸但已冷却的水中，临用时现配。

（14）二氧化硫标准溶液　称取 0.200g 亚硫酸钠（Na_2SO_3），溶于 200mL EDTA 溶液中，缓缓摇匀以防充氧，使其溶解。放置 2～3h 后标定。此溶液每毫升相当于 320～400μg 二氧化硫。

标定方法：吸取三份 20.00mL 二氧化硫标准溶液，分别置于 250mL 碘量瓶中，加入 50mL 新煮沸但已冷却的水、20.00mL 碘溶液及 1mL 冰醋酸，盖塞，摇匀。于暗处放置 5min 后，用硫代硫酸钠标准溶液滴定溶液至浅黄色，加入 2mL 淀粉溶液，继续滴定至溶液蓝色刚好褪去为终点。

另吸取三份 EDTA 溶液 20mL，用同样的方法进行空白试验。

标定出准确浓度后，立即用吸收液稀释为每毫升含 10.00μg 二氧化硫的标准溶液贮备液，临用时再用吸收液稀释为每毫升含 1.00μg 二氧化硫的标准溶液。10.00$\mu g/mL$ 的二氧化硫标准溶液贮备液在 5℃ 的冰箱中保存可稳定 6 个月，1.00$\mu g/mL$ 的二氧化硫标准溶液可稳定 1 个月。

（15）副玫瑰苯胺贮备液（0.20g/100mL）　副玫瑰苯胺贮备液（pararosaniline，简称 PRA，即副品红、对品红）的纯度应达到质量检验的指标。

（16）PRA 溶液（0.05g/100mL）　吸取 25.00mL PRA 贮备液于 100mL 容量瓶中，加 30mL 85% 的浓磷酸、12mL 浓盐酸，用水稀释至标线，摇匀，放置过夜后使用。避光密封保存。

四、实验步骤

1. 采样

根据空气中二氧化硫浓度的高低，采用内装 10mL 吸收液的 U 形多孔玻璃板吸收管，以 0.5L/min 的流量采样。采样时吸收液温度的最佳范围在 23～29℃。

2. 标准曲线的绘制

取 14 支 10mL 具塞比色管，分 A、B 两组，每组 7 支，分别对应编号。

A 组按实验表 1 配制校准溶液系列。

实验表 1　二氧化硫校准溶液系列

管　号	0	1	2	3	4	5	6
SO_2 标准溶液的体积/mL	0	0.50	1.00	2.00	5.00	8.00	10.00
甲醛缓冲吸收液的体积/mL	10.00	9.50	9.00	8.00	5.00	2.00	0
二氧化硫的质量/μg	0	0.50	1.00	2.00	5.00	8.00	10.00

A 组各管分别加入 0.5mL 氨磺酸钠溶液和 0.5mL 氢氧化钠溶液，混匀。

再逐管迅速将溶液全部倒入对应编号并盛有 1.00mL PRA 溶液的 B 管中，立即具塞混匀后放入恒温水浴中显色。显色温度与室温之差应不超过 3℃，根据不同季节和环境条件按实验表 2 选择显色温度与显色时间。

实验表 2 　显色温度与显色时间

显色温度/℃	10	15	20	25	30
显色时间/min	40	25	20	15	5
稳定时间/min	35	25	20	15	10
试剂空白吸光度 A_0	0.03	0.035	0.04	0.05	0.06

用最小二乘法计算校准曲线的回归方程：

$$y = bx + a$$

式中　y——$A-A_0$，校准溶液吸光度 A 与试剂空白吸光度 A_0 之差；

　　　x——二氧化硫的质量，μg；

　　　b——回归方程的斜率（由斜率倒数求得校正因子，$B_s = 1/b$）；

　　　a——回归方程的截距（一般要求小于 0.005）。

【注意】

（1）要求标准的校准曲线斜率为 0.044 ± 0.002，试剂空白吸光度 A_0 在显色规定条件下波动范围不超过 $\pm 15\%$。

（2）正确掌握本标准的显色温度、显色时间，特别在 25～30℃条件下，严格控制反应条件是实验成败的关键。

3. 样品的测定

样品溶液中如有浑浊物，应离心分离除去。样品放置 20min，以使臭气分解。

将吸收管中的样品溶液全部移入 10mL 比色管中，用吸收液稀释至标线，加 0.5mL 氨磺酸钠溶液，混匀，放置 10min 以除去氮氧化物的干扰，以下步骤同校准曲线的绘制。

如样品吸光度超过校准曲线上限，可用试剂空白溶液稀释，在数分钟内再测量吸光度，但稀释倍数不要大于 6 倍。

4. 结果表示

环境空气中二氧化硫的含量（mg/m^3）按下式计算。

$$\rho(\text{二氧化硫}) = \frac{(A - A_0) - a}{bV_s}$$

式中　A——样品溶液的吸光度；

　　　A_0——试剂空白溶液的吸光度；

　　　a——回归方程的截距；

　　　b——回归方程的斜率；

　　　V_s——换算成标准状况（0℃，101.325kPa）下的采样体积，L。

实验十　室内环境空气中甲醛的测定
（酚试剂分光光度法）

一、实验目的

1. 掌握室内环境空气中甲醛的测定原理和方法。

2. 巩固气态污染物的采集方法。

二、实验原理

空气中的甲醛与酚试剂反应生成嗪，嗪在酸性溶液中被铁离子氧化形成蓝绿色化合物，用分光光度计在 630nm 处测定。该方法的检出下限是 $0.056\mu g/5mL$，适用于公共场所和室内空气中甲醛含量的测定。

当空气中有二氧化硫共存时会使测定结果偏低，因此可将气样先通过硫酸锰滤纸过滤器，以消除干扰。

三、仪器与试剂

1. 仪器

（1）分光光度计。

（2）恒流采样器　流量范围为 0～1L/min，流量稳定可调，恒流误差小于 2%，采样前和采样后应用皂沫流量计校准采样系列流量，误差小于 5%。

（3）具塞比色管（10mL）。

（4）大型气泡吸收管　出气口内径为 1mm，出气口至管底距离等于或小于 5mm。

2. 试剂

（1）吸收液原液　称量 0.10g 酚试剂 $[C_6H_4SN(CH_3)CNNH \cdot HCl$，简称 MBTH$]$，加水溶解，倾于 100mL 具塞量筒中，加水至刻度，放冰箱中保存，可稳定 3d。

（2）吸收液　量取吸收原液 5mL，加 95mL 水，即为吸收液。采样时，临用现配。

（3）1% 硫酸铁铵溶液　称量 1.0g 硫酸铁铵 $[NH_4Fe(SO_4)_2 \cdot 12H_2O]$，用 0.1mol/L 盐酸溶解并稀释至 100mL。

（4）碘溶液　$c\left(\dfrac{1}{2}I_2\right) = 0.1000mol/L$。称量 30g 碘化钾溶于 25mL 水中，加入 127g 碘。待碘完全溶解后，用水定容至 1000mL，移入棕色瓶中，于暗处贮存。

（5）1mol/L 氢氧化钠溶液　称量 40g 氢氧化钠，溶于水中，并稀释至 1000mL。

（6）0.5mol/L 硫酸溶液　取 28mL 浓硫酸缓慢加入水中，冷却后，稀释至 1000mL。

（7）硫代硫酸钠标准溶液　$c(Na_2S_2O_3) = 0.1000mol/L$。按实验九中的方法配制。

（8）0.5% 淀粉溶液　将 0.5g 可溶性淀粉用少量水调成糊状后，再加入 100mL 沸水，并煎沸 2～3min 至溶液透明，冷却后，加入 0.1g 水杨酸或 0.4g 氯化锌保存。

（9）甲醛标准贮备溶液　取 2.8mL 含量为 36%～38% 的甲醛溶液，放入 1L 容量瓶中，加水稀释至刻度。此溶液 1mL 约相当于 1mg 甲醛，其准确浓度用下述碘量法标定。

甲醛标准贮备溶液的标定：精确量取 20.00mL 待标定的甲醛标准贮备溶液，置于 250mL 碘量瓶中。加入 20.00mL 碘溶液 $\left[c\left(\dfrac{1}{2}I_2\right) = 0.1000mol/L\right]$ 和 15mL 1mol/L 的氢氧化钠溶液，放置 15min，加入 20mL 0.5mol/L 硫酸溶液，再放置 15min，用硫代硫酸钠溶液 $[c(Na_2S_2O_3) = 0.1000mol/L]$ 滴定，至溶液呈现淡黄色时加入 1mL 0.5% 淀粉溶液继续滴定至恰使蓝色褪去为止，记录所用硫代硫酸钠溶液的体积 V_2（mL）。同时用水作试剂空白滴定，记录空白滴定所用硫代硫酸钠标准溶液的体积 V_1（mL）。甲醛溶液的浓度（mg/mL）用下式计算：

$$\rho(甲醛溶液) = \frac{1}{2} \times \frac{c(V_1 - V_2)M(HCHO)}{20}$$

式中　V_1——试剂空白消耗硫代硫酸钠溶液的体积，mL；

$\quad\quad V_2$——甲醛标准贮备溶液消耗硫代硫酸钠溶液的体积，mL；

$\quad\quad c$——硫代硫酸钠溶液的准确物质的量浓度，mol/L；

$M(HCHO)$——甲醛的摩尔质量，g/mol；

$\quad\quad 20$——所取甲醛标准贮备溶液的体积，mL。

（10）甲醛标准溶液　临用时，将甲醛标准贮备溶液用水稀释成每毫升含 $10\mu g$ 甲醛的溶液，立即再取此溶液 10.00mL，加入 100mL 容量瓶中，加入 5mL 吸收原液，用水定容至 100mL，此液每毫升含 $1.00\mu g$ 甲醛，放置 30min 后，用于配制标准色列。此标准溶液可稳定 24h。

四、实验步骤

1. 采样

用一个内装 5mL 吸收液的大型气泡吸收管，以 0.5L/min 流量采气 10L，并记录采样点的温度和大气压力。采样后样品在室温下应在 24h 内分析。

2. 标准曲线的绘制

取 9 个具塞比色管，用甲醛标准溶液按实验表 3 配制标准系列。

实验表 3　甲醛标准色列的配制

管　号	0	1	2	3	4	5	6	7	8
标准溶液的体积/mL	0	0.10	0.20	0.40	0.60	0.80	1.00	1.50	2.00
吸收液的体积/mL	5.0	4.9	4.8	4.6	4.4	4.2	4.0	3.5	3.0
甲醛的质量/μg	0	0.1	0.2	0.4	0.6	0.8	1.0	1.5	2.0

各管中加入 0.4mL 1‰ 硫酸铁铵溶液，摇匀，放置 15min。用 1cm 比色皿，在 630nm 波长处，以蒸馏水作参比，测定各管溶液的吸光度。以甲醛的质量为横坐标，吸光度为纵坐标，绘制曲线或求出回归方程。

3. 样品的测定

采样后，将样品溶液全部转入比色管中，用少量吸收液洗吸收管，合并使总体积为 5mL。按绘制标准曲线的操作步骤测定吸光度（A）；在每批样品测定的同时，用 5mL 未采样的吸收液作试剂空白，测定试剂空白的吸光度（A_0）。

4. 结果表示

环境空气中甲醛的含量（mg/m^3）按下式计算。

$$\rho(甲醛)=\frac{(A-A_0)-a}{bV_s}$$

式中　A——样品溶液的吸光度；

A_0——试剂空白溶液的吸光度；

a——回归方程的截距；

b——回归方程的斜率；

V_s——换算成标准状况（0℃，101.325kPa）下的采样体积，L。

五、注意事项

（1）当空气中有二氧化硫共存时会使测定结果偏低，因此可将气样先通过硫酸锰滤纸过滤器，予以消除。

（2）硫酸锰滤纸的制备：取 10mL 浓度为 100mg/mL 的硫酸锰水溶液，滴加到 250cm^2 玻璃纤维滤纸上，风干后切成碎片，装入 U 形玻璃管中。采样时，将此管接在甲醛吸收管的前面。此法制成的硫酸锰滤纸有吸收二氧化硫的功效，但受大气湿度影响很大，当相对湿度大于 88%、采气速度为 1L/min、二氧化硫浓度为 1mg/m^3 时，能消除 95% 以上的二氧化硫，此滤纸可维持 50h 有效。当相对湿度为 15%～35% 时，吸收二氧化硫的效能逐渐降低。若相对湿度很低时，应及时更换新制的硫酸锰滤纸。

实验十一　土壤中铜和锌的测定
（火焰原子吸收分光光度法）

一、实验目的

1. 掌握土壤中金属铜、锌的测定原理和方法。

2. 巩固原子吸收分光光度计的操作。

二、实验原理

采用盐酸-硝酸-氢氟酸-高氯酸全分解方法，使试样中的待测元素全部进入试液中。然后，将土壤消解液喷入空气-乙炔火焰中。在火焰的高温下，铜、锌化合物离解为基态原子，该基态原子蒸气对相应的空心阴极灯发射的特征谱线产生选择性吸收。在选择的最佳测定条件下，测定铜、锌的吸光度。

三、仪器与试剂

1. 仪器

(1) 原子吸收分光光度计（带背景校正器）。

(2) 铜空心阴极灯。

(3) 锌空心阴极灯。

(4) 乙炔钢瓶。

(5) 空气压缩机（应备有除水、除油和除尘装置）。

2. 试剂

(1) 盐酸（$\rho=1.19g/mL$） 优级纯。

(2) 硝酸（$\rho=1.42g/mL$） 优级纯。

(3) （1+1）硝酸溶液 将浓硝酸溶于等体积水中。

(4) 0.2%硝酸溶液 将0.2mL浓硝酸溶于100mL水中。

(5) 氢氟酸（$\rho=1.49g/mL$）。

(6) 高氯酸（$\rho=1.68g/mL$）。

(7) 5%硝酸镧水溶液 称取5g硝酸镧 $[La(NO_3)_3 \cdot 6H_2O]$ 溶于95mL水中。

(8) 铜标准贮备液 称取1.0000g光谱纯金属铜于50mL烧杯中，加入1+1硝酸溶液20mL，温热，待完全溶解后，转移至1000mL容量瓶中，用水定容至标线，摇匀。铜含量为1.0000mg/mL。

(9) 锌标准贮备液 称取1.0000g光谱纯金属锌粒于50mL烧杯中，用20mL 1+1硝酸溶液溶解后，转移至1000mL容量瓶中，用水定容至标线，摇匀。锌含量为1.0000mg/mL。

(10) 铜、锌混合标准使用液 用0.2%硝酸溶液逐级稀释铜、锌标准贮备液，配制成含铜20.00mg/L、锌10.00mg/L的混合标准使用液。

四、实验步骤

1. 样品的制备

将采集的土壤样品（一般不少于500g）经风干（自然风干或冷冻干燥）后，除去土样中的石子和动植物残体等异物，用木棒（或玛瑙棒）研压，通过2mm尼龙筛，混匀。用四分法缩分至约100g。用玛瑙研钵将通过2mm尼龙筛的土样研磨至全部通过100目尼龙筛，混匀后备用。

2. 标准曲线的绘制

在50mL容量瓶中，各加入5mL硝酸镧溶液，加入混合标准使用液（见实验表4），用2%硝酸溶液稀释至标线，配制至少5个标准工作溶液，其浓度范围应包括试液中铜、锌的浓度。按照仪器使用说明书调节仪器至最佳工作条件（见实验表5），由低浓度到高浓度测定其吸光度。用减去空白的吸光度与相对应的元素含量绘制标准曲线。

实验表4 用于标准曲线绘制的溶液配制

加入混合标准使用液的体积/mL	0.00	0.50	1.00	2.00	3.00	5.00
标准曲线溶液中铜的浓度/(mg/L)	0.00	0.20	0.40	0.80	1.20	2.00
标准曲线溶液中锌的浓度/(mg/L)	0.00	0.10	0.20	0.40	0.60	1.00

实验表5　仪器测量条件

测定波长/nm	通带宽度/nm	灯电流/mA	火焰性质	其他可测定波长/nm
324.8	1.3	7.5	氧化性	327.4、225.8
213.8	1.3	7.5	氧化性	307.6

3. 试液的制备

准确称取 0.2～0.5g（精确至 0.0002g）试样于 50mL 聚四氟乙烯坩埚中，用水润湿后加入 10mL 浓盐酸，在通风橱内的电热板上低温加热，使样品初步分解，待蒸发至 3mL 左右时，取下稍冷，然后加入 5mL 浓硝酸、5mL 氢氟酸、3mL 高氯酸，加盖后于电热板上中温加热。1h 后，开盖，继续加热除硅，应经常摇动坩埚。当加热至冒浓厚白烟时，加盖，使黑色有机碳化物分解。待坩埚壁上的黑色有机物消失后，开盖驱赶高氯酸并蒸发至黏稠状。视消解情况可再加入 3mL 浓硝酸、3mL 氢氟酸和 1mL 高氯酸，重复上述消解过程。当白烟再次基本冒尽，且坩埚内容物呈黏稠状时，取下稍冷，用水冲洗坩埚盖和内壁，并加入 1mL（1+1）硝酸溶液温热溶解残渣。然后将溶液转移至 50mL 容量瓶中，加入 5mL 硝酸镧溶液，冷却后定容至标线，摇匀，备用。

【注意】由于土壤种类较多，所含有机质差异较大，在消解时，要注意观察，各种酸的用量可视消解情况酌情增减。土壤消解液应呈白色或淡黄色（含铁量高的土壤），没有明显沉淀物存在。

4. 测定

按照仪器使用说明书调节仪器至最佳工作条件，测定试液的吸光度。

用去离子水代替试样，制备全程序空白溶液，并按测定步骤进行测定。每批样品至少制备 2 个以上的空白溶液。

实验十二　粮食或蔬菜中六六六和滴滴涕的测定（气相色谱法）

一、实验目的

1. 掌握粮食和蔬菜中六六六和滴滴涕的测定原理和方法。
2. 掌握粮食或蔬菜样品的预处理方法。

二、实验原理

用丙酮-石油醚萃取植物中的六六六和滴滴涕（DDT），萃取液用硫酸净化，再经水洗、静置分层、脱水后，用带电子捕获检测器的气相色谱仪测定。

三、仪器与试剂

1. 仪器

（1）气相色谱仪　带电子捕获检测器（ECD）；色谱柱长 1.8～2m，内径 2～3mm；载体为 80～100 目的 Chromosorb WAW-DMCS；固定液为 OV-17（甲基聚硅氧烷，最高使用温度为 350℃）和 QF-1（三氟丙基甲基聚硅氧烷，最高使用温度为 250℃）的混合液，或 OV-17 与 OV-210（三氯丙基甲基聚硅氧烷，最高使用温度为 275℃）的混合液。

（2）组织捣碎机。

（3）分液漏斗（500mL）。

（4）具塞锥形瓶（250mL）。

2. 试剂

（1）氮气（纯度为 99.9%）。

（2）色谱标准样品　α-六六六、β-六六六、γ-六六六、δ-六六六、p,p'-DDT、p,p'-

DDE、p,p'-DDD、o,p'-DDT，含量为 98%～99%，色谱纯。

（3）石油醚　沸程为 60～90℃。

（4）丙酮。

（5）异辛烷。

（6）苯（优级纯）。

（7）浓硫酸（$\rho=1.84$g/mL）。

（8）20g/L 硫酸钠溶液　称取在 300℃烘箱中烘烤 4h 的无水硫酸钠 20g 溶于 1L 水中。

四、实验步骤

1. 样品的采集

（1）粮食样品的采集　采取 500g 具有代表性的小麦（或稻米、玉米等）样品，粉碎，过 40 目筛，混匀，装入样品瓶中备用。

（2）果蔬样品的采集　取具有代表性的新鲜果蔬的可食部位 1.0kg，切碎，取 200g 测水分含量，其余供实验用。

样品采集后应尽快分析，如暂不分析可保存在 −18℃冰箱中。

2. 样品的制备

（1）粮食样品的制备　准确称取 10g 样品，置于 250mL 具塞锥形瓶中，加入 60mL 石油醚浸泡过夜，将上清液转入 250mL 分液漏斗中，再用 40mL 石油醚分两次洗涤锥形瓶及样品，合并洗涤液于分液漏斗中，待净化。

（2）果蔬样品的制备　准确称取 200g 样品置于组织捣碎机内，快速捣碎 1～2min，称取匀浆 50g，置于 250mL 锥形瓶中，加丙酮 100mL，振摇 1min，浸泡 1h 后过滤于 500mL 分液漏斗中，残渣用 30mL 丙酮分三次洗涤，洗涤液合并于分液漏斗中。然后加入石油醚，振摇 1min，静置分层后，将下层丙酮水溶液移入另一 500mL 分液漏斗中，用 50mL 石油醚再提取一次，用 20mL 石油醚洗涤分液漏斗，并加入提取液中，再加 200mL 硫酸钠溶液，振摇 1min，静置分层，弃去下层丙酮水溶液，石油醚提取液待净化。

3. 样品的净化

在盛有石油醚提取液的分液漏斗中，按提取液体积的 1/10 数量加入浓硫酸，振摇 1min，静置分层后，弃去硫酸层（**注意**：用硫酸净化过程中，要防止发热爆炸，加硫酸后，开始要缓慢振摇，不断放气，然后剧烈振摇），重复数次，直至加入的石油醚提取液两相界面清晰并呈无色透明时为止。然后再向石油醚提取液中加入其体积量一半左右的硫酸钠溶液，振摇十余次，将其静置分层后弃去水层，如此重复至提取液呈中性时止。石油醚提取液再经过装有 2～3g 无水硫酸钠的筒形漏斗脱水，滤入适当规格的容量瓶中，定容，供气相色谱测定。

4. 标准曲线的绘制

（1）标准样品贮备液的配制　准确称取 100mg 色谱纯标准样品，溶于异辛烷中（β-六六六先用少量苯溶解），分别在 100mL 容量瓶中定容至刻度。

（2）标准样品混合溶液的配制　按八种贮备液的体积比为 $V_{\alpha\text{-六六六}}:V_{\gamma\text{-六六六}}:V_{\beta\text{-六六六}}:V_{\delta\text{-六六六}}:V_{p,p'\text{-DDE}}:V_{o,p'\text{-DDT}}:V_{p,p'\text{-DDD}}:V_{p,p'\text{-DDT}}=1:1:3.5:1:3.5:5:3:8$ 的比例，用移液管移取八种贮备液至 100mL 容量瓶中，用异辛烷稀释至刻度。

（3）标准工作液的配制　根据检测器的灵敏度及线性要求，用石油醚稀释标准样品混合溶液，配制成几种浓度的标准工作液，在 4℃下贮存。

（4）标准曲线的绘制　取各种浓度混合液各 3μL 注入色谱仪，在合适的色谱条件下测定。以峰高或峰面积为纵坐标、浓度为横坐标绘制标准曲线。

色谱条件：载气（氮气）流速为 40～70mL/min；柱温为 195℃；汽化室温度为 220℃；检测室温度为 245℃。

5. 样品的测定

吸取 1～3μL 净化后的样品注入色谱仪（注入体积最好与标准溶液相同），记录峰高或峰面积。从标准曲线上分别查出六六六和滴滴涕各异构体的浓度。

6. 结果计算

样品中某异构体农药的含量 R_i（mg/kg）按下式计算：

$$R_i = \frac{h_i m_{is} V}{h_{is} V_i m}$$

式中 h_i——样品中 i 组分农药的峰高，cm；

h_{is}——标样中 i 组分农药的峰高，cm；

m_{is}——标样中 i 组分农药的绝对量，mg；

V——样品的定容体积，mL；

V_i——样品的进样量，μL；

m——样品的质量，g。

实验十三 粮食、水果和蔬菜中有机磷农药的测定
（气相色谱法）

一、实验目的

1. 掌握粮食、水果和蔬菜中有机磷农药的测定原理和方法。
2. 巩固气相色谱仪的基本操作。

二、实验原理

用丙酮-二氯甲烷萃取样品中的有机磷农药，萃取液用无水硫酸钠净化，浓缩后用丙酮定容，用带氮磷检测器的气相色谱仪测定。

三、仪器与试剂

1. 仪器

（1）气相色谱仪 带氮磷检测器；色谱柱长 1～1.5m，内径 2～3mm；载体是 80～100 目的 Chrom Q；固定液为 OV-17（甲基聚硅氧烷，最高使用温度为 350℃）。

（2）蒸发浓缩器。

（3）振荡器。

（4）万能粉碎机。

（5）组织捣碎机。

（6）真空泵。

（7）水浴锅。

（8）玻璃器皿 500mL 分液漏斗，300mL 具塞锥形瓶，500mL 抽滤瓶，250mL 平底烧瓶，直径 9cm 的布氏漏斗。

2. 试剂

（1）氮气（纯度为 99.9%）、氢气、空气。

（2）农药标准样品 速灭磷、甲拌磷、二嗪磷、异稻瘟净、甲基对硫磷、杀螟硫磷、溴硫磷、水胺硫磷、稻丰散、杀扑磷，含量为 95%～99%。

（3）二氯甲烷（CH_2Cl_2）。

(4) 三氯甲烷（$CHCl_3$）。

(5) 丙酮（CH_3COCH_3）。

(6) 石油醚　沸程为 60～90℃。

(7) 乙酸乙酯（$CH_3COOC_2H_5$）。

(8) 磷酸（85％）。

(9) 氯化钠。

(10) 无水硫酸钠（Na_2SO_4）　于 300℃ 烘 4h。

(11) 氯化铵。

(12) 助滤剂 Celite 545。

(13) 凝结液　将 20g 氯化铵和 40mL 85％磷酸溶于 400mL 蒸馏水中，稀释至 2000mL。

四、实验步骤

1. 样品的采集

对于粮食样品，采取 500g 具有代表性的小麦（或稻米、玉米等）样品，粉碎后过 40 目筛，混匀，装入磨口玻璃瓶中。

对于水果和蔬菜样品，取具有代表性的鲜水果或蔬菜的可食部位 1000g，切碎，称取 200g 用于测定水分含量，其余用于有机磷农药的测定。

2. 试样的预处理

(1) 水果、蔬菜样品的提取和净化　准确称取水果、蔬菜样品 50g 于组织捣碎机中，加适量水和 100mL 丙酮，捣碎 2min，浆液经铺有两层滤纸及一薄层助滤剂的布氏漏斗减压抽滤。取 100mL 滤液，倒入 500mL 分液漏斗中，加入 10～15mL 凝结液（用 KOH 调节 pH 为 4.5～5.0）和 1g 助滤剂，振摇 20 次，静置 3min，过滤入另一 500mL 分液漏斗。按上述步骤再凝结 2～3 次，再滤液中加入 3g 氯化钠，用 50mL、50mL、30mL 二氯甲烷萃取 3 次，合并有机相，过一装有 1g 无水硫酸钠和 1g 助滤剂的筒形漏斗中干燥，收集在 250mL 平底烧瓶中，加 0.5mL 乙酸乙酯，先用旋转蒸发仪浓缩至 10mL，移入 K-D 浓缩器浓缩至 1mL，在室温下用氮气或空气吹至近干，用丙酮定容至 5mL，供色谱分析。

(2) 粮食样品的提取和净化　准确称取粮食样品 20g，置于 300mL 具塞锥形瓶中，加适量水，摇匀后静置 10min，加 100mL 含 20％水分的丙酮，浸泡 6～8h。浆液经铺有两层滤纸及一薄层助滤剂的布氏漏斗减压抽滤。取 80mL 滤液，用上述同样的方法净化和浓缩，得到的试液供色谱分析。

3. 标准样品的制备

准确称取一定量的农药标准样品，用丙酮作溶剂，分别配制浓度为 0.500mg/mL 的速灭磷、二嗪磷、水胺硫磷、甲基对硫磷、稻丰散，浓度为 1.00mg/mL 的异稻瘟净、杀螟硫磷、溴硫磷、甲拌磷、杀扑磷贮备液。在 4℃ 可存放 6～12 个月。

在 50mL 容量瓶中，用丙酮将浓度为 0.500mg/mL 的速灭磷、二嗪磷、水胺硫磷、甲基对硫磷、稻丰散的贮备液配成浓度为 50.0μg/mL 的中间溶液；将浓度为 1.00mg/mL 的异稻瘟净、杀螟硫磷、溴硫磷、甲拌磷、杀扑磷贮备液配成浓度为 100.0μg/mL 的中间溶液。

分别移取上述中间溶液 10.00mL 于 100mL 容量瓶中，用丙酮定容至刻度，配成标准工作液。

4. 气相色谱测定

用带氮磷检测器的气相色谱仪测定标准工作液的色谱峰和试样的色谱峰，用相对保留时间定性，用峰高或峰面积定量。

色谱条件：柱填充剂为 5％OV-17/Gas-Chrom Q，80～100 目；载气流速为 36～40mL/min；氢气流速为 4.5～6.0mL/min；空气流速为 60～80mL/min；汽化室温度为 230℃；柱

温为 200℃；检测器温度为 250℃。

5. 结果计算

试样中各组分的含量按下式计算：

$$X_i = \frac{A_i}{A_{is}} E_i$$

式中　X_i——试样中组分 i 的含量，mg/kg；

　　　A_i——试样中组分 i 的峰高，cm（或峰面积，cm^2）；

　　　E_i——标样中组分 i 的含量，mg/kg；

　　　A_{is}——标样中组分 i 的峰高，cm（或峰面积，cm^2）。

实验十四　头发中汞含量的测定

一、实验目的

1. 掌握冷原子吸收法测定汞的原理和方法。

2. 掌握样品的处理方法。

二、实验原理

汞在常温下呈液态，且有较大的蒸气压，冷原子吸收测汞仪利用汞蒸气对光源发射的 253.7nm 光具有特征吸收来测定汞的含量。

三、仪器与试剂

1. 仪器

（1）冷原子吸收测汞仪。

（2）25mL 容量瓶。

（3）50mL 烧杯（配表面皿）。

（4）1mL、5mL 移液管。

（5）100mL 锥形瓶。

2. 试剂

（1）浓硫酸（分析纯）。

（2）5% KMnO$_4$ 溶液。

（3）10%盐酸羟胺溶液　称 10g 盐酸羟胺（NH$_2$OH·HCl）溶于蒸馏水中，稀释至 100mL，以 2.5L/min 的流量通氮气或干净空气 30min，以驱除微量汞。

（4）10%氯化亚锡溶液　称 10g 氯化亚锡（SnCl$_2$·2H$_2$O）溶于 10mL 浓硫酸中，加蒸馏水至 100mL。通氮气或干净空气驱除微量汞，加几粒金属锡，密塞保存。

（5）汞标准贮备液　称取 0.1354g 氯化汞，溶于含有 0.05%重铬酸钾的 5+95 硝酸溶液中，转移至 1000mL 容量瓶中，稀释至标线。此溶液每毫升含 100.0μg 汞。

（6）汞标准液　临用时将汞标准贮备液用含有 0.05%重铬酸钾的 5+95 硝酸稀释至每毫升含 0.05μg 汞的标准液。

四、测定步骤

1. 发样的制备

将发样用 50℃中性洗涤剂水溶液洗 15min，然后用乙醚浸洗 5min，以去除油脂污染物。将洗净的发样在空气中晾干，用不锈钢剪剪成 3mm 长，保存备用。

2. 标准曲线的绘制

在 7 个 100mL 锥形瓶中分别加入汞标准液 0、0.50mL、1.00mL、2.00mL、3.00mL、

4.00mL 及 5.00mL，各加蒸馏水至 50mL，再加 2mL 浓 H_2SO_4 和 2mL 5% $KMnO_4$ 溶液煮沸 10min（加玻璃珠防暴沸），冷却后滴加盐酸羟胺溶液至紫红色消失，转移到 25mL 容量瓶中，稀释至标线并立即测定。

按说明书调好测汞仪，将标准液和样品液分别倒入 25mL 翻泡瓶，加 2mL 10% 氯化亚锡溶液，迅速塞紧瓶塞，开动仪器，待指针达最高点，记录吸光度，绘制标准曲线。

3. 试液的制备及测定

准确称取 30～50mg 洗净的干燥发样于 50mL 烧杯中，加入 5% $KMnO_4$ 溶液 8mL，慢慢滴加浓硫酸 5mL，盖上表面皿。小心加热至发样完全消解，如消解过程中紫红色消失应立即滴加 $KMnO_4$ 溶液。冷却后，滴加盐酸羟胺至紫红色刚消失，以除去过量的 $KMnO_4$。所得溶液不应有黑色残留物。稍静置（除去氯气），转移至 25mL 容量瓶中，稀释至标线，立即测定。根据标准曲线求出样品中的汞含量。

实验十五　校园环境噪声的测量

一、实验目的

1. 了解区域环境噪声、城市交通噪声和工业企业噪声监测方法。
2. 掌握声级计的使用方法。
3. 学会噪声污染图的绘制方法。
4. 能正确分析噪声对人类生产、生活产生的不良影响，写出评价报告。

二、实验仪器

积分声级计或噪声统计分析仪。

三、实验内容

1. 布点

将学校的平面图按比例划分为 25m×25m 的网格（若学校面积较大可将网格放大），测点选在每个网格的中心。若中心点的位置不宜测量，可移到旁边能够测量的位置。

2. 环境噪声测量

每组 4 位同学配置一台声级计，按顺序到各网点测量，时间以 8：00～17：00 为宜，每小时至少测量一次。同时还要判断和记录附近主要噪声源（如交通噪声、施工噪声、工厂噪声）和天气条件。

结果记录于实验记录表中。

实验表 6　实验记录表

年　　月　　日		时　分至　时　分			
地点		主要噪声源		测量人	
天气		仪器		计权网格	
取样间隔		快慢挡			
$L_{10}=$　　dB(A)		$L_{50}=$　　dB(A)	$L_{90}=$　　dB(A)		$L_{eq}=$　　dB(A)

3. 结果处理

环境噪声是随着时间而起伏的无规律噪声，因此测量结果一般用等效声级来表示。将每个测点一天的各次 L_{eq} 值求出算术平均值，作为该网点的环境噪声评价量。

以 5dB（A）为一等级，用不同颜色或记号绘制学校噪声污染图。

附　录

附录一　实验室常用酸碱的相对密度、质量分数和物质的量浓度

名　称	相对密度/(g/mL)	质量分数/%	物质的量浓度/(mol/L)
盐酸	1.18～1.19	36～38	11.1～12.4
硝酸	1.39～1.40	65～68	14.4～15.2
硫酸	1.83～1.84	95～98	17.8～18.4
磷酸	1.69	85	14.6
高氯酸	1.68	70～72	11.7～12.0
冰醋酸	1.05	99	17.4
氢氟酸	1.13	40	22.5
氢溴酸	1.49	47	8.6
氨水	0.88～0.90	25～28	13.3～14.8

附录二　实验室常用基准物质的干燥方法

名　称	化学式	干燥方法
无水碳酸钠	Na_2CO_3	270～300℃灼烧 1h
硼砂	$Na_2B_4O_7 \cdot 10H_2O$	室温保存在装有氯化钠和蔗糖饱和溶液的干燥器内
草酸	$H_2C_2O_4 \cdot 2H_2O$	室温下空气干燥
邻苯二甲酸氢钾	$C_8H_5KO_4$	110～120℃烘干至恒重
锌	Zn	室温下保存在干燥器中
氧化锌	ZnO	900～1000℃灼烧 1h
氯化钠	$NaCl$	400～450℃灼烧至无爆裂声
硝酸银	$AgNO_3$	220～250℃灼烧 1h
碳酸钙	$CaCO_3$	110℃烘至恒重
草酸钠	$Na_2C_2O_4$	105～110℃烘至恒重
重铬酸钾	$K_2Cr_2O_7$	140～150℃烘至恒重
溴酸钾	$KBrO_3$	130℃烘至恒重
碘酸钾	KIO_3	130℃烘至恒重
三氧化二砷	As_2O_3	室温下空气干燥

附录三　常见化合物的相对分子质量

化合物	M_r	化合物	M_r	化合物	M_r
Ag_3AsO_4	462.53	$AlCl_3$	133.33	As_2O_3	197.84
$AgBr$	187.77	$AlCl_3 \cdot 6H_2O$	241.43	As_2O_5	229.84
$AgCl$	143.35	$Al(NO_3)_3$	213.01	$BaCO_3$	197.31
$AgCN$	133.91	$Al(NO_3)_3 \cdot 9H_2O$	375.19	BaC_2O_4	225.32
Ag_2CrO_4	331.73	Al_2O_3	101.96	$BaCl_2$	208.24
AgI	234.77	$Al(OH)_3$	78.00	$BaCl_2 \cdot 2H_2O$	244.24
$AgNO_3$	169.88	$Al_2(SO_4)_3$	342.17	$BaCrO_4$	253.32
$AgSCN$	165.96	$Al_2(SO_4)_3 \cdot 18H_2O$	666.46	BaO	153.33

化合物	M_r	化合物	M_r	化合物	M_r
$Ba(OH)_2$	171.32	$CuSO_4 \cdot 5H_2O$	249.68	$12H_2O$	216.19
$BaSO_4$	233.37	$FeCl_2$	126.75	H_2O_2	34.02
$BiCl_3$	315.33	$FeCl_2 \cdot 4H_2O$	198.81	H_3PO_4	97.99
$BiOCl$	260.43	$FeCl_3$	162.21	H_2S	34.08
CO_2	44.01	$FeCl_3 \cdot 6H_2O$	270.30	H_2SO_3	82.09
CaO	56.08	$FeNH_4(SO_4)_2 \cdot 12H_2O$	482.22	H_2SO_4	98.09
$CaCO_3$	100.09	$Fe(NO_3)_3$	241.86	$Hg(CN)_2$	252.63
CaC_2O_4	128.10	$Fe(NO_3)_3 \cdot 9H_2O$	404.01	$HgCl_2$	271.50
$CaCl_2$	110.99	FeO	71.85	Hg_2Cl_2	472.09
$CaCl_2 \cdot 6H_2O$	219.09	Fe_2O_3	159.69	HgI_2	454.40
$Ca(NO_3)_2 \cdot 4H_2O$	236.16	Fe_3O_4	231.55	$Hg_2(NO_3)_2$	525.19
$Ca(OH)_2$	74.10	$Fe(OH)_3$	106.87	$Hg_2(NO_3)_2 \cdot 2H_2O$	561.22
$Ca_3(PO_4)_2$	310.18	FeS	87.92	$Hg(NO_3)_2$	324.60
$CaSO_4$	136.15	Fe_2S_3	207.91	HgO	216.59
$CdCO_3$	172.41	$FeSO_4$	151.91	HgS	232.65
$CdCl_2$	183.33	$FeSO_4 \cdot 7H_2O$	278.03	$HgSO_4$	296.67
CdS	144.47	$FeSO_4 \cdot (NH_4)_2SO_4 \cdot 6H_2O$	392.17	Hg_2SO_4	497.27
$Ce(SO_4)_2$	332.24	H_3AsO_3	125.94	$KAl(SO_4)_2 \cdot 12H_2O$	474.41
$Ce(SO_4)_2 \cdot 4H_2O$	404.30	H_3AsO_4	141.94	KBr	119.00
$CoCl_2$	129.84	H_3BO_3	61.83	$KBrO_3$	167.00
$CoCl_2 \cdot 6H_2O$	237.93	HBr	80.91	KCl	74.55
$Co(NO_3)_2$	182.94	HCN	27.03	$KClO_3$	122.55
$Co(NO_3)_2 \cdot 6H_2O$	291.03	$HCOOH$	46.03	$KClO_4$	138.55
CoS	90.99	CH_3COOH	60.05	KCN	65.12
$CoSO_4$	154.99	H_2CO_3	62.03	$KSCN$	97.18
$CoSO_4 \cdot 7H_2O$	281.10	$H_2C_2O_4$	90.04	K_2CO_3	138.21
$CO(NH_2)_2$	60.06	$H_2C_2O_4 \cdot 2H_2O$	126.07	K_2CrO_4	194.19
$CrCl_3$	158.36	HCl	36.46	$K_2Cr_2O_7$	294.18
$CrCl_3 \cdot 6H_2O$	266.45	HF	20.01	$K_3Fe(CN)_6$	329.25
$Cr(NO_3)_3$	238.01	HI	127.91	$K_2Fe(CN)_6$	368.35
Cr_2O_3	151.99	HIO_3	175.91	$KFe(SO_4)_2 \cdot 12H_2O$	503.28
$CuCl$	99.00	HNO_3	63.02	$KHC_2O_4 \cdot H_2O$	146.15
$CuCl_2$	134.45	HNO_2	47.02	$KHC_2O_4 \cdot H_2C_2O_4 \cdot 2H_2O$	254.19
$CuCl_2 \cdot 2H_2O$	170.48	H_2O	18.015	$KHC_4H_4O_6$	188.18
$CuSCN$	121.62	$2H_2O$	36.03	$KHSO_4$	136.18
CuI	190.45	$3H_2O$	54.05	KI	166.00
$Cu(NO_3)_2$	187.56	$4H_2O$	72.06	$KHC_8H_4O_4(KHP)$	204.22
$Cu(NO_3)_2 \cdot 3H_2O$	241.60	$5H_2O$	90.08	KIO_3	214.00
CuO	79.55	$6H_2O$	108.09	KIO_3-HIO_3	389.91
Cu_2O	143.09	$7H_2O$	126.11	$KMnO_4$	158.03
CuS	95.62	$8H_2O$	144.13	$KNaC_4H_4O_6 \cdot 4H_2O$	282.22
$CuSO_4$	159.62	$9H_2O$	162.14	KNO_3	101.10

化合物	M_r	化合物	M_r	化合物	M_r
KNO_2	85.10	$NaCN$	49.01	PbI_2	461.01
K_2O	94.20	$NaSCN$	81.08	$Pb(NO_3)_2$	331.21
KOH	56.11	Na_2CO_3	105.99	PbO	223.20
K_2SO_4	174.27	$Na_2CO_3 \cdot 10H_2O$	286.19	PbO_2	239.20
$MgCO_3$	84.32	$Na_2C_2O_4$	134.00	Pb_3O_4	685.6
$MgCl_2$	95.22	CH_3COONa	82.03	$Pb_3(PO_4)_2$	811.54
$MgCl_2 \cdot 6H_2O$	203.31	$CH_3COONa \cdot 3H_2O$	136.08	PbS	239.27
MgC_2O_4	112.33	$NaCl$	58.44	$PbSO_4$	303.27
$Mg(NO_3)_2 \cdot 6H_2O$	256.43	$NaClO$	74.44	SO_2	64.07
$MgNH_4PO_4$	137.32	$NaHCO_3$	84.01	SO_3	80.07
MgO	40.31	Na_2HPO_4	141.96	$SbCl_3$	228.15
$Mg(OH)_2$	58.33	$Na_2HPO_4 \cdot 12H_2O$	358.14	$SbCl_5$	299.05
$Mg_2P_2O_7$	222.55	$NaHSO_4$	120.07	Sb_2O_3	291.60
$MgSO_4 \cdot 7H_2O$	246.49	$Na_2H_2Y \cdot 2H_2O$	372.24	Sb_2S_3	339.81
$MnCO_3$	114.95	$NaNO_2$	69.00	SiF_4	104.08
$MnCl_2 \cdot 4H_2O$	197.91	$NaNO_3$	85.00	SiO_2	60.08
$Mn(NO_3)_2 \cdot 6H_2O$	287.06	Na_2O	61.98	$SnCl_2$	189.60
MnO	70.94	Na_2O_2	77.98	$SnCl_2 \cdot 2H_2O$	225.63
MnO_2	86.94	$NaOH$	40.00	$SnCl_4$	260.50
MnS	87.01	Na_3PO_4	163.94	$SnCl_4 \cdot 5H_2O$	350.58
$MnSO_4$	151.01	Na_2S	78.05	SnO_2	150.69
$MnSO_4 \cdot 4H_2O$	223.06	$Na_2S \cdot 9H_2O$	240.19	SnS	150.75
NO	30.01	Na_2SO_3	126.05	$SrCrO_4$	203.62
NO_2	46.01	Na_2SO_4	142.05	$SrCO_3$	147.63
NH_3	17.03	$Na_2S_2O_3$	158.12	SrC_2O_4	175.64
CH_3COONH_4	77.08	$Na_2S_2O_3 \cdot 5H_2O$	248.17	$Sr(NO_3)_2$	211.64
NH_4Cl	53.49	$NiCl_2 \cdot 6H_2O$	237.69	$Sr(NO_3)_2 \cdot 4H_2O$	283.69
$(NH_4)_2CO_3$	96.09	NiO	74.69	$SrSO_4$	183.68
$(NH_4)_2C_2O_4$	124.10	$Ni(NO_3)_2 \cdot 6H_2O$	290.79	$UO_2(CH_3COO)_2 \cdot 2H_2O$	424.15
$(NH_4)_2C_2O_4 \cdot H_2O$	142.12	NiS	90.76	$ZnCO_3$	125.39
NH_4SCN	76.13	$NiSO_4 \cdot 7H_2O$	280.87	ZnC_2O_4	153.40
NH_4HCO_3	79.06	OH^-	17.01	$ZnCl_2$	136.29
$(NH_4)_2MoO_4$	196.01	$2OH^-$	34.02	$Zn(CH_3COO)_2$	183.43
NH_4NO_3	80.04	$3OH^-$	51.02	$Zn(CH_3COO)_2 \cdot 2H_2O$	219.50
$(NH_4)_2HPO_4$	132.06	$4OH^-$	68.03	$Zn(NO_3)_2$	189.39
$(NH_4)_2S$	68.15	P_2O_5	141.94	$Zn(NO_3)_2 \cdot 6H_2O$	297.51
$(NH_4)_2SO_4$	132.15	$PbCO_3$	267.21	ZnO	81.38
NH_4VO_3	116.98	PbC_2O_4	295.22	ZnS	97.46
Na_3AsO_3	191.89	$PbCl_2$	278.11	$ZnSO_4$	161.46
$Na_2B_4O_7$	201.22	$PbCrO_4$	323.19	$ZnSO_4 \cdot 7H_2O$	287.57
$Na_2B_4O_7 \cdot 10H_2O$	381.42	$Pb(CH_3COO)_2$	325.29		
$NaBiO_3$	279.97	$Pb(CH_3COO)_2 \cdot 3H_2O$	379.34		

参 考 文 献

[1] （HJ 84—2016）水质 无机阴离子（F^-、Cl^-、NO^{2-}、Br^-、NO^{3-}、PO_4^{3-}、SO_3^{2-}、SO_4^{2-}）的测定 离子色谱法

[2] （HJ 812—2016）水质 可溶性阳离子（Li^+、Na^+、NH_4^+、K^+、Ca^{2+}、Mg^{2+}）的测定 离子色谱法

[3] （HJ 776—2015）水质 32 种元素的测定 电感耦合等离子体发射光谱法

[4] （HJ 744—2015）水质 酚类化合物的测定气相色谱-质谱法

[5] （HJ 730—2014）近岸海域环境监测点位布设技术规范

[6] （HJ 700—2014）水质 65 种元素的测定 电感耦合等离子体质谱法

[7] （HJ 671—2013）水质 总磷的测定 流动注射-钼酸铵分光光度法

[8] （HJ 669—2013）水质 磷酸盐的测定 离子色谱法

[9] （HJ 668—2013）水质 总氮的测定 流动注射-盐酸萘乙二胺分光光度法

[10] （HJ 799—2016）环境空气 颗粒物中水溶性阴离子（F^-、Cl^-、Br^-、NO^{2-}、NO^{3-}、PO_4^{3-}、SO_3^{2-}、SO_4^{2-}）的测定 离子色谱法

[11] （HJ 800—2016）环境空气 颗粒物中水溶性阳离子（Li^+、Na^+、NH_4^+、K^+、Ca^{2+}、Mg^{2+}）的测定 离子色谱法

[12] （HJ 779—2015）环境空气 六价铬的测定 柱后衍生离子色谱法

[13] （HJ 777—2015）空气和废气 颗粒物中金属元素的测定 电感耦合等离子体发射光谱法

[14] （HJ 803—2016）土壤和沉积物 12 种金属元素的测定 王水提取-电感耦合等离子体质谱法

[15] （HJ 781—2016）固体废物 22 种金属元素的测定 电感耦合等离子体发射光谱法

[16] （HJ 805—2016）土壤和沉积物 多环芳烃的测定 气相色谱-质谱法

[17] （HJ 784—2016）土壤和沉积物 多环芳烃的测定 高效液相色谱法

[18] （HJ 782—2016）固体废物 有机物的提取 加压流体萃取法

[19] （HJ 765—2015）固体废物 有机物的提取 微波萃取法

[20] （HJ 640—2012）环境噪声监测技术规范 城市声环境常规监测

[21] （HJ 813—2016）水中钋-210 的分析方法

[22] （HJ 814—2016）水和土壤样品中钚的放射化学分析方法